21世纪经济管理新形态教材·公共基础课系列

高等数学
——微积分入门

华玉爱 ◎ 编著

清華大學出版社
北 京

图书在版编目(CIP)数据

高等数学. 微积分入门/华玉爱编著. —北京：清华大学出版社，2020.6 (2024.11 重印)
21 世纪经济管理新形态教材. 公共基础课系列
ISBN 978-7-302-53887-5

Ⅰ. ①高… Ⅱ. ①华… Ⅲ. ①高等数学－高等学校－教材 ②微积分－高等学校－教材
Ⅳ. ①O13

中国版本图书馆 CIP 数据核字(2019)第 214168 号

责任编辑：梁云慈
封面设计：李伯骥
责任校对：王凤芝
责任印制：宋 林

出版发行：清华大学出版社
网　址：https://www.tup.com.cn，https://www.wqxuetang.com
地　址：北京清华大学学研大厦 A 座　**邮　编**：100084
社 总 机：010-83470000　**邮　购**：010-62786544
投稿与读者服务：010-62776969，c-service@tup.tsinghua.edu.cn
质量反馈：010-62772015，zhiliang@tup.tsinghua.edu.cn
印 装 者：三河市龙大印装有限公司
经　销：全国新华书店
开　本：185mm×260mm　**印　张**：16.25　**字　数**：392 千字
版　次：2020 年 6 月第 1 版　**印　次**：2024 年 11 月第 11 次印刷
定　价：45.00 元

产品编号：082975-01

前言

高等数学是高等学校理工科及经济管理类等专业的必修课.随着计算机技术的普及和发展,定量分析的应用越来越广泛,数学变得越来越重要,其应用也越来越广泛.

高等数学是大学系列课程中很难学的课程之一.长期以来,高等数学教学以考试为主导,侧重于解题方法和技巧,而不太注重培养学生分析和解决实际问题的能力.在社会经济环境日新月异的今天,刻板枯燥的教学内容正在逐渐地失去它的听众.高等数学教学正面临着严峻的挑战.

本书以实际应用案例为主导,讲授微积分基本思想和方法,旨在激发学生学习数学的兴趣,明确数学的用途,进而培养学生分析和解决实际问题的能力,使学生能够应用微积分基本思想和方法分析与解决实际问题.

本书是作者多年教学经验的积累和总结.书中很多知识点的讲授独具特色,简明易懂.

本书是微积分入门教材,适用于不同类型、不同层次的学校和专业.

本书的配套教材《高等数学解题指导》可作为大学生学习高等数学解题方法与技巧的教学指导书,也可作为研究生入学考试和大学生数学竞赛的参考辅导教材.

本书是齐鲁工业大学高水平课程建设项目的成果之一,得到了齐鲁工业大学数学与统计学院领导的大力支持和同行的热心帮助,在此深表感谢.

齐鲁工业大学数学与统计学院　华玉爱

2020年2月

目录

微积分的产生

人类起初的数学思想，可能类似于我们个体生命意识的开始，从有了大小和多少的直观概念，逐渐学会计数和比较. 之后，一代又一代的智者汲取了人类的经验和实践，为我们构建了丰富多彩的数学世界.

平面图形的度量

在几何上，人们发明了丈量和比较线段、平面和立体图形大小的方法.

早期，人们用指长、脚长、肘长和步长等作为丈量物体长度的单位(在现代人的生活中，仍可见到人们应用这类单位丈量物长). 随着人类社会的发展，尺度单位逐渐得到统一和规范. 为了比较平面图形的大小，人们用给定的正方形丈量平面图形. 这个给定的正方形的边长规定为 1 单位，它的大小规定为 1 平方单位. 平面图形的大小称为面积. 边长为 1 单位的正方形的面积规定为 1 平方单位. 如果一个平面图形经过适当分割后可以拼接成 n 个边长为 1 单位的正方形，则称其面积为 n 平方单位. 这样，一个长为 a 单位、宽为 b 单位的长方形可以分割成 a 乘 b 个边长为 1 单位的正方形，因而其面积 $S=ab$，如图 1(a)所示. 特别地，边长为 a 单位的正方形的面积为 $S=a^2$，如图 1(b)所示.

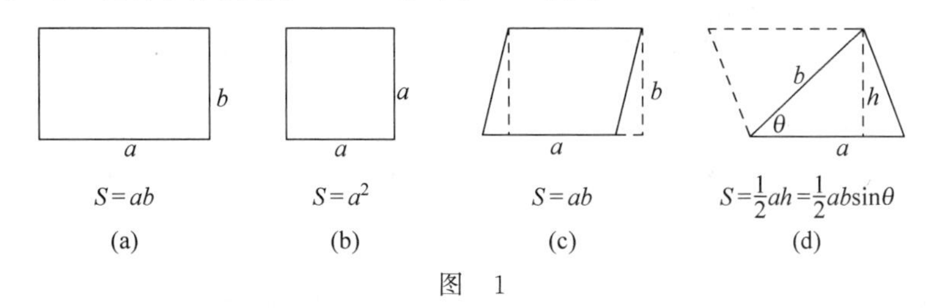

图 1

因为平行四边形可以通过切割和填补化为长方形，所以底边长为 a 单位、高为 h 单位的平行四边形的面积为 $S=ah$，如图 1(c)所示. 而两个全等的三角形可以拼接为一个平行四边形，所以底边长为 a 单位、高为 h 单位的三角形的面积为 $S=\dfrac{1}{2}ah$，如图 1(d)所示. 若已知三角形的两边长分别为 a 单位和 b 单位，且其夹角为 θ 弧度，则高为 $h=b\sin\theta$ 单位，故其面积为 $S=\dfrac{1}{2}ab\sin\theta$.

那么，圆的半径、周长和面积之间又有什么关系呢?

据推测，4 000 多年前的埃及就已经粗略地知道了圆的周长和半径之间的关系. 古巴比伦人已经知道圆的周长与其直径之比为常数，约为 $25/8=3.125$. 这个常数被称作圆周率，后来被记作 π. 从而也有了我们很熟悉的半径为 r 的圆周长公式

$$l=2\pi r.$$

而半径为 r、圆心角为 θ 的圆弧长公式则为

$$l=\frac{\theta}{2\pi}\cdot 2\pi r=r\theta$$

古希腊的阿基米德用圆内接正 n 边形逼近圆周，即“割圆术”，算得圆周率 $\pi\approx 3.141\,851$. 同时，基于前人的研究成果，在他的著作中给出并证明了圆的面积，圆柱体、球与圆锥体的体积以及球的表面积等几何形体的面积与体积公式.

阿基米德（Archimedes，公元前 287—公元前 212），古希腊哲学家、数学家、物理学家、力学家，静态力学和流体静力学的奠基人，享有“力学之父”的美称. 名言：“给我一个支点，我就能撬起整个地球.”

阿基米德用“割圆术”证明了半径为 r 的圆面积公式. 方法是：作圆内接正 n 边形，如图 2 所示. 圆内接正 n 边形可以分割成 n 个腰长为 r 的等腰三角形. 设每个三角形的底边长为 l_n，高为 h_n，则圆内接正 n 边形的面积为

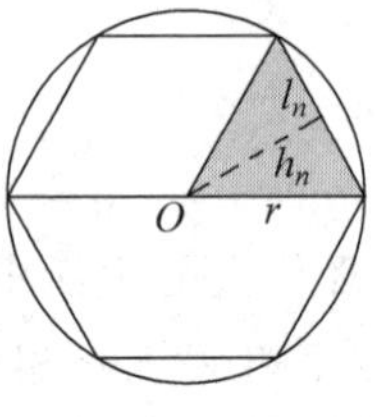

$$S_n=n\frac{1}{2}l_nh_n=\frac{1}{2}(nl_n)h_n$$

图 2

当 n 无限增大时，圆内接正 n 边形的周长 nl_n 趋于圆周长，高 h_n 趋于圆半径 r，其面积趋于圆面积，因而证明了半径为 r 的圆面积为

$$S=\pi r^2.$$

这个证明的核心其实就是微积分赖以创建的极限思想. 但遗憾的是，当时并没有明确提出和进一步发展极限的概念.

易知，半径为 r、圆心角为 θ 的扇形（图 3）的面积公式为

$$S=\frac{\theta}{2\pi}\cdot\pi r^2=\frac{1}{2}r^2\theta$$

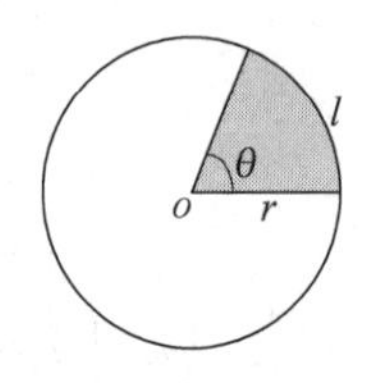

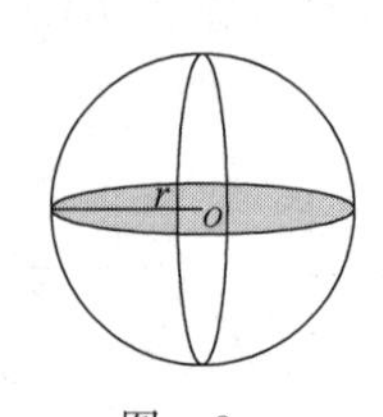

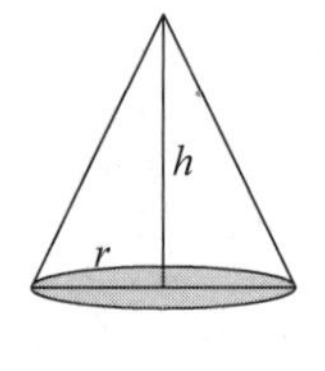

图 3

阿基米德在其著作中，还给出了半径为 r 的球的体积公式为

$$V=\frac{4}{3}\pi r^3$$

以及半径为 r 的球的表面积公式为

$$S=4\pi r^2$$

底圆半径为 r、高为 h 的圆锥体的体积公式为

$$V=\frac{1}{3}\pi r^2h$$

到了 3 世纪，我国古代数学家刘徽（约 225 年—约 295 年）也提出了“割圆术”，并求得圆周率 $\pi\approx 3.141\,6$.

5 世纪，我国古代数学家祖冲之的儿子祖暅（音 geng，又名祖暅之，数学家）提出“幂势既同，则积不容异”（两个等高的立体，如在等高处的截面积恒相等，则体积相等）的原理，由此

给出球体积的公式,这一原理被称为"祖暅原理".而在西方,直到17世纪才由意大利数学家卡瓦列里(Cavalieri,Franeesco Bonaventura,1598—1647)重新发现,被称为卡瓦列里原理.其间,一些学者相继研究了一些规则几何图形的面积和体积问题.

时间与空间

在古希腊,曾经活跃着一个影响力很大的学派,它关注的是世界本原问题,这就是毕达哥拉斯学派.毕达哥拉斯学派的座右铭是"万物皆数".毕达哥拉斯主义主张数字是一切现象背后的基本要素,即数字原子论.毕达哥拉斯学派提出"空间和时间是由点和瞬间构成的,而这些点和瞬间又是连续的".这一假设的一个直接结论就是"空间和时间是无穷可分的".据说,为了反对这种观点,另一位古希腊数学家、哲学家芝诺提出了一系列悖论.其中最著名的、一直被津津乐道的三个悖论如下:

毕达哥拉斯[Pythagoras,约公元前580年—约公元前500(490)年],古希腊数学家、哲学家

芝诺(Zeno of Elea,约公元前490年—约公元前425年),古希腊数学家、哲学家

(1) 在一个移动的物体通过一段给定的距离之前,必须首先通过这段距离的一半;而在通过这一半距离之前,必须先通过给定距离的四分之一;而在这之前,又必须通过给定距离的八分之一;以此类推,它必须通过无穷多个细分的距离.物体移动之前,必须在有限时间内触及无穷多个点,而穷尽一个无穷集合是不可能的.

(2) 阿喀琉斯与一只超前一段距离的乌龟赛跑.起跑后,当阿喀琉斯到达乌龟的起始位置的时候,乌龟又前行了一段路程;如此下去,不管乌龟跑得多慢,阿喀琉斯跑得多快,阿喀琉斯永远也追不上乌龟.

(3) "飞矢不动".一支飞行的箭在任意时刻都是静止的,因为在任意时刻都没有时间的变化,因而也就没有空间的变化.于是得到"飞矢不动"的结论.

悖论(1)和(2)涉及无穷多个微小的数的和的问题.而悖论(3)则涉及瞬时速度问题.长期以来,这些问题一直困扰着数学家们.

经过黑暗漫长的中世纪之后,欧洲被文艺复兴运动唤醒,束缚人们思想的烦琐哲学和神学的教条权威逐步被摒弃.封建社会开始解体,资本主义开始兴起,工场手工业日益繁荣,机器生产大力发展.在航海方面,对天文观测的精确性要求越来越高.在军事方面,弹道学的研究成为热门.准确时计的制造、运河的开凿、堤坝的修筑、行星的轨道理论等,都需要很多复杂的计算.现有的数学成果已不能满足需要.

到了16世纪末期和17世纪,有许多科学问题需要解决,诸如瞬时速度的问题、曲线的切线、函数的最大值和最小值问题、曲线长、曲线围成的图形的面积、立体的体积、物体的重心、引力等. 这一时期，许多数学家、天文学家、物理学家都为解决上述问题做了大量的研究工作，为微积分的创立作出了贡献. 其间，意大利数学家卡瓦列里提出了“不可分原理”：线是由无穷多个点构成的，面是由无穷多条线构成的，体则是由无穷多个面构成的. 点、线、面分别就是线、面、体的不可分量. 这一思想对微积分的创立有重要影响.

卡瓦列里(Franeesco Bonaventura Cavalieri，1598—1647)，意大利数学家

约翰尼斯・开普勒(Johannes Kepler，1571—1630)，德国杰出的天文学家、物理学家、数学家

开普勒的《酒桶的新立体几何》将酒桶看作由无数的圆薄片累积而成，从而求出其体积. 这也是积分学的前驱工作.

法国哲学家、数学家、物理学家笛卡儿所创建的解析几何将几何与代数有机地融合在一起，为微积分的创立提供了完美的工具. 法国“业余数学家之王”费马也为解析几何与微积分的创立与发展作出了突出贡献. 另外，法国的数学家罗伯瓦、笛沙格，英国的巴罗、瓦里士等人都为微积分大厦的创立贡献了重要的基石.

勒内・笛卡儿(Rene Descartes，1596—1650)，法国哲学家、数学家、物理学家. 名言：“我思故我在”

费马(Pierre de Fermat，1601—1665)，法国数学家

艾萨克・牛顿(Isaac Newton，1643—1727)，英国物理学家、数学家和哲学家，大百科科学巨匠

戈特弗里德・威廉・莱布尼兹(Gottfried Wilhelm Leibniz，1646—1716)，德国哲学家、数学家

17 世纪下半叶，在前人工作的基础上，英国大科学家牛顿和德国数学家莱布尼兹分别从运动学和几何学的角度独立地创建了微积分.

微积分学的创立，极大地推动了数学和物理学以及其他学科的发展. 毫不夸张地说，在我们的日常生活和工作中、在科学技术的各个领域里，处处渗透着微积分的元素，没有微积分，就没有我们今天的生活方式.

什么是微积分

简单地说，微积分是研究变量的变化率以及量的求值方法的数学学科.

微积分由微分学和积分学两大板块构成. 微分学研究一个变量随另外变量变化而产生的变化率，如运动的速度、曲线切线的斜率等；积分学研究一些量的求值问题，如几何图形的弧长、面积和体积，物体的质量、质心、转动惯量以及磁通量和电通量等；在概率论中，利用积分方法可以求随机事件的概率.

微分学和积分学都是建立在极限概念的基础之上，它们又通过“微积分基本定理”紧密地联系在一起.

预备知识

一、一元二次方程 $ax^2+bx+c=0$ 的求根公式

一元二次方程及其解法出现于公元前 2000 年前后(夏代)的古巴比伦人的泥版书中,但当时并不接受负数.

埃及的纸草文书中也涉及最简单的二次方程.

在公元前 4、5 世纪时(春秋战国时期),中国也有关于一元二次方程的求根公式的研究.

古希腊的丢番图(246—330)也给出了二次方程的求根法,但他只取二次方程的正根.

公元 628 年的印度著作《婆罗摩修正体系》中有二次方程的求根公式.

阿尔·花剌子模(约 780—约 850,今乌兹别克斯坦花剌子模州希瓦市人)给出了二次方程的一般解法,承认方程有两个根,并有无理根存在,但却未有虚根的认识.

直至文艺复兴后期,法国数学家韦达指出了一元二次方程在复数范围内恒有解,给出了根与系数的关系,即韦达定理.韦达是第一个有意识地和系统地使用字母来表示已知数、未知数及其乘幂的人,带来了代数理论研究的重大进步.他在欧洲被尊称为"代数学之父".

韦达(François Viète,1540—1603),法国数学家

一元二次方程 $ax^2+bx+c=0$ 的求根公式为

$$x_{1,2}=\frac{-b\pm\sqrt{b^2-4ac}}{2a}.$$

韦达定理:$x_1+x_2=-\frac{b}{a}, x_1x_2=\frac{c}{a}$.

二、毕达哥拉斯定理(勾股定理)

设 a、b、c 分别为直角三角形的两直角边和斜边,如图 1 所示,则有关系式

$$a^2+b^2=c^2.$$

c a b

图 1

在毕达哥拉斯之前,这个关系已经被多个民族发现.但毕达哥拉斯被认为是第一个给出证明的人.在中国,相传商代的商高也发现了这一关系,故称之为"商高定理",也称"勾股定理".

三、三角公式

三角学被认为起源于古希腊.为了预报天体运行路线、计算日历、航海等需要,古希腊人研究了球面三角形的边角关系.泰勒斯(公元前624—公元前546)的理论被认为是三角学的萌芽.

印度人和阿拉伯人对三角学也有研究与推进,但主要是应用在天文学方面.

15、16世纪三角学的研究转入平面三角.

16世纪法国数学家韦达系统地研究了平面三角,因而成为三角公式的集大成者.除汇总前人的成果外,还补充了自己发现的新公式,如和差化积公式、多倍角关系式、余弦定理等.此后,平面三角从天文学中分离出来,形成了一个独立的分支.

正弦、余弦、正切、余切、正割和余割的定义与关系式(图2):

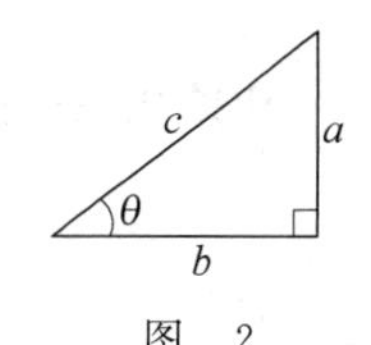

图 2

正弦 $\sin\theta=\dfrac{a}{c}$,　余弦 $\cos\theta=\dfrac{b}{c}$;

正切 $\tan\theta=\dfrac{a}{b}$,　余切 $\cot\theta=\dfrac{b}{a}$;

正割 $\sec\theta=\dfrac{1}{\cos\theta}$,　$\theta\neq k\pi+\dfrac{\pi}{2},k=0,\pm1,\pm2,\cdots$,

余割 $\csc\theta=\dfrac{1}{\sin\theta}$,　$\theta\neq k\pi,k=0,\pm1,\pm2,\cdots$.

正切 $\tan\theta=\dfrac{\sin\theta}{\cos\theta}$,　$\theta\neq k\pi+\dfrac{\pi}{2},k=0,\pm1,\pm2,\cdots$,

余切 $\cot\theta=\dfrac{\cos\theta}{\sin\theta}$,　$\theta\neq k\pi,k=0,\pm1,\pm2,\cdots$;

$\sin^2\theta+\cos^2\theta=1$.

$1+\tan^2\theta=\dfrac{1}{\cos^2\theta}=\sec^2\theta$.

$1+\cot^2\theta=\dfrac{1}{\sin^2\theta}=\csc^2\theta$.

$\sin(\alpha\pm\beta)=\sin\alpha\cos\beta\pm\cos\alpha\sin\beta$,

$\cos(\alpha\pm\beta)=\cos\alpha\cos\beta\mp\sin\alpha\sin\beta$,

$\tan(\alpha\pm\beta)=\dfrac{\tan\alpha\pm\tan\beta}{1\mp\tan\alpha\tan\beta}$.

$\sin2\theta=2\sin\theta\cos\theta$,　$\sin\theta=2\sin\dfrac{\theta}{2}\cos\dfrac{\theta}{2}$.

$\cos2\theta=1-2\sin^2\theta=2\cos^2\theta-1$,

$\tan2\theta=\dfrac{2\tan\theta}{1-\tan^2\theta}$.

$\cos\theta=1-2\sin^2\dfrac{\theta}{2}=2\cos^2\dfrac{\theta}{2}-1$.

$1-\cos\theta=2\sin^2\dfrac{\theta}{2}$,　$1+\cos\theta=2\cos^2\dfrac{\theta}{2}$.

$$\sin^2\frac{\theta}{2}=\frac{1-\cos\theta}{2},\quad \cos^2\frac{\theta}{2}=\frac{1+\cos\theta}{2}.$$

$$\sin\theta=2\sin\frac{\theta}{2}\cos\frac{\theta}{2},\quad \cos\theta=1-2\sin^2\frac{\theta}{2}=2\cos^2\frac{\theta}{2}-1.$$

积化和差公式：

$$\sin\alpha\cdot\cos\beta=\frac{1}{2}[\sin(\alpha+\beta)+\sin(\alpha-\beta)],$$

$$\cos\alpha\cdot\cos\beta=\frac{1}{2}[\cos(\alpha+\beta)+\cos(\alpha-\beta)],$$

$$\sin\alpha\cdot\sin\beta=-\frac{1}{2}[\cos(\alpha+\beta)-\cos(\alpha-\beta)].$$

和差化积公式：

$$\sin\alpha+\sin\beta=2\sin\frac{\alpha+\beta}{2}\cdot\cos\frac{\alpha-\beta}{2},$$

$$\cos\alpha+\cos\beta=2\cos\frac{\alpha+\beta}{2}\cdot\cos\frac{\alpha-\beta}{2},$$

$$\cos\alpha-\cos\beta=-2\sin\frac{\alpha+\beta}{2}\cdot\sin\frac{\alpha-\beta}{2}.$$

正弦定理：$\dfrac{BC}{\sin\angle A}=\dfrac{AC}{\sin\angle B}=\dfrac{AB}{\sin\angle C}=2R$，

其中 R 为$\triangle ABC$ 外接圆的半径，$BC=2R\sin\angle A'=2R\sin\angle A$，如图 3 所示.

余弦定理：在$\triangle ABC$ 中，$BC^2=AB^2+AC^2-2AB\cdot AC\cdot\cos\angle A$.

这是因为(图 4)

$$\begin{aligned}BC^2&=BD^2+CD^2=BD^2+(AC-AD)^2\\&=BD^2+AC^2+AD^2-2AC\cdot AD\\&=AB^2+AC^2-2AB\cdot AC\cdot\cos\angle A.\end{aligned}$$

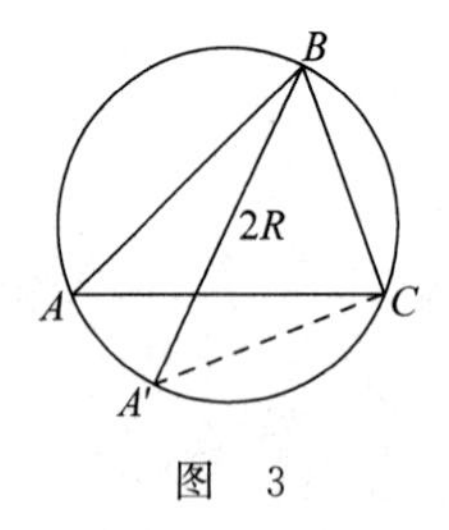

图 3

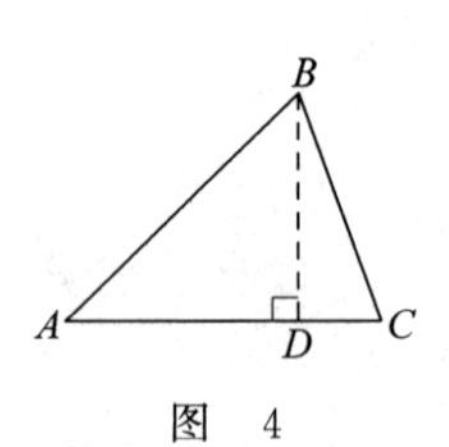

图 4

四、因式分解

英国代数学学派的奠基人托马斯·哈里奥特(Thomas Harriot，1560—1621)在数学史上第一次给出了因式分解的方法.

$$x^2-y^2=(x+y)(x-y),$$
$$x^3-y^3=(x-y)(x^2+xy+y^2),$$
$$x^3+y^3=(x+y)(x^2-xy+y^2),$$

$$
\begin{aligned}
x^n-1&=x^n-x^{n-1}+x^{n-1}-x^{n-2}+\cdots-x+x-1\\
&=(x-1)x^{n-1}+(x-1)x^{n-2}+\cdots+(x-1)\\
&=(x-1)(x^{n-1}+x^{n-2}+\cdots+x+1),
\end{aligned}
$$

$$1-x-y+xy=(1-x)(1-y).$$

五、排列与组合

有文献记载,苏胥如塔(Suśruta,公元前1500年,古印度医生,被誉为“手术学之父”)是最早研究组合数的人.

n 个元素构成的全排列数为 $n!=n(n-1)(n-2)\cdots2\cdot1$(称为 n 的阶乘).

规定 $0!=1$.

从 n 个元素中任取 k 个构成一个排列,不同排列的排列数记为 A_n^k. 有

$$A_n^k=n(n-1)(n-2)\cdots(n-k+1).$$

从 n 个元素中任取 k 个构成一个组合,不同组合的组合数记为 C_n^k. 有

$$C_n^k=\frac{n!}{k!\,(n-k)!}.$$

容易证明下列简单组合关系式:

(1) $A_n^0=0!=1, C_n^0=C_n^n=1, C_n^k=C_n^{n-k}, A_n^k=k!\ C_n^k$;

(2) $C_n^k=C_{n-1}^k+C_{n-1}^{k-1}$.

【解释】 (1) A_n^0 表示从 n 个元素中任取0个构成一个排列的排列数,即一个元素也不取的排列数只有一种.

C_n^0 表示从 n 个元素中不取任何元素的组合数. 这等于将 n 个元素全部留下的组合数 C_n^n. 这样的组合只有一种.

C_n^k 表示从 n 个元素中任取 k 个构成的不同组合的组合数. 这等于从 n 个元素中任取 $n-k$ 个留下构成的不同组合的组合数 C_n^{n-k}.

至于(2),我们可以先选定一个元素,称之为 e,则从 n 个元素中任取 k 个构成的组合有两类:一类含元素 e,另一类不含元素 e. 对于含 e 的组合,其中的 $k-1$ 个元素是从除 e 以外的 $n-1$ 个元素中选出来的,因而含 e 的组合数为 C_{n-1}^{k-1}. 而对于不含元素 e 的组合,其中的 k 个元素是从除 e 以外的 $n-1$ 个元素中选出来的,因而不含 e 的组合数为 C_{n-1}^k. 于是从 n 个元素中任取 k 个构成的组合数为 $C_n^k=C_{n-1}^k+C_{n-1}^{k-1}$.

六、帕斯卡三角形(杨辉三角)

法国数学家、物理学家、哲学家、散文家布莱士·帕斯卡(Blaise Pascal,1623—1662)在其1655年的著作中介绍了图5所示的三角形. 因而在数学史上一直称之为帕斯卡三角形. 这个三角形的特点是:

(1) 每一个数都等于上一层中与之相连的数的和;

(2) 第 n 层第 k 个数等于 C_n^k;

(3) 满足关系式 $C_n^k=C_{n-1}^k+C_{n-1}^{k-1}$.

杨辉(南宋时期杭州人)1261年所著的《详解九章算法》一书中,辑录了三角形数表,并

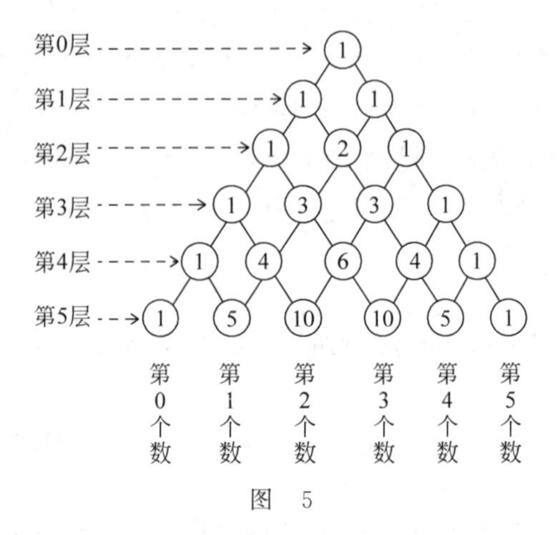

图 5

说明此表引自11世纪前半叶贾宪的《释锁算术》,并绘制了“古法七乘方图”,如图6所示.因而帕斯卡三角形也称“杨辉三角”或“贾宪三角”.

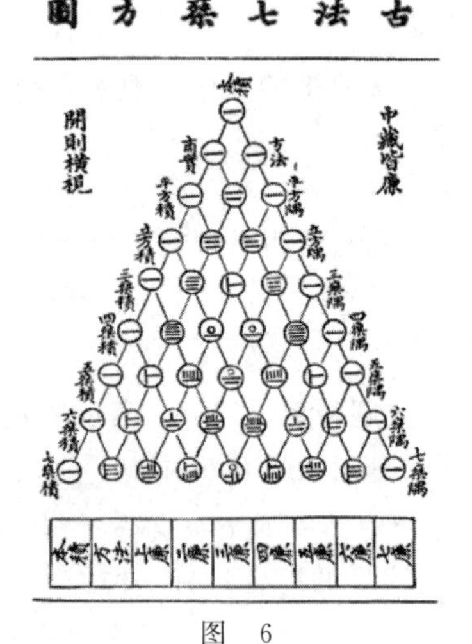

图 6

帕斯卡还发明了注射器,创造了水压机,研究大气压强规律.后人为纪念帕斯卡,用他的名字来命名压强的单位,简称“帕”.

七、二项式定理

下面的公式称为牛顿二项式定理,简称二项式定理,由牛顿于1664年、1665年期间提出.

$$(x+y)^2=x^2+2xy+y^2,$$

$$(x+y)^3=x^3+3x^2y+3xy^2+y^3,$$

$$\begin{aligned}(x+y)^n&=x^n+nx^{n-1}y+\frac{n(n-1)}{2}x^{n-2}y^2+\cdots+y^n\\&=C_n^0x^n+C_n^1x^{n-1}y+C_n^2x^{n-2}y^2+\cdots+C_n^ny^n\\&=\sum_{k=0}^{n}C_n^kx^{n-k}y^k=\sum_{k=0}^{n}C_n^kx^ky^{n-k}.\end{aligned}$$

其中 $\sum$ 称为和号,$\sum\limits_{k=0}^{n}a_k$ 表示数列 $a_0,a_1,\cdots,a_n$ 的和,即

$$\sum_{k=0}^{n}a_k=a_0+a_1+\cdots+a_n.$$

可以看到,$(x+y)^n$ 的展开式中的系数恰好就是帕斯卡三角形中第 n 层的数,其组合意义为:$(x+y)^n$ 是 n 项 $(x+y)$ 相乘,其展开式中的每一项都是从 n 项 $(x+y)$ 的每一项中选择 x 和 y 中的一个,然后相乘,也就是从 n 项 $(x+y)$ 中选择 k 项取 x,再从剩余的 $n-k$ 项中取 y,然后相乘得到的,因而每一项都具有 $x^ky^{n-k}(k=0,1,2,\cdots,n)$ 的形式.而这样的取法有 C_n^k 种,因而 x^ky^{n-k} 的系数为 C_n^k.

八、基本不等式及其衍生不等式

由 $(x-y)^2=x^2+y^2-2xy\geqslant0$ 可得到基本不等式

$$x^2+y^2\geqslant 2xy.$$

由此不等式可以得到如下不等式

$$(x+y)^2\geqslant 4xy;\ x+y\geqslant 2\sqrt{xy},\quad x\geqslant 0,y\geqslant 0;\ x^2+y^2\geqslant\frac{(x+y)^2}{2}$$

以及平均值不等式

$$\frac{2}{\frac{1}{x}+\frac{1}{y}}\leqslant\sqrt{xy}\leqslant\frac{x+y}{2},\quad x>0,y>0,$$

一般地,有

$$\frac{n}{\frac{1}{x_1}+\frac{1}{x_2}+\cdots+\frac{1}{x_n}}\leqslant\sqrt{x_1x_2\cdots x_n}\leqslant\frac{x_1+x_2+\cdots+x_n}{n},\quad x_1,x_2,\cdots,x_n>0.$$

其中,左边的式子称为调和平均值,中间的式子称为几何平均值,右边的式子称为算术平均值.

九、复数

16世纪意大利数学家卡当(Jerome Cardan,1501—1576)第一个把复数的平方根写到了公式中.而给出"虚数"这一名称的是法国数学家笛卡儿.

莱昂哈德·欧拉(Leonhard Euler,1707—1783),瑞士数学家和物理学家,近代数学先驱之一

起初,很多数学家并不承认"虚数"概念.他们认为,"虚数"虚幻得不可思议.后来,一些数学家对这一新生事物产生了兴趣,并进行了深入研究.莱昂哈德·欧拉(Leonhard Euler,1707—1783)第一次用 i 来表示 -1 的平方根,并将其作为虚数单位.这为虚数研究提供了极大便利.后来,经过数学家们不懈的努力,虚数的神秘面纱渐渐被掀开,它的神奇和重要性越来越被大家所认识.

复数 z 被定义为二元有序实数对 (a,b),记为 $z=a+bi$,这里 a 和 b 是实数,i 是虚数单位.其中,$a=\mathrm{Re}(z)$ 称为实部,$b=\mathrm{Im}(z)$ 称为虚部.

称 $\sqrt{a^2+b^2}$ 为复数 $z=a+bi$ 的模,记为 $|z|$,即 $|z|=\sqrt{a^2+b^2}$.

称 $\bar{z}=a-bi$ 为 $z=a+bi$ 的共轭复数.显然,$|\bar{z}|=|z|$.

规定复数的运算法则如下:

加法法则:$(a+bi)+(c+di)=(a+c)+(b+d)i$.

乘法法则:$(a+bi)\cdot(c+di)=(ac-bd)+(bc+ad)i$;特别地,$z\bar{z}=|z|^2$.若 $z\neq 0$,则 $\frac{1}{z}=\frac{\bar{z}}{|z|^2}$.

除法法则:设 $z_2\neq 0$,则 $\frac{z_1}{z_2}=z_1\cdot\frac{1}{z_2}$.

欧拉公式:$\mathrm{e}^{ix}=\cos x+i\sin x$.(该公式的证明参看第十章第五节例10-15)

第一章

解析几何与向量代数

第一节　平面坐标系与平面曲线

一、平面直角坐标系

（一）平面直角坐标系的建立

如图 1-1 所示，在一个平面上选定一点 O，过点 O 引两条相互垂直的数轴，分别称为 **x 轴**和 **y 轴**. 我们说由点 O 及 x 轴和 y 轴构成**平面直角坐标系**，记作 xOy，其中点 O 称为**坐标原点**. 通常，将 x 轴置于水平位置，取向右的方向为正方向；将 y 轴置于垂直位置，取向上的方向为正方向. x 轴和 y 轴统称为**坐标轴**.

对平面上任意一点 P，过点 P 分别做与两坐标轴平行的直线，这两条直线分别交 x 轴于 x，交 y 轴于 y. 这样便得到一对有序数组 (x,y). 反之，任给一对有序数组 (x,y)，过 x 轴上 x 点做与 y 轴平行的直线，过 y 轴上 y 点做与 x 轴平行的直线，两直线交于点 P. 在这种对应规则下，平面上的点与二元有序数组一一对应. 而点是几何概念，有序数组是代数概念. 这样，几何与代数就联系起来了，可以用代数方程表示几何图形，用几何图形表示代数方程，用代数方法研究几何，用几何方法研究代数. 数组 (x,y) 称为点 P 的坐标.

平面直角坐标系 xOy 中任意两点 (x_1,y_1) 和 (x_2,y_2) 之间的距离为

$$d=\sqrt{(x_1-x_2)^2+(y_1-y_2)^2}.$$

（二）平面点集

R^1 表示全体实数的集合，即 $R^1=(-\infty,+\infty)$.

$R^2=\{(x,y)\mid -\infty<x<+\infty,-\infty<y<+\infty\}$ 表示 xOy 平面.

R^2 中的某些点构成的集合称为平面点集. $G=\{(x,y)\mid 1\leqslant x^2+y^2<4\}$ 是一个圆环形的平面点集，如图 1-2 中的阴影部分. $H=\{(x,y)\mid x\geqslant 0,y\geqslant 0\}$ 表示包含原点和 x，y 轴正半轴的第一象限.

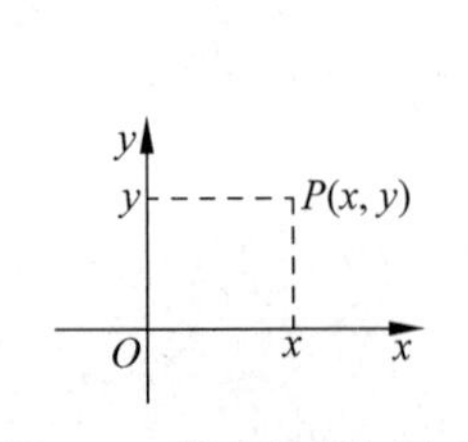

图 1-1　平面直角坐标系

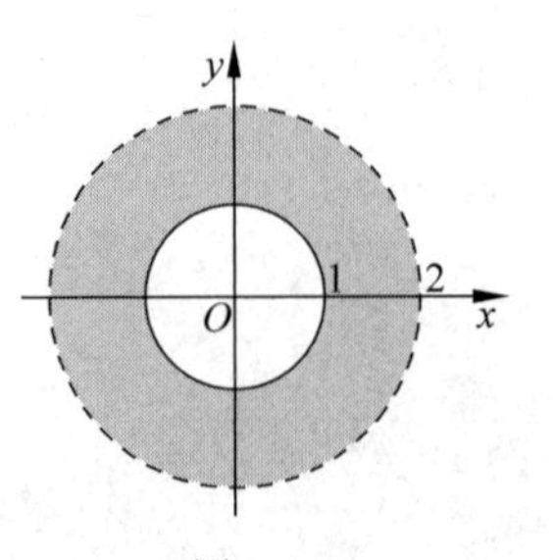

图　1-2

为了省事，平面点集 G 和 H 也可表示为：

$$G: 1 \leqslant x^2 + y^2 < 4;\ H: x \geqslant 0, y \geqslant 0.$$

二、极坐标系

极坐标是 17 世纪中叶引入的. 在一个平面上选定一点 O，称为**极点**，过原点 O 引一条数轴 Ox，称为极轴. 对平面上任意一点 $P(P \neq O)$，r 为点 P 到极点 O 的距离，称为点 P 的**极径**. θ 为从极轴沿逆时针方向旋转到直线段 OP 的转角（弧度），称为点 P 的**极角**，如图 1-3 所示. 这样，点 $P(P \neq O)$ 对应一对有序数组 (r, θ). 反过来，给定任意一对有序数组 $(r, \theta)(r \geqslant 0)$，都可找到唯一的一点 P，使点 P 的极径为 r，极角为 θ. 这样的 (r, θ) 称为极坐标. 极点 O 的极角为任意角，其极坐标通常记为 $(0, 0)$. 需要指出的是，原点的极角不能确定. 为了方便，规定原点的极角为任意角.

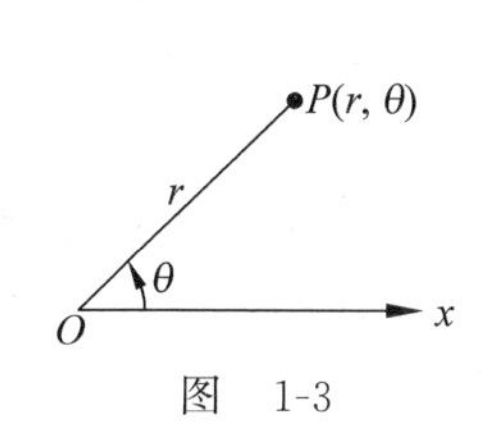

图　1-3

雅各布 · 伯努利（Jakob Bernoulli，1654—1705），瑞士数学家

牛顿和瑞士数学家 J. 伯努利是较早使用极坐标的人.

三、平面直角坐标与极坐标的转换

显然，直角坐标与极坐标之间有如下关系（图 1-4），称之为**极坐标变换公式**：

$$x = r\cos\theta, \quad y = r\sin\theta.$$

若平面曲线的直角坐标方程为 $f(x, y) = 0$，则将 $x = r\cos\theta$，$y = r\sin\theta$ 代入 $f(x, y) = 0$，有 $f(r\cos\theta, r\sin\theta) = 0$. 通常可将其表示为 $r = \varphi(\theta)$ 的形式.

四、常见平面曲线

（一）直线

平面直线的一般方程为 $Ax + By + C = 0$.

若 $B \neq 0$，则直线方程可表示为 $y = kx + b$，其中 k 为斜率，b 为在 y 轴上的截距，如图 1-5 所示.

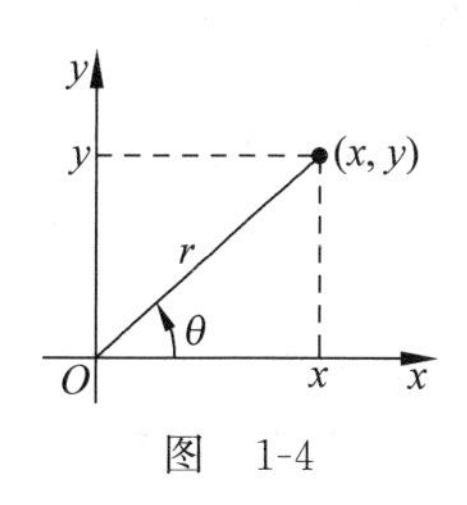

图　1-4

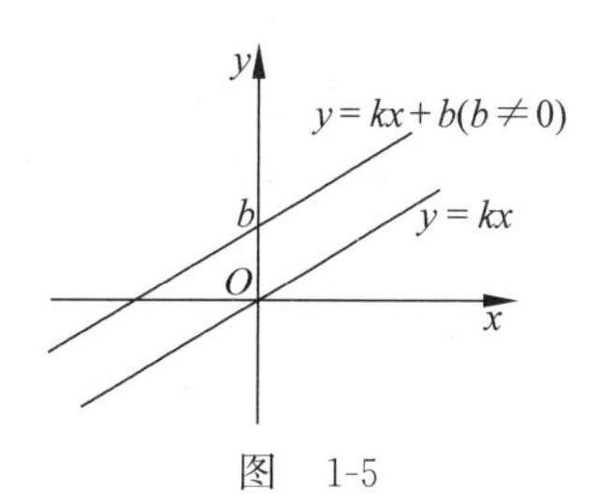

图　1-5

利用极坐标变换公式 $x=r\cos\theta, y=r\sin\theta$ 可将直线方程化为极坐标方程.

$y=kx+b(b\neq 0)$ 的极坐标方程为

$$r=\frac{b}{\sin\theta-k\cos\theta}.$$

$y=kx(k\neq 0)$ 的极坐标方程为 $\tan\theta=k$.

x 轴正半轴常用极坐标表示为 $\theta=0$ 或 $\theta=2\pi$；x 轴负半轴常用极坐标表示为 $\theta=\pi$ 或 $\theta=-\pi$.

y 轴正半轴常用极坐标表示为 $\theta=\frac{\pi}{2}$；y 轴负半轴常用极坐标表示为 $\theta=-\frac{\pi}{2}$.

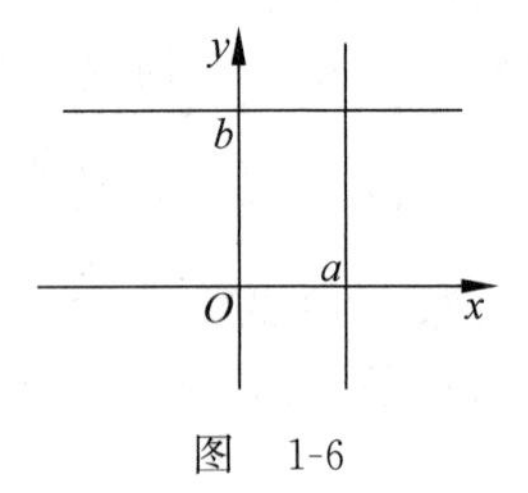

图 1-6

$x=a(a\neq 0)$ 的极坐标方程为 $r=a\sec\theta$，如图 1-6.

$y=b(b\neq 0)$ 的极坐标方程为 $r=b\csc\theta$，如图 1-6.

（二）圆

到一定点距离为常数 a 的点的轨迹称为圆. 定点称为圆心，a 称为半径.

圆心为 (x_0, y_0)、半径为 a 的圆的方程为 $(x-x_0)^2+(y-y_0)^2=a^2$. 其参数方程为 $\begin{cases}x=x_0+a\cos t\\ y=y_0+a\sin t\end{cases}$.

表 1-1　圆的方程及其图形

直角坐标方程	$x^2+y^2=a^2$	$(x-a)^2+y^2=a^2$	$x^2+(y-a)^2=a^2$
参数方程	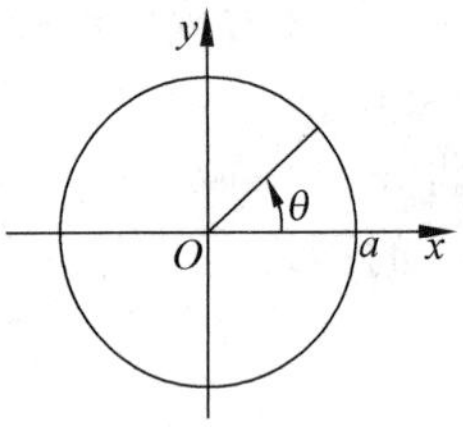 $\begin{cases}x=a\cos\theta\\ y=a\sin\theta\end{cases}$	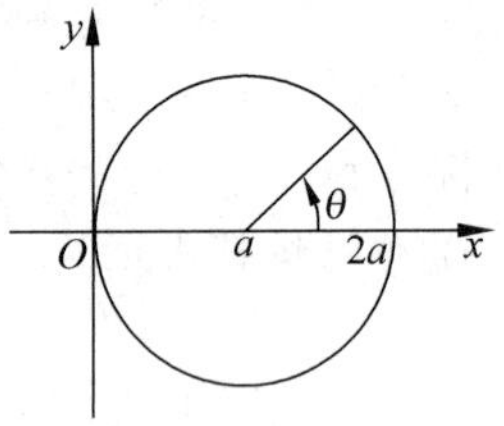 $\begin{cases}x=a(1+\cos\theta)\\ y=a\sin\theta\end{cases}$	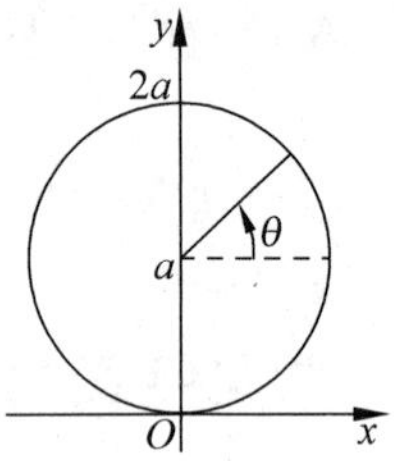 $\begin{cases}x=a\cos\theta\\ y=a(1+\sin\theta)\end{cases}$
极坐标方程	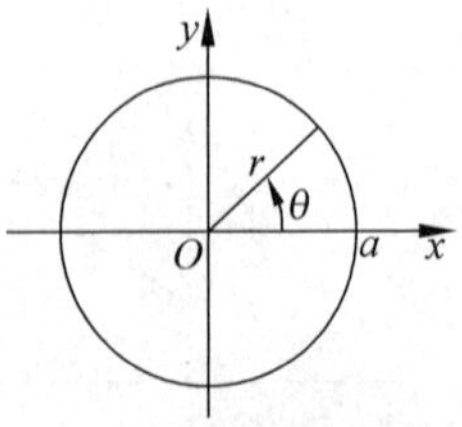 $r=a$	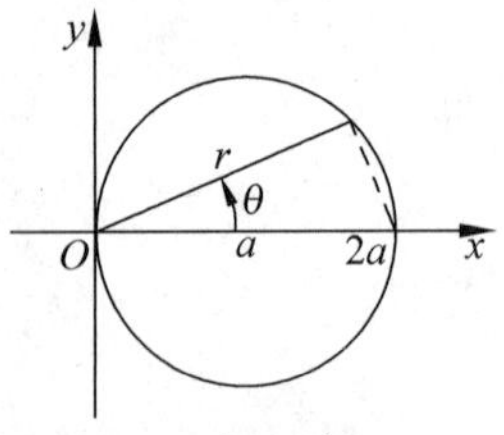 $r=2a\cos\theta$	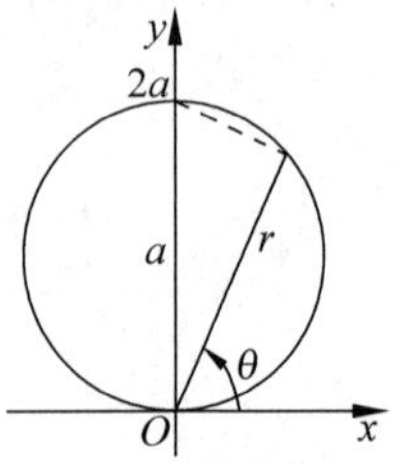 $r=2a\sin\theta$

（三）椭圆

到两定点距离之和为常数的点的轨迹称为椭圆，如图 1-7 所示.

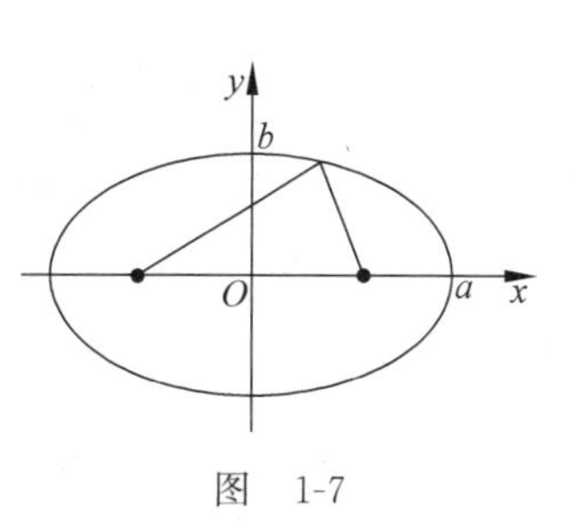

图　1-7

设两定点的坐标分别为$(-c,0)$和$(c,0)$，椭圆上的点到两定点的距离之和为 $2a(a>c>0)$，$b=\sqrt{a^2-c^2}$，则椭圆的直角坐标方程为

$$\frac{x^2}{a^2}+\frac{y^2}{b^2}=1,$$

其参数方程为

$$\begin{cases}x=a\cos t\\y=b\sin t\end{cases}\quad(0\leqslant t\leqslant 2\pi).$$

椭圆的光学特性：从椭圆的某一焦点发出的光线经椭圆反射后必经过另一焦点，如图 1-8 所示. 我们将应用微分学方法证明这一特性. 图 1-9 展示了从椭圆内一点发出的光线经椭圆反射后的效果.

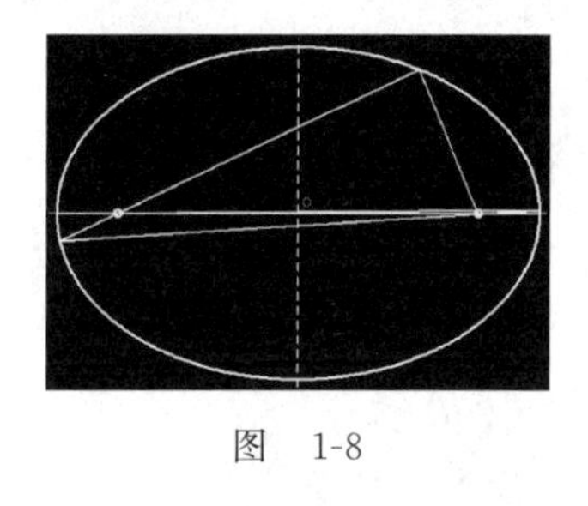
图　1-8

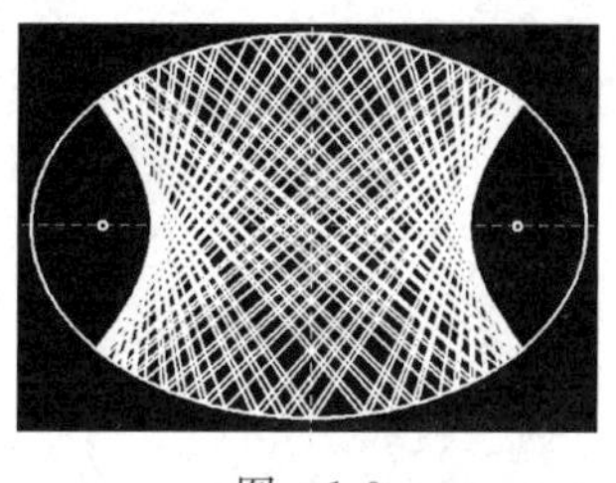
图　1-9

（四）抛物线

到一定点和一定直线距离相等的点的轨迹称为抛物线. 如图 1-10 展示的是到定点$\left(0,\frac{p}{2}\right)$和定直线 $y=-\frac{p}{2}$ 距离相等的点的轨迹. 容易推出，该抛物线的直角坐标方程为

$$x^2=2py\quad 或\quad y=\frac{1}{2p}x^2.$$

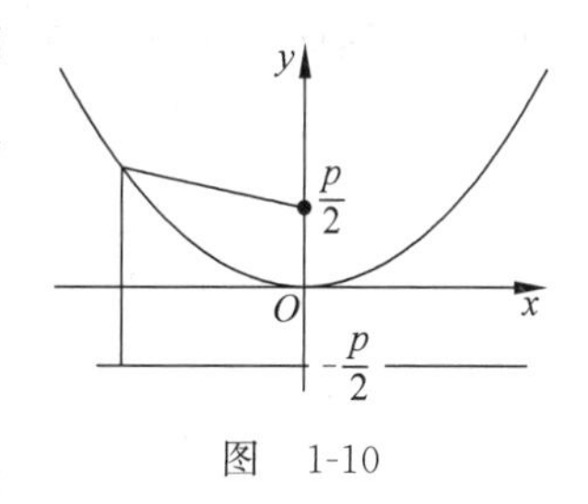

图　1-10

该类抛物线被称为顶点在原点$(0,0)$、开口向上的抛物线. y 轴为其对称轴. 定点$\left(0,\frac{p}{2}\right)$称为焦点.

一般地，抛物线的方程为 $y=ax^2+bx+c(a\neq0)$或 $x=ay^2+by+c(a\neq0)$.

图 1-11 给出了其他一些类型的抛物线.

意大利物理学家伽利略(Galileo，1564—1642)发现，物体斜抛运动的轨道是抛物线.

抛物线的光学特性：从焦点发出的光线经抛物线反射后沿与对称轴平行的方向平行射向无穷远方；沿与对称轴平行的方向平行射向抛物线的光线经抛物线反射后汇聚于焦点，如图 1-12 所示. 这一特性可用微分学方法证明.

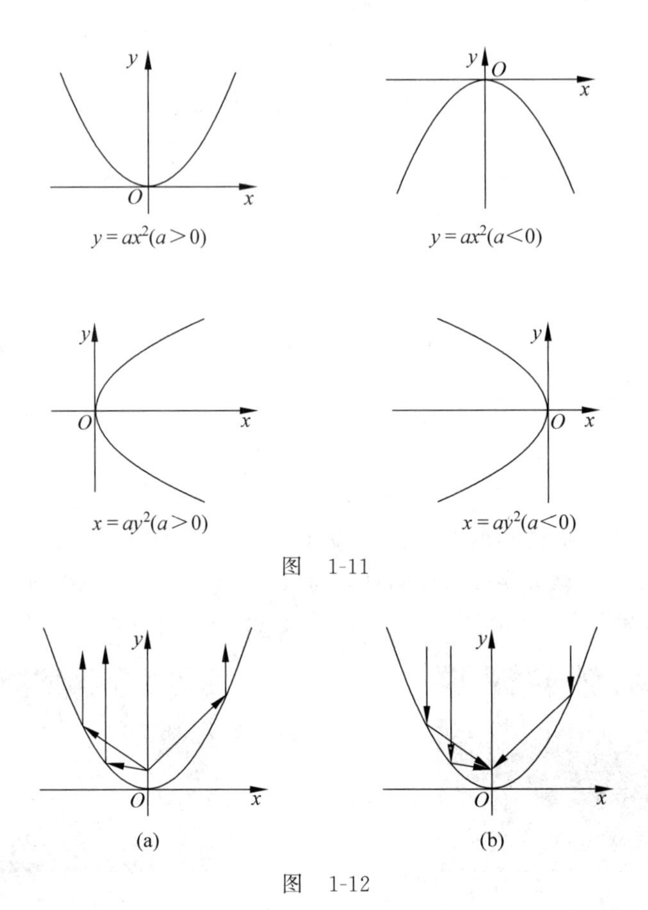

图 1-11

图 1-12

（五）双曲线

(1) 到两定点的距离差恒为定常数的点的轨迹称为双曲线. 图 1-13 所展示的是到两定点$(-c,0)$和$(c,0)$的距离差为 $2a$ 的双曲线. 令 $b=\sqrt{c^2-a^2}$，则易证该曲线的方程为

$$\frac{x^2}{a^2}-\frac{y^2}{b^2}=1 \quad (a^2+b^2=c^2).$$

称两定点$(-c,0)$和$(c,0)$为焦点，它们之间的距离 $2c$ 为焦距.

称$(-a,0)$和$(a,0)$为双曲线的顶点，它们之间的连线称为实轴. 习惯上，称 x 轴为实轴、a 为实半轴.

因为该双曲线与 y 轴无交点，或者说，令 $x=0$ 时，得 $y=\pm bi$（$i=\sqrt{-1}$ 为虚数单位），因而称 y 轴为虚轴.

(2) 到两定点$(0,-c)$和$(0,c)$的距离差为 $2b$ 的双曲线的方程为

$$-\frac{x^2}{a^2}+\frac{y^2}{b^2}=1 \quad (a^2+b^2=c^2).$$

此时，$(0,-c)$和$(0,c)$为焦点，$(0,-b)$和$(0,b)$为顶点，y 轴为实轴，x 轴为虚轴，如图 1-14 所示.

双曲线的光学特性：从焦点发出的射线经双曲线反射后相当于从另一焦点发出的射

线，如图 1-15 所示．这一特性可用微分学方法证明．

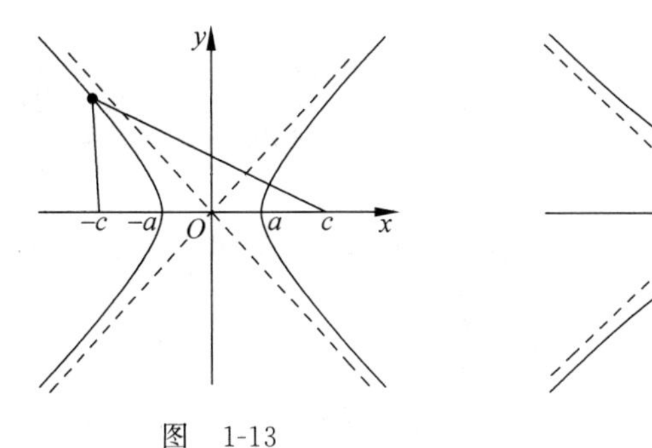

图　1-13

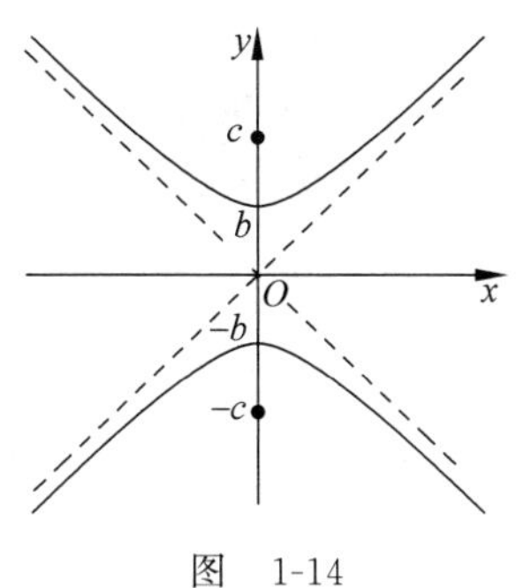

图　1-14

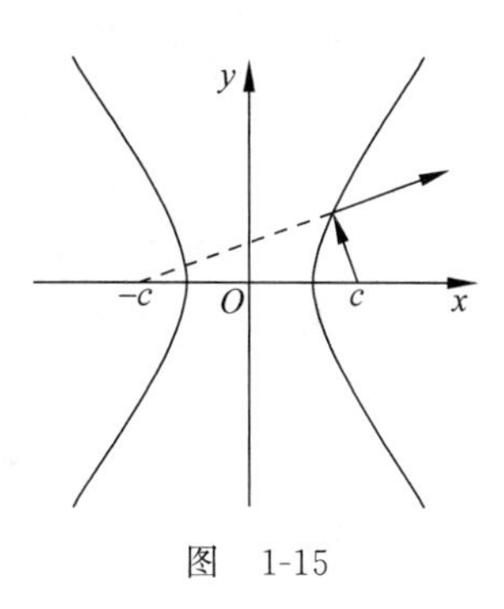

图　1-15

(3) 等边(轴)双曲线 $y=\dfrac{1}{x}$．将 xOy 坐标系绕原点逆时针旋转 45°，得到新坐标系 uOv．

可以推得

$$x+y=\sqrt{2}u,\quad y-x=\sqrt{2}v.$$

$$x=\frac{u+v}{\sqrt{2}},\quad y=\frac{u-v}{\sqrt{2}}.$$

代入 $xy=1$ 得 $\dfrac{u^2}{2}-\dfrac{v^2}{2}=1$．由此可以看出，这是双曲线，并且实轴和虚轴相等，即是"等边(轴)双曲线"，如图 1-16 所示．

(六) 摆线(旋轮线)

一圆沿直线滚动时，圆上一定点的轨迹称为摆线或旋轮线，如图 1-17 所示．

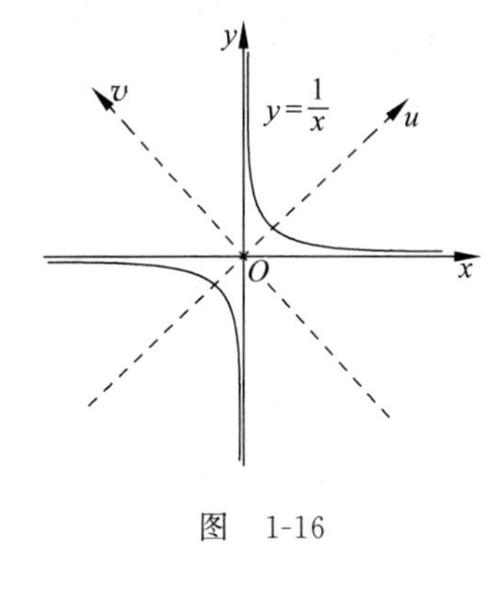

图　1-16

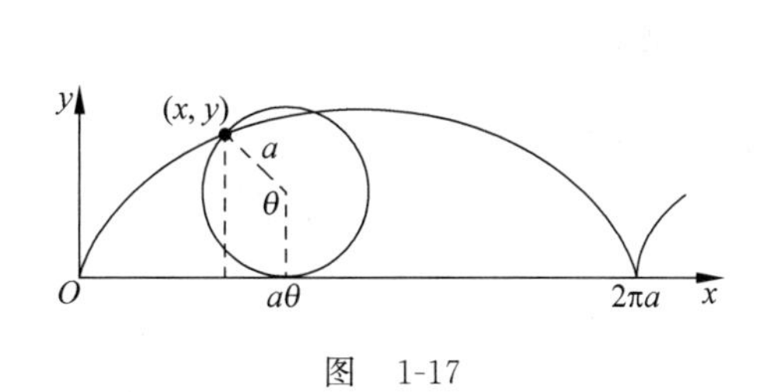

图　1-17

设动圆的半径为 a，沿直角坐标系中的 x 轴滚动，圆上定点的初始位置在坐标原点，则容易证明其所生成的摆线的方程为

$$\begin{cases}x=a(\theta-\sin\theta)\\ y=a(1-\cos\theta)\end{cases}.$$

其中 θ 为圆心与圆上顶点的连线所转过的角度．

动圆旋转一周所生成的摆线称为摆线的一拱．

应用微积分学方法可以证明，摆线具有如下性质：

i. 摆线一拱的长度等于动圆直径的 4 倍.

ii. 摆线一拱与 x 轴围成图形的面积是动圆面积的 3 倍.

iii. 将摆线的一拱倒置. 一枚小钢珠从摆线的任意位置开始沿摆线自由下滑到达摆线底部所用的时间相同，如图 1-18 所示.

iv. 当一枚小钢珠沿曲线自由下滑时，摆线是令其下滑最快的曲线. 因而摆线是最速下滑线.

v. 将摆线相邻两拱倒置. 将一根细线系在两拱中间，下端系一个小钢珠. 将钢珠拽到一定位置后松开令其自由摆动，如图 1-19 所示. 可以证明，钢珠来回摆动的周期与其初始位置无关，而只和线长有关. 据此可制造钟摆. 可以证明，当线长等于摆线一拱弧长的一半时，钢珠的运动轨迹也是摆线.

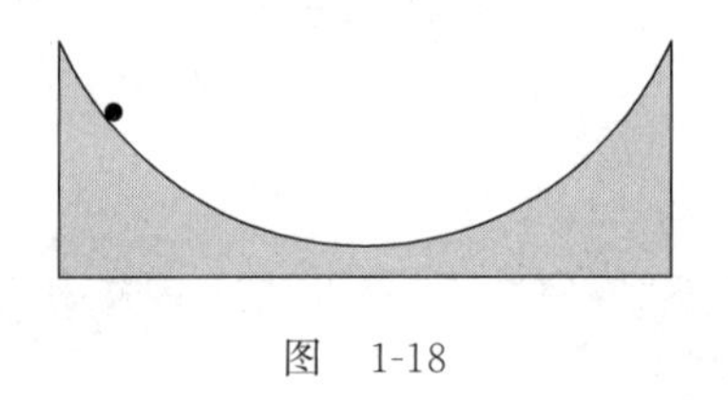

图 1-18

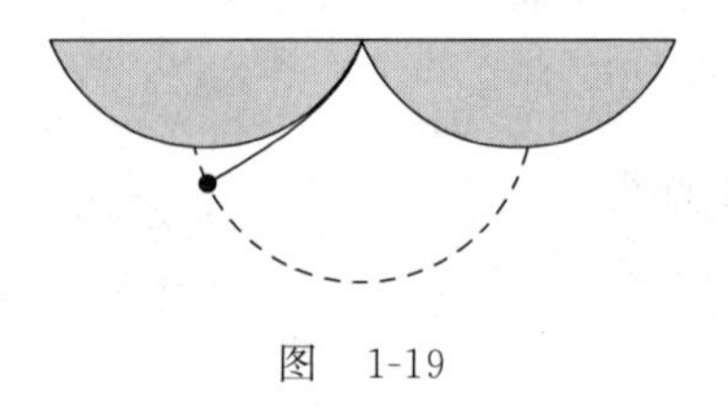

图 1-19

（七）心脏(形)线

一动圆沿与其半径相同的定圆的外缘滚动时，动圆上一定点的轨迹称为心脏(形)线.

若两圆半径为 a，两圆心连线位于极坐标系的极轴上，极点在定圆上，如图 1-20 所示，则心脏(形)线的极坐标方程为

$$r=a(1+\cos\theta)(0\leqslant\theta\leqslant 2\pi).$$

在一个凄婉的爱情故事里，这个方程成了一位数学家向他的恋人表达爱情的密码情书.

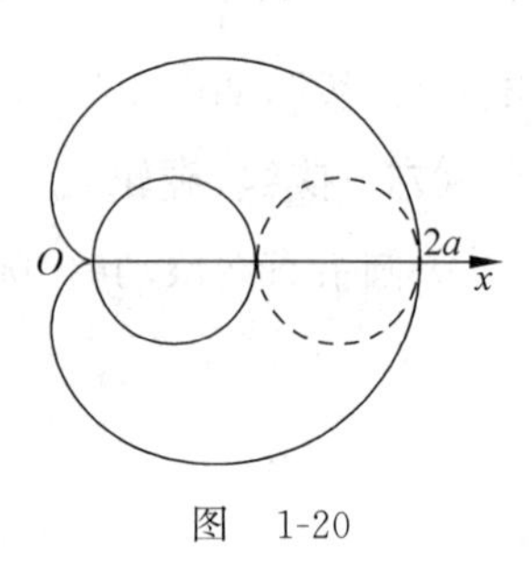

图 1-20

（八）星形线

一半径为 a 的动圆沿一半径为 $4a$ 的定圆的内缘滚动时，动圆上一定点的轨迹称为星形线，如图 1-21 所示. 其直角坐标方程为

$$x^{\frac{2}{3}}+y^{\frac{2}{3}}=a^{\frac{2}{3}},$$

参数方程为

$$\begin{cases}x=a\cos^3\theta\\ y=a\sin^3\theta\end{cases}.$$

图 1-22 所示为两根等长的直杆 OB 和 BE 连在一起，连接关节可转动和移动，而 OB 的一端 O 可转动但不能移动. 开始时，两杆并在一起，位于 OA 位置. 然后拉动 BE，使之往点 D 方向移动，直至两杆处于 OCD 位置. 可以证明：杆 BE 在移动过程中所扫过的平面区域的边界曲线 ABD 由八分之一圆弧 AB 和八分之一星形线 BD 构成. 一些公交车门就是由这样对称的两组折扇构成的. 其中 OCD 是导轨.

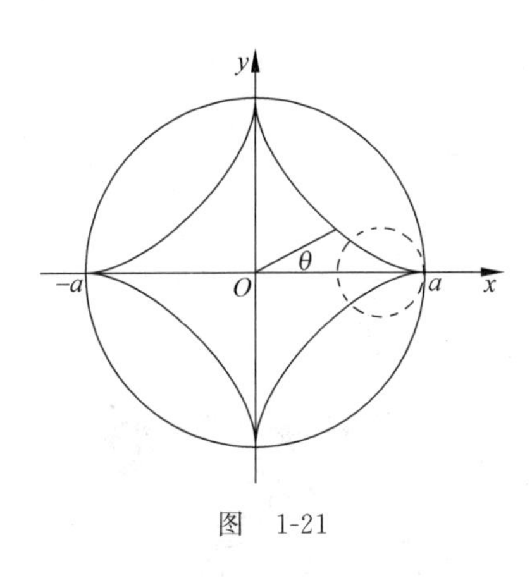

图　1-21

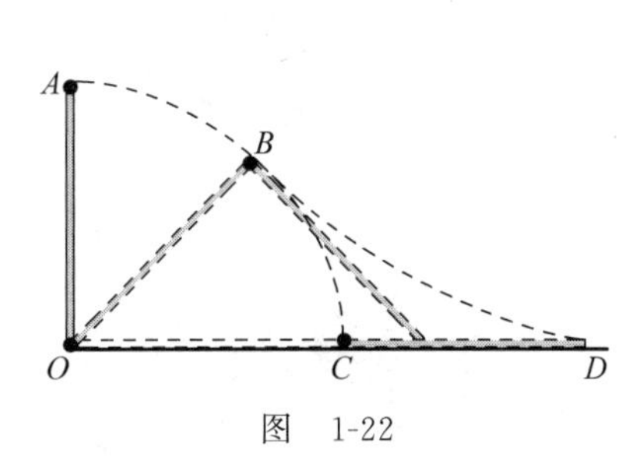

图　1-22

（九）圆的渐开（伸）线

拽着缠绕在圆上的细线直直地拉开，线头的轨迹称为圆的渐开（伸）线，如图 1-23 所示．其参数方程为

$$\begin{cases} x = a(\cos\theta + \theta\sin\theta) \\ y = a(\sin\theta - \theta\cos\theta) \end{cases}.$$

（十）阿基米德螺线

一细杆绕原点做匀速圆周运动，同时，细杆上一动点沿细杆向外做匀速运动，动点的轨迹称为阿基米德螺线，如图 1-24 所示．如果一动点沿细杆向外的运动速度与其做圆周运动的角速度之比为 a，则其轨迹方程可用极坐标表示为 $r = a\theta$．

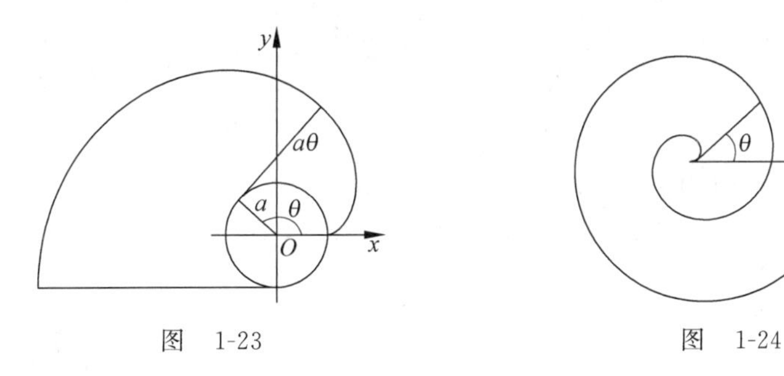

图　1-23　　　　图　1-24

（十一）对数螺线（等角螺线）

对数螺线也称等角螺线，是由笛卡儿在 1683 年发现的，J. 伯努利后来对其进行了详细深入的研究．对数螺线的方程为 $r = e^{a\theta}$．

图 1-25 中的两条曲线分别是 $a>0$ 和 $a<0$ 时的对数螺线．图 1-26 展示了自然界中呈现对数螺线形的现象，如蜗牛的壳（左上）、向日葵籽的排列（左下）、漩涡（中上）、螺旋星系的旋臂（中下）和台风卫星云图（右）．

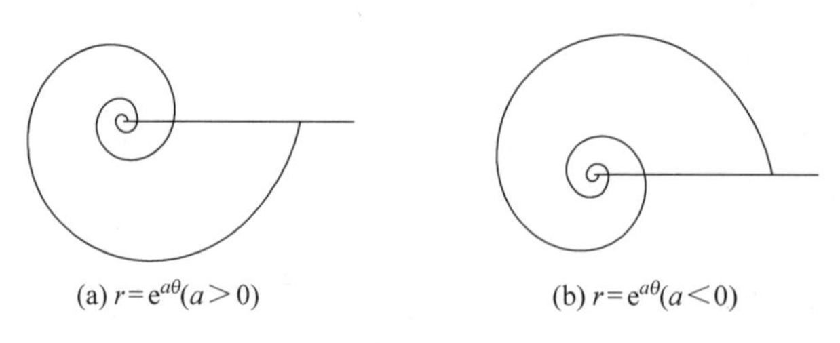

(a) $r=\mathrm{e}^{a\theta}(a>0)$　　(b) $r=\mathrm{e}^{a\theta}(a<0)$

图　1-25

图　1-26

（十二）双纽线

到两定点之间的距离的乘积为该两定点之间距离之半的平方的点的轨迹，称为双纽线，如图 1-27 所示. 此曲线是由数学家 J. 伯努利 1694 年引入的. 其直角坐标方程为

$$(x^2+y^2)^2=a^2(x^2-y^2).$$

极坐标方程为

$$r^2=a^2\cos2\theta\left(-\frac{\pi}{4}\leqslant\theta\leqslant\frac{\pi}{4}\text{ 或 }\frac{3\pi}{4}\leqslant\theta\leqslant\frac{5\pi}{4}\right).$$

（十三）玫瑰线

三叶玫瑰线 $r=a\cos3\theta, 0\leqslant\theta\leqslant2\pi$，如图 1-28 所示.

四叶玫瑰线 $r=a|\cos2\theta|, 0\leqslant\theta\leqslant2\pi$，如图 1-29 所示.

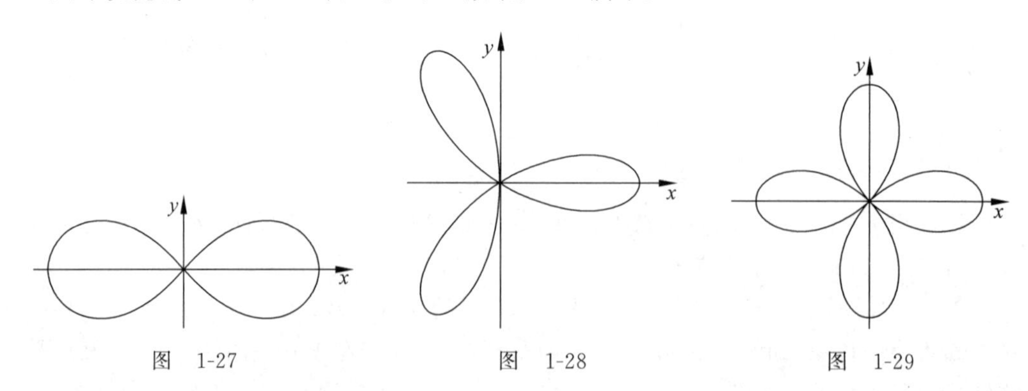

图　1-27　　图　1-28　　图　1-29

除了上述曲线以外，还有其他类型的迷人的曲线. 这些曲线各具特色. 机械设计师们采用上述曲线设计出了多种多样的齿轮、蜗杆和凸轮，用于各种传动机构，如图 1-30 所示.

图　1-30

在线自测

习题 1-1

1. 写出下列直角坐标方程所表示的圆的极坐标方程：

(1) $x^2+y^2=4$；(2) $(x-1)^2+y^2=1$；(3) $x^2+(y-2)^2=4$；

(4) $(x-1)^2+(y-1)^2=2$.

2. 写出下列抛物线的极坐标方程：

(1) $y=x^2$；(2) $x=y^2$.

3. 写出双曲线 $xy=1$ 的极坐标方程.

第二节　空间直角坐标系　曲面与空间曲线

一、空间直角坐标系

在空间中选定一点 O，过点 O 引 3 条相互垂直的数轴，分别称为 x 轴、y 轴和 z 轴. 我们说由点 O 及 x 轴、y 轴和 z 轴构成空间直角坐标系，记作 $Oxyz$，其中点 O 称为**坐标原点**. x 轴、y 轴和 z 轴统称为**坐标轴**. 通常，将 x 轴和 y 轴置于水平面上，z 轴垂直于 x 轴和 y 轴. x 轴、y 轴和 z 轴正向依次符合右手螺旋定则，如图 1-31 所示. 由 x 轴和 y 轴所确定的平面称为 xOy 坐标平面，由 y 轴和 z 轴所确定的平面称为 yOz 坐标平面，由 z 轴和 x 轴所确定的平面称为 zOx 坐标平面.

三个坐标面把空间分为八个区域，称为八个卦限. 如果从上往下看，由三个坐标轴的正半轴所确定的卦限称为第Ⅰ卦限，再按逆时针方向依次为Ⅱ、Ⅲ、Ⅳ卦限；Ⅰ、Ⅱ、Ⅲ、Ⅳ卦限的下面分别对应着Ⅴ、Ⅵ、Ⅶ、Ⅷ卦限，如图 1-32 所示.

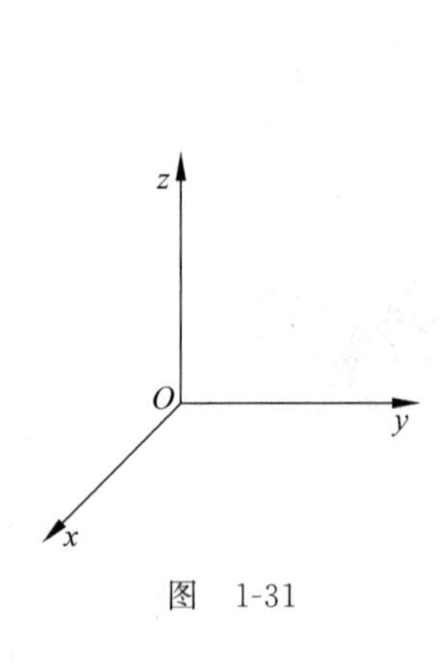

图 1-31

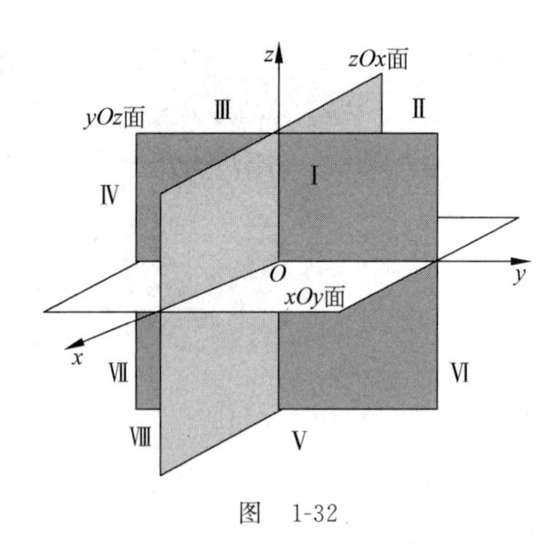

图 1-32

对空间中任意一点 M，过点 M 分别作与三个坐标面平行的平面，这三个平面分别交 x 轴、y 轴和 z 轴于 x,y,z. 这样便得到一个三元有序数组 (x,y,z)，称之为点 M 的坐标. 反之，任给一个三元有序数组 (x,y,z)，过 x 轴上点 x 作与 yOz 坐标面平行的平面，过 y 轴上点 y 作与 zOx 坐标面平行的平面，过 z 轴上点 z 作与 xOy 坐标面平行的平面，三个平面交于点 M，如图 1-33 所示. 在这种对应规则下，空间中的点与三元有序数组一一对应. 坐标原点 O 的坐标为 $(0,0,0)$. 点是几何概念，有序数组是代数概念. 这样，几何与代数就联系起来了，可以用代数方程表示几何图形，用几何图形表示代数方程；用代数方法研究几何，用几何方法研究代数.

二、空间两点间的距离公式

设 $M_1(x_1,y_1,z_1)$ 和 $M_2(x_2,y_2,z_2)$ 为空间中两点，且两点之间的连线不平行于坐标面. 过两点分别作平行于各坐标面的平面，这六个平面围成一个长方体，如图 1-34 所示. 其棱长分别为

$$|M_1P|=|x_2-x_1|,\quad |PN|=|y_2-y_1|,\quad |M_2N|=|z_2-z_1|.$$

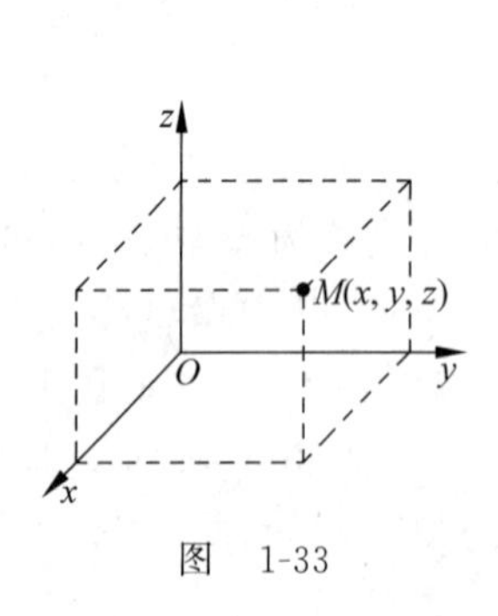

图 1-33

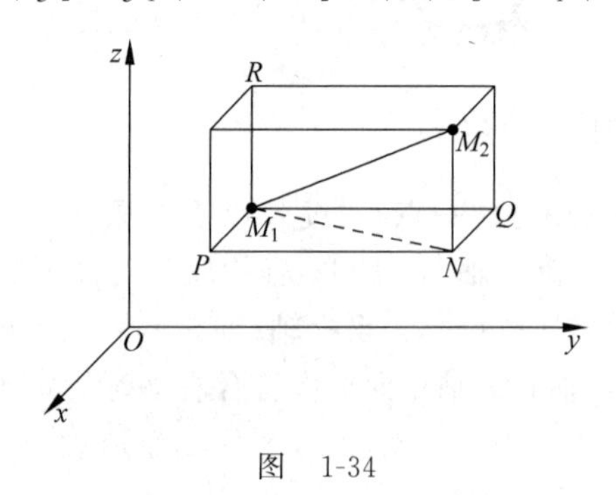

图 1-34

于是，$M_1(x_1,y_1,z_1)$ 和 $M_2(x_2,y_2,z_2)$ 之间的距离为

$$d=|M_1M_2|=\sqrt{|M_1N|^2+|M_2N|^2}=\sqrt{|M_1P|^2+|PN|^2+|M_2N|^2},$$

即有

$$d=\sqrt{(x_2-x_1)^2+(y_2-y_1)^2+(z_2-z_1)^2}. \tag{1-1}$$

易知,当 M_1 与 M_2 的连线平行于坐标面时,公式(1-1)仍然成立.

特别地,点 $M(x,y,z)$ 到原点的距离为

$$d=\sqrt{x^2+y^2+z^2}. \tag{1-2}$$

三、曲面及其方程

(一) 曲面方程的概念

$F(x,y,z)=0$ 称为曲面 S 的方程是指:

i. 曲面 S 上任一点的坐标都满足该方程.

ii. 不在曲面 S 上的点都不满足该方程.

例 1-1 求到两点 $A(1,-2,-1)$ 和 $B(2,1,3)$ 之间的距离相等的点的轨迹所满足的方程.

解:到所给两点距离相等的点 (x,y,z) 应满足

$$\sqrt{(x-1)^2+(y+2)^2+(z+1)^2}=\sqrt{(x-2)^2+(y-1)^2+(z-3)^2},$$

平方并整理,得 $x+3y+4z-4=0$. 易知,这是一个平面,称为线段 AB 的垂直平分面.

例 1-2 以点 (x_0,y_0,z_0) 为球心、R 为半径的球面方程为

$$(x-x_0)^2+(y-y_0)^2+(z-z_0)^2=R^2 \tag{1-3}$$

特别地,以原点为球心、R 为半径的球面方程为

$$x^2+y^2+z^2=R^2 \tag{1-4}$$

如图 1-35 所示.

例 1-3 到空间一条定直线的距离恒为常数的点所构成的曲面称为圆柱面. 到 z 轴的距离恒为常数 a 的点构成以 z 轴为中心轴的圆柱面. 其方程为

$$x^2+y^2=a^2 \tag{1-5}$$

如图 1-36 所示.

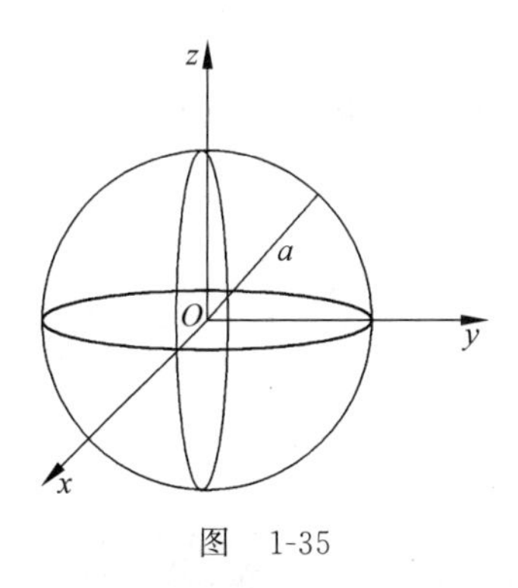

图 1-35

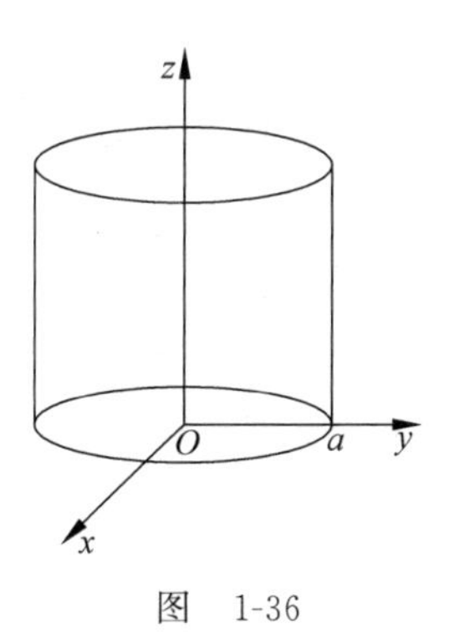

图 1-36

例 1-4 求到三个坐标轴正半轴距离相等的第Ⅰ卦限中点的轨迹方程.

解:设点 $M(x,y,z)$ 到三个坐标轴正半轴的距离相等,且 $x,y,z\geqslant 0$. 因为点 M 到 x,y,z 轴的距离分别为 $\sqrt{y^2+z^2}$, $\sqrt{z^2+x^2}$ 和 $\sqrt{x^2+y^2}$,所以有

$$\sqrt{y^2+z^2}=\sqrt{z^2+x^2}=\sqrt{x^2+y^2}\ (x,y,z\geqslant 0)$$

化简,得

$$x=y=z(x,y,z\geqslant 0)$$

或

$$\begin{cases}x=y\\ y=z\end{cases}\quad(x,y,z\geqslant 0)\tag{1-6}$$

(二) 旋转曲面

空间中一条曲线绕一条定直线旋转一周所得到的曲面称为**旋转曲面**.作旋转的曲线称为母线,定直线称为旋转轴.

将 yOz 坐标面上的曲线 $f(y,z)=0$ 绕 z 轴旋转可以得到一个旋转曲面,如图 1-37 所示.

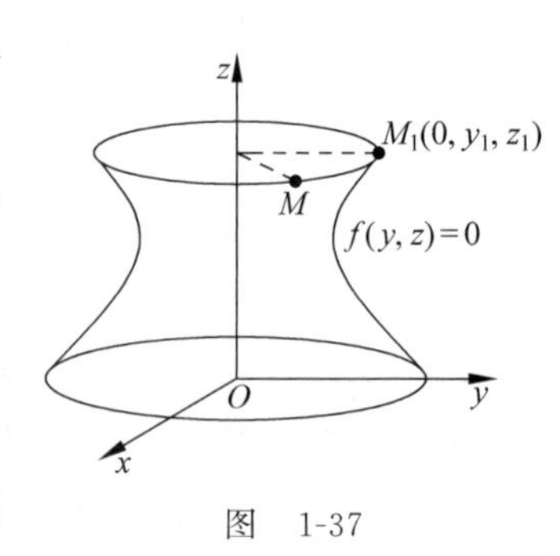

图 1-37

设 $M(x,y,z)$ 是旋转曲面上任意一点,它是由 yOz 坐标面上的点 $M_1(0,y_1,z_1)$ 绕 z 轴旋转得到的,则有

$$z=z_1,\quad x^2+y^2=y_1^2,\quad f(y_1,z_1)=0.$$

即 $\quad z_1=z,\quad y_1=\pm\sqrt{x^2+y^2},\quad f(y_1,z_1)=0.$

由此可得 $f(\pm\sqrt{x^2+y^2},z)=0$.于是,由 yOz 面上的曲线 $f(y,z)=0$ 绕 z 轴旋转而成的旋转曲面的方程为

$$f(\pm\sqrt{x^2+y^2},z)=0\tag{1-7}$$

该旋转曲面方程就是将 yOz 面上的曲线方程 $f(y,z)=0$ 中的旋转轴坐标 z 不变,而将另一个坐标 y 换成 $\pm\sqrt{x^2+y^2}$ 得到的.

类似可得,由 yOz 面上的曲线 $f(y,z)=0$ 绕 y 轴旋转而成的旋转曲面的方程为

$$f(y,\pm\sqrt{x^2+z^2})=0\tag{1-8}$$

仿此,可以写出任意坐标面上的曲线绕坐标轴旋转的旋转曲面的方程.

例 1-5 将 yOz 面上的抛物线 $y^2=2pz$ 绕 z 轴旋转而成的旋转曲面称为旋转抛物面,如图 1-38 所示,其方程为

$$x^2+y^2=2pz\tag{1-9}$$

卫星接收天线,通常做成一个金属旋转抛物面.它能够将卫星信号反射到位于焦点处的馈源和高频头(LNB)内,如图 1-39 所示.

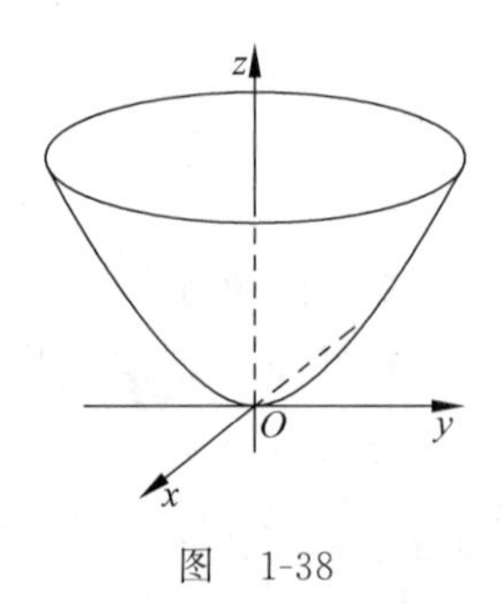

图 1-38

图 1-39

例 1-6　将 yOz 面上的双曲线$\frac{y^2}{a^2}-\frac{z^2}{c^2}=1$绕 y 轴旋转而成的旋转曲面称为旋转双叶双曲面，如图 1-40(a)所示，其方程为

$$\frac{y^2}{a^2}-\frac{x^2+z^2}{c^2}=1 \tag{1-10}$$

绕 z 轴旋转而成的旋转曲面称为单叶旋转双曲面，如图 1-40(b)所示，其方程为

$$\frac{x^2+y^2}{a^2}-\frac{z^2}{c^2}=1 \tag{1-11}$$

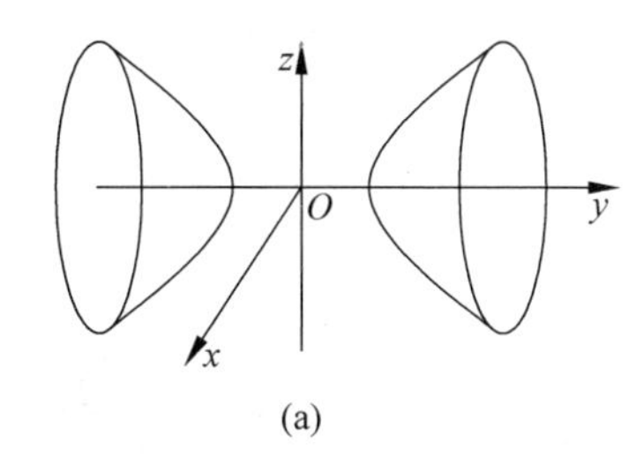

(a)

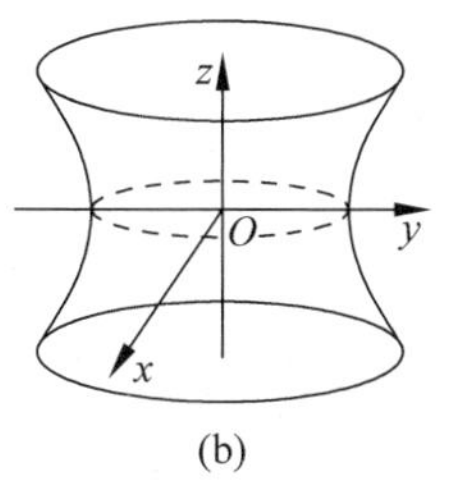

(b)

图　1-40

火电厂、核电站用水量巨大. 对于水源不十分充足的地区的电厂，为了节约用水，需建造循环冷却水系统，以使得冷却器中排出的热水经冷却后可重复使用. 图 1-41 展示的是旋转双曲面型循环水自然通风冷却塔，它是一种大型薄壳型构筑物. 塔内上部为风筒，筒壁第一节(下环梁)以下为配水槽和淋水装置. 塔底有一个蓄水池. 淋水装置是使水蒸发散热的主要设备. 运行时，水从配水槽向下流淋滴溅，空气从塔底侧面进入，与水充分接触后带着热量向上排出. 冷却过程以蒸发散热为主，一小部分为对流散热. 双曲线型冷却塔比水池式冷却构筑物占地面积小、布置紧凑、结构稳定性好、水量损失小，且冷却效果不受风力影响. 它又比机力通风冷却塔维护简便、节约电能. 因而大型电厂采用的冷却构筑物多为旋转双曲面型循环水自然通风冷却塔.

图　1-41

例 1-7　空间中一条直线绕另一条与之相交但不重合的直线旋转而得到的曲面称为圆锥面. 将 yOz 面上的直线 $z=ky$ 绕 z 轴旋转而成的圆锥面(图 1-42)的方程为

$$z=\pm k\sqrt{x^2+y^2} \tag{1-12}$$

或

$$z^2=k^2(x^2+y^2) \tag{1-13}$$

（三）柱面

一条平行于 z 轴的动直线沿着 xOy 面上的曲线 $F(x,y)=0$ 移动，则它在空间中"扫"出一个曲面. 这个曲面称为**柱面**，如图 1-43 所示. 平面曲线 $F(x,y)=0$ 称为**准线**，动直线称为母线. 设(x,y,z)为该柱面上任一点，且它和 xOy 平面上的点$(x_1,y_1,0)$在同一条平行于 z 轴的直线上. 显然 $x=x_1$，$y=y_1$. 于是 $F(x,y)=F(x_1,y_1)=0$. 即该柱面的方程为 $F(x,y)=0$. 由此可以看出，方程 $F(x,y)=0$ 在平面直角坐标系 xOy 中表示平面曲线，而在空间直角坐标系中表示以 xOy 中的曲线 $F(x,y)=0$ 为准线，母线平行于 z 轴的柱面.

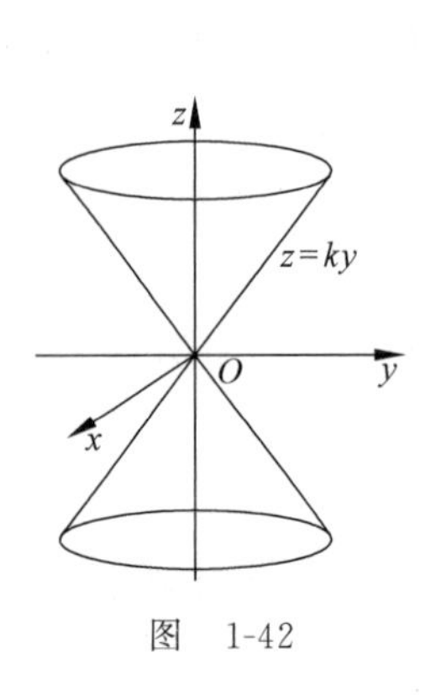

图 1-42

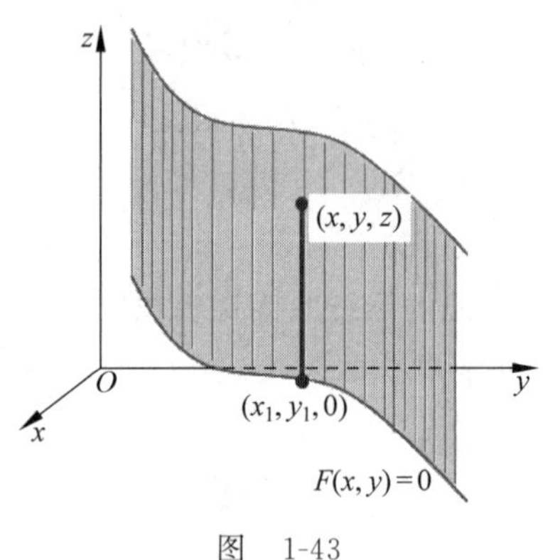

图 1-43

类似地，在空间直角坐标系中，$F(y,z)=0$(缺少 x)是母线平行于 x 轴的柱面；$F(x,z)=0$(缺少 y)是母线平行于 y 轴的柱面.

如 $y=z^2$ 是母线平行于 x 轴的**抛物柱面**，$2x^2+3z^2=4$ 是母线平行于 y 轴的**椭圆柱面**，$-2x^2+3y^2=1$ 是母线平行于 z 轴的**双曲柱面**，如图 1-44 所示.

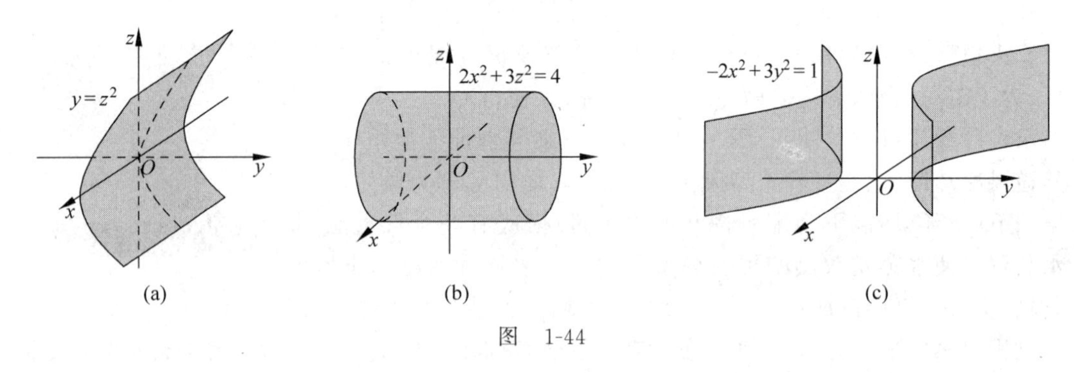

图 1-44

(四) 二次曲面

三元二次方程所表示的曲面称为**二次曲面**. 相应地，平面被称为**一次曲面**.

因为不太容易根据二次曲面的方程画出其图形，所以分析二次曲面的时候经常采用**截痕法**：一是分析曲面与各坐标面的交线，二是分析平行于各坐标面的平面与曲面的交线. 这样可以帮助分析掌握曲面的形状.

1. 椭球面(图 1-45)

$$\frac{x^2}{a^2}+\frac{y^2}{b^2}+\frac{z^2}{c^2}=1 \tag{1-14}$$

特别地，当 $a=b$ 时，

$$\frac{x^2}{a^2}+\frac{y^2}{a^2}+\frac{z^2}{c^2}=1 \tag{1-15}$$

这可由 yOz 坐标面上的椭圆$\frac{y^2}{a^2}+\frac{z^2}{c^2}=1$ 绕 z 轴旋转而成，因而称为**旋转椭球面**.

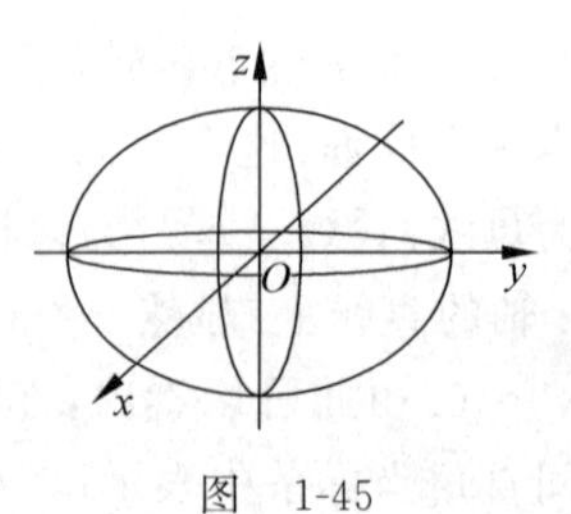

图 1-45

当 $a=b=c$ 时，椭球面为球面 $x^2+y^2+z^2=a^2$.

2. 抛物面(图 1-46)

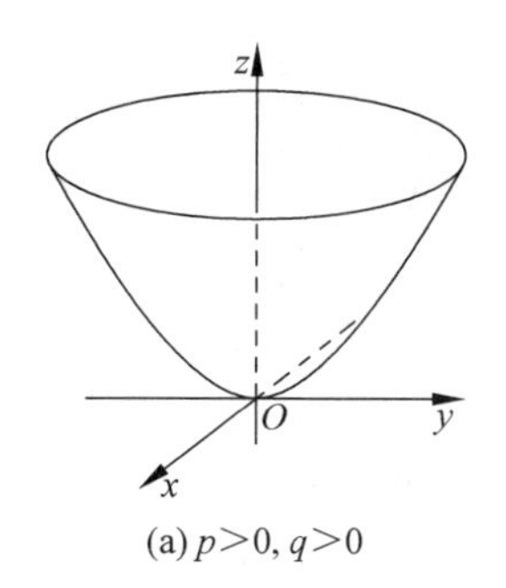

(a) $p>0, q>0$

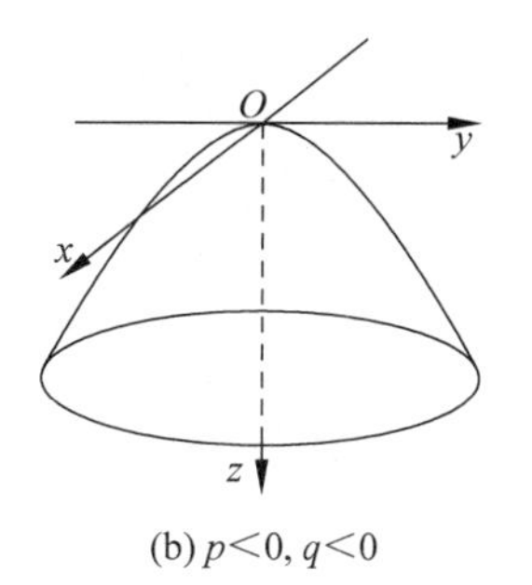

(b) $p<0, q<0$

图　1-46

$$\frac{x^2}{2p}+\frac{y^2}{2q}=z\,(p\text{ 与 }q\text{ 同号})\tag{1-16}$$

当 $p\neq q$ 时,称为**椭圆抛物面**;当 $p=q$ 时,称为**旋转抛物面**.

3. 双曲抛物面(马鞍面)

在 yOz 坐标面上设置一条开口向上的抛物线,然后在 zOx 面上设置一条开口向下的抛物线,让开口向下的抛物线的顶点沿着开口向上的抛物线滑动,且在滑动过程中,其顶点一直平行于 zOx 面.这样,开口向下的抛物线的轨迹所形成的曲面称为**双曲抛物面**.因其形状很像马鞍,故又称马鞍面,如图 1-47 所示.其方程为

$$-\frac{x^2}{2p}+\frac{y^2}{2q}=z\,(p\text{ 与 }q\text{ 同号})\tag{1-17}$$

由于双曲抛物面具有利于排水、防渗漏、减轻自重、受力性能好、造型优美等特点,双曲抛物面可被用来作为一些建筑设计的顶盖,如图 1-48 所示的广州星海音乐厅.

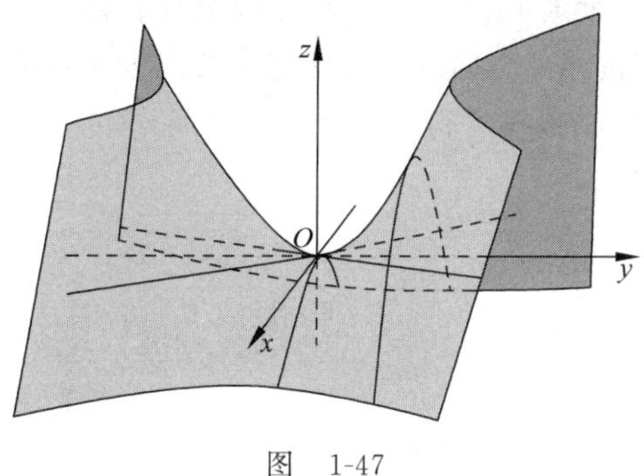

图　1-47

图　1-48

4. 双曲面

(1) 单叶双曲面(图 1-49)

$$\frac{x^2}{a^2}+\frac{y^2}{b^2}-\frac{z^2}{c^2}=1\tag{1-18}$$

当 $a\neq b$ 时,称为**椭圆单叶双曲面**;当 $a=b$ 时,称为**旋转单叶双曲面**.

(2) 双叶双曲面(图 1-50)

$$-\frac{x^2}{a^2}-\frac{y^2}{b^2}+\frac{z^2}{c^2}=1\tag{1-19}$$

当 $a \neq b$ 时，称为**椭圆双叶双曲面**；当 $a=b$ 时，称为**旋转双叶双曲面**.

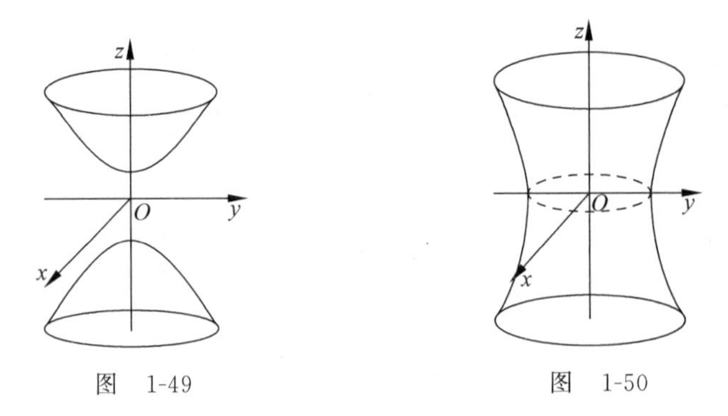

图 1-49　　图 1-50

（五）直纹面

圆柱面、圆锥面、单叶双曲面和马鞍面都可由直线在空间按一定规律移动和旋转而形成，这样的曲面称为直纹面，如图 1-51 所示.

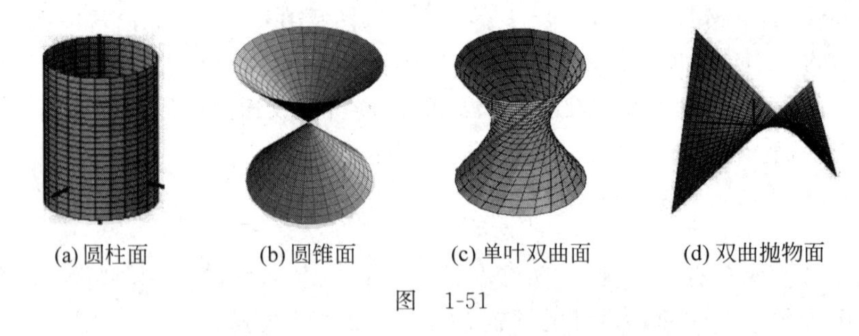

(a) 圆柱面　(b) 圆锥面　(c) 单叶双曲面　(d) 双曲抛物面

图 1-51

圆柱面、单叶双曲面与圆锥面的转换：将一些等长的细直线系在两个具有相同直径的圆上，得到一个圆柱面，如图 1-52 所示. 将两圆按相反方向旋转并保持直线不发生伸缩和弯曲，则圆柱面变成单叶双曲面. 再继续旋转两圆，则最终可得到一个圆锥面.

四、空间曲线及其方程

（一）空间曲线的一般方程

空间曲线可看作空间两曲面的交线.

空间曲线的一般方程

$$\begin{cases} F(x,y,z)=0 \\ G(x,y,z)=0 \end{cases}. \tag{1-20}$$

特点：曲线上的点都满足方程，满足方程的点都在曲线上，不在曲线上的点不能同时满足两个方程.

例 1-8　上半球面 $z=\sqrt{2-x^2-y^2}$ 与上半圆锥面 $z=\sqrt{x^2+y^2}$ 的交线（图 1-53）为

$$\begin{cases} z=\sqrt{2-x^2-y^2} \\ z=\sqrt{x^2+y^2} \end{cases} \tag{1-21}$$

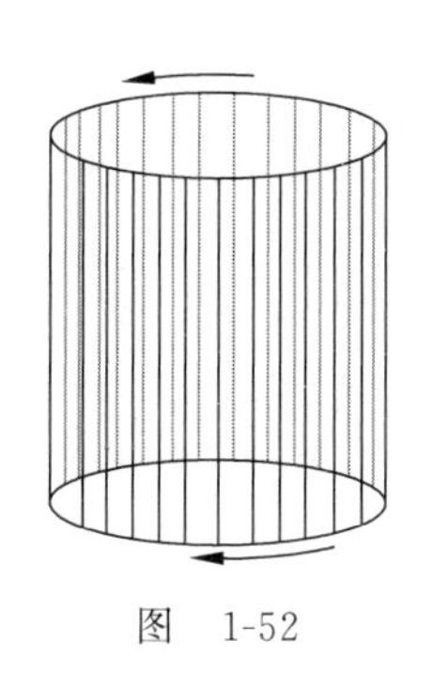
图　1-52

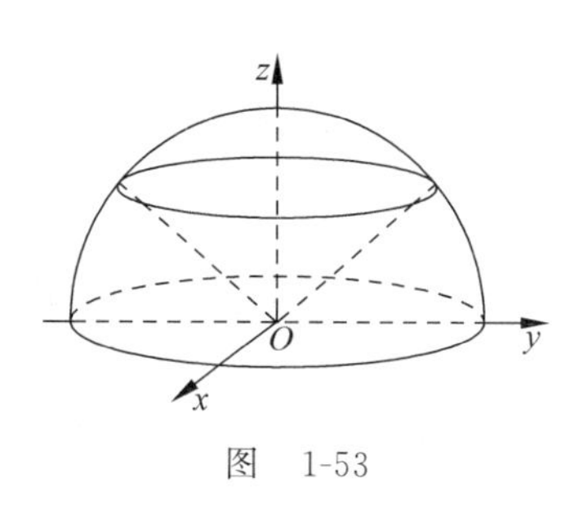

图　1-53

在式(1-21)中消去 z，得 $x^2+y^2=1$. 从而有 $z=1$. 于是该交线的方程又可表示为

$$\begin{cases} x^2+y^2=1 \\ z=1 \end{cases}. \tag{1-22}$$

（二）空间曲线的参数方程

空间曲线还可以表示为 $x=x(t)$，$y=y(t)$，$z=z(t)$，其中 t 为参数.

例 1-9　空间一点 $M(x,y,z)$ 在圆柱面 $x^2+y^2=a^2$ 上以角速度 ω 绕 z 轴旋转，同时又以线速度 v 沿平行于 z 轴的正方向上升(其中 ω、v 都是常数)，那么点 M 构成的图形叫作**螺旋线**，如图 1-54.

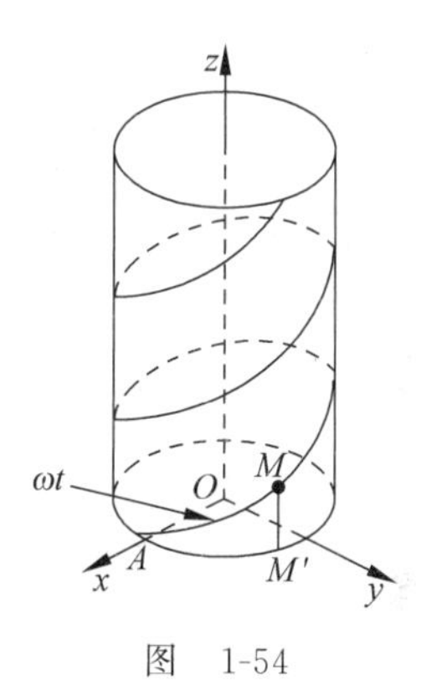

图　1-54

取时间 t 为参数，动点从 A 点出发，经过 t 时间运动到 M 点，则有螺旋线的参数方程

$$\begin{cases} x=a\cos\omega t \\ y=a\sin\omega t \\ z=vt \end{cases}. \tag{1-23}$$

令 $\theta=\omega t$，$b=\dfrac{v}{\omega}$，则有螺旋线的参数方程

$$\begin{cases} x=a\cos\theta \\ y=a\sin\theta \\ z=b\theta \end{cases}. \tag{1-24}$$

（三）空间曲线在坐标面上的投影

如果在例 1-8 的交线方程(1-21)消去 z，则得到 $x^2+y^2=1$. 这是一个母线平行于 z 轴的圆柱面，它包含交线(1-21). 如果有一束平行于 z 轴的光照射该交线，则空间中生成的阴影就是柱面 $x^2+y^2=1$.

设空间曲线 C 的一般方程：$\begin{cases} F(x,y,z)=0 \\ G(x,y,z)=0 \end{cases}$. 消去变量 z 后，得 $H(x,y)=0$. 这是一个母线平行于 z 轴的柱面. 曲线上的点的坐标满足 $H(x,y)=0$. 它与 xOy 面的交线为

$$\begin{cases} H(x,y)=0 \\ z=0 \end{cases} \tag{1-25}$$

称此曲线为空间曲线 C 在 xOy 面上的**投影曲线**. $H(x,y)=0$ 称为曲线 C 关于 xOy 面的**投影柱面**.

例 1-8 中的交线在 xOy 面上的投影曲线的方程为 $\begin{cases} x^2+y^2=1 \\ z=0 \end{cases}$. 该交线关于 xOy 面的投影柱面的方程为 $x^2+y^2=1$.

从例 1-9 中的曲线方程(1-22)中消去 z,可得 $x^2+y^2=a^2$. 因而例 1-9 中的曲线在 xOy 面上的投影曲线的方程为 $\begin{cases} x^2+y^2=a^2 \\ z=0 \end{cases}$. 该交线关于 xOy 面的投影柱面的方程为 $x^2+y^2=a^2$.

(四) 立体在坐标面上的投影

例 1-10 上半球面 $z=\sqrt{2-x^2-y^2}$ 与上半圆锥面 $z=\sqrt{x^2+y^2}$ 围成一个立体. 当有一束平行于 z 轴的光从上往下照射该立体时,在 xOy 面上会生成阴影. 易知,该阴影的边界曲线在 xOy 面上的方程为 $x^2+y^2=1$. 从而阴影区域可表示为 $x^2+y^2\leqslant 1$. 称这样的区域为立体在坐标面上的投影区域,如图 1-55 所示.

五、圆锥曲线

用一个平面去截一个圆锥面,得到的交线就称为**圆锥曲线**.

(1) 若平面不过圆锥面顶点,且与圆锥面的母线平行,则得到的圆锥曲线为抛物线,如图 1-56 所示.

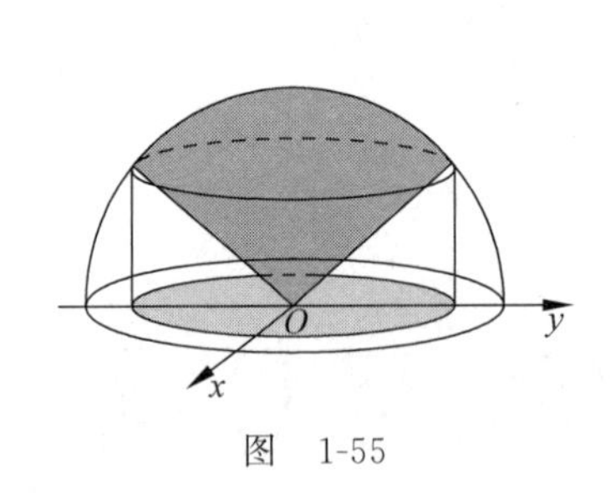

图 1-55

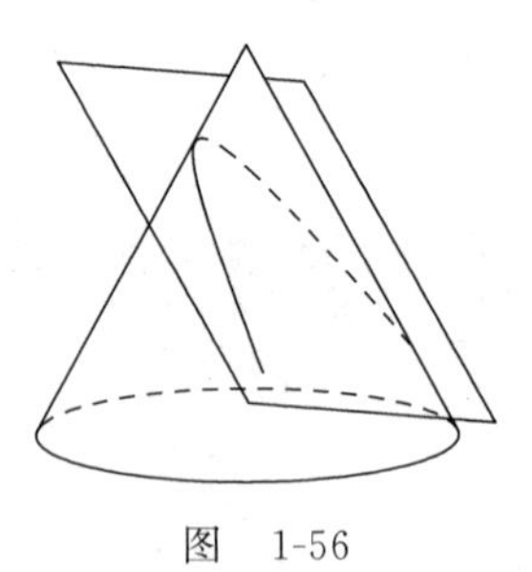

图 1-56

(2) 若平面过圆锥面顶点,且与圆锥面的母线平行,则得到的圆锥曲线为直线.

(3) 若平面不过圆锥面顶点,且与圆锥面对称轴夹角大于圆锥面顶角的一半,则得到的圆锥曲线为椭圆,如图 1-57(a); 特别地,若平面与圆锥面的对称轴垂直,则得到的圆锥曲线为圆,如图 1-57(b);

(4) 若平面不过圆锥面顶点,且与圆锥面的对称轴的夹角小于圆锥面顶角的一半则得到的圆锥曲线为双曲线,如图 1-58 所示.

(5) 若平面与圆锥面的两个锥面都相交,且过圆锥顶点,结果为两条相交直线.

(6) 最极端的情形则是平面只与圆锥面的顶点相交.

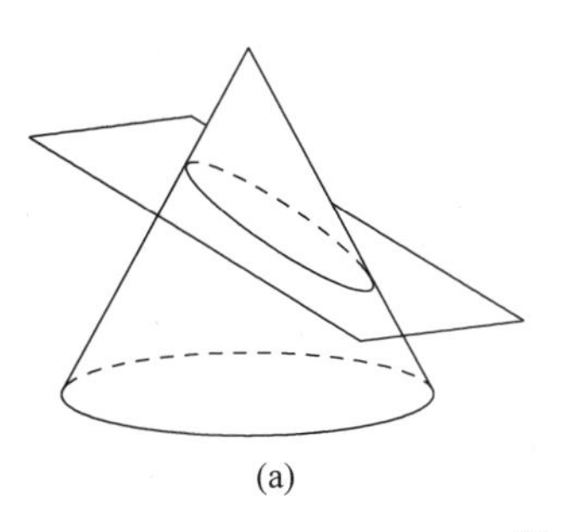
(a)

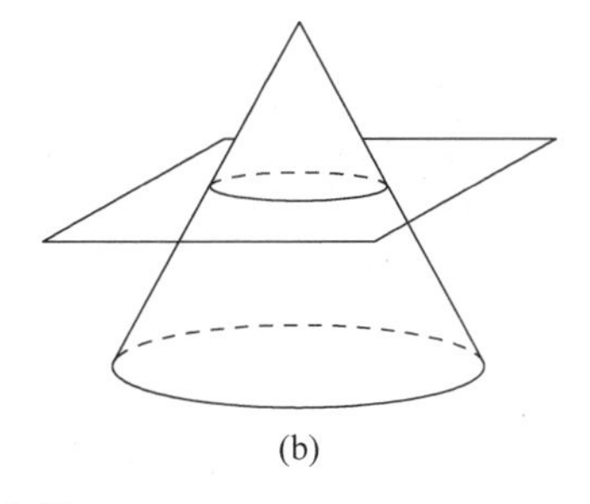
(b)

图　1-57

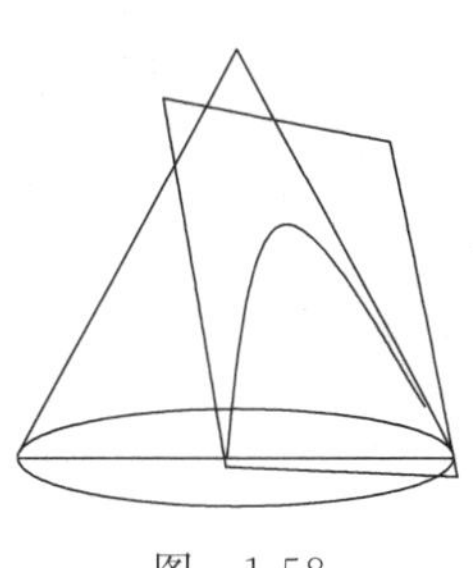
图　1-58

德国杰出的天文学家、物理学家、数学家约翰尼斯·开普勒在1609年发表的著作《新天文学》中提出了行星运动第一定律：每个行星都在一个椭圆形的轨道上绕太阳运转，而太阳位于这个椭圆轨道的一个焦点上．如果这些行星运行速度增大到某种程度，它们就会沿抛物线或双曲线运行．人类发射人造地球卫星和宇宙飞船都要遵照这个原理，如图1-59所示．

(a) 太阳系

(b) 行星运行轨道

图　1-59

在线自测

习题 1-2

1．求以点$(0,1,2)$为球心且过坐标原点的球面方程．

2．设$a>c>0$，求到两点$(-c,0,0)$和$(c,0,0)$距离之和恒等于$2a$的点的轨迹所满足的方程．

3．设$p>0$，求到点$\left(0,0,\dfrac{p}{2}\right)$和平面$z=-\dfrac{p}{2}$的距离相等的点的轨迹所满足的方程．

4．求下列平面曲线绕指定坐标轴旋转而成的旋转曲面的方程：

(1) $y^2=2x$，绕x轴；　(2) $x^2+y^2=9$，绕y轴；　(3) $\dfrac{x^2}{2}+z^2=1$，绕z轴；

(4) $z=2y+1$,绕 z 轴; (5) $y=2$,绕 x 轴; (6) $(x-2)^2+z^2=1$,绕 z 轴.

5. 指出下列方程在平面直角坐标系中和空间直角坐标系中分别表示什么图形:

(1) $x=1$; (2) $x+y=1$; (3) $(x-1)^2+y^2=1$;

(4) $x^2+\dfrac{y^2}{2}=1$; (5) $x^2-y^2=1$; (6) $x=1-y^2$;

6. 对例 1-4,根据点的轨迹方程$\begin{cases}x=y\\y=z\end{cases}(x,y,z\geqslant 0)$分析该轨迹的特点.

7. 求球面 $x^2+y^2+z^2=1$ 与平面 $z=y$ 的交线向 xOy 面投影的投影柱面的方程以及该交线在 xOy 上的投影曲线的方程.

第三节 向量及其运算

一、向量的概念

一个物体从空间中一点 A 移动到另一点 B 可以用一个既有大小、又有方向的量来表示,如图 1-60 所示. 当我们拖拉一个物体在平面上移动时,我们所用的力也是既有大小又有方向的,如图 1-61 所示. 由于存在许多既有大小又有方向的量,所以数学家们专门研究了这类量,并称既有大小又有方向的量为**向量**或**矢量**.

图 1-60 图 1-61

向量通常用带箭头的字母或字母对表示,如 $\vec{a},\vec{F},\overrightarrow{AB}$ 等,书本为了印刷方便经常用不带箭头的粗体字表示,如 $\boldsymbol{a},\boldsymbol{F}$ 等,但手写时还是写带箭头的字母更方便. $\overrightarrow{AB}$ 表示以 A 为始点、B 为终点的向量.

在数学上规定,大小相等、方向相同的向量是相等的,而不管它们的始点在哪里. 当我们说向量的始点和终点时,只是为了说明其方向或者图示说明而已.

向量的大小称为向量的**模**. 向量 $\boldsymbol{a},\vec{a},\overrightarrow{AB}$ 的模依次记为$|\boldsymbol{a}|,|\vec{a}|,|\overrightarrow{AB}|$.

模为零的向量称为**零向量**,记为 $\mathbf{0}$ 或 $\vec{0}$. 规定零向量的方向是任意的.

模为 1 的向量称为**单位向量**. 本书中将与向量 $\vec{a}$ 同向的单位向量记为 $\vec{a}^\circ$.

与向量 $\boldsymbol{a}$ 大小相等、方向相反的向量称为 $\boldsymbol{a}$ 的负向量,记为 $-\boldsymbol{a}$. 如 $\overrightarrow{BA}=-\overrightarrow{AB}$.

如果使两个向量的始点重合,则它们之间不超过 π 的夹角称为它们之间的夹角. 本书将向量 $\vec{a},\vec{b}$ 之间的夹角记为$\angle(\vec{a},\vec{b})$或$\angle(\vec{b},\vec{a})$. 因为规定零向量的方向是任意的,所以零向量与任何向量的夹角是 0 到 π 之间的任意值.

如果 $\vec{a},\vec{b}$ 方向相同,则$\angle(\vec{a},\vec{b})=0$; 如果 $\vec{a},\vec{b}$ 方向相反,则$\angle(\vec{a},\vec{b})=\pi$. 如果 $\vec{a},\vec{b}$ 方向相同或相反,则称 $\vec{a},\vec{b}$ 平行,记为 $\vec{a}\parallel\vec{b}$. 如果$\angle(\vec{a},\vec{b})=\dfrac{\pi}{2}$,则称 $\vec{a}$ 与 $\vec{b}$ 垂直,记为

$\vec{a}\perp\vec{b}$. 规定零向量与任何向量都平行，也与任何向量都垂直.

如果两个或两个以上的向量相互平行，则称它们共线，因为可以将它们平行移动到同一条直线上. 任意两个向量都平行于某个平面. 如果三个或三个以上的向量都平行于某个平面，则称它们共面，因为可以将它们平移到同一个平面上.

二、向量的线性运算

设有向量 $\vec{a},\vec{b}$，将向量 $\vec{b}$ 平移，使其始点与 $\vec{a}$ 的终点重合后，以 $\vec{a}$ 的始点为始点、以 $\vec{b}$ 的终点为终点的向量称为 $\vec{a}$ 与 $\vec{b}$ 的**和**，记为 $\vec{a}+\vec{b}$，如图 1-62 所示. 称此运算法则为**三角形法则**. 如果将向量 $\vec{b}$ 平移，使其始点与 $\vec{a}$ 的始点重合，并以 $\vec{a}$、$\vec{b}$ 为边作平行四边形，则 $\vec{a}+\vec{b}$ 恰好是其对角线，如图 1-63 所示，因而又说，向量的和运算符合**平行四边形法则**.

图　1-62　　　　图　1-63

由和运算的三角形法则或平行四边形法则不难看出，向量的和运算满足下列运算律：

- 交换律：$\vec{a}+\vec{b}=\vec{b}+\vec{a}$；
- 结合律：$(\vec{a}+\vec{b})+\vec{c}=\vec{a}+(\vec{b}+\vec{c})=\vec{a}+\vec{b}+\vec{c}$.

另外，定义数 λ 与向量 $\vec{a}$ 的乘积 $\lambda\vec{a}$ 为一个向量，其大小和方向规定如下：

i. 若 $\lambda>0$，则 $\lambda\vec{a}$ 与 $\vec{a}$ 同向，且 $|\lambda\vec{a}|=\lambda|\vec{a}|$.

ii. 若 $\lambda=0$，则 $\lambda\vec{a}=\vec{0}$.

iii. 若 $\lambda<0$，则 $\lambda\vec{a}$ 与 $\vec{a}$ 反向，且 $|\lambda\vec{a}|=|\lambda||\vec{a}|$.

上述运算称为向量的数乘运算. 不难推得，向量的数乘运算满足下列运算律(其中，λ,μ 为数).

- 结合律：$\lambda(\mu\vec{a})=\mu(\lambda\vec{a})=(\lambda\mu)\vec{a}$；
- 分配律：$(\lambda+\mu)\vec{a}=\lambda\vec{a}+\mu\vec{a}$；

  $\lambda(\vec{a}+\vec{b})=\lambda\vec{a}+\lambda\vec{b}$.

设 $\vec{a}\neq\vec{0}$，则 $\vec{b}\,/\!/\,\vec{a}\Leftrightarrow$ 存在 λ，使得 $\vec{b}=\lambda\vec{a}$.

设 $\vec{a}\neq\vec{0}$，由于 $\left|\dfrac{\vec{a}}{|\vec{a}|}\right|=\dfrac{1}{|\vec{a}|}|\vec{a}|=1$，所以与 $\vec{a}$ 同向的单位向量为 $\vec{a}^{\circ}=\dfrac{\vec{a}}{|\vec{a}|}$.

向量的和运算与数乘运算统称为**向量的线性运算**.

三、向量的坐标

在空间直角坐标系中，令 $\vec{i},\vec{j},\vec{k}$ 分别为与 x,y,z 轴正向同向的单位向量. 点 $M(x,y,z)$ 在 x,y,z 轴和 xOy 面上的垂足分别为 $P(x,0,0)$，$Q(0,y,0)$，$R(0,0,z)$ 和 $N(x,y,0)$，

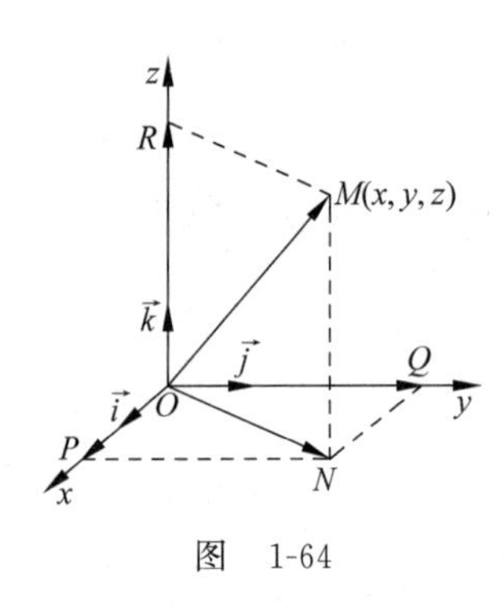

图 1-64

如图 1-64 所示.

$$\overrightarrow{OM}=\overrightarrow{ON}+\overrightarrow{OR}=\overrightarrow{OP}+\overrightarrow{OQ}+\overrightarrow{OR}$$

而 $\overrightarrow{OP}=x\vec{i}$，$\overrightarrow{OQ}=y\vec{j}$，$\overrightarrow{OR}=z\vec{k}$，于是

$$\overrightarrow{OM}=x\vec{i}+y\vec{j}+z\vec{k} \tag{1-26}$$

此式称为向量 $\overrightarrow{OM}$ 的**分量表示式**. 为方便，在不会跟点的坐标混淆的情况下，通常将 $\overrightarrow{OM}$ 表示为

$$\overrightarrow{OM}=(x,y,z) \tag{1-27}$$

此式称为向量 $\overrightarrow{OM}$ 的**坐标表示式**. 称 (x,y,z) 为向量 $\overrightarrow{OM}$ 的坐标.

显然，

$$|\overrightarrow{OM}|=\sqrt{x^2+y^2+z^2} \tag{1-28}$$

设 $M_1(x_1,y_1,z_1)$，$M_2(x_2,y_2,z_2)$ 是空间中两点，平移向量 $\overrightarrow{M_1M_2}$ 使 M_1 与原点重合，则易知，

$$\overrightarrow{M_1M_2}=(x_2-x_1,y_2-y_1,z_2-z_1) \tag{1-29}$$

设 $\vec{a}=(a_x,a_y,a_z)$，$\vec{b}=(b_x,b_y,b_z)$，λ 为数，则由向量的运算法则可知，

$$\vec{a}\pm\vec{b}=(a_x\pm b_x,a_y\pm b_y,a_z\pm b_z) \tag{1-30}$$

$$\lambda\vec{a}=(\lambda a_x,\lambda a_y,\lambda a_z) \tag{1-31}$$

显然，两个向量相等的充分必要条件是它们的坐标相等.

由前面的讨论可知，

$$\vec{a}\,/\!/\,\vec{b}\Leftrightarrow\frac{a_x}{b_x}=\frac{a_y}{b_y}=\frac{a_z}{b_z} \tag{1-32}$$

即两个向量平行的充分必要条件是其对应的分量成比例. [注：若式(1-32)中的某个分式的分母为零，则其分子也为零]. 如 $\vec{a}=(1,2,0)$ 与 $\vec{b}=(-2,-4,0)$ 平行.

四、方向角与方向余弦

向量分别与三个坐标轴正向形成的不超过 π 的三个夹角称为向量的方向角，通常记为

$$\alpha,\beta,\gamma(0\leqslant\alpha\leqslant\pi,0\leqslant\beta\leqslant\pi,0\leqslant\gamma\leqslant\pi),$$

如图 1-65 所示. 其余弦 $\cos\alpha,\cos\beta,\cos\gamma$ 分别称为方向余弦.

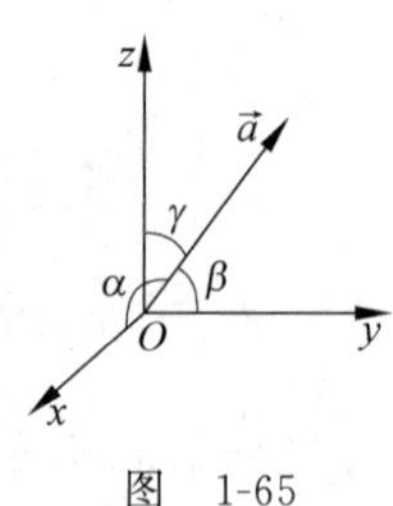

图 1-65

设 $\vec{a}=(a_x,a_y,a_z)$. 不难看出，

$$\cos\alpha=\frac{a_x}{|\vec{a}|},\quad \cos\beta=\frac{a_y}{|\vec{a}|},\quad \cos\gamma=\frac{a_z}{|\vec{a}|}. \tag{1-33}$$

显然，$\cos^2\alpha+\cos^2\beta+\cos^2\gamma=1$.

与 $\vec{a}$ 同向的单位向量为

$$\vec{a}^0=\frac{\vec{a}}{|\vec{a}|}=(\cos\alpha,\cos\beta,\cos\gamma). \tag{1-34}$$

如设点 $M(x,y,z)$ 为第一卦限里的点，且到三个坐标轴的距离相等，则由第二节例 1-4 知，$x=y=z$，于是，向量 $\overrightarrow{OM}$ 的方向余弦为

$$\cos\alpha=\cos\beta=\cos\gamma=\left(\frac{\sqrt{3}}{3},\frac{\sqrt{3}}{3},\frac{\sqrt{3}}{3}\right).$$

从而,其方向角为 $\alpha=\beta=\gamma=\arccos\frac{\sqrt{3}}{3}$.

五、两向量的数量积

一物体在常力 $\vec{F}$ 作用下沿直线从点 $\overrightarrow{M_1}$ 移动到点 $\overrightarrow{M_2}$,以 $\vec{s}=\overrightarrow{M_1M_2}$ 表示位移,则力 $\vec{F}$ 所做的功为

$$W=|\vec{F}_s||\vec{s}|=|\vec{F}|\cos\theta|\vec{s}|=|\vec{F}||\vec{s}|\cos\theta. \tag{1-35}$$

其中,$\vec{F}_s$ 为 $\vec{F}$ 沿 $\vec{s}$ 方向的分力,θ 为 $\vec{F}$ 与 $\vec{s}$ 之间的夹角,如图 1-66 所示.

一般地,设 $\vec{a},\vec{b}$ 为两个向量,其夹角为 θ,如图 1-67 所示. 称 $|\vec{a}||\vec{b}|\cos\theta$ 为向量 $\vec{a},\vec{b}$ 的**数量积**,记为

$$\vec{a}\cdot\vec{b}=|\vec{a}||\vec{b}|\cos\theta. \tag{1-36}$$

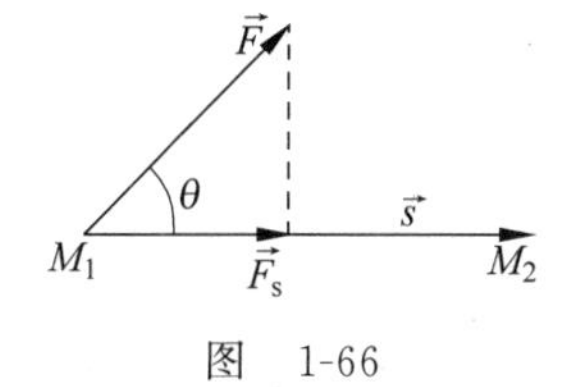

图　1-66

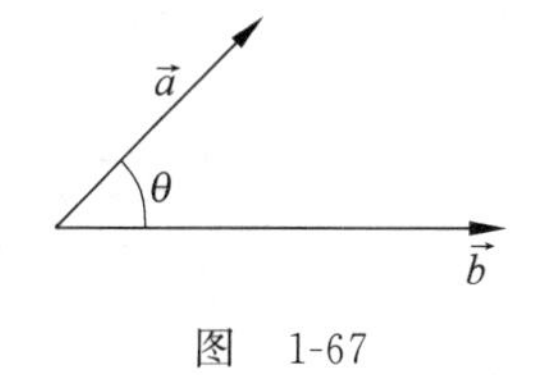

图　1-67

两个向量的数量积又称**点积**或**内积**. 显然有,

$$\vec{a}\cdot\vec{a}=|\vec{a}|^2;\quad \vec{a}\perp\vec{b}\Leftrightarrow\vec{a}\cdot\vec{b}=0;\quad |\vec{a}\cdot\vec{b}|\leqslant|\vec{a}||\vec{b}|. \tag{1-37}$$

特别地,设 $\vec{i},\vec{j},\vec{k}$ 分别为与 x,y,z 轴正向同向的单位向量,则

$$\vec{i}\cdot\vec{i}=\vec{j}\cdot\vec{j}=\vec{k}\cdot\vec{k}=1,\quad \vec{i}\cdot\vec{j}=\vec{j}\cdot\vec{k}=\vec{k}\cdot\vec{i}=0.$$

可以证明,向量的数量积满足如下运算律.

i. 交换律:$\vec{a}\cdot\vec{b}=\vec{b}\cdot\vec{a}$.

ii. 分配律:$(\vec{a}+\vec{b})\cdot\vec{c}=\vec{a}\cdot\vec{c}+\vec{b}\cdot\vec{c}$.

iii. 设 λ 为数,则 $(\lambda\vec{a})\cdot\vec{b}=\vec{a}\cdot(\lambda\vec{b})=\lambda(\vec{a}\cdot\vec{b})$.

设 $\vec{a}=(a_x,a_y,a_z)=a_x\vec{i}+a_y\vec{j}+a_z\vec{k}$,$\vec{b}=(b_x,b_y,b_z)=b_x\vec{i}+b_y\vec{j}+b_z\vec{k}$,根据上述运算律很容易验证

$$\vec{a}\cdot\vec{b}=a_xb_x+a_yb_y+a_zb_z, \tag{1-38}$$

于是

$$\vec{a}\perp\vec{b}\Leftrightarrow a_xb_x+a_yb_y+a_zb_z=0. \tag{1-39}$$

如 $\vec{a}=(1,2,-1)$ 与 $\vec{b}=(0,1,2)$ 垂直.

六、两向量的向量积

设 $\vec{a},\vec{b}$ 为两个向量，其夹角为 θ. 由这两个向量可生成另外一个向量，记为 $\vec{a}\times\vec{b}$. 其大小规定为

$$|\vec{a}\times\vec{b}|=|\vec{a}||\vec{b}|\sin\theta \tag{1-40}$$

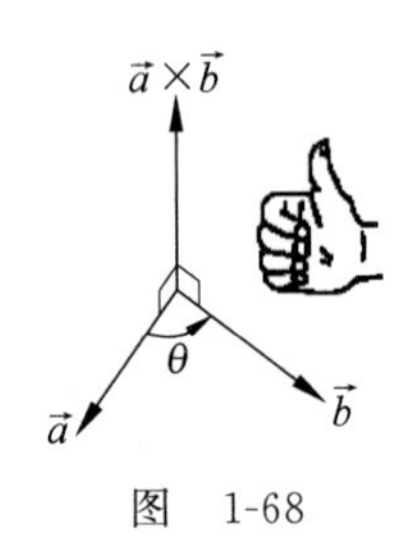

图 1-68

且与 $\vec{a},\vec{b}$ 同时垂直，其方向按 $\vec{a},\vec{b},\vec{a}\times\vec{b}$ 的顺序符合右手螺旋规则，即右手四指由 $\vec{a}$ 弯曲转向 $\vec{b}$ 时，竖起的大拇指所指的方向就是 $\vec{a}\times\vec{b}$ 的方向，如图 1-68 所示.

两个向量的向量积又称**叉积**或**外积**. 显然有，

$$\vec{a}\times\vec{a}=\vec{0},\quad \vec{a}\,/\!/\,\vec{b}\Leftrightarrow\vec{a}\times\vec{b}=\vec{0}. \tag{1-41}$$

可以证明，向量的向量积满足如下运算律.

i. 交换律：$\vec{b}\times\vec{a}=-\vec{a}\times\vec{b}$.

ii. 分配律：$(\vec{a}+\vec{b})\times\vec{c}=\vec{a}\times\vec{c}+\vec{b}\times\vec{c}$.

iii. 设 λ 为数，则 $(\lambda\vec{a})\times\vec{b}=\vec{a}\times(\lambda\vec{b})=\lambda(\vec{a}\times\vec{b})$.

显然，

$$\vec{i}\times\vec{i}=\vec{j}\times\vec{j}=\vec{k}\times\vec{k}=\vec{0},$$
$$\vec{i}\times\vec{j}=\vec{k},\quad \vec{j}\times\vec{k}=\vec{i},\quad \vec{k}\times\vec{i}=\vec{j},$$
$$\vec{j}\times\vec{i}=-\vec{k},\quad \vec{k}\times\vec{j}=-\vec{i},\quad \vec{i}\times\vec{k}=-\vec{j}.$$

设 $\vec{a}=(a_x,a_y,a_z)=a_x\vec{i}+a_y\vec{j}+a_z\vec{k}$，$\vec{b}=(b_x,b_y,b_z)=b_x\vec{i}+b_y\vec{j}+b_z\vec{k}$，根据上述运算律很容易验证

$$\begin{aligned}\vec{a}\times\vec{b}&=(a_x\vec{i}+a_y\vec{j}+a_z\vec{k})\times(b_x\vec{i}+b_y\vec{j}+b_z\vec{k})\\&=(a_yb_z-a_zb_y)\vec{i}+(a_zb_x-a_xb_z)\vec{j}+(a_xb_y-a_yb_x)\vec{k}.\end{aligned} \tag{1-42}$$

可将式(1-42)用**行列式**表示为(请观察其规律)

$$\vec{a}\times\vec{b}=\begin{vmatrix}\vec{i}&\vec{j}&\vec{k}\\a_x&a_y&a_z\\b_x&b_y&b_z\end{vmatrix}=(a_yb_z-a_zb_y,a_zb_x-a_xb_z,a_xb_y-a_yb_x). \tag{1-43}$$

例 1-11 求与 $\vec{a}=(3,-2,4)$ 和 $\vec{b}=(1,1,-2)$ 同时垂直的单位向量.

解：$\vec{c}=\vec{a}\times\vec{b}$ 与 $\vec{a},\vec{b}$ 同时垂直.

$$\vec{c}=\vec{a}\times\vec{b}=\begin{vmatrix}\vec{i}&\vec{j}&\vec{k}\\3&-2&4\\1&1&-2\end{vmatrix}$$

$$=(-2\times(-2)-4\times1,4\times1-3\times(-2),3\times1-(-2)\times1)=(0,10,5).$$

$$|\vec{c}|=\sqrt{10^2+5^2}=5\sqrt{5}.$$

故与 $\vec{a},\vec{b}$ 同时垂直的单位向量为

$$\vec{c}^{\circ}=\pm\frac{\vec{c}}{|\vec{c}|}=\pm\left(0,\frac{2}{\sqrt{5}},\frac{1}{\sqrt{5}}\right).$$

七、三个向量的混合积

称 $(\vec{a}\times\vec{b})\cdot\vec{c}$ 为向量 $\vec{a},\vec{b},\vec{c}$ 的混合积，记为 $[\vec{a},\vec{b},\vec{c}]$，即 $[\vec{a},\vec{b},\vec{c}]=(\vec{a}\times\vec{b})\cdot\vec{c}$.

通过计算可以证明：设 $\vec{a}=(a_x,a_y,a_z)$，$\vec{b}=(b_x,b_y,b_z)$，$\vec{c}=(c_x,c_y,c_z)$，则

$$[\vec{a},\vec{b},\vec{c}]=\begin{vmatrix} a_x & a_y & a_z \\ b_x & b_y & b_z \\ c_x & c_y & c_z \end{vmatrix}. \tag{1-44}$$

例 1-12　如果三个向量都平行于一个平面，则称这三个向量共面. 证明：三个向量 $\vec{a}$，$\vec{b}$，$\vec{c}$ 共面的充分必要条件是 $[\vec{a},\vec{b},\vec{c}]=0$.

证：因为 $\vec{a}\times\vec{b}$ 与 $\vec{a},\vec{b}$ 同时垂直，所以

$$\vec{a},\vec{b},\vec{c}\text{ 共面}\Leftrightarrow\vec{a}\times\vec{b}\text{ 与}\vec{c}\text{ 垂直}\Leftrightarrow[\vec{a},\vec{b},\vec{c}]=(\vec{a}\times\vec{b})\cdot\vec{c}=0.$$

在线自测

习题 1-3

1. 试用向量证明**柯西(Cauchy)不等式**：

$$|x_1y_1+x_2y_2+x_3y_3|\leqslant\sqrt{x_1^2+x_2^2+x_3^2}\cdot\sqrt{y_1^2+y_2^2+y_3^2}$$

且等号成立的充分必要条件为 $\frac{x_1}{y_1}=\frac{x_2}{y_2}=\frac{x_3}{y_3}$.

2. 设 $M(x,y,z)$ 为球面 $x^2+y^2+z^2=r^2$ 上任意一点，求与向量 $\overrightarrow{OM}$ 同向的单位向量.

3. 判断下列各组向量是否平行，是否垂直：

(1) $\vec{a}=(1,-2,4)$，$\vec{b}=(-2,4,-8)$；(2) $\vec{a}=(-3,2,1)$，$\vec{b}=(2,1,4)$；

(3) $\vec{a}=(2,1,0)$，$\vec{b}=(-1,4,3)$.

4. 试用向量证明圆的直径所对的圆周角是直角.

5. 已知三角形的三个顶点为 $A=(1,0,0)$，$B=(0,1,0)$，$C=(0,0,1)$，求垂直于该三角形所在平面的单位向量.

6. 观察分析 $|\vec{a}\times\vec{b}|=|\vec{a}||\vec{b}|\sin\theta$（$\theta$ 为向量 $\vec{a},\vec{b}$ 的夹角）的几何意义，并据此求以三

点 $A=(1,2,-1)$,$B=(-1,2,0)$,$C=(0,1,1)$为顶点的三角形的面积.

第四节 平面与空间直线

一、平面

(一) 平面的方程

已知非零向量 $\vec{n}=(A,B,C)$和空间中一点 $M_0(x_0,y_0,z_0)$.过 M_0 能够且只能够作一个平面,使其与向量 $\vec{n}$ 垂直.那么,这个平面满足什么方程呢?也就是说,平面上任一点 $M(x,y,z)$的坐标 x,y,z 满足什么关系式呢?

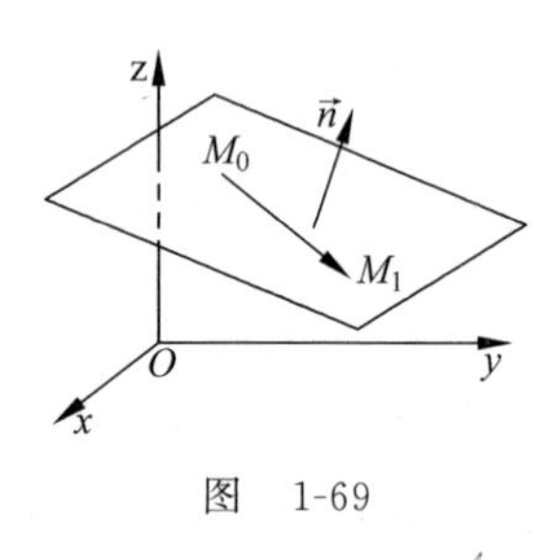

图 1-69

因为以 M_0 为始点、以 M 为终点的向量 $\overrightarrow{M_0M}=(x-x_0,y-y_0,z-z_0)$在上述平面上,所以 $\overrightarrow{M_0M}\perp\vec{n}$,从而 $\overrightarrow{M_0M}\cdot\vec{n}=0$,即

$$A(x-x_0)+B(y-y_0)+C(z-z_0)=0. \tag{1-45}$$

不在上述平面上的点 M 与 M_0 构成的向量一定不会与向量 $\vec{n}$ 垂直,因而不会满足方程(1-45).这说明式(1-45)就是所讨论的平面方程.

与一个平面垂直的非零向量称为该平面的一个法向量.非零向量 $\vec{n}=(A,B,C)$是平面(1-45)的一个法向量.形如式(1-45)的方程称为平面的点法式方程.已知平面上的一个点和一个法向量就可以写出平面的方程.

方程(1-45)去括号,并令 $D=-(Ax_0+By_0+Cz_0)$,可得

$$Ax+By+Cz+D=0 \tag{1-46}$$

所有平面的方程都具有这种形式,而这种形式的方程都表示平面,因而方程(1-46)称为**平面的一般方程**.

由平面的一般方程可直接得到所表示平面的一个法向量 $\vec{n}=(A,B,C)$.如平面 $3x-4y+z-9=0$ 有一个法向量 $\vec{n}=(3,-4,1)$.

例 1-13 过点 $M=(1,1,1)$且与向量 $\overrightarrow{OM}=(1,1,1)$垂直的平面方程为

$$(x-1)+(y-1)+(z-1)=0 \text{ 或 } x+y+z-3=0.$$

例 1-14 求过三点$(a,0,0)$,$(0,b,0)$,$(0,0,c)$$(abc\neq0)$的平面方程.

解:设平面方程为 $Ax+By+Cz+D=0$.将三点坐标代入方程,得

$$aA+D=0,\quad bB+D=0,\quad cC+D=0.$$

解之,得 $A=-\dfrac{D}{a}$,$B=-\dfrac{D}{b}$,$C=-\dfrac{D}{c}$.代入所设方程,得

$$\frac{x}{a}+\frac{y}{b}+\frac{z}{c}=1.$$

这种形式的平面方程称为**平面的截距式方程**.

例 1-15 求过点(1,1,1)且垂直于平面 $x-y+z=7$ 和 $3x+2y-12z+5=0$ 的平面方程.

解:所给平面的法向量分别为 $\vec{n}_1=(1,-1,1)$,$\vec{n}_2=(3,2,-12)$.所求平面的法向量为

$\vec{n}=\vec{n}_1\times\vec{n}_2=(10,15,5)$，所求平面方程为

$$10(x-1)+15(y-1)+5(z-1)=0,$$

化简得 $2x+3y+z-6=0$.

（二）两平面的夹角

两平面法向量之间的不超过90°的夹角称为两平面的夹角，如图 1-70 所示.

两平面平行⇔它们的法向量平行；

两平面垂直⇔它们的法向量垂直.

（三）点到平面的距离

设 $P_0(x_0,y_0,z_0)$是平面 $Ax+By+Cz+D=0$ 外一点，$P_1(x_1,y_1,z_1)$是平面上一点（见图 1-71），则

$$\overrightarrow{P_1P_0}=(x_0-x_1,y_0-y_1,z_0-z_1),$$

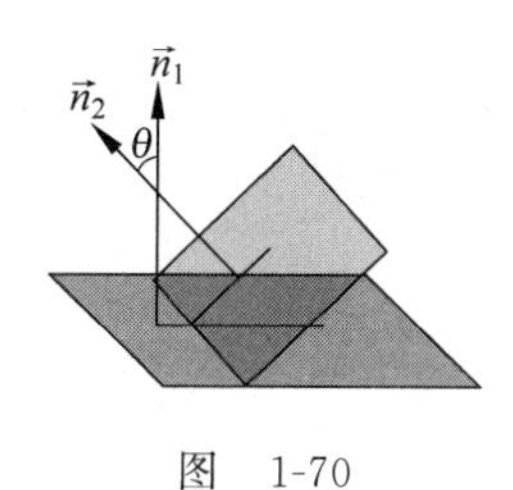

图　1-70

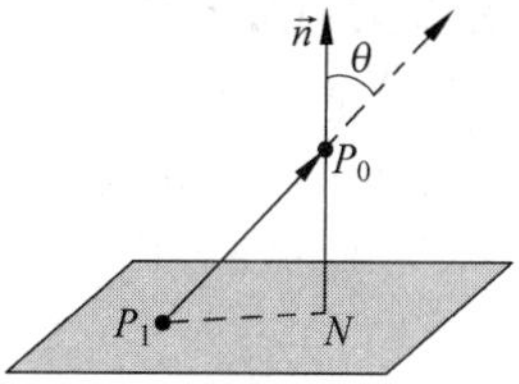

图　1-71

点 P_0 到平面的距离为

$$d=|P_0N|=|\overrightarrow{P_1P_0}||\cos\theta|=\frac{|\vec{n}\cdot\overrightarrow{P_1P_0}|}{|\vec{n}|}$$

$$=\frac{|A(x_0-x_1)+B(y_0-y_1)+C(z_0-z_1)|}{\sqrt{A^2+B^2+C^2}}.$$

由于 $Ax_1+By_1+Cz_1+D=0$，所以，点 $P_0(x_0,y_0,z_0)$到平面 $Ax+By+Cz+D=0$ 的距离公式为

$$d=\frac{|Ax_0+By_0+Cz_0+D|}{\sqrt{A^2+B^2+C^2}}. \tag{1-47}$$

二、空间直线

（一）空间直线的方程

两个不平行的平面 $A_1x+B_1y+C_1z+D_1=0$ 与 $A_2x+B_2y+C_2z+D_2=0$ 的交线是空间直线，其方程

$$\begin{cases}A_1x+B_1y+C_1z+D_1=0\\A_2x+B_2y+C_2z+D_2=0\end{cases} \tag{1-48}$$

称为**空间直线的一般方程**.

设 $\vec{s}=(m,n,p)$是一个非零向量，$M_0(x_0,y_0,z_0)$是空间中一点. 过点 M_0 能够并且只能够作一条直线 L 与向量 $\vec{s}$ 平行. 称向量 $\vec{s}$ 为直线 L 的一个方向向量.

对直线 L 上任意一点 $M(x,y,z)$，$\overrightarrow{M_0M}=(x-x_0,y-y_0,z-z_0)$，有 $\overrightarrow{M_0M}//\vec{s}$，于是有

$$\frac{x-x_0}{m}=\frac{y-y_0}{n}=\frac{z-z_0}{p}. \tag{1-49}$$

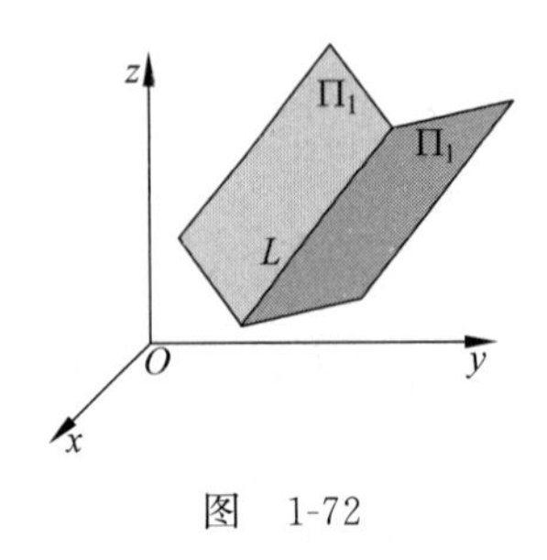

图 1-72

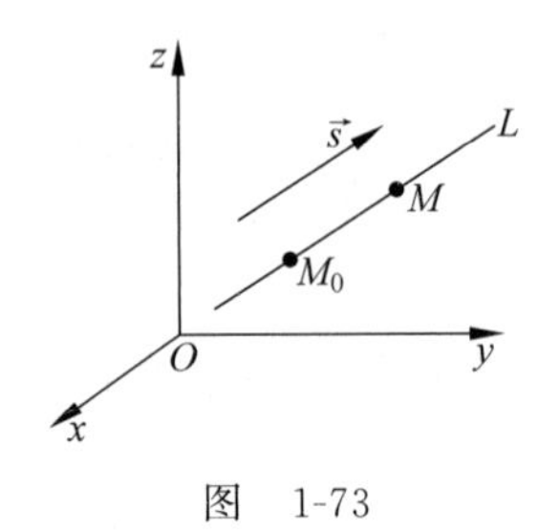

图 1-73

方程(1-49)称为**直线的对称式方程**.

若令$\frac{x-x_0}{m}=\frac{y-y_0}{n}=\frac{z-z_0}{p}=t$，则有

$$\begin{cases}x=x_0+mt\\y=y_0+nt\\z=z_0+pt\end{cases}. \tag{1-50}$$

方程(1-50)称为**直线的参数方程**.

已知直线上一个点和一个方向向量就可以写出直线的对称式方程与参数方程.

例 1-16 求过点(x_0,y_0,z_0)与点(x_1,y_1,z_1)的直线方程.

解：由所给两点构成的向量为 $\vec{s}=(x_1-x_0,y_1-y_0,z_1-z_0)$. 此即所求直线的方向向量. 于是所求的直线方程为

$$\frac{x-x_0}{x_1-x_0}=\frac{y-y_0}{y_1-y_0}=\frac{z-z_0}{z_1-z_0}.$$

例 1-17 求过点$(1,-2,4)$且与平面 $2x-3y+z-4=0$ 垂直的直线方程.

解：已知平面的法向量为 $\vec{n}=(2,-3,1)$. 因为所求直线与已知平面垂直，所以它与已知平面的法向量平行. 于是可得所求直线的方程为

$$\frac{x-1}{2}=\frac{y+2}{-3}=\frac{z-4}{1}.$$

例 1-18 求直线$\frac{x-2}{1}=\frac{y-3}{1}=\frac{z-4}{2}$与平面 $2x+y+z-6=0$ 的交点.

解：直线的参数方程为 $x=2+t$，$y=3+t$，$z=4+2t$. 代入平面方程，得 $2(2+t)+(3+t)+(4+2t)-6=0$，$t=-1$. 于是得交点的坐标为$(1,2,2)$.

（二）两直线的夹角

两直线的方向向量不超过 $90°$的夹角称为两直线的夹角. 设两直线的方向向量分别为 $\vec{s}_1$ 和 $\vec{s}_2$，两直线的夹角为 θ，则

$$\cos\theta=\frac{|\vec{s}_1\cdot\vec{s}_2|}{|\vec{s}_1||\vec{s}_2|} \tag{1-51}$$

三、直线与平面的夹角

直线与其在平面 Π 上的投影直线之间的夹角称为该直线与平面 Π 之间的夹角(图 1-74 中的 φ).

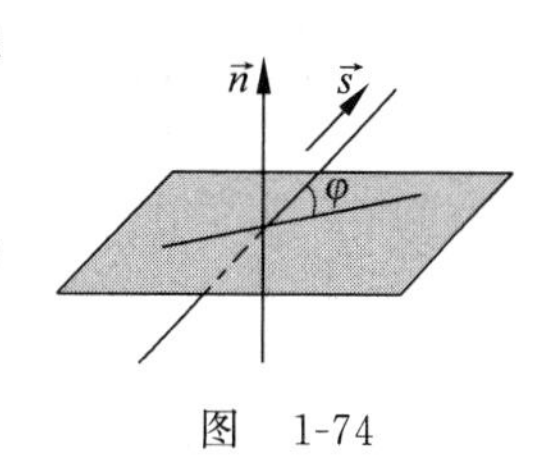

图　1-74

$$\sin\varphi = |\cos(\vec{s},\vec{n})| = \frac{|\vec{s}\cdot\vec{n}|}{|\vec{s}||\vec{n}|} \tag{1-52}$$

设直线 L 的方向向量为 $\vec{s}$,平面 Π 的法向量为 $\vec{n}$,则

i. $L//\Pi \Leftrightarrow \vec{s}\perp\vec{n}$;　ii. $L\perp\Pi \Leftrightarrow \vec{s}//\vec{n}$.

在线自测

习题 1-4

1. 指出下列各平面的特殊位置:

(1) $x=0$;(2) $3y-1=0$;(3) $2x-3y-6=0$;(4) $x-\sqrt{3}y=0$;

(5) $y+z=1$;(6) $x-2z=0$;(7) $6x+5y-z=0$.

2. 求过三点 $A(2,-1,4)$,$B(-1,3,-2)$,$C(0,2,3)$的平面方程.

3. 求过 x 轴和$(4,-3,-1)$的平面方程.

4. 判断下列各组平面是否平行,是否垂直,是否重合:

(1) $2x-y+z-1=0$,$3x+2y-4z-1=0$;

(2) $2x-y+z-1=0$,$-4x+2y-2z-1=0$;

(3) $2x-y-z+1=0$,$-4x+2y+2z-2=0$;

(4) $-x+2y-z+1=0$,$y+3z-1=0$.

5. 求过点$(-3,2,5)$且与两平面 $x-4z=3$ 和 $2x-y-5z=1$ 的交线平行的直线方程.

6. 一直线过点$(2,-3,4)$且与 y 轴垂直相交,求其方程.

7. 求过点$(2,1,3)$且与直线$\dfrac{x+1}{3}=\dfrac{y-1}{2}=\dfrac{z}{-1}$垂直相交的直线方程.

8. 求两直线 L_1:$\dfrac{x-1}{1}=\dfrac{y}{-4}=\dfrac{z+3}{1}$与 L_2:$\dfrac{x}{2}=\dfrac{y+2}{-2}=\dfrac{z}{-1}$的夹角.

9. 求直线$\dfrac{x-1}{2}=\dfrac{y}{-1}=\dfrac{z+1}{2}$与平面 $x-y+2z=3$ 之间的夹角.

第二章

函数、极限与连续

第一节 函 数

一、一元函数

（一）一元函数的定义及几个常见函数

定义 2-1 设有两个变量 x,y，如果对于任意一个 x，都有唯一确定的一个 y 和它对应，则称 y 是 x 的函数，一般地表示为 $y=f(x)$，其中 x 称为自变量，y 称为因变量. x 的取值范围称为函数的定义域，y 的取值范围称为函数的值域.

函数有多种表示形式和方法. 最常见的有解析表达式法、图形法、表格法等.

1. 幂函数

$y=x^{\mu}$（μ 为常数）（图 2-1）.

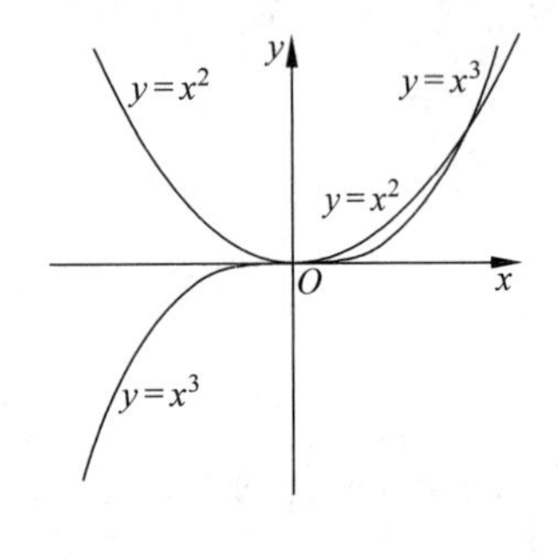

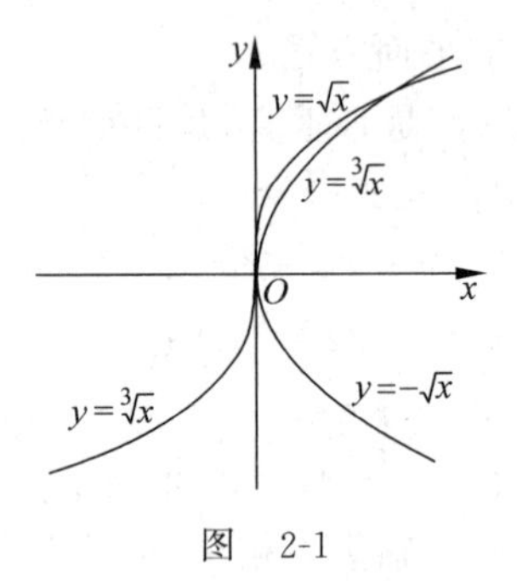

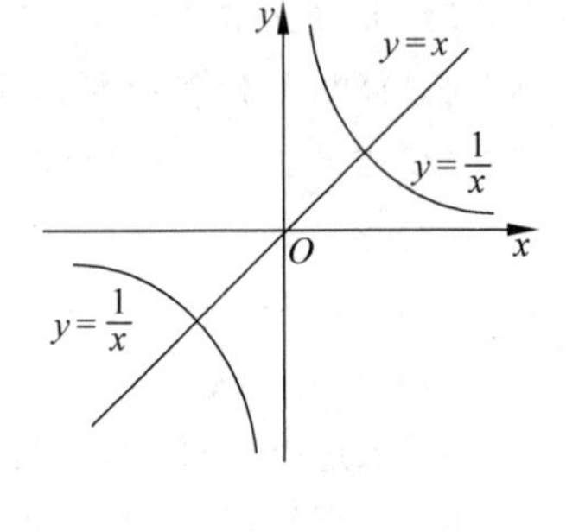

图 2-1

2. 指数函数

$y=a^x$（$a>0,a\neq1$）（图 2-2）. 当 $a=\mathrm{e}$ 时，$y=\mathrm{e}^x$.

指数函数的运算律如下：

i. $a^{x+y}=a^x\cdot a^y$.

ii. $(a\cdot b)^x=a^x\cdot b^x$.

iii. $\left(\dfrac{a}{b}\right)^x=\dfrac{a^x}{b^x}$.

3. 对数函数

$y=\log_a x$（$a>0,a\neq1,x>0$）（图 2-3）.

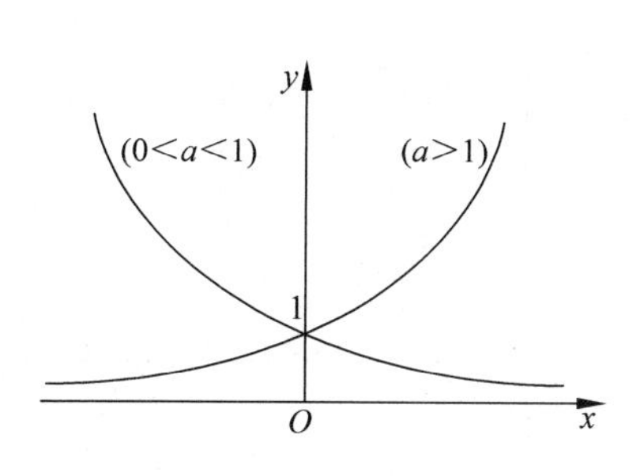

图 2-2　$y=a^x(a>0,a\neq1)$

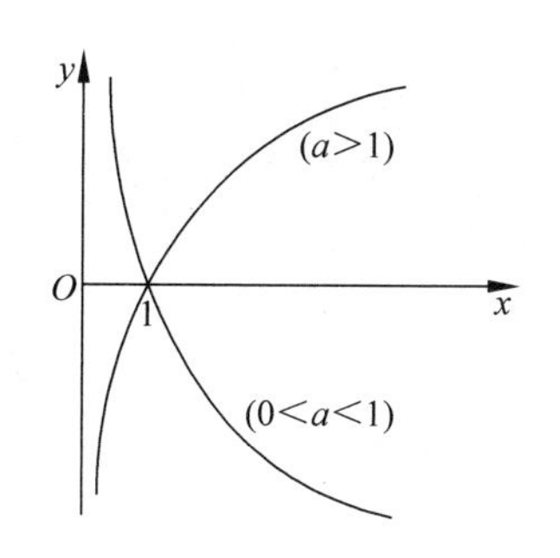

图 2-3　$y=\log_a x(a>0,a\neq1)$

当 $a=\mathrm{e}$ 时，$y=\ln x(x>0)$（自然对数）.

对数函数的换底公式：$\log_a b=\dfrac{\ln b}{\ln a}$.

对数函数的运算律如下（以自然对数为例）：

i. $\ln(xy)=\ln x+\ln y$.

ii. $\ln\dfrac{x}{y}=\ln x-\ln y$.

iii. $\ln a^b=b\ln a$.

4. 三角函数

（1）正弦函数 $y=\sin x(-\infty<x<+\infty)$（图 2-4）.

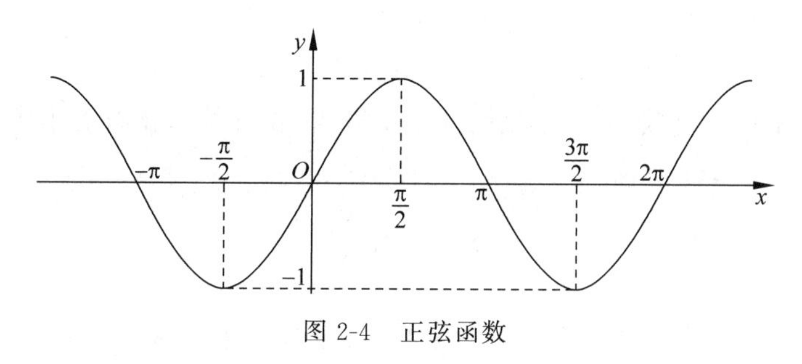

图 2-4　正弦函数

（2）余弦函数 $y=\cos x(-\infty<x<+\infty)$（图 2-5）.

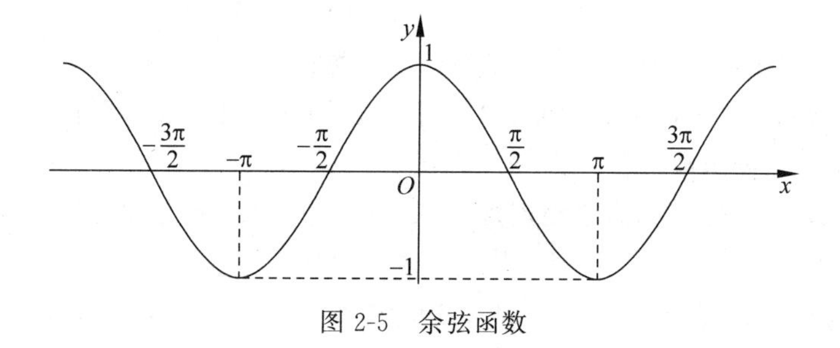

图 2-5　余弦函数

（3）正切函数 $y=\tan x\left(x\neq k\pi+\dfrac{\pi}{2},k=0,\pm1,\pm2,\cdots\right)$（图 2-6）.

（4）余切函数 $y=\cot x(x\neq k\pi,k=0,\pm1,\pm2,\cdots)$（图 2-7）.

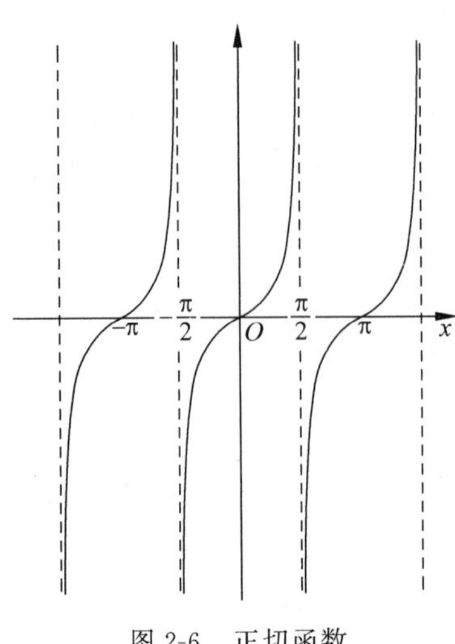

图 2-6　正切函数

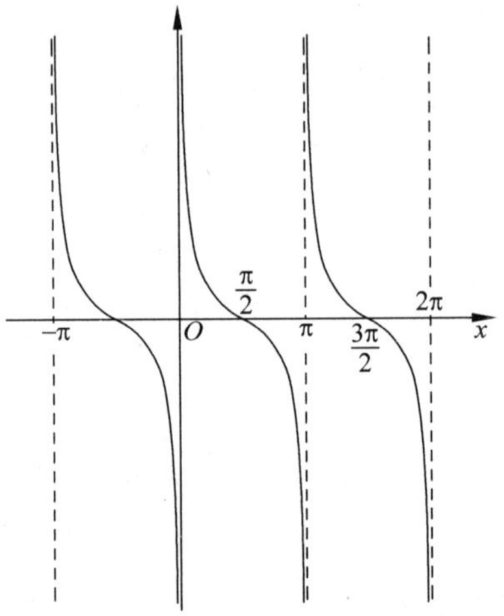

图 2-7　余切函数

（二）反函数及其图像

例 2-1　碳 14 衰变模型与化石年代测定. 自然界中碳元素的同位素主要有三种，即稳定同位素碳 12、碳 13 和放射性同位素碳 14. 活体生物体内的碳 14 的同位素丰度（碳 14 在所有碳的同位素中的浓度）稳定在 $N_0=1.2\times10^{-12}$. 当生物死亡后，碳 14 逐渐衰变. 经过 5 730 年（称为碳 14 的半衰期）后，碳 14 的同位素丰度降至初始状态的一半，即 0.6×10^{-12}. 已知经过 t 年后，碳 14 的丰度 N 满足关系式

$$N=N_0\mathrm{e}^{-\lambda t}\tag{2-1}$$

在某化石标本中采样测得碳 14 的丰度为 4.3×10^{-13}，试计算该化石的年代.

解：由公式(2-1)，得

$$t=\frac{1}{\lambda}\ln\frac{N_0}{N}\tag{2-2}$$

将 $N|_{t=5\,730}=\dfrac{N_0}{2}$ 代入，得 $\lambda=\dfrac{\ln2}{5\,730}\approx1.21\times10^{-4}$. 于是该化石的年代为

$$t\approx\frac{1}{1.21\times10^{-4}}\times\ln\frac{1.2\times10^{-12}}{4.3\times10^{-13}}\approx8\,482(\text{年})$$

称公式(2-2)的函数为公式(2-1)的函数的反函数.

设函数 $y=f(x)$ 的值域为 R. 如果对任意的 $y\in R$（y 属于 R），都有唯一确定的 x 与之对应，则称 x 是 y 的反函数，记为 $x=f^{-1}(y)$.

相应地，函数 $y=f(x)$ 称为**直接函数**（此处不叫原函数，因为“原函数”在后面将特指另外一类函数）.

如果函数 $y=f(x)$ 在区域 D 上单调，其值域为 R，则它在 D 上有反函数. 如函数 $y=x^2$ 在区间 $(-\infty,0]$ 上有反函数 $x=-\sqrt{y}$，在区间 $[0,+\infty)$ 有反函数 $x=\sqrt{y}$.

在某个区间上单调的幂函数的反函数仍然是幂函数.

指数函数 $y=a^x(a>0,a\neq1)$ 与对数函数 $x=\log_a y(a>0,a\neq1,y>0)$ 互为反函数.

正弦函数 $y=\sin x$ 是周期函数. 给定 y 的值会有无穷多个 x 的值与之对应，因而没有反

函数. 但其在$\left[-\frac{\pi}{2},\frac{\pi}{2}\right]$上单调增加,且当$x$取遍$\left[-\frac{\pi}{2},\frac{\pi}{2}\right]$内的所有值时,函数$y$取遍$[-1,1]$内的所有值,因而$y=\sin x$在区间$\left[-\frac{\pi}{2},\frac{\pi}{2}\right]$上的一段有反函数,称为**反正弦函数**,记为

$$x=\arcsin y,\quad -1\leqslant y\leqslant 1. \tag{2-3}$$

其值域为$\left[-\frac{\pi}{2},\frac{\pi}{2}\right]$,如图 2-8 所示.

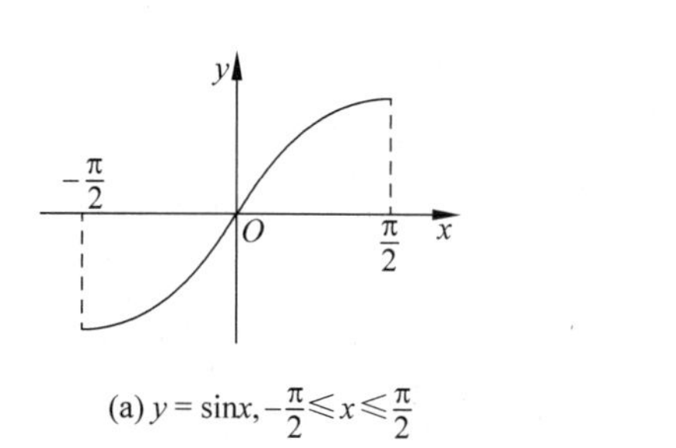

图 2-8 正弦函数与反正弦函数

特别地,$\arcsin 0=0$,$\arcsin 1=\frac{\pi}{2}$,$\arcsin(-1)=-\frac{\pi}{2}$,$\arcsin\frac{1}{2}=\frac{\pi}{6}$,$\arcsin\left(-\frac{1}{2}\right)=-\frac{\pi}{6}$,等等.

余弦函数$y=\cos x$是周期函数. 给定y的值会有无穷多个x的值与之对应,因而没有反函数. 但其在$[0,\pi]$上单调减少,且当x取遍$[0,\pi]$内的所有值时,函数y取遍$[-1,1]$内的所有值,因而$y=\cos x$在区间$[0,\pi]$上的一段有反函数,称为**反余弦函数**,记为

$$x=\arccos y,\quad -1\leqslant y\leqslant 1. \tag{2-4}$$

其值域为$[0,\pi]$,如图 2-9 所示.

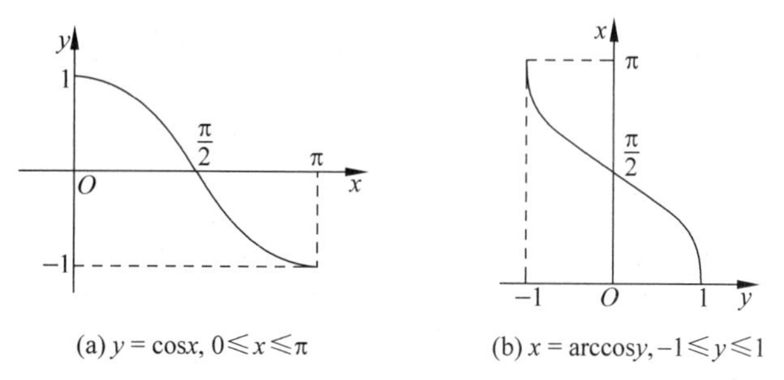

图 2-9 余弦函数与反余弦函数

特别地,$\arccos 0=\frac{\pi}{2}$,$\arccos 1=0$,$\arccos(-1)=\pi$,$\arccos\frac{1}{2}=\frac{\pi}{3}$,$\arccos\left(-\frac{1}{2}\right)=\frac{2\pi}{3}$,等等.

正切函数$y=\tan x$是周期函数. 给定y的值会有无穷多个x的值与之对应,因而没有反函数. 但其在$\left(-\frac{\pi}{2},\frac{\pi}{2}\right)$上单调增加,且当$x$取遍$\left(-\frac{\pi}{2},\frac{\pi}{2}\right)$内的所有值时,函数$y$取遍$(-\infty,+\infty)$内的所有值,因而$y=\tan x$在区间$\left(-\frac{\pi}{2},\frac{\pi}{2}\right)$上的一段有反函数,称为**反正切**

函数,记为

$$x=\arctan y,\quad -\infty<y<+\infty \tag{2-5}$$

其值域为$\left(-\dfrac{\pi}{2},\dfrac{\pi}{2}\right)$,如图 2-10 所示.

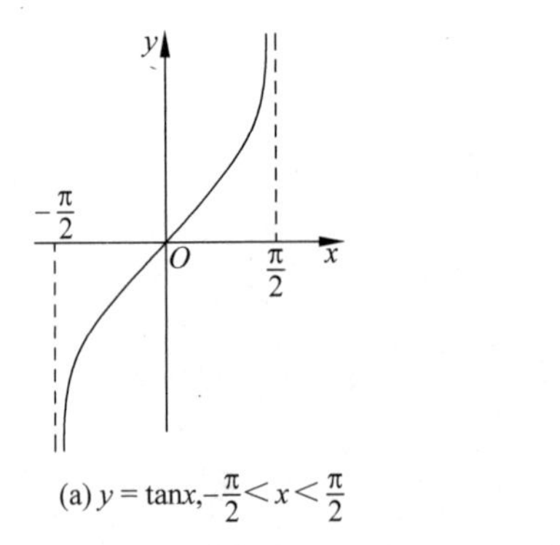

(a) $y=\tan x,-\frac{\pi}{2}<x<\frac{\pi}{2}$

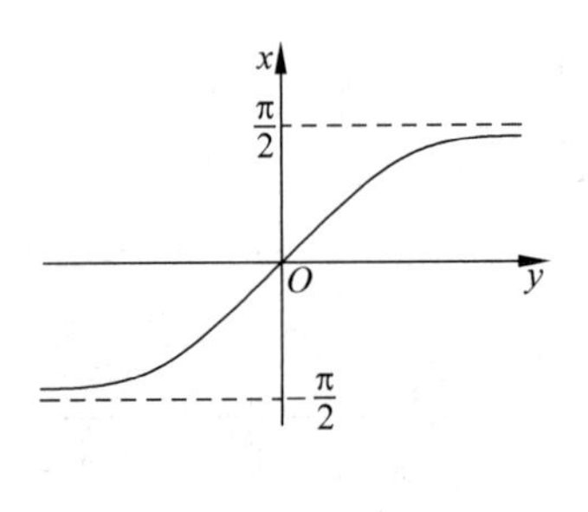

(b) $x=\arctan y,-\infty<y<+\infty$

图 2-10　正切函数与反正切函数

特别地,$\arctan 0=0$,$\arctan 1=\dfrac{\pi}{4}$,$\arctan(-1)=-\dfrac{\pi}{4}$,等等.

余切函数 $y=\cot x$ 是周期函数.给定 y 的值会有无穷多个 x 的值与之对应,因而没有反函数.但其在$(0,\pi)$上单调减少,且当 x 取遍$(0,\pi)$内的所有值时,函数 y 取遍$(-\infty,+\infty)$内的所有值,因而 $y=\cot x$ 在区间$(0,\pi)$上的一段有反函数,称为**反余切函数**,记为

$$x=\operatorname{arccot} y,\quad -\infty<y<+\infty. \tag{2-6}$$

其值域为$(0,\pi)$,如图 2-11 所示.

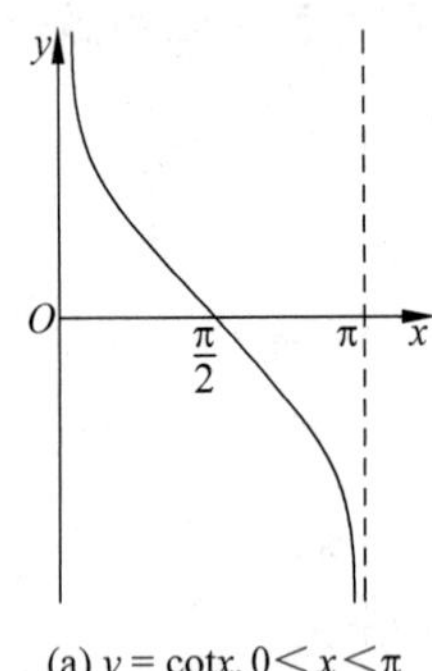

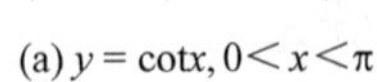
(a) $y=\cot x,0<x<\pi$

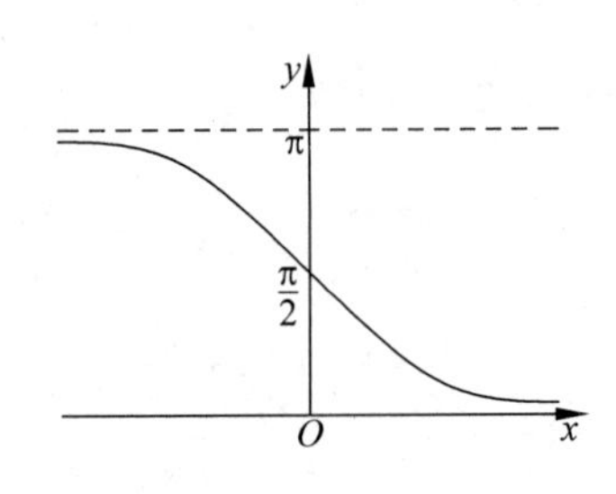

(b) $x=\operatorname{arccot} y,-\infty<y<+\infty$

图 2-11　余切函数与反余切函数

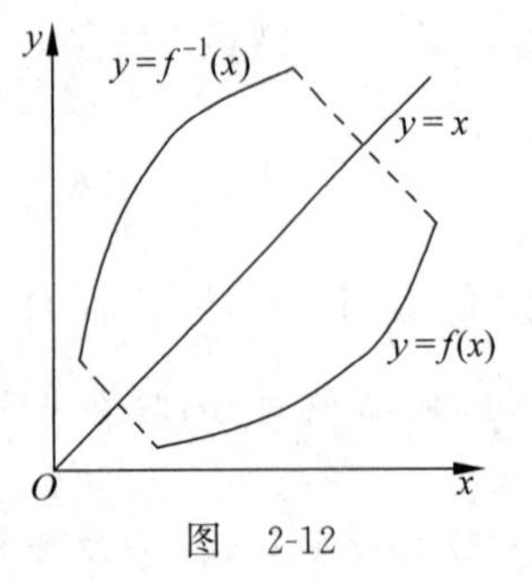

图　2-12

特别地,$\operatorname{arccot} 0=\dfrac{\pi}{2}$,$\operatorname{arccot} 1=\dfrac{\pi}{4}$,$\operatorname{arccot}(-1)=-\dfrac{\pi}{4}$,等等.

在同一个坐标系中,反函数 $x=f^{-1}(y)$的图形与其直接函数 $y=f(x)$的图形是一样的.而函数 $y=f^{-1}(x)$是将 $y=f(x)$中的变量 x 与变量 y 互换得到的,两个函数的图形关于直线 $y=x$ 对称.实际上,将变量 x 与变量 y 互换相当于将坐标系绕直线 $y=x$ 反转,如图 2-12 所示.

二、多元函数

定义 2-2　设有三个变量 x,y,z，$D\subset R^2$(R^2 表示 xOy 平面). 如果对任意的$(x,y)\in D$，都有唯一确定的一个 z 和它对应，则称 z 是 x,y 的二元函数，一般地表示为 $z=f(x,y)$，其中 x,y 称为自变量，z 称为因变量，D 称为这个函数的定义域，z 的取值范围称为函数的**值域**.

我们有时候用 $P(x,y)$或者干脆用 P 表示点(x,y)，相应地，常用 $f(P)$表示 $f(x,y)$.

类似地，可定义三元函数、四元函数等. 二元及二元以上的函数称为**多元函数**.

二元函数 $z=f(x,y)$是三元方程，在空间直角坐标系中表示曲面，如 $z=x^2+y^2$ 表示顶点在原点、开口向上的旋转抛物面；$z=\sqrt{x^2+y^2}$ 表示顶点在原点、开口向上的圆锥面；$z=\sqrt{R^2-x^2-y^2}$ 表示球心在原点、半径为 R 的上半球面.

三、初等函数

(一) 基本初等函数

幂函数、指数函数、对数函数、三角函数和反三角函数统称基本初等函数.

(二) 复合函数

设 $u=x^2$，$y=\sin u$，则 $y=\sin x^2$. 称函数 $y=\sin x^2$ 是由函数 $u=x^2$ 和 $y=\sin u$ 复合而成的复合函数.

一般地，设 $u=g(x)$，$y=f(u)$，如果函数 $g(x)$的值域的全部或部分包含在函数 $f(u)$的定义域中，则函数 $u=g(x)$和 $y=f(u)$可以复合成一个复合函数 $y=f[g(x)]$.

例如，$u=x^2$ 和 $y=\arcsin u$ 复合而成的复合函数为 $y=\arcsin x^2$，$x\in[-1,1]$；函数 $u=1+x^2$ 和函数 $y=\arcsin u$ 复合而成的复合函数为 $y=\arcsin(1+x^2)$，$x=0$；函数 $u=2+x^2$ 和函数 $y=\arcsin u$ 不能复合成复合函数，因为 $u=2+x^2$ 的值域不在 $y=\arcsin u$ 的定义域中.

函数 $z=xy\mathrm{e}^{x^2+y^2}$ 可看作由 $z=u\mathrm{e}^v$，$u=xy$，$v=x^2+y^2$ 复合而成的复合函数.

有一类特殊形式的复合函数$[u(x)]^{v(x)}$，它既不是幂函数又不是指数函数，但又像幂函数又像指数函数，我们称之为**幂指函数**. 幂指函数可以化成指数形式$[u(x)]^{v(x)}=\mathrm{e}^{v(x)\ln u(x)}$. 这种表示方式有时很有用.

(三) 初等函数

由常数和基本初等函数经过有限次的四则运算和/或有限次的复合步骤构成并能用一个式子表示的函数，称为初等函数. 如下面的函数都是初等函数.

$$y=\mathrm{e}^{-x^2}\sin(1+x^2)+\ln(1+\sqrt{1+x^2}),\quad z=x\mathrm{e}^{-x^2-y^2}+y\ln(1+x^2+y^2).$$

(四) 函数的性态

1. 有界性

一元函数 $f(x)$在区间 I 上有**上界**是指：存在一个常数 M，对所有的 $x\in I$，都有 $f(x)\leqslant M$.

一元函数 $f(x)$在区间 I 上有**下界**是指：存在一个常数 M，对所有的 $x\in I$，都有 $f(x)\geqslant M$.

一元函数 $f(x)$在区间 I 上**有界**是指：存在一个常数 M，对所有的 $x\in I$，都有$|f(x)|\leqslant M$.

一元函数 $f(x)$ 在区间 I 上有界的充分必要条件是函数在区间 I 上既有上界也有下界.

类似地,可以定义多元函数的上界、下界和有界. 如 $f(x,y)=xy$ 在 R^2 上无界,但在 $D=\{(x,y)\mid |x|\leqslant 1,|y|\leqslant 1\}$ 上有界. $g(x,y)=\arctan(x^2+y^2)$ 在 R^2 上有界.

2. 单调性

一元函数 $f(x)$ 在区间 I 上单调增加是指:对于区间 I 上任意两点 x_1 和 x_2,$x_1<x_2$,恒有 $f(x_1)<f(x_2)$.

一元函数 $f(x)$ 在区间 I 上单调减少是指:对于区间 I 上任意两点 x_1 和 x_2,$x_1<x_2$,恒有 $f(x_1)>f(x_2)$.

对于二元函数 $f(x,y)$,若固定 $y=y_0$,则 $f(x,y_0)$ 是变量 x 的一元函数. 若 $f(x,y_0)$ 单调增加,则称 $f(x,y)$ 对固定的 y_0 关于 x 单调增加;若 $f(x,y_0)$ 单调减少,则称 $f(x,y)$ 对固定的 y_0 关于 x 单调减少.

3. 奇偶性

设一元函数 $f(x)$ 在以原点为中心的对称区间 I 上有定义,且对任意的 $x\in I$,都有 $f(-x)=f(x)$,则称 $f(x)$ 为区间 I 上的偶函数.

一元偶函数的图形关于 y 轴对称,如图 2-13 中的偶函数 $y=x^2$.

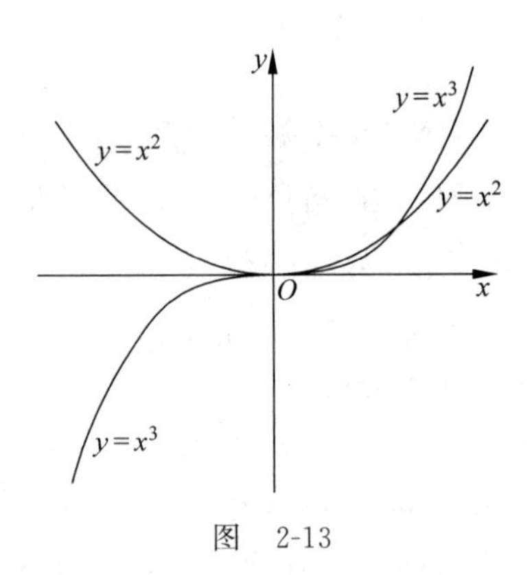

图 2-13

设一元函数 $f(x)$ 在以原点为中心的对称区间 I 上有定义,且对任意的 $x\in I$,都有 $f(-x)=-f(x)$,则称 $f(x)$ 为区间 I 上的奇函数.

一元奇函数的图形关于原点对称,如图 2-13 中的奇函数 $y=x^3$.

若 $f(x)$ 为奇函数且在 $x=0$ 有定义,则必有 $f(0)=0$.

如果一个函数既是偶函数又是奇函数,则这个函数恒等于零.

例 2-2 设 $f(x)$ 是定义在对称区间 $(-a,a)$ 上的任意函数,讨论下列函数的奇偶性.

(1) $g(x)=\dfrac{f(x)+f(-x)}{2}$. (2) $h(x)=\dfrac{f(x)-f(-x)}{2}$.

解:(1) 因为 $g(-x)=\dfrac{f(-x)+f(x)}{2}=g(x)$,所以 $g(x)$ 为偶函数.

(2) 因为 $h(-x)=\dfrac{f(-x)-f(x)}{2}=-h(x)$,所以 $h(x)$ 为奇函数.

注:容易看出,$f(x)=g(x)+h(x)$. 这说明:对称区间上的任意一个函数都可以分解成一个偶函数和一个奇函数的和,并且可以证明,分解式是唯一的. 事实上,设 $f(x)=g_1(x)+h_1(x)$,则 $g_1(x)+h_1(x)=g(x)+h(x)$,从而

$$g_1(x)-g(x)=h(x)-h_1(x). \tag{2-7}$$

易知,$g_1(x)-g(x)$ 是偶函数,而 $h(x)-h_1(x)$ 是奇函数. 由式(2-7)知,$g_1(x)-g(x)$ 和 $h(x)-h_1(x)$ 既是偶函数又是奇函数,因而它们都等于零,即 $g_1(x)=g(x)$,$h_1(x)=h(x)$,即分解式是唯一的.

如双曲正弦函数 $\mathrm{sh}x=\dfrac{\mathrm{e}^x-\mathrm{e}^{-x}}{2}$ 是奇函数,双曲余弦函数 $\mathrm{ch}x=\dfrac{\mathrm{e}^x+\mathrm{e}^{-x}}{2}$ 是偶函数. $\mathrm{e}^x=$

$\mathrm{sh}x+\mathrm{ch}x$.

对于二元函数 $f(x,y)$，D 是关于 y 轴对称的平面点集.若对任意的 $(x,y)\in D$，都有 $f(-x,y)=f(x,y)$，则称 $f(x,y)$ 是变量 x 的偶函数；若对任意的 $(x,y)\in D$，都有 $f(-x,y)=-f(x,y)$，则称 $f(x,y)$ 是变量 x 的奇函数.类似地，可定义变量 y 的偶函数和奇函数.

如果函数 $z=f(x,y)$ 是变量 x 的偶函数，则其图像关于 yOz 平面对称；如果函数 $z=f(x,y)$ 是变量 x 的奇函数，则其图像绕 y 轴旋转 180°后与其原图像重合.

例如，椭圆抛物面 $z=2x^2+3y^2$ 既是变量 x 的偶函数，也是变量 y 的偶函数，其图像既关于 yOz 平面对称，也关于 zOx 平面对称(图 2-14).柱面 $z=y^3$ 是变量 x 的偶函数、变量 y 的奇函数，其图像关于 yOz 平面对称，绕 x 轴旋转 180°后与其原图像重合(图 2-15).

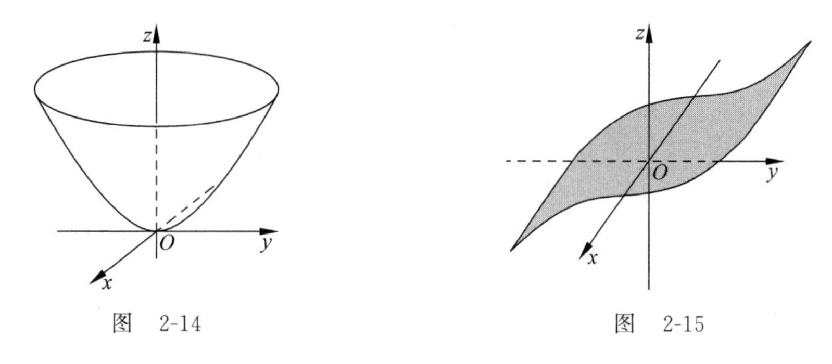

图　2-14　　　　图　2-15

4. 周期性

如果存在正数 l，使对任意的 x，有 $f(x+l)=f(x)$，则称 $f(x)$ 为周期函数.l 称为周期.

通常所说的周期函数的周期是指其最小正周期.

注：周期函数不一定存在最小正周期，如常数函数 $f(x)=C$.

(五) 分段(片)函数

分段函数通常是指，在自变量的不同变化范围内，函数的表达式是不同的函数.如表示实数正负号的函数，即**符号函数**

$$y=\mathrm{sgn}x=\begin{cases}1, & x>0\\ 0, & x=0\\ -1, & x<0\end{cases}$$

是分段函数，其中 sgn 是 sign(符号)的略写.正数的符号函数值为 1，负数的符号函数值为 -1，0 的符号函数值为 0.符号函数的作用是表示实数的正负号，如图 2-16 所示.符号函数可用来表示允许双向流动的阀门的开合状态.

绝对值函数 $y=|x|=\begin{cases}x, & x\geqslant 0\\ -x, & x<0\end{cases}=\sqrt{x^2}$ 通常也被看成是分段函数，如图 2-17 所示.

二元函数 $f(x,y)=\begin{cases}1, & xy=0\\ 0, & xy\neq 0\end{cases}$ 是二元分片函数，如图 2-18 所示.

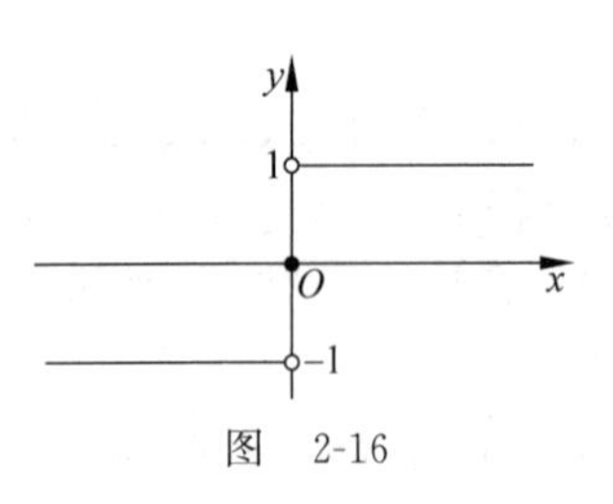

图 2-16

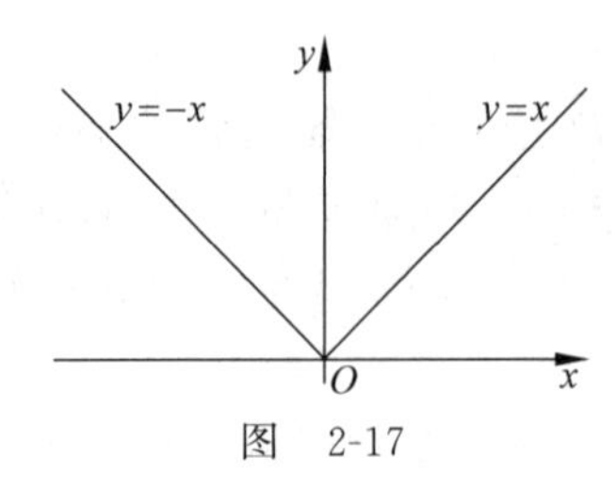

图 2-17

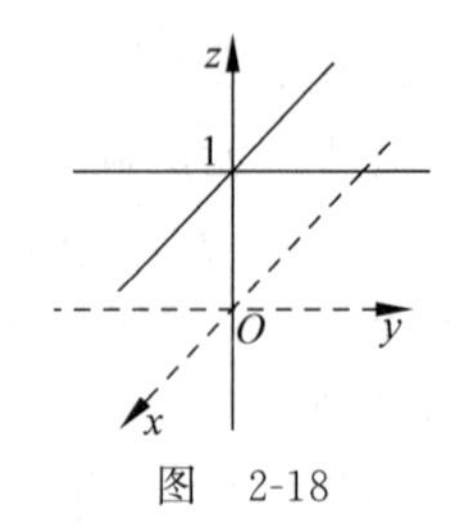

图 2-18

在线自测

习题 2-1

1. 证明函数 $f(x)=\ln(x+\sqrt{1+x^2})$是奇函数.

2. 证明双曲正弦函数 $y=\dfrac{\mathrm{e}^x-\mathrm{e}^{-x}}{2}$是单调的奇函数,并求其反函数.

3. 求下列函数的反函数:

(1) $y=\dfrac{x-1}{x+2}$;　(2) $y=\sin x\left(\dfrac{\pi}{2}\leqslant x\leqslant\pi\right)$.

4. 在下列各题中,求由所给函数构成的复合函数,并指出其定义域:

(1) $y=\sqrt{u}$,$u=1-x^2$;(2) $y=\ln u$,$u=\sin x$;(3) $y=\arcsin u$,$u=1+x^2$.

5. 设下面所涉及的函数都定义在对称区间$(-a,a)$上,则下列函数中哪些是奇函数,哪些是偶函数?

(1) 两个偶函数的和;

(2) 两个奇函数的和;

(3) 一个偶函数与一个奇函数的和;

(4) 两个偶函数的乘积;

(5) 两个奇函数的乘积;

(6) 一个偶函数与一个奇函数的乘积.

6. 指出下列函数的定义域:

(1) $z=\sqrt{R^2-x^2-y^2}$;(2) $z=\dfrac{1}{x^2+y^2}$;(3) $z=\dfrac{1}{x^2-y}$;(4) $z=\arcsin\dfrac{1}{x^2+y^2}$.

第二节　函数极限

一、函数极限的描述性定义

在科学研究与工程技术中,经常会遇到这样一类问题:当$|x|$越来越小时,函数

$f(x)=\dfrac{\sin x}{x}$的值有什么样的变化趋势？而当$|x|$越来越大时，函数$f(x)=\dfrac{\sin x}{x}$的值又有什么样的变化趋势呢？这就是函数的极限问题.

（一）$\lim\limits_{x\to x_0}f(x)$，$\lim\limits_{x\to x_0^+}f(x)$，$\lim\limits_{x\to x_0^-}f(x)$的描述性定义

“$x\to x_0$”是指：x趋向x_0，但$x\neq x_0$.

“$x\to x_0^+$”是指：x趋向x_0，且$x>x_0$.

“$x\to x_0^-$”是指：x趋向x_0，且$x<x_0$.

定义 2-3　如果当$x\to x_0$时，函数$f(x)$的值无限接近于或等于一个确定的常数A，则称A为$f(x)$当$x\to x_0$时的极限，记为$\lim\limits_{x\to x_0}f(x)=A$或$f(x)\to A(x\to x_0)$.

如果当$x\to x_0^+$时，函数$f(x)$的值无限接近于或等于一个确定的常数A，则称A为$f(x)$当$x\to x_0^+$时的右极限，记为$f(x_0^+)=\lim\limits_{x\to x_0^+}f(x)=A$[或记为$f(x_0+)$]或$f(x)\to A(x\to x_0^+)$.

如果当$x\to x_0^-$时，函数$f(x)$的值无限接近于或等于一个确定的常数A，则称A为$f(x)$当$x\to x_0^-$时的左极限，记为$f(x_0^-)=\lim\limits_{x\to x_0^-}f(x)=A$[或记为$f(x_0-)$]$f(x)\to A(x\to x_0^-)$.

在自变量的某个变化过程中，如果函数有极限，也说函数的极限存在.

显然，$\lim\limits_{x\to x_0}f(x)=A\Leftrightarrow f(x_0^-)=f(x_0^+)=A$.

易知，若$f(x)\equiv C$（“$\equiv$”表示“恒等于”），则对任意的x_0，$\lim\limits_{x\to x_0}f(x)=C$.

$$\lim_{x\to -1}x^2=1,\quad \lim_{x\to 0}\sin x=0,\quad \lim_{x\to \frac{1}{2}}\arcsin x=\frac{\pi}{6},\quad \lim_{x\to 1}\arctan x=\frac{\pi}{4},\quad \lim_{x\to 0}\ln(1+x)=0.$$

例 2-3　设$f(x)=\begin{cases}1, & x\neq 0\\ 0, & x=0\end{cases}$，求$\lim\limits_{x\to 0}f(x)$.

解：因为“$x\to 0$”蕴含“$x\neq 0$”，而当$x\neq 0$时，$f(x)=1$，所以$\lim\limits_{x\to 0}f(x)=\lim\limits_{x\to 0}1=1$.

注：由极限的定义，$\lim\limits_{x\to x_0}f(x)$存在与否以及等于什么与$f(x_0)$是否有定义以及等于什么无关.

例 2-4　讨论符号函数$f(x)=\operatorname{sgn}x=\begin{cases}1, & x>0\\ 0, & x=0\\ -1, & x<0\end{cases}$（图 2-19）当$x\to 0$时的极限.

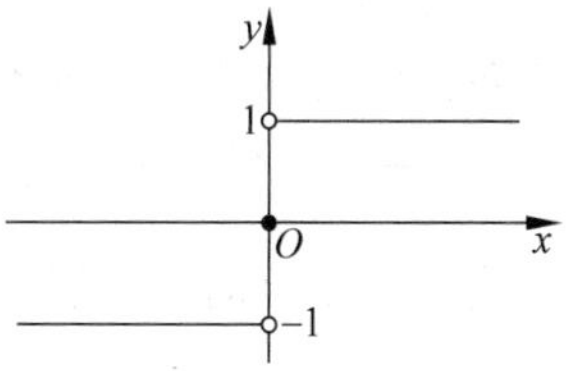

图　2-19

解：因为函数$f(x)$在$x=0$左右两侧的表达式不同，所以求极限时必须分别求左、右极限.

$f(0^-)=\lim\limits_{x\to 0^-}f(x)=\lim\limits_{x\to 0^-}(-1)=-1$，$f(0^+)=\lim\limits_{x\to 0^+}f(x)=\lim\limits_{x\to 0^+}(1)=1$，

$\because f(0^-)\neq f(0^+)$，$\therefore \lim\limits_{x\to 0}f(x)$不存在.

（二）$\lim\limits_{x\to\infty}f(x)$，$\lim\limits_{x\to+\infty}f(x)$，$\lim\limits_{x\to-\infty}f(x)$的描述性定义

定义 2-4　如果$|x|$无限增大（记为$x\to\infty$）时，函数$f(x)$的值无限接近于或等于一个

确定的常数 A，则称 A 为 $f(x)$ 当 $x\to\infty$ 时的极限，记为 $\lim\limits_{x\to\infty}f(x)=A$ 或 $f(x)\to A(x\to\infty)$ 或简记为 $f(\infty)=A$.

如果 x 无限增大(记为 $x\to+\infty$)时，函数 $f(x)$ 的值无限接近于或等于一个确定的常数 A，则称 A 为 $f(x)$ 当 $x\to+\infty$ 时的极限，记为 $\lim\limits_{x\to+\infty}f(x)=A$ 或 $f(x)\to A(x\to+\infty)$ 或简记为 $f(+\infty)=A$.

如果 $x<0$ 且 $|x|$ 无限增大(记为 $x\to-\infty$)时，函数 $f(x)$ 的值无限接近于或等于一个确定的常数 A，则称 A 为 $f(x)$ 当 $x\to-\infty$ 时的极限，记为 $\lim\limits_{x\to-\infty}f(x)=A$ 或 $f(x)\to A(x\to-\infty)$ 或简记为 $f(-\infty)=A$.

显然，$f(\infty)=A\Leftrightarrow f(+\infty)=f(-\infty)=A$.

显然，$\lim\limits_{x\to\infty}\dfrac{1}{x}=0$；$\lim\limits_{x\to+\infty}\dfrac{1}{\sqrt{x}}=0$；$\lim\limits_{x\to\infty}\dfrac{1}{x^k}=0$ $(k>0)$.

从函数的图形可以看出，$\lim\limits_{x\to\infty}\sin x$ 和 $\lim\limits_{x\to\infty}\cos x$ 都不存在.

当 $x\to\infty$ 时，$\dfrac{1}{x}\to 0$，因而 $\lim\limits_{x\to\infty}\sin\dfrac{1}{x}=0$. 而当 $x\to 0$ 时，$\left|\dfrac{1}{x}\right|$ 无限增大，即 $\dfrac{1}{x}\to\infty$，所以 $\lim\limits_{x\to 0}\sin\dfrac{1}{x}$ 不存在，如图 2-20 所示.

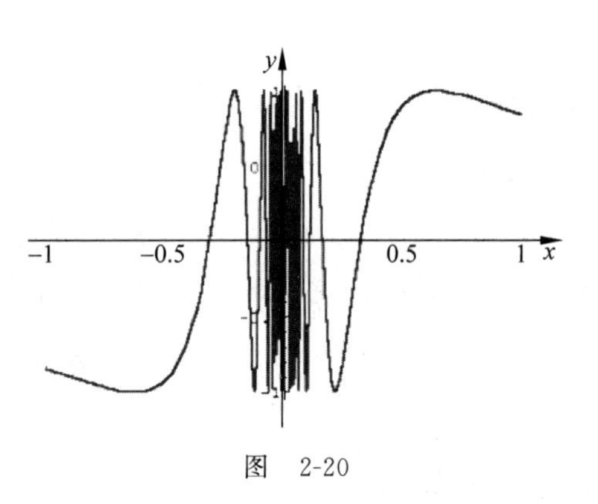

图 2-20

二、函数极限的精确定义

我们现在有一个问题：当 $x\to x_0$ 时，函数 $f(x)$ 有怎样的变化趋势才算是“无限接近于”一个确定的常数？当 $x\to+\infty$ 时，$\dfrac{1}{x}$“无限接近于”什么常数？可不可以说“$\dfrac{1}{x}$ 无限接近于 -1”？为什么？现在看来，“无限接近于”不是一个确定的描述，不同的人对此会有不同的理解. 数学是讲究严谨的，每一个数学概念必须有绝对确定的意义. 这样就需要给出函数极限的严格的、精确的定义.

我们打算规定如下函数的极限.

当 $x\to-2$ 时，x^2 的极限为 4；

当 $x\to+\infty$ 时，$\dfrac{1}{x}$ 的极限为 0；

当 $x\to 0$ 时，符号函数 $\operatorname{sgn}x=\begin{cases}1, & x>0\\ 0, & x=0\\ -1, & x<0\end{cases}$ 没有极限. 也就是说，当 $x\to 0$ 时，$\operatorname{sgn}x$ 不“无限接近于”任何一个确定的实数，或者说，任何实数都不是 $\operatorname{sgn}x$ 的极限.

我们所说的“无限接近于”的另一种等价表述是“要多近就可以有多近”. 这又是什么意思呢？我们说“当 $x\to x_0$ 时，函数 $f(x)$ 的极限为 A”指的是：不管给定一个多么小的正数 ε(epsilon[ep'silon]，希腊字母)，对于那些离 x_0 相当近的 $x(x\neq x_0)$，都会有 $|f(x)-A|<$

ε. 说得更确切些，就是：任给一个正数 ε(不管多大和多小)，都能找到一个正数 δ(delta [ˈdeltə]，希腊字母)，当 $0<|x-x_0|<\delta$ 时(这些 x 被认为离 x_0 相当近)，都有 $|f(x)-A|<\varepsilon$. 这就是我们想要的极限的定义.

定义 2-5　如果对任意的 $\varepsilon>0$，都存在 $\delta>0$，对满足 $0<|x-x_0|<\delta$ 的一切 x，都有 $|f(x)-A|<\varepsilon$，则称 A 为函数 $f(x)$ 当 $x\to x_0$ 时的**极限**，记为 $\lim\limits_{x\to x_0}f(x)=A$.

如果对任意的 $\varepsilon>0$，都存在 $\delta>0$，对满足 $x_0<x<x_0+\delta$ 的一切 x，都有 $|f(x)-A|<\varepsilon$，则称 A 为函数 $f(x)$ 当 $x\to x_0^+$ 时的**右极限**，记为 $f(x_0^+)=\lim\limits_{x\to x_0^+}f(x)=A$[或记为 $f(x_0+)$].

如果对任意的 $\varepsilon>0$，都存在 $\delta>0$，对满足 $x_0-\delta<x<x_0$ 的一切 x，都有 $|f(x)-A|<\varepsilon$，则称 A 为函数 $f(x)$ 当 $x\to x_0^-$ 时的**左极限**，记为 $f(x_0^-)=\lim\limits_{x\to x_0^-}f(x)=A$[或记为 $f(x_0-)$].

在数学上，经常用符号“$\forall$”表示“任意的”或“所有的”，它是英文单词“All”的首字母“A”的上下倒置；而用“$\exists$”表示“存在”，它是英文单词“Exist”的首字母“E”的左右倒置. 这样，$\lim\limits_{x\to x_0}f(x)=A$ 的定义可用所谓的“$\varepsilon-\delta$”语言表述如下：

$$\forall\varepsilon>0,\quad \exists\delta>0,\quad \forall x:0<|x-x_0|<\delta,\quad |f(x)-A|<\varepsilon.$$

左右导数的定义也可以写成类似的形式.

注意到：定义中的 δ 有无穷多个.

为了叙述的方便，我们引入邻域的概念.

定义 2-6　设 a 是一个实数，$\delta>0$，称开区间 $(a-\delta,a+\delta)$ 为 a 的 δ 邻域，记为 $U(a,\delta)$[常简记为 $U(a)$]. 称区间 $(a-\delta,a]$ 为 a 的左 δ 邻域，称区间 $[a,a+\delta)$ 为 a 的右 δ 邻域.

称点集 $(a-\delta,a)\cup(a,a+\delta)$ 为 a 的去心 δ 邻域，记为 $\overset{o}{U}(a,\delta)$[常简记为 $\overset{o}{U}(a)$]. 称开区间 $(a-\delta,a)$ 为 a 的左去心 δ 邻域，称开区间 $(a,a+\delta)$ 为 a 的右去心 δ 邻域.

a 的邻域和去心邻域都有无穷多个.

极限 $\lim\limits_{x\to\infty}f(x)$，$\lim\limits_{x\to+\infty}f(x)$，$\lim\limits_{x\to-\infty}f(x)$ 可用邻域的概念叙述如下：

$\lim\limits_{x\to x_0}f(x)=A\Leftrightarrow$ 对任意的 $\varepsilon>0$，都存在 x_0 的某个去心邻域，使得该去心邻域里的所有点 x 都满足 $|f(x)-A|<\varepsilon$.

$\lim\limits_{x\to x_0^+}f(x)=A\Leftrightarrow$ 对任意的 $\varepsilon>0$，都存在 x_0 的某个右去心邻域，使得该去心邻域里的所有点 x 都满足 $|f(x)-A|<\varepsilon$.

$\lim\limits_{x\to x_0^-}f(x)=A\Leftrightarrow$ 对任意的 $\varepsilon>0$，都存在 x_0 的某个左去心邻域，使得该去心邻域里的所有点 x 都满足 $|f(x)-A|<\varepsilon$.

$\lim\limits_{x\to x_0}f(x)=A$ 在几何上表示：作两条到直线 $y=A$ 的距离为任意正数 ε 的直线 $y=A\pm\varepsilon$，则一定存在 x_0 的某个去心邻域，使得曲线 $y=f(x)$ 对应于该去心邻域里的部分都夹在两直线 $y=A\pm\varepsilon$ 之间，如图 2-21 所示.

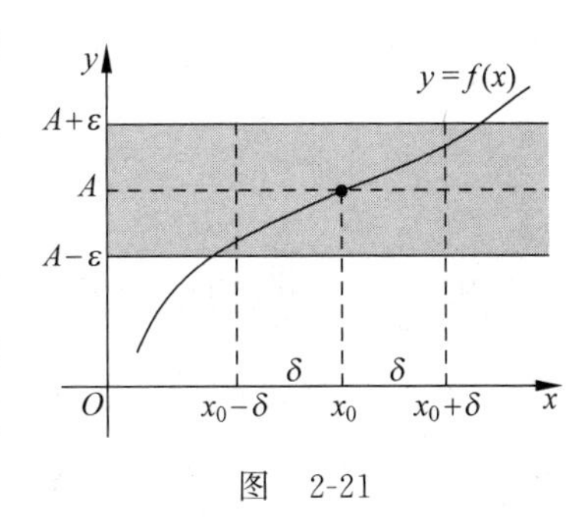

图　2-21

对于 $\lim\limits_{x\to\infty}f(x)$，$\lim\limits_{x\to+\infty}f(x)$，$\lim\limits_{x\to-\infty}f(x)$ 型的极限，我们定义如下：

定义 2-7 如果对任意的 $\varepsilon>0$,都存在 $X>0$,对满足 $|x|>X$ 的一切 x,都有 $|f(x)-A|<\varepsilon$,则称 A 为 $f(x)$ 当 $x\to\infty$ 时的极限,记为 $\lim\limits_{x\to\infty}f(x)=A$[或记为 $f(\infty)=A$].

如果对任意的 $\varepsilon>0$,都存在 $X>0$,对满足 $x>X$ 的一切 x,都有 $|f(x)-A|<\varepsilon$,则称 A 为 $f(x)$ 当 $x\to+\infty$ 时的极限,记为 $\lim\limits_{x\to+\infty}f(x)=A$[或记为 $f(+\infty)=A$].

如果对任意的 $\varepsilon>0$,都存在 $X>0$,对满足 $x<-X$ 的一切 x,都有 $|f(x)-A|<\varepsilon$,则称 A 为 $f(x)$ 当 $x\to-\infty$ 时的极限,记为 $\lim\limits_{x\to-\infty}f(x)=A$[或记为 $f(-\infty)=A$].

注意到:定义中的 X 有无穷多个.

例 2-5 证明 $\lim\limits_{x\to2}x^2=4$.

分析:根据极限的定义,要证明:对任意的 $\varepsilon>0$,都能找到 $\delta>0$(要找出来的),使得当 $0<|x-2|<\delta$ 时,有 $|x^2-4|<\varepsilon$.

对任意的 $\varepsilon>0$,我们的目标是要找到一个正数 δ,使得当 $0<|x-2|<\delta$ 时,有 $|x^2-4|<\varepsilon$. 而 $|x^2-4|=|x-2||x+2|<\delta|x+2|$. 此时,$|x+2|=|x-2+4|\leqslant|x-2|+4<\delta+4$. 如果我们取 $\delta\leqslant1$,则可保证 $|x+2|<5$. 这样就有 $|x^2-4|<5\delta$. 现在可以看到了,只要取 $\delta=\min\left(1,\dfrac{\varepsilon}{5}\right)$,就能保证 $|x^2-4|<\varepsilon$.

下面我们就来证明数 4 符合极限的定义.

证:对任意的 $\varepsilon>0$,只要取 $\delta=\min\left(1,\dfrac{\varepsilon}{5}\right)$,则当 $0<|x-2|<\delta$ 时,就有 $|x^2-4|\leqslant5|x-2|<\varepsilon$. 根据极限的定义可知,$\lim\limits_{x\to2}x^2=4$.

例 2-6 证明 $\lim\limits_{x\to+\infty}\dfrac{1}{\sqrt{x}}=0$.

分析:根据极限的定义,要证明:对任意的 $\varepsilon>0$,都能找到 $X>0$,使得当 $x>X$ 时,有 $\left|\dfrac{1}{\sqrt{x}}-0\right|=\dfrac{1}{\sqrt{x}}<\varepsilon$. 因为此时 $\dfrac{1}{\sqrt{x}}<\dfrac{1}{\sqrt{X}}$,所以只要 $\dfrac{1}{\sqrt{X}}<\varepsilon$ 即 $X\geqslant\dfrac{1}{\varepsilon^2}$ 则可. 因而可取 $X=\dfrac{1}{\varepsilon^2}$.

证:因为对任意的 $\varepsilon>0$,取 $X=\dfrac{1}{\varepsilon^2}$,当 $x>X$ 时,有 $\left|\dfrac{1}{\sqrt{x}}-0\right|=\dfrac{1}{\sqrt{x}}<\dfrac{1}{\sqrt{X}}=\varepsilon$,所以 $\lim\limits_{x\to+\infty}\dfrac{1}{\sqrt{x}}=0$.

例 2-7 证明 $\lim\limits_{x\to0}\sin\dfrac{1}{x}$ 不存在.

分析:要证明任何一个实数都不是 $\sin\dfrac{1}{x}$ 当 $x\to0$ 时的极限,也就是要证:对任意的实数 A,一定存在一个正数 ε_0,找不到任何一个正数 δ,使得当 $0<|x-0|=|x|<\delta$ 时,$\left|\sin\dfrac{1}{x}-A\right|<\varepsilon_0$. 这相当于:对任意的实数 A,一定存在一个正数 ε_0,使得对所有的 $\delta>0$,总有 x_0 满足 $0<|x_0|<\delta$,但 $\left|\sin\dfrac{1}{x_0}-A\right|\geqslant\varepsilon_0$.

证：如果 $|A|>1$，则取 $\varepsilon_0=|A|-1$. 对所有的 $\delta>0$ 和所有满足 $0<|x_0|<\delta$ 的 x_0，都有 $\left|\sin\frac{1}{x_0}-A\right|\geqslant|A|-\left|\sin\frac{1}{x_0}\right|\geqslant|A|-1=\varepsilon_0$. 因而，$A$ 不是 $\sin\frac{1}{x}$ 当 $x\to0$ 时的极限.

现设 $|A|\leqslant1$. 不妨设 $0\leqslant A\leqslant1$. 取 $\varepsilon_0=1$（其实不超过 1 的正数都行）. 对所有的 $\delta>0$，取正整数 n，使得 $n>\frac{1}{2\pi\delta}$，$x_0=\frac{1}{2n\pi+\frac{3\pi}{2}}$，则 $0<|x_0|<\delta$，但 $\left|\sin\frac{1}{x_0}-A\right|=|-1-A|\geqslant1=\varepsilon_0$. 所以 $\lim\limits_{x\to0}\sin\frac{1}{x}$ 不存在.

三、函数极限的运算法则

为了叙述方便，当不特别指明自变量的具体变化过程时，我们用 $x\to@$ 表示 $x\to x_0$，$x\to x_0^-$，$x\to x_0^+$，$x\to\infty$，$x\to-\infty$ 和 $x\to+\infty$ 中的一类.

设 $\lim\limits_{x\to@}f(x)$ 和 $\lim\limits_{x\to@}g(x)$ 都存在（注意：这是必须的，否则不能保证等式成立），则

(1) $\lim\limits_{x\to@}[f(x)\pm g(x)]=\lim\limits_{x\to@}f(x)\pm\lim\limits_{x\to@}g(x)$.

(2) $\lim\limits_{x\to@}[f(x)g(x)]=\lim\limits_{x\to@}f(x)\cdot\lim\limits_{x\to@}g(x)$.

特别地，$\lim\limits_{x\to@}[Cf(x)]=C\lim\limits_{x\to@}f(x)$（其中 C 为任意常数）.

(3) $\lim\limits_{x\to@}\frac{f(x)}{g(x)}=\frac{\lim\limits_{x\to@}f(x)}{\lim\limits_{x\to@}g(x)}\left[\lim\limits_{x\to@}g(x)\neq0\right]$.

(4) 若 $[\lim\limits_{x\to@}f(x)]^{\lim\limits_{x\to@}g(x)}$ 有意义，则 $\lim\limits_{x\to@}[f(x)]^{g(x)}=\left[\lim\limits_{x\to@}f(x)\right]^{\lim\limits_{x\to@}g(x)}$.

四、函数极限的性质

(1)（**唯一性**）若极限存在则必唯一.

(2)（**局部有界性**）如果 $\lim\limits_{x\to x_0}f(x)$ 存在，则 $f(x)$ 一定在 x_0 的某个去心邻域内有界.

(3)（**局部保号性**）如果 $\lim\limits_{x\to x_0}f(x)=A>0(<0)$，则一定在 x_0 的某个去心邻域内有 $f(x)>0(<0)$.

一般地，如果 $\lim\limits_{x\to x_0}f(x)=A$，则对任意的 $\alpha<A<\beta$，一定在 x_0 的某个去心邻域内有 $\alpha<f(x)<\beta$.

(4)（**极限保号性**）如果在 x_0 的某个去心邻域内有 $f(x)\geqslant0(\leqslant0)$，则必有 $\lim\limits_{x\to x_0}f(x)=A\geqslant0(\leqslant0)$.

(5)（**夹逼准则**）设 $g(x)\leqslant f(x)\leqslant h(x)$，$\lim\limits_{x\to x_0}g(x)=\lim\limits_{x\to x_0}h(x)=A$，则 $\lim\limits_{x\to x_0}f(x)=A$.

对于自变量 x 的其他变化过程也有相应的结论，这里不再赘述.

例 2-8　求：(1) $\lim\limits_{x\to\infty}\sin\frac{1}{x}$；(2) $\lim\limits_{x\to\infty}\frac{\sin x}{x}$；(3) $\lim\limits_{x\to0}x\sin\frac{1}{x}$.

解：(1) $0\leqslant\left|\sin\frac{1}{x}\right|<\left|\frac{1}{x}\right|$，因为 $\lim\limits_{x\to\infty}\left|\frac{1}{x}\right|=0$，由夹逼准则可知，$\lim\limits_{x\to\infty}\left|\sin\frac{1}{x}\right|=0$，

所以$\lim\limits_{x\to\infty}\sin\dfrac{1}{x}=0$;

(2) $0\leqslant\left|\dfrac{\sin x}{x}\right|=\dfrac{|\sin x|}{|x|}\leqslant\dfrac{1}{|x|}$,因为$\lim\limits_{x\to\infty}\dfrac{1}{|x|}=0$,由夹逼准则可知,$\lim\limits_{x\to\infty}\left|\dfrac{\sin x}{x}\right|=0$,所以$\lim\limits_{x\to\infty}\dfrac{\sin x}{x}=0$;

(3) $0\leqslant\left|x\sin\dfrac{1}{x}\right|=|x|\left|\sin\dfrac{1}{x}\right|\leqslant|x|$,因为$\lim\limits_{x\to 0}|x|=0$,由夹逼准则可知,$\lim\limits_{x\to 0}\left|x\sin\dfrac{1}{x}\right|=0$,$\lim\limits_{x\to 0}x\sin\dfrac{1}{x}=0$.

五、二元函数的极限

在xOy平面R^2上,称到点$P_0\in R^2$的距离小于正数δ的点的全体为P_0的δ邻域,记为$U(P_0,\delta)$,即$U(P_0,\delta)=\{P\,|\,|PP_0|<\delta\}$.而用$U(P_0)$表示$P_0$的某个邻域(未特别指定$\delta$的时候).称$\mathring{U}(P_0,\delta)=\{P\,|\,0<|PP_0|<\delta\}$为$P_0$的去心$\delta$邻域.而用$\mathring{U}(P_0)$表示$P_0$的某个去心邻域(未特别指定$\delta$的时候).

定义 2-8 设函数$f(x,y)$在$P_0(x_0,y_0)\in R^2$的某邻域内有定义,A是一个常数.如果对任意的$\varepsilon>0$,都存在$\delta>0$,使得对所有的$P(x,y)\in\mathring{U}(P_0,\delta)$,都有$|f(x,y)-A|<\varepsilon$,则称$A$为$f(x,y)$当$P\to P_0$即$(x,y)\to(x_0,y_0)$时的极限,记为$\lim\limits_{(x,y)\to(x_0,y_0)}f(x,y)=A$或$\lim\limits_{\substack{x\to x_0\\ y\to y_0}}f(x,y)=A$或$\lim\limits_{P\to P_0}f(P)=A$或$f(x,y)\to A(x\to x_0,y\to y_0)$等.

多元函数的极限也有同一元函数类似的运算法则和性质.

例 2-9 求$\lim\limits_{(x,y)\to(0,0)}(x^2+y^2)\sin\dfrac{1}{x^2+y^2}$.

解:$\left|(x^2+y^2)\sin\dfrac{1}{x^2+y^2}\right|\leqslant x^2+y^2$,$\lim\limits_{(x,y)\to(0,0)}(x^2+y^2)=0$,由夹逼准则知$\lim\limits_{(x,y)\to(0,0)}(x^2+y^2)\sin\dfrac{1}{x^2+y^2}=0$.

定义 2-9 设C:$x=x(t)$,$y=y(t)$是xOy平面上的一条曲线,(x_0,y_0)是C上相应于$t=t_0$的点.如果$\lim\limits_{t\to t_0}f[x(t),y(t)]=A$,则称$A$为函数$f(x,y)$当$(x,y)$沿曲线$C$趋向点$(x_0,y_0)$时的极限,记为$\lim\limits_{\substack{(x,y)\to(x_0,y_0)\\ (x,y)\in C}}f(x,y)=A$.

在x轴上,$x\to x_0$的路径只有左、右两条.但在xOy平面上,点$P(x,y)$趋向点$P_0(x_0,y_0)$的路径却有无穷多条.因而$\lim\limits_{(x,y)\to(x_0,y_0)}f(x,y)=A$的充分必要条件是$P(x,y)$沿任何平面曲线趋向点$P_0(x_0,y_0)$时函数$f(x,y)$的极限都是$A$.如果$P(x,y)$沿某一曲线趋向于$P(x_0,y_0)$时函数$f(x,y)$的极限不存在,或者$P(x,y)$沿两条不同的曲线趋向于$P(x_0,y_0)$时函数$f(x,y)$的极限不相等,则$\lim\limits_{(x,y)\to(x_0,y_0)}f(x,y)$一定不存在.

例 2-10　设函数 $f(x,y)=\begin{cases}1, & xy=0\\ 0, & xy\neq 0\end{cases}$（如图 2-22 所示），讨论极限 $\lim\limits_{\substack{x\to 0\\ y\to 0}} f(x,y)$.

图　2-22

解：$f(x,0)=1$. 当 (x,y) 沿 x 轴趋向 $(0,0)$ 时，$\lim\limits_{\substack{x\to 0\\ y=0}} f(x,y)=\lim\limits_{x\to 0} f(x,0)=\lim\limits_{x\to 0} 1=1$.

当 (x,y) 沿直线 $y=x$ 轴趋向 $(0,0)$ 时，$\lim\limits_{\substack{x\to 0\\ y=x}} f(x,y)=\lim\limits_{\substack{x\to 0\\ y=x}} 0=0$.

因为 (x,y) 沿不同曲线趋向 $(0,0)$ 时，函数 $f(x,y)$ 的极限不同，所以 $\lim\limits_{\substack{x\to 0\\ y\to 0}} f(x,y)$ 不存在.

例 2-11　证明 $\lim\limits_{\substack{x\to 0\\ y\to 0}} \dfrac{xy}{x^2+y^2}$ 不存在.

证明：当 (x,y) 沿直线 $y=kx$ 趋向 $(0,0)$ 时，$\lim\limits_{\substack{x\to 0\\ y=kx}} \dfrac{xy}{x^2+y^2}=\lim\limits_{x\to 0} \dfrac{kx^2}{x^2+k^2x^2}=\dfrac{k}{1+k^2}$.

因为 (x,y) 沿不同的直线 $y=kx$ 趋向 $(0,0)$ 时，函数的极限不同，所以 $\lim\limits_{\substack{x\to 0\\ y\to 0}} \dfrac{xy}{x^2+y^2}$ 不存在.

在线自测

习题 2-2

1. 利用极限的精确定义证明：(1) $\lim\limits_{x\to 4}\sqrt{x}=2$；(2) $\lim\limits_{x\to +\infty}\dfrac{1}{\sqrt{x}}=0$.

2. 利用极限的精确定义证明：若 $\lim\limits_{x\to x_0} f(x)=a$，则 $\lim\limits_{x\to x_0} |f(x)|=|a|$. 举例说明反之不成立.

3. 设 $f(x)=\begin{cases}a\mathrm{e}^x, & x\geqslant 0\\ x-b, & x<0\end{cases}$ 且 $\lim\limits_{x\to 0} f(x)$ 存在，问：a,b 应满足什么关系式？

4. 设 $f(x,y)=\dfrac{xy^2}{x^2+y^2}$，证明 $\lim\limits_{(x,y)\to(0,0)} f(x,y)=0$.

5. 证明 $\lim\limits_{\substack{x\to 0\\ y\to 0}} \dfrac{x}{x+y^2}$ 不存在.

第三节　两个重要极限

一、一个重要的三角不等式

作一个半径为 1 的圆(单位圆),如图 2-23 所示.其中圆心角 x 的单位为弧度,$0<x<\frac{\pi}{2}$.设 $S_{\triangle AOB}$,$S_{扇形AOB}$,$S_{\triangle AOD}$ 分别表示$\triangle AOB$、扇形 AOB 和$\triangle AOD$ 的面积.易知 $S_{\triangle AOB}<S_{扇形AOB}<S_{\triangle AOD}$,即$\frac{1}{2}\sin x<\frac{1}{2}x<\frac{1}{2}\tan x$,因而可得如下的重要不等式

$$\sin x < x < \tan x \left(0 < x < \frac{\pi}{2}\right) \tag{2-8}$$

一般地,有

$$|\sin x| < |x| < |\tan x| \left(0 < |x| < \frac{\pi}{2}\right) \tag{2-9}$$

$$|\sin x| < |x| \ (x \neq 0) \tag{2-10}$$

图 2-24 是不等式(2-9)的几何表示.

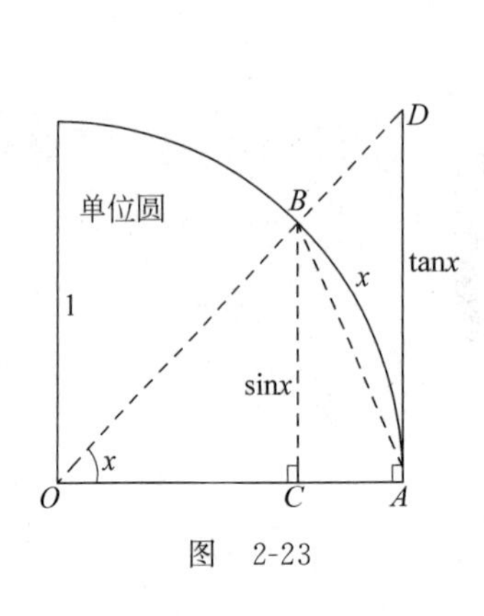

图　2-23

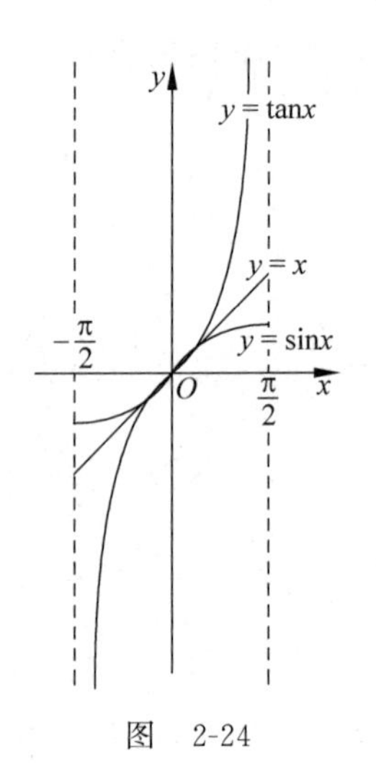

图　2-24

二、两个重要极限

由公式(2-9)可得

$$\cos x < \frac{\sin x}{x} < 1\left(-\frac{\pi}{2} < x < \frac{\pi}{2}, x \neq 0\right). \tag{2-11}$$

因为$\lim\limits_{x\to 0}\cos x=\lim\limits_{x\to 0}1=1$,由公式(2-10)及夹逼准则可得如下的重要极限(称为**三角函数形式的重要极限**):

$$\lim_{x\to 0}\frac{\sin x}{x}=1. \tag{2-12}$$

由此可得,$\lim\limits_{x\to 0}\frac{\tan x}{x}=\lim\limits_{x\to 0}\frac{\sin x}{x}\cdot\frac{1}{\cos x}=1$.

例 2-12　求$\lim\limits_{x\to 0}\dfrac{\arcsin x}{x}$.

解：做变量代换 $t=\arcsin x$，则 $x=\sin t$. $x\to 0\Leftrightarrow t\to 0$. 于是

$$\lim_{x\to 0}\frac{\arcsin x}{x}=\lim_{t\to 0}\frac{t}{\sin t}=\lim_{t\to 0}\frac{1}{\dfrac{\sin t}{t}}=\frac{1}{\lim\limits_{t\to 0}\dfrac{\sin t}{t}}=1.$$

同理可证，$\lim\limits_{x\to 0}\dfrac{\arctan x}{x}=1$.

例 2-13　求$\lim\limits_{x\to 0}\dfrac{1-\cos x}{x^2}$.

解：
$$\lim_{x\to 0}\frac{1-\cos x}{x^2}=\lim_{x\to 0}\frac{(1-\cos x)(1+\cos x)}{x^2(1+\cos x)}=\lim_{x\to 0}\frac{\sin^2 x}{x^2}\frac{1}{1+\cos x}$$
$$=\lim_{x\to 0}\left(\frac{\sin x}{x}\right)^2\cdot\lim_{x\to 0}\frac{1}{1+\cos x}=\frac{1}{2}\left(\lim_{x\to 0}\frac{\sin x}{x}\right)^2=\frac{1}{2}.$$

在极限$\lim\limits_{x\to 0}\dfrac{\sin x}{x}=1$ 中，分子分母的极限都是 0，因而不能用极限运算法则求此极限.

另外一个重要极限是$\lim\limits_{x\to\infty}\left(1+\dfrac{1}{x}\right)^x$. 当 $x\to\infty$时，$1+\dfrac{1}{x}\to 1$. 但$\left(1+\dfrac{1}{x}\right)^x$ 却并不趋向于 1. 事实上，可以证明（我们将在"无穷级数"一章给出部分证明）

$$\lim_{x\to\infty}\left(1+\frac{1}{x}\right)^x=\mathrm{e} \tag{2-13}$$

其中 e 就是我们熟知的常数，即 e=2.718 281 828 459…. 极限(2-13)称为幂指函数形式的重要极限.

例 2-14　求$\lim\limits_{x\to 0}(1+x)^{\frac{1}{x}}$.

解：做变量代换 $x=\dfrac{1}{t}$，则 $x\to 0\Leftrightarrow t\to\infty$，于是$\lim\limits_{x\to 0}(1+x)^{\frac{1}{x}}=\lim\limits_{t\to\infty}\left(1+\dfrac{1}{t}\right)^t=\mathrm{e}$.

例 2-15　$\lim\limits_{x\to 0}\dfrac{\ln(1+x)}{x}=\lim\limits_{x\to 0}\ln(1+x)^{\frac{1}{x}}=\ln\lim\limits_{x\to 0}(1+x)^{\frac{1}{x}}=\ln\mathrm{e}=1$.

例 2-16　求$\lim\limits_{x\to 0}\dfrac{a^x-1}{x}(a>0)$.

解：做变量代换 $a^x-1=t$，则 $x=\log_a(1+t)$.

$$\lim_{x\to 0}\frac{a^x-1}{x}=\lim_{t\to 0}\frac{t}{\log_a(1+t)}=\lim_{t\to 0}\frac{1}{\dfrac{1}{t}\log_a(1+t)}=\lim_{t\to 0}\frac{1}{\log_a(1+t)^{\frac{1}{t}}}$$
$$=\frac{1}{\lim\limits_{t\to 0}\log_a(1+t)^{\frac{1}{t}}}=\frac{1}{\log_a\mathrm{e}}=\ln a.$$

特别地，$\lim\limits_{x\to 0}\dfrac{\mathrm{e}^x-1}{x}=1$.

例 2-17　设 α 为非零实数，求$\lim\limits_{x\to 0}\dfrac{(1+x)^\alpha-1}{x}$.

解：$\lim\limits_{x\to 0}\dfrac{(1+x)^{\alpha}-1}{x}=\lim\limits_{x\to 0}\dfrac{e^{\alpha\ln(1+x)}-1}{x}$

$$=\alpha\lim_{x\to 0}\frac{e^{\alpha\ln(1+x)}-1}{\alpha\ln(1+x)}\cdot\lim_{x\to 0}\frac{\ln(1+x)}{x}=\alpha\lim_{x\to 0}\frac{e^{\alpha\ln(1+x)}-1}{\alpha\ln(1+x)}.$$

做变量代换 $\alpha\ln(1+x)=t$，则 $x\to 0\Leftrightarrow t\to 0$. 于是 $\lim\limits_{x\to 0}\dfrac{(1+x)^{\alpha}-1}{x}=\alpha\lim\limits_{t\to 0}\dfrac{e^{t}-1}{t}=\alpha$.

在线自测

习题 2-3

1. 求极限：

(1) $\lim\limits_{x\to 0^{+}}\dfrac{\sin\sqrt{x}}{\sqrt{x}}$；(2) $\lim\limits_{x\to 0}\dfrac{\arctan x}{x}$；(3) $\lim\limits_{x\to\infty}\left(1-\dfrac{1}{x}\right)^{x}$；(4) $\lim\limits_{x\to 0}(1+3x)^{\frac{2}{x}}$.

2. 求极限：

(1) $\lim\limits_{x\to 0}\dfrac{\ln(1+2x)}{x}$；(2) $\lim\limits_{x\to 0}\dfrac{e^{\frac{1}{2}x}-1}{x}$；(3) $\lim\limits_{x\to 0}\dfrac{\sqrt[n]{1+x}-1}{\frac{1}{n}x}$.

第四节　无穷小与无穷大

一、无穷小与无穷大

为了叙述方便，我们依然用符号@表示 $x_0, x_0^{+}, x_0^{-}, \infty, +\infty, -\infty$ 中的某一个.

定义 2-10　如果 $\lim\limits_{x\to @}f(x)=0$，则称 $f(x)$ 为 $x\to @$ 时的无穷小.

如 $\sin x, \ln(1+x), e^{x}-1, \sqrt{1+x}-1$ 都是 $x\to 0$ 时的无穷小；$\arctan\dfrac{1}{x}$ 是 $x\to\infty$ 时的无穷小.

注：无穷小不是很小很小的常数. 但 0 是唯一的一个常数无穷小.

定义 2-11　如果当 $x\to @$ 时 $|f(x)|$ 无限增大，则称 $f(x)$ 为 $x\to @$ 时的无穷大，记为 $\lim\limits_{x\to @}f(x)=\infty$.

如 $\lim\limits_{x\to +\infty}\ln x=+\infty$，$\lim\limits_{x\to 0^{+}}\ln x=-\infty$；$\lim\limits_{x\to 0^{+}}e^{\frac{1}{x}}=+\infty$，$\lim\limits_{x\to 0^{-}}e^{\frac{1}{x}}=0$；$\lim\limits_{x\to\infty}(3x^{2}-4x+5)=\lim\limits_{x\to\infty}x^{2}\left(3-\dfrac{4}{x}+\dfrac{5}{x^{2}}\right)=+\infty$.

显然，在自变量的某一变化过程中，$f(x)(\neq 0)$为无穷小的充分必要条件是$\dfrac{1}{f(x)}$为无穷大.

二、无穷小的运算

根据无穷小的定义，容易验证无穷小的如下运算法则：

（1）有限个无穷小的和为无穷小.

（2）有限个无穷小的乘积为无穷小.

（3）有界函数与无穷小的乘积为无穷小.

（3）之证明：设函数 $f(x)$有界，即存在 $M>0$，使得$|f(x)|\leqslant M$，$\lim\limits_{x\to @}g(x)=0$，则$|f(x)g(x)|\leqslant M|g(x)|$. 因为$\lim\limits_{x\to @}g(x)=0$，所以$\lim\limits_{x\to @}|g(x)|=0$，从而$\lim\limits_{x\to @}M|g(x)|=0$. 由夹逼定理知$\lim\limits_{x\to @}|f(x)g(x)|=0$，从而$\lim\limits_{x\to @}f(x)g(x)=0$. 即有界函数与无穷小的乘积为无穷小.

如$|\sin x|$有界，$\dfrac{1}{x}$为$x\to\infty$时的无穷小，故$\dfrac{\sin x}{x}$为$x\to\infty$时的无穷小，从而$\lim\limits_{x\to\infty}\dfrac{\sin x}{x}=0$.

三、无穷小的比较

当$x\to 0$时，x^2，x^3，$3x$，$x+x^2$都是无穷小，但显然它们不一样小. 有时候需要比较谁更小以及小的程度. 为此引入无穷小的阶的概念.

定义 2-12　设$\alpha(x)$和$\beta(x)$为$x\to @$时的两个无穷小，且$\beta(x)\neq 0$.

如果$\lim\limits_{x\to @}\dfrac{\alpha(x)}{\beta(x)}=0$，则称$x\to @$时$\alpha(x)$是比$\beta(x)$高阶的无穷小，记为$\alpha(x)=o[\beta(x)]$ $(x\to @)$，也说$\beta(x)$是比$\alpha(x)$低阶的无穷小.

如果$\lim\limits_{x\to @}\dfrac{\alpha(x)}{\beta(x)}=C$（$C$为非零常数），则称$x\to @$时$\alpha(x)$与$\beta(x)$是同阶的无穷小. 特别地，如果$C=1$，则称$\alpha(x)$与$\beta(x)$是等价的无穷小，记作$\alpha(x)\sim\beta(x)(x\to @)$.

说明：$o(x^n)$表示当$x\to 0$时比x^n高阶的无穷小，可不必注明“$x\to 0$”.

由上述定义可知，$x^2=o(x)$；$1-\cos x=o(x)$；$3x$与x是当$x\to 0$时的同阶无穷小.

由上一节的讨论可以得到下列常用的等价无穷小：当$x\to 0$时，

$$\sin x\sim x;\quad \tan x\sim x;\quad \arcsin x\sim x;\quad \arctan x\sim x;$$

$$\ln(1+x)\sim x;\quad e^x-1\sim x;\quad 1-\cos x\sim\frac{1}{2}x^2;\quad (1+x)^\alpha-1\sim\alpha x.$$

四、等价无穷小的性质

（1）若$f(x)\sim g(x)(x\to @)$，k为任意非零常数，则

$$kf(x)\sim kg(x)(x\to @).$$

（2）**（等价无穷小的传递性）**若$f(x)\sim g(x)$，$g(x)\sim h(x)(x\to @)$，则

$$f(x)\sim h(x)(x\to @).$$

(3)（**等价无穷小代换定理**）若 $g(x)\sim h(x)(x\to@)$，则

$$\lim_{x\to@}\frac{f(x)}{g(x)}=\lim_{x\to@}\frac{f(x)}{h(x)},\quad \lim_{x\to@}f(x)g(x)=\lim_{x\to@}f(x)h(x).$$

证：(1) 因为 $\lim\limits_{x\to@}\dfrac{f(x)}{g(x)}=1$，所以 $\lim\limits_{x\to@}\dfrac{kf(x)}{kg(x)}=\lim\limits_{x\to@}\dfrac{f(x)}{g(x)}=1$.

(2) 因为 $\lim\limits_{x\to@}\dfrac{f(x)}{g(x)}=1$，$\lim\limits_{x\to@}\dfrac{g(x)}{h(x)}=1$，所以 $\lim\limits_{x\to@}\dfrac{f(x)}{h(x)}=\lim\limits_{x\to@}\dfrac{f(x)}{g(x)}\lim\limits_{x\to@}\dfrac{g(x)}{h(x)}=1$.

(3) 因为 $\lim\limits_{x\to@}\dfrac{g(x)}{h(x)}=1$，所以 $\lim\limits_{x\to@}\dfrac{f(x)}{g(x)}=\lim\limits_{x\to@}\dfrac{f(x)}{h(x)}\lim\limits_{x\to@}\dfrac{h(x)}{g(x)}=\lim\limits_{x\to@}\dfrac{f(x)}{h(x)}$，

$\lim\limits_{x\to@}f(x)g(x)=\lim\limits_{x\to@}f(x)h(x)\lim\limits_{x\to@}\dfrac{g(x)}{h(x)}=\lim\limits_{x\to@}f(x)h(x)$.

例 2-18 求 $\lim\limits_{x\to0}\dfrac{\sqrt{1+3\tan^2x}-1}{\ln(1+2x^2)}$.

解：令 $u=3\tan^2x$，则当 $x\to0$ 时，$u\to0$. 于是，$\sqrt{1+3\tan^2x}-1=\sqrt{1+u}-1\sim\dfrac{u}{2}=\dfrac{3}{2}\tan^2x$. 又因为 $\tan x\sim x(x\to0)$，所以 $\sqrt{1+3\tan^2x}-1\sim\dfrac{3}{2}x^2(x\to0)$.

令 $v=2x^2$，则当 $x\to0$ 时，$v\to0$. 于是 $\ln(1+2x^2)=\ln(1+v)\sim v=2x^2(x\to0)$. 从而

$$\lim_{x\to0}\frac{\sqrt{1+3\tan^2x}-1}{\ln(1+2x^2)}=\lim_{x\to0}\frac{\frac{3}{2}x^2}{2x^2}=\frac{3}{4}.$$

在线自测

习题 2-4

1. 求极限：

(1) $\lim\limits_{x\to0}x\sin\dfrac{1}{x}$；(2) $\lim\limits_{x\to\infty}\dfrac{\arctan x}{x}$.

2. 问：当 $x\to0$ 时，$e^{x^2}-1$ 与 $\sqrt{1+\sin x}-1$ 哪一个是高阶无穷小？

3. 问：当 $x\to1$ 时，$1-x^3$ 与 $\sqrt[3]{1-x}$ 哪一个是高阶无穷小？

4. 已知当 $x\to0$ 时，$\sec x-1\sim Ax^2$，求 A.

5. 求极限：

(1) $\lim\limits_{x\to0}\dfrac{\tan 2x}{\arcsin 3x}$；(2) $\lim\limits_{x\to\infty}\dfrac{\ln\left(1+\frac{1}{x^2}\right)}{e^{\sin^2\frac{1}{x}}-1}$.

第五节　函数的连续性

一、一元连续函数的概念

一条曲线 $y=f(x)$ 在点 $(x_0,f(x_0))$ 连续是指：无论从 $(x_0,f(x_0))$ 的左侧还是右侧，沿着曲线都可以到达 $(x_0,f(x_0))$. 即当 $x\to x_0$ 时，$\lim\limits_{x\to x_0}f(x)=f(x_0)$，如图 2-25 所示.

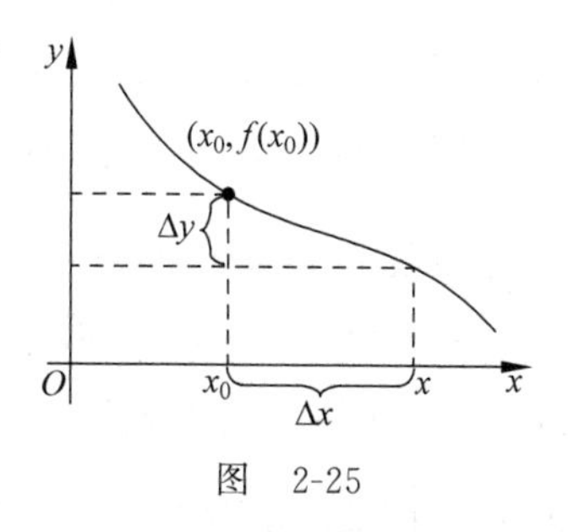

图　2-25

定义 2-13　如果 $\lim\limits_{x\to x_0}f(x)=f(x_0)$，则称函数 $f(x)$ 在点 x_0 处连续，称 x_0 为函数 $f(x)$ 的连续点.

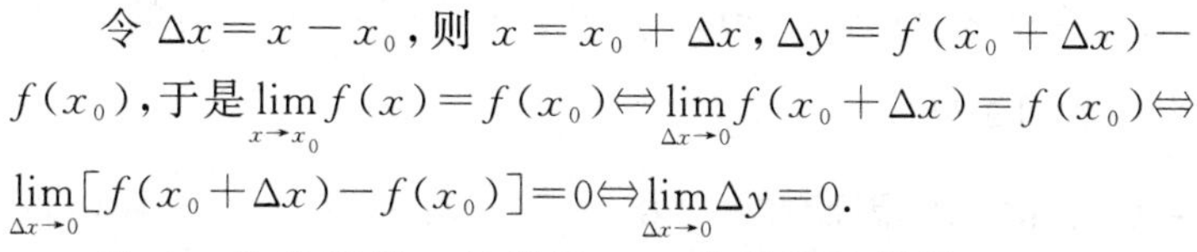

令 $\Delta x=x-x_0$，则 $x=x_0+\Delta x$，$\Delta y=f(x_0+\Delta x)-f(x_0)$，于是 $\lim\limits_{x\to x_0}f(x)=f(x_0)\Leftrightarrow\lim\limits_{\Delta x\to 0}f(x_0+\Delta x)=f(x_0)\Leftrightarrow\lim\limits_{\Delta x\to 0}[f(x_0+\Delta x)-f(x_0)]=0\Leftrightarrow\lim\limits_{\Delta x\to 0}\Delta y=0$.

称 Δx 为自变量 x 的增量，Δy 为函数的增量.

根据函数的图像可以看出：**基本初等函数在其定义域内是连续的.**

定义 2-14　若 $\lim\limits_{x\to x_0^-}f(x)=f(x_0)$，则称函数 $f(x)$ 在点 x_0 处左连续；若 $\lim\limits_{x\to x_0^+}f(x)=f(x_0)$，则称函数 $f(x)$ 在点 x_0 处右连续.

定义 2-15　设函数 $f(x)$ 在开区间 (a,b) 内每一点都连续，且在左端点 $x=a$ 处右连续，在右端点 $x=b$ 处左连续，则称函数 $f(x)$ 在闭区间 $[a,b]$ 上连续.

在区间上每一点都连续的函数，叫作在该区间上的连续函数，或者说函数在该区间上连续.

区间 I 上的连续函数 $y=f(x)$ 的图形是对应于区间 I 上的一条连续不间断的曲线.

显然，$f(x)$ 在点 x_0 连续的充分必要条件是 $f(x)$ 在点 x_0 处左连续且右连续.

定理 2-1　(1) 若 $f(x)$，$g(x)$ 在点 x_0 处连续，则 $f(x)\pm g(x)$，$f(x)\cdot g(x)$，$\dfrac{f(x)}{g(x)}[g(x_0)\neq 0]$ 也在点 x_0 处连续.

(2) 设函数 $u=g(x)$ 在点 x_0 连续，且 $g(x_0)=u_0$，而函数 $y=f(u)$ 在 $u=u_0$ 连续，则复合函数 $y=f[g(x)]$ 在 $x=x_0$ 连续.

由定理 2-1 可知：一切初等函数在其定义区间内是连续的.

由于初等函数的定义域不一定是区间，所以初等函数在其定义域上不一定连续. 如函数 $f(x)=\sqrt{\sin^2x-1}$ 的定义域为 $x=k\pi\pm\dfrac{\pi}{2}$，$k=0,1,2,\cdots$，它处处都不连续.

二、一元函数的间断点

由一元连续函数的定义可知，函数 $f(x)$ 在点 x_0 处连续必须满足三个条件：(i) $f(x_0)$ 有定义；(ii) $\lim\limits_{x\to x_0}f(x)$ 存在；(iii) $\lim\limits_{x\to x_0}f(x)=f(x_0)$. 这三个条件只要有一个不满足，则函数 $f(x)$ 在点 x_0 处不连续，此时称点 x_0 为 $f(x)$ 的**不连续点**(或**间断点**). 为了叙述的方便，通常将间断点划分为如下几种类型.

（一）跳跃间断点

如果 $\lim\limits_{x\to x_0^-} f(x)$ 和 $\lim\limits_{x\to x_0^+} f(x)$ 都存在，但 $\lim\limits_{x\to x_0^-} f(x)\neq \lim\limits_{x\to x_0^+} f(x)$，则称 x_0 为函数 $f(x)$ 的**跳跃间断点**.

$x=0$ 是符号函数 $\operatorname{sgn}x$ 的跳跃间断点.

（二）可去间断点

如果 $\lim\limits_{x\to x_0} f(x)$ 存在但 $f(x_0)$ 无定义，或者，虽然 $f(x_0)$ 有定义但 $\lim\limits_{x\to x_0} f(x)\neq f(x_0)$，则 x_0 为函数 $f(x)$ 的间断点.

如果 $f(x_0)$ 无定义，则补充 $f(x_0)$ 的定义为 $f(x_0)=\lim\limits_{x\to x_0} f(x)$；如果 $f(x_0)$ 有定义但 $\lim\limits_{x\to x_0} f(x)\neq f(x_0)$，则修改 $f(x_0)$ 的定义为 $f(x_0)=\lim\limits_{x\to x_0} f(x)$. 这样，函数 $f(x)$ 就在 x_0 处连续了. 因而，我们称这样的间断点为**可去间断点**.

例如，$f(x)=x\sin\dfrac{1}{x}$ 在 $x=0$ 处无定义，因而在 $x=0$ 处不连续. 而 $\lim\limits_{x\to 0} x\sin\dfrac{1}{x}=0$. 故 $x=0$ 为函数 $f(x)$ 的可去间断点.

（三）无穷间断点

如果 $\lim\limits_{x\to x_0} f(x)=\infty$，则称 x_0 为函数 $f(x)$ 的**无穷间断点**.

如 $x=0$ 是 $f(x)=\dfrac{1}{x}$ 的无穷间断点；$x=k\pi+\dfrac{\pi}{2}(k=0,\pm1,\pm2,\cdots)$ 是 $f(x)=\tan x$ 的无穷间断点.

（四）振荡间断点

如果当 $x\to x_0$ 时，函数 $f(x)$ 的值振荡不定，则称 x_0 为函数 $f(x)$ 的**振荡间断点**.

如 $x=0$ 是 $f(x)=\sin\dfrac{1}{x}$ 的振荡间断点，如图 2-26 所示.

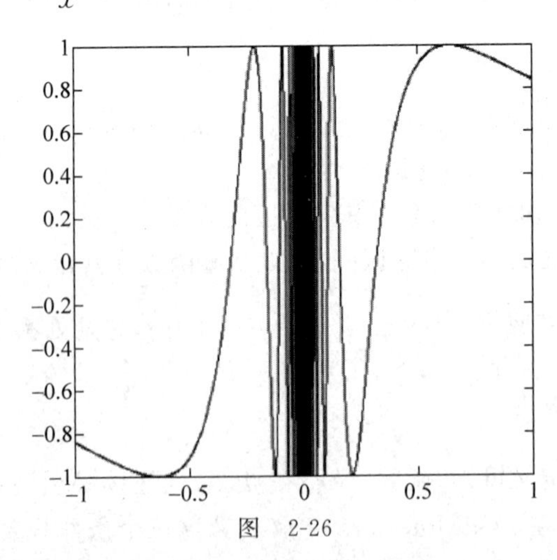

图 2-26

跳跃间断点与可去间断点统称为第一类间断点. 非第一类的间断点都称为第二类间断点. 如无穷间断点和振荡间断点属于第二类间断点.

三、闭区间上一元连续函数的性质

（一）最大值和最小值定理

设函数 $f(x)$ 在区间 I 上有定义，如果有 $x_0 \in I$，使得对一切 $x \in I$，都有 $f(x) \leqslant f(x_0)$ $[f(x) \geqslant f(x_0)]$，则称 $f(x_0)$ 是函数 $f(x)$ 在区间 I 上的**最大（小）值**.

闭区间 $[a,b]$ 上的连续函数的图形是一条连续不断的曲线，有最高点和最低点，如图 2-27 所示. 所以有以下定理.

【最大值最小值定理】　闭区间上连续的函数在该区间上一定能取得它的最大值和最小值.

（二）零点定理

如果连续曲线 $y=f(x)$ 的两个端点位于 x 轴的上下两侧，则曲线 $y=f(x)$ 与 x 轴至少有一个交点，如图 2-28 所示. 这就是：

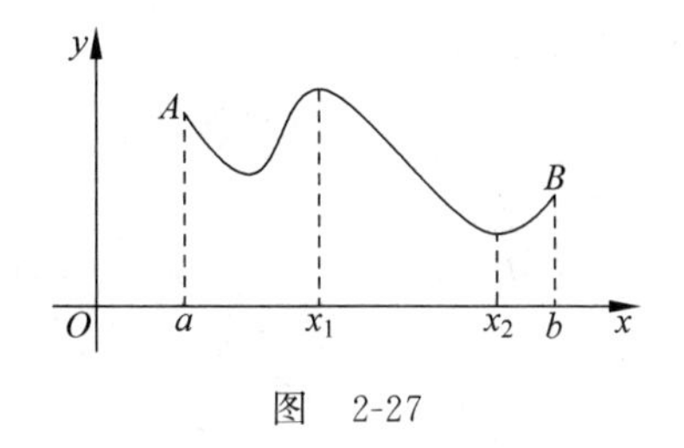

图　2-27

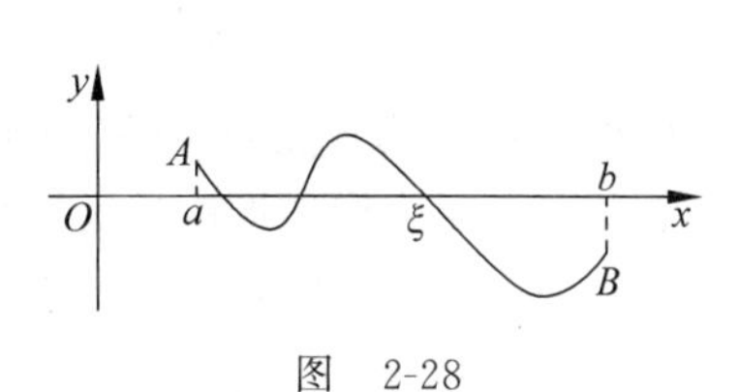

图　2-28

【零点定理】　设 $f(x)$ 在闭区间 $[a,b]$ 上连续且 $f(a)\cdot f(b)<0$，则在 (a,b) 内至少存在一点 ξ(xi[ksai]，希腊字母)，使得 $f(\xi)=0$. 即方程 $f(x)=0$ 在 (a,b) 内至少存在一个实根.

称满足 $f(x)=0$ 的点为函数 $f(x)$ 的**零点**.

零点定理指出，闭区间上的连续函数如果在两个端点处的函数值异号，则它在该区间的内部一定存在零点.

（三）介值定理

【介值定理】　设 $f(x)$ 在闭区间 $[a,b]$ 上连续，且有最小值 m 和最大值 M，则对 m 和 M 之间的任何数 C，在 (a,b) 内至少存在一点 ξ，使得 $f(\xi)=C$. 见图 2-29.

介值定理的几何意义：介于连续曲线的最高点和最低点之间的任何水平直线至少穿过该曲线一次.

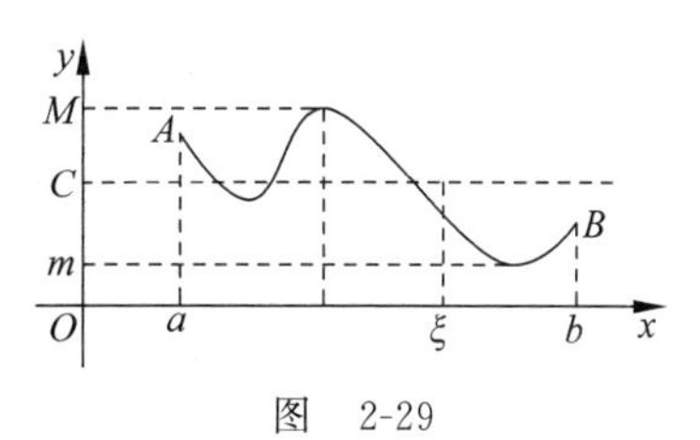

图　2-29

例 2-19　在实际应用中，有些方程的根没有解析表达式，只能用所谓的“数值计算方法”求其近似值，譬如我们所熟知的二分法等. 用数值计算方法求方程的根时通常需要首先确定方程的根所在的区间. 而零点定理是确定方程根所在区间的有效方法. 试确定方程 $x^3-4x^2+1=0$ 的根所在的区间.

解：设 $f(x)=x^3-4x^2+1$，则 $f(x)$ 在 $(-\infty,+\infty)$ 内连续. 方程 $x^3-4x^2+1=0$ 至多有三个实根. 我们取 x 的整数值可以发现，$f(0)=1$，$f(1)=-2$，$f(4)=1$，$f(-1)=-4$. 由零点定理知，方程有三个根，分别位于区间 $(-1,0)$，$(0,1)$ 和 $(1,4)$ 内.

例 2-20 设函数 $f(x)$ 在闭区间 $[a,b]$ 上连续，且 $x_1,x_2,\cdots,x_n\in[a,b]$，证明在 $[a,b]$ 上至少存在一点 ξ，使得 $f(\xi)=\frac{1}{n}[f(x_1)+f(x_2)+\cdots+f(x_n)]$.

证：设 $f(x)$ 在 $[a,b]$ 上的最大值和最小值分别为 M 和 m. 于是

$$m\leqslant f(x_k)\leqslant M,\quad k=1,2,\cdots,n.$$

$$nm\leqslant f(x_1)+f(x_2)+\cdots+f(x_n)\leqslant nM.$$

$$m\leqslant\frac{f(x_1)+f(x_2)+\cdots+f(x_n)}{n}\leqslant M.$$

由介值定理，在 $[a,b]$ 上至少存在一点 ξ，使得 $f(\xi)=\frac{1}{n}[f(x_1)+f(x_2)+\cdots+f(x_n)]$.

四、多元连续函数及其性质

（一）R^2 中的点集

$R^2=\{(x,y)\mid-\infty<x<+\infty,-\infty<y<+\infty\}$ 表示 xOy 平面.

R^2 中的某些点构成的集合称为平面点集，如 $G=\{(x,y)\mid 1\leqslant x^2+y^2<4\}$ 是一个圆环形的平面点集，如图 2-30 的阴影部分.

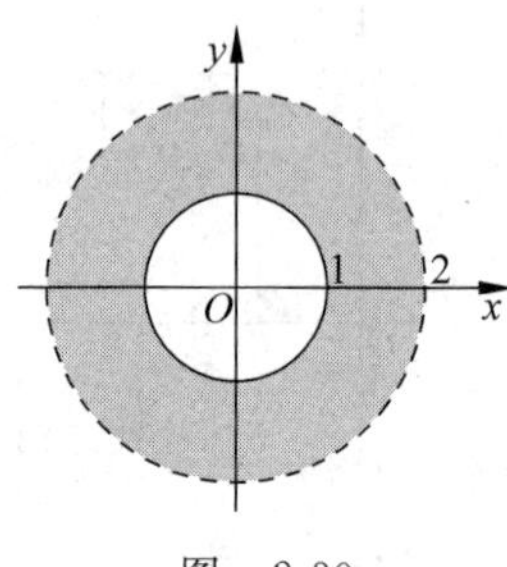

图 2-30

称到点 $P_0\in R^2$ 的距离小于正数 δ 的点的全体 $U(P_0,\delta)=\{P\mid |PP_0|<\delta\}$ 为 P_0 的 δ 邻域，常简记为 $U(P_0)$；称 $\overset{o}{U}(P_0,\delta)=\{P\mid 0<|PP_0|<\delta\}$ 为 P_0 的去心 δ 邻域，常简记为 $\overset{o}{U}(P_0)$.

对于点集 $E\subset R^2$ 和点 $P\in R^2$，如果存在一个邻域 $U(P)$，使得 $U(P)\subset E$，则称 P 为 E 的**内点**. 如 $P_0(1.5,0)$ 是图 2-30 所示集合 G 的内点，因为 $U(P_0,0.1)$ 是以点 $(1.5,0)$ 为圆心、半径为 0.1 的圆，$U(P_0,0.1)\subset G$.

如果存在一个邻域 $U(P)$，使得 $U(P)\cap E$ 为空集，则称 P 为 E 的**外点**. 如坐标原点 $O(0,0)$ 是集合 G 的外点，因为 $U(O,0.1)\cap G$ 为空集.

如果点 P 的任意邻域内既有属于 E 的点，也有不属于 E 的点，则称 P 为 E 的**边界点**. 如 $(1,0)$ 和 $(2,0)$ 都是集合 G 的边界点. 边界点的全体称为**边界**. 如圆 $C_1=\{(x,y)\mid x^2+y^2=1\}$ 和 $C_2=\{(x,y)\mid x^2+y^2=4\}$ 构成 G 的边界.

易知，点集 E 的内点一定属于 E，E 的外点一定不属于 E，但 E 的边界点可以属于 E 也可以不属于 E，如 $(1,0)$ 和 $(2,0)$ 都是集合 G 的边界点，但 $(1,0)\in G$，而 $(2,0)\notin G$.

如果点 P 的所有去心邻域内都有点集 E 的点，则称点 P 为 E 的**聚点**. 点集 E 的聚点可以属于 E 也可以不属于 E. 如 $(1,0)$ 和 $(2,0)$ 都是集合 G 的聚点，但 $(1,0)\in G$，而 $(2,0)\notin G$.

如果点集 E 的点都是内点，则称 E 为开集；如果点集 E 的边界都属于 E，则称 E 为闭集. 如 $\{(x,y)\mid 1<x^2+y^2<4\}$ 是开集，$\{(x,y)\mid 1\leqslant x^2+y^2\leqslant 4\}$ 是闭集，$\{(x,y)\mid 1\leqslant x^2+y^2<4\}$ 是非开非闭的集合.

如果点集 E 中任意两点都能用折线连接起来，且该折线上的点属于 E，则称 E 为**连通集**. 连通的开集称为**开区域**（简称**区域**）. 连通的闭集称为**闭区域**. 如 $\{(x,y)\mid 1<x^2+y^2<4\}$ 是开区域，$\{(x,y)\mid 1\leqslant x^2+y^2\leqslant 4\}$ 是闭区域. 需要指出的是，有时候也将闭区域简称为

区域.

如果点集 E 包含在一个圆内,则称 E 为**有界集**,否则称为**无界集**. 如$\{(x,y)\mid 1\leqslant x^2+y^2\leqslant 4\}$是有界闭区域.

设 D 是有界闭区域. 如果存在两点,它们之间的距离为 λ,而区域中任何两点之间的距离都不超过 λ,则称 λ 为区域 D 的直径.

(二) 多元连续函数的概念

定义 2-16　设多元函数 $f(P)$在点 P_0 的某个邻域内有定义,且 $\lim\limits_{P\to P_0} f(P)=f(P_0)$,则称函数 $f(P)$在点 P_0 处连续.

在某个区域上连续的二元函数的图形是一个无"洞"无"缝"的曲面.

函数 $f(x,y)=\begin{cases}1, & xy=0\\ 0, & xy\neq 0\end{cases}$的间断点集为$\{(x,y)\mid x=0\}\cup\{(x,y)\mid y=0\}$.

(三) 闭区域上多元连续函数的性质

设函数 $f(x,y)$在区域 D 上有定义,如果有$(x_0,y_0)\in D$,使得对一切$(x,y)\in D$,都有 $f(x,y)\leqslant f(x_0,y_0)[f(x,y)\geqslant f(x_0,y_0)]$,则称 $f(x_0,y_0)$是函数 $f(x,y)$在区域 D 上的**最大(小)值**.

【有界闭区域上连续函数的最大值最小值定理】　有界闭区域上的连续函数在该闭区域上一定能取得它的最大值和最小值.

【闭区域上连续函数的零点定理】　设函数 $f(x,y)$在闭区域 D 上连续且存在两点(x_1,y_1)和(x_2,y_2),使得 $f(x_1,y_1)\cdot f(x_2,y_2)<0$,则在 D 内至少存在一点(ξ,η)(η,eta['iːtə],希腊字母),使得 $f(\xi,\eta)=0$.

【有界闭区域上连续函数的介值定理】　设 $f(x)$在有界闭区域 D 上连续,且有最小值 m 和最大值 M,则对 m 和 M 之间的任何数 C,在 D 内至少存在一点(ξ,η),使得 $f(\xi,\eta)=C$.

在线自测

习题 2-5

1. 设函数 $f(x)=\begin{cases}e^x, & x<0\\ x+a, & x\geqslant 0\end{cases}$,问:$a$ 为何值时,函数 $f(x)$在$(-\infty,+\infty)$内连续?

2. 指出下列函数的间断点,并指出其类型:

(1) $f(x)=\dfrac{|x|}{x}$;(2) $f(x)=\dfrac{x^2-1}{x^2-3x+2}$;(3) $f(x)=\dfrac{\tan x}{x}$.

3. 证明不动点定理:设函数 $f(x)$在闭区间$[a,b]$上连续,且 $a\leqslant f(x)\leqslant b$,则必存在 $\xi\in[a,b]$,使得 $f(\xi)=\xi$.

第三章

导数与偏导数

第一节　导　　数

一、引例

（一）直线运动的速度

一质点沿直线运动.设定该直线为 x 轴，初始时刻质点在原点.经过 t 单位时间后，质点的位置坐标为 $s(t)$，那么，质点在 t_0 时刻到 t 时刻之间的平均速度为

$$\bar{v}=\frac{s(t)-s(t_0)}{t-t_0}=\frac{\Delta s}{\Delta t}.$$

那么，怎样刻画质点经过 t_0 时刻时运动的快慢呢？

当然，可以用质点在 t_0 时刻到 t 时刻之间的平均速度 $\bar{v}$ 来刻画.但平均速度过于粗糙，并且不同的 t 会对应不同的平均速度.不过，t 离 t_0 越近，质点在 t_0 时刻到 t 时刻之间的平均速度越能准确地刻画质点经过 t_0 时刻运动的“瞬时”快慢程度.自然地，当 $t\to t_0$ 时，平均速度的极限可以刻画这种“瞬时”快慢程度，平均速度的极限被称为**瞬时速度**，记为 v，即

$$v=\lim_{t\to t_0}\frac{s(t)-s(t_0)}{t-t_0}.$$

例 3-1　设圆 $x^2+y^2=a^2(a>0)$上一点 P 绕圆心沿逆时针方向以角速度 ω 做匀速圆周运动，如图 3-1 所示.求点 P 沿 y 轴方向的速度分量.

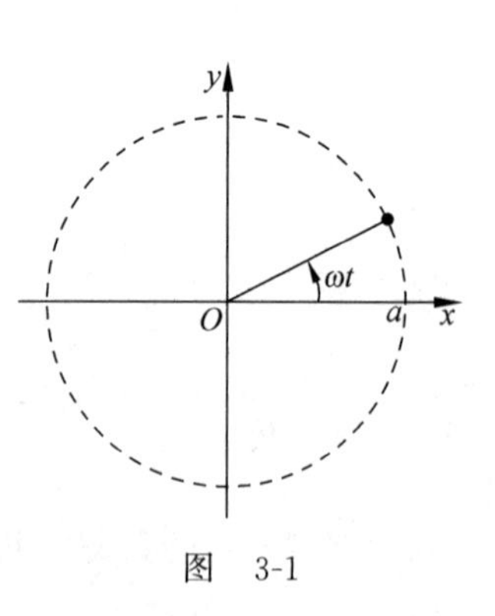

图　3-1

解：设点 P 运动开始时在点$(a,0)$处，则点 P 运动轨迹的参数方程为 $x=a\cos\omega t, y=a\sin\omega t$.于是，点 P 在 t_0 时刻沿 y 轴方向的速度分量为

$$v_y(t_0)=\lim_{t\to t_0}\frac{y(t)-y(t_0)}{t-t_0}=\lim_{t\to t_0}\frac{a\sin\omega t-a\sin\omega t_0}{t-t_0}$$

$$=a\lim_{t\to t_0}\frac{\sin\omega t-\sin\omega t_0}{t-t_0}.$$

根据三角函数的和差化积公式(参看预备知识)，有

$$v_y(t_0)=a\lim_{t\to t_0}\frac{2\sin\frac{\omega t-\omega t_0}{2}\cos\frac{\omega t+\omega t_0}{2}}{t-t_0}=a\lim_{t\to t_0}\frac{2\sin\frac{\omega(t-t_0)}{2}}{t-t_0}\cdot\lim_{t\to t_0}\cos\frac{\omega t+\omega t_0}{2}.$$

令 $u=\frac{\omega(t-t_0)}{2}$，则当 $t\to t_0$ 时，$u\to 0$. $\sin\frac{\omega(t-t_0)}{2}=\sin u\sim u=\frac{\omega(t-t_0)}{2}$. 于是，

$$\lim_{t\to t_0}\frac{\sin\frac{\omega(t-t_0)}{2}}{t-t_0}=\lim_{u\to 0}\lim_{t\to t_0}\frac{\frac{\omega(t-t_0)}{2}}{t-t_0}=\frac{\omega}{2}.$$

而 $\lim_{t\to t_0}\cos\frac{\omega t+\omega t_0}{2}=\cos\omega t_0$，故 $v_y(t_0)=a\omega\cos\omega t_0$. 点 P 在任意时刻 t 沿 y 轴方向的速度分量为 $v_y(t)=a\omega\cos\omega t$. 类似地，可求得点 P 在任意时刻 t 沿 x 轴方向的速度分量为 $v_x(t)=-a\omega\sin\omega t$.

（二）曲线的切线

曲线 C：$y=f(x)$，定点 $M(x_0,f(x_0))$，动点 $N(x,f(x))$，割线 MN，令动点 N 沿曲线 C 趋向定点 M，如图 3-2 所示.

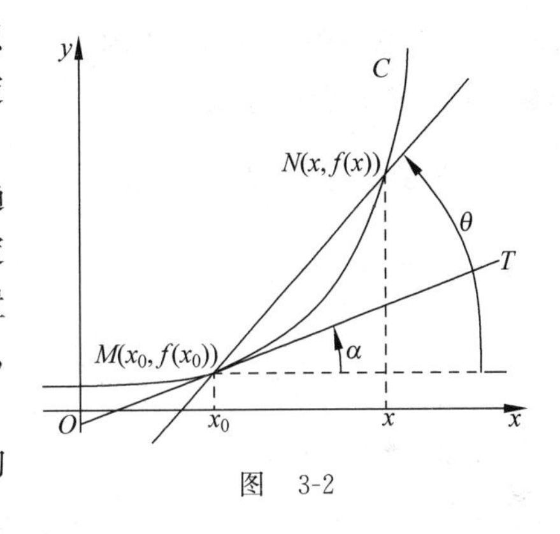

图　3-2

当点 N 沿曲线 C 趋向点 M 时，割线 MN 可能趋向于一个确定的极限位置，也可能不趋向于一个确定的极限位置. 如果割线 MN 趋向于一个极限位置 MT，则称直线 MT 为曲线 C 在点 M 处的**切线**. 此时，M 称为切点.

如果曲线 $y=f(x)$ 在点 $M(x_0,f(x_0))$ 处有切线，那么，如何求切线的斜率呢？

因为切线 MT 是割线 MN 的极限位置，所以切线 MT 的斜率等于割线 MN 的斜率的极限，而割线 MN 的斜率 $=\frac{f(x)-f(x_0)}{x-x_0}$，且点 N 趋向点 M 当且仅当 $x\to x_0$. 于是，切线 MT 的斜率 $k=\lim_{x\to x_0}\frac{f(x)-f(x_0)}{x-x_0}$.

过曲线上的切点且与该点处的切线垂直的直线称为曲线在该点处的**法线**.

例 3-2　求抛物线 $y=x^2$ 上点(1,1)处的切线方程与法线方程.

解：抛物线 $y=x^2$ 上点(1,1)处切线的斜率为

$$k=\lim_{x\to 1}\frac{x^2-1}{x-1}=\lim_{x\to 1}\frac{(x-1)(x+1)}{x-1}=\lim_{x\to 1}(x+1)=2.$$

故所求的切线方程为 $y-1=2(x-1)$，化简，得 $y=2x-1$.

因为法线与切线垂直，所以法线的斜率为 $-\frac{1}{2}$，从而曲线在点(1,1)处的法线方程为 $y-1=-\frac{1}{2}(x-1)$，即 $y=-\frac{1}{2}x+\frac{3}{2}$.

（三）直线型质量分布的线密度

设一细直棒位于 x 轴的区间$[a,b]$上，如图 3-3. 对(a,b)内任意点 x，设位于区间

$[a,x]$上那段细直棒的质量为 $M(x)$，称为细直棒的质量分布函数. 设 $x_0\in(a,b)$，对 (a,b)内任意点 $x\neq x_0$，则介于 x_0 与 x 之间那段细直棒的平均线密度为$\frac{M(x)-M(x_0)}{x-x_0}$. 如果$\lim\limits_{x\to x_0}\frac{M(x)-M(x_0)}{x-x_0}$存在，则称该极限为细直棒在点 x_0 处的质量分布线密度.

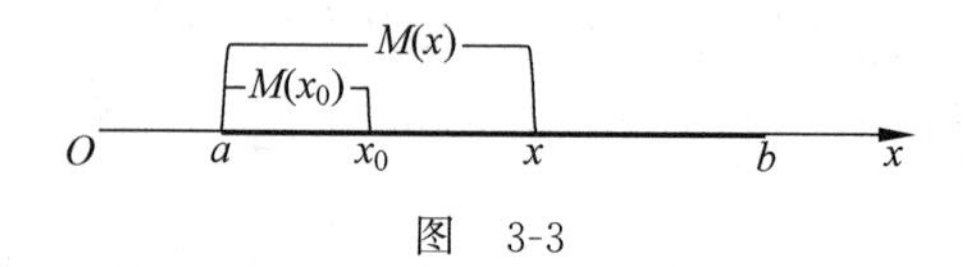

图 3-3

二、导数的定义

在速度问题、切线问题和直线型质量分布问题中，都要求形如$\lim\limits_{x\to x_0}\frac{f(x)-f(x_0)}{x-x_0}$的极限. 由于这类极限极其重要且应用广泛，所以数学家们专门研究了各种类型函数的这类极限，并称这类极限为导数.

定义 3-1 设函数 $f(x)$在点 x_0 的某邻域内有定义. 如果极限$\lim\limits_{x\to x_0}\frac{f(x)-f(x_0)}{x-x_0}$存在，则称该极限为函数 $f(x)$在点 x_0 的导数，记为 $y'|_{x=x_0}$，$f'(x_0)$或$\frac{\mathrm{d}y}{\mathrm{d}x}\Big|_{x=x_0}$，即

$$f'(x_0)=\lim_{x\to x_0}\frac{f(x)-f(x_0)}{x-x_0} \tag{3-1}$$

令 $\Delta x=x-x_0$，则 $x=x_0+\Delta x$，$\Delta y=f(x)-f(x_0)=f(x_0+\Delta x)-f(x_0)$. 于是

$$f'(x_0)=\lim_{\Delta x\to 0}\frac{\Delta y}{\Delta x}=\lim_{\Delta x\to 0}\frac{f(x_0+\Delta x)-f(x_0)}{\Delta x} \tag{3-2}$$

我们可以这样叙述导数：函数 $f(x)$在点 x_0 的导数等于函数的增量与自变量的增量之比当自变量的增量趋于零时的极限.

注 1：如果式(3-1)中的极限存在，则称函数 $f(x)$在点 x_0 的导数存在，也称函数 $f(x)$在点 x_0 处可导. 反之，如果式(3-1)中的极限不存在，则称函数 $f(x)$在点 x_0 的导数不存在，也称函数 $f(x)$在点 x_0 处不可导.

注 2：如果 $f'(x_0)=\infty$，则 $f'(x_0)$不存在. 但为了叙述方便，我们说函数 $f(x)$在点 x_0 处的导数为无穷大.

定义 3-2 如果函数 $y=f(x)$在开区间 I 内每一点处都可导，则称函数 $y=f(x)$在开区间 I 内可导. 此时，对于任一 $x\in I$，都对应着 $f(x)$的一个确定的导数值. 这种对应关系称为 $f(x)$的导函数.

$y=f(x)$的导函数的常用表示法有：$f'(x)$，y'，$\frac{\mathrm{d}y}{\mathrm{d}x}$，$\frac{\mathrm{d}f(x)}{\mathrm{d}x}$等. 如果 $f(x)$的表达式比较长，为方便起见，也将$\frac{\mathrm{d}f(x)}{\mathrm{d}x}$写成$\frac{\mathrm{d}}{\mathrm{d}x}f(x)$，这样省得画一条很长的分数线.

显然 $f'(x_0)$就是 $f'(x)$在 x_0 处的值.

这样，路程函数 $s=s(t)$的瞬时速度为 $v=s'(t)$，这一特性被称为导数的物理意义；曲

线 $y=f(x)$在其上任意点$(x,f(x))$处的切线的斜率为$k=f'(x)$，这一特性被称为导数的几何意义；直线型质量分布函数的导数等于密度函数.

定义 3-3　称 $f'_-(x_0)=\lim\limits_{x\to x_0^-}\dfrac{f(x)-f(x_0)}{x-x_0}$为函数 $f(x)$在点 x_0 处的左导数；称 $f'_+(x_0)=\lim\limits_{x\to x_0^+}\dfrac{f(x)-f(x_0)}{x-x_0}$为函数 $f(x)$在点 x_0 处的右导数.

由极限存在的充分必要条件知，$f'(x_0)$存在$\Leftrightarrow f'_-(x_0)=f'_+(x_0)$.

当我们研究闭区间$[a,b]$上的函数 $f(x)$时，如果 $f'_+(a)$存在，则称函数 $f(x)$在左端点 a 处可导. 如果 $f'_-(b)$存在，则称函数 $f(x)$在右端点 b 处可导.

定义 3-4　如果函数 $y=f(x)$在开区间(a,b)内可导，且 $f'_+(a)$和 $f'_-(b)$都存在，则称函数 $y=f(x)$在闭区间$[a,b]$上可导.

为简单起见，令 $h=\Delta x$，则可将式(3-2)的极限写成如下的形式：

$$f'(x_0)=\lim_{h\to 0}\frac{f(x_0+h)-f(x_0)}{h} \tag{3-3}$$

例 3-3　证明：(1)$(C)'=0$. (2)$(x)'=1$. (3)$(x^2)'=2x$.

证：(1) 设 $f(x)=C$，则对任意实数 x，

$$f'(x)=\lim_{h\to 0}\frac{f(x+h)-f(x)}{h}=\lim_{h\to 0}\frac{C-C}{h}=\lim_{h\to 0}\frac{0}{h}=0.$$

即$(C)'=0$.

(2) 设 $f(x)=x$，则 $f'(x)=\lim\limits_{h\to 0}\dfrac{x+h-x}{h}=1$. 即$(x)'=1$.

(3) 设 $f(x)=x^2$，则 $f'(x)=\lim\limits_{h\to 0}\dfrac{(x+h)^2-x^2}{h}=\lim\limits_{h\to 0}\dfrac{2xh+h^2}{h}=\lim\limits_{h\to 0}(2x+h)=2x$.

例 3-4　设 $f(x)=x^\mu$，其中 μ 为任意实数，求 $f'(x)$.

解：当 $x\neq 0$ 时，$f'(x)=\lim\limits_{h\to 0}\dfrac{(x+h)^\mu-x^\mu}{h}=\lim\limits_{h\to 0}\dfrac{x^\mu\left[\left(1+\dfrac{h}{x}\right)^\mu-1\right]}{h}$. 令 $t=\dfrac{h}{x}$，则 $h\to 0\Leftrightarrow t\to 0$. $\left(1+\dfrac{h}{x}\right)^\mu-1=(1+t)^\mu-1\sim\mu t=\dfrac{\mu h}{x}(h\to 0)$. 于是，

$$f'(x)=x^\mu\lim_{h\to 0}\frac{\dfrac{\mu h}{x}}{h}=x^\mu\cdot\frac{\mu}{x}=\mu x^{\mu-1}.$$

当 $\mu=1$ 时，$f(x)=x$，$f'(x)=(x)'=1$.

当 $\mu>1$ 时，$f'(0)=\lim\limits_{x\to 0}\dfrac{x^\mu-0}{x-0}=\lim\limits_{x\to 0}x^{\mu-1}=0$.

当 $\mu<1$ 时，$f'(0)=\lim\limits_{x\to 0}\dfrac{x^\mu-0}{x-0}=\lim\limits_{x\to 0}x^{\mu-1}=\infty$.

综上，有$(x^\mu)'=\mu x^{\mu-1}$.

特别地，$(x)'=1$，$\left(\dfrac{1}{x}\right)'=(x^{-1})'=-x^{-2}=-\dfrac{1}{x^2}$，$(\sqrt{x})'=(x^{\frac{1}{2}})'=\dfrac{1}{2}x^{-\frac{1}{2}}=\dfrac{1}{2\sqrt{x}}$.

例 3-5　证明：$(\sin x)'=\cos x$.

证：利用三角函数的和差化积公式 $\sin(x+h)-\sin x=2\sin\frac{h}{2}\cos\left(x+\frac{h}{2}\right)$

$$(\sin x)'=\lim_{h\to 0}\frac{\sin(x+h)-\sin x}{h}=\lim_{h\to 0}\frac{2\sin\frac{h}{2}\cos\left(x+\frac{h}{2}\right)}{h}.$$

令 $t=\frac{h}{2}$，则 $h\to 0\Leftrightarrow t\to 0$. $\sin\frac{h}{2}=\sin t\sim t=\frac{h}{2}(h\to 0)$. 于是，

$$(\sin x)'=\lim_{h\to 0}\frac{2\cdot\frac{h}{2}\cos\left(x+\frac{h}{2}\right)}{h}=\cos x.$$

即 $(\sin x)'=\cos x$.

类似地，可证 $(\cos x)'=-\sin x$.

例 3-6 求函数 $a^x(a>0,a\neq 1)$ 的导数.

解：$(a^x)'=\lim\limits_{h\to 0}\frac{a^{x+h}-a^x}{h}=\lim\limits_{h\to 0}\frac{a^x(a^h-1)}{h}=a^x\lim\limits_{h\to 0}\frac{a^h-1}{h}=a^x\lim\limits_{h\to 0}\frac{e^{h\ln a}-1}{h}$.

令 $t=h\ln a$，则 $h\to 0\Leftrightarrow t\to 0$. $e^{h\ln a}-1=e^t-1\sim t=h\ln a$. 于是，

$$(a^x)'=a^x\lim_{h\to 0}\frac{h\ln a}{h}=a^x\ln a.$$

特别地，$(e^x)'=e^x$.

例 3-7 求 $y=\log_a x(a>0,a\neq 1)$ 的导数.

解：$y'=\lim\limits_{h\to 0}\frac{\log_a(x+h)-\log_a x}{h}=\lim\limits_{h\to 0}\frac{1}{h}\log_a\left(1+\frac{h}{x}\right)=\lim\limits_{h\to 0}\frac{\ln\left(1+\frac{h}{x}\right)}{h\ln a}$.

令 $t=\frac{h}{x}$，则 $h\to 0\Leftrightarrow t\to 0$. $\ln\left(1+\frac{h}{x}\right)=\ln(1+t)\sim t=\frac{h}{x}$. 于是，

$$y'=\lim_{h\to 0}\frac{\frac{h}{x}}{h\ln a}=\frac{1}{x\ln a}.\text{即}(\log_a x)'=\frac{1}{x\ln a}.$$

特别地，$(\ln x)'=\frac{1}{x}$.

例 3-8 讨论函数 $f(x)=|x|$（图 3-4）在 $x=0$ 处的可导性.

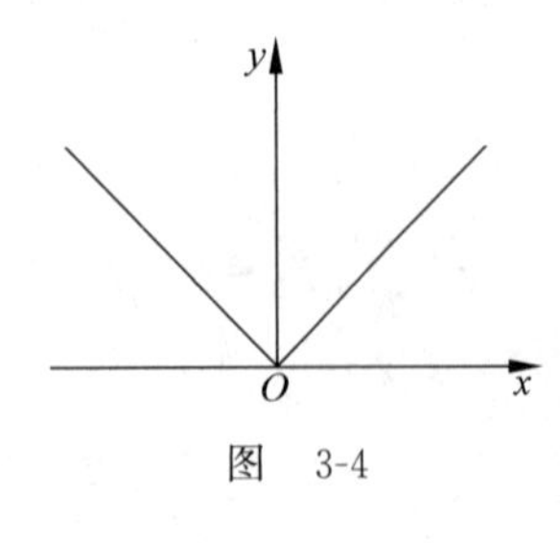

图 3-4

解：$f(x)=\begin{cases}x, & x\geqslant 0\\ -x, & x<0\end{cases}$,

$$f'_-(0)=\lim_{x\to 0^-}\frac{f(x)-f(0)}{x-0}=\lim_{x\to 0^-}\frac{-x}{x}=-1,$$

$$f'_+(0)=\lim_{x\to 0^+}\frac{f(x)-f(0)}{x-0}=\lim_{x\to 0^+}\frac{x}{x}=1.$$

因为 $f'_-(0)\neq f'_+(0)$，所以 $f'(0)$ 不存在，即 $f(x)$ 在 $x=0$ 处不可导.

例 3-9 求等边双曲线 $y=\frac{1}{x}$ 在点 $\left(\frac{1}{2},2\right)$ 处的切线方程和法线方程.

解：$k=y'\Big|_{x=\frac{1}{2}}=\left(\frac{1}{x}\right)'\Big|_{x=\frac{1}{2}}=-\frac{1}{x^2}\Big|_{x=\frac{1}{2}}=-4.$

切线方程为 $y-2=-4\left(x-\frac{1}{2}\right)$，即 $4x+y-4=0$.

法线方程为 $y-2=\frac{1}{4}\left(x-\frac{1}{2}\right)$，即 $2x-8y+15=0$.

三、可导与连续的关系

定理 3-1　可导函数一定是连续函数.

证：设函数 $f(x)$ 在点 x_0 处可导，即 $f'(x_0)=\lim\limits_{x\to x_0}\frac{f(x)-f(x_0)}{x-x_0}$ 存在，则

$$\begin{aligned}\lim_{x\to x_0}[f(x)-f(x_0)]&=\lim_{x\to x_0}\frac{f(x)-f(x_0)}{x-x_0}(x-x_0)\\&=\lim_{x\to x_0}\frac{f(x)-f(x_0)}{x-x_0}\lim_{x\to x_0}(x-x_0)=f'(x_0)\cdot 0=0.\end{aligned}$$

即 $\lim\limits_{x\to x_0}f(x)=f(x_0)$. 这说明，函数 $f(x)$ 在点 x_0 处连续.

由定理可知：**不连续一定不可导.**

另外需要注意的是：**连续不一定可导.** 譬如，函数 $f(x)=|x|$ 在点 $x=0$ 处连续. 但由例 3-8 知，$f(x)=|x|$ 在点 $x=0$ 处不可导.

上述结论可以简单地说成：可导一定连续，连续不一定可导，不连续一定不可导.

问题：可导函数的曲线必有切线吗？有切线的曲线，其函数必可导吗？

答：由导数的几何意义可知，可导函数的曲线必有切线. 但有切线的曲线的函数不一定可导，如例 3-10 所示.

例 3-10　设 $f(x)=\sqrt[3]{x}$，因为 $\lim\limits_{x\to 0}\frac{f(x)-f(0)}{x-0}=\lim\limits_{x\to 0}\frac{\sqrt[3]{x}}{x}=\lim\limits_{x\to 0}\frac{1}{\sqrt[3]{x^2}}=\infty$，所以 $f(x)$ 在 $x=0$ 处不可导. 但曲线 $y=\sqrt[3]{x}$ 在点 $(0,0)$ 处有切线 $x=0$.

在线自测

习题 3-1

1. 利用导数的定义证明：(1) $(\cos x)'=-\sin x$；(2) $\left(\frac{1}{x}\right)=-\frac{1}{x^2}$；(3) $(\sqrt{x})'=\frac{1}{2\sqrt{x}}$；(4) $(e^x)'=e^x$；(5) $(\ln x)'=\frac{1}{x}$.

2. 若已知一物体的运动规律为 $s=\frac{1}{2}gt^2$，求该物体在 t_0 时刻的速度.

3. 求曲线 $y=\sin x$ 在点 $\left(\frac{\pi}{4},\frac{\sqrt{2}}{2}\right)$ 处的切线方程和法线方程.

4. 求曲线 $y=e^x$ 在点(0,1)处的切线方程和法线方程.

5. 求曲线 $y=\ln x$ 在点(1,0)处的切线方程和法线方程.

第二节　导数运算法则　高阶导数

一、和、差、积、商的求导法则

定理 3-2　设函数 $u(x)$ 和 $v(x)$ 都可导，则：

(1) $[u(x)\pm v(x)]'=u'(x)\pm v'(x)$.

(2) $[u(x)\cdot v(x)]'=u'(x)v(x)+u(x)v'(x)$.

特别地，$[Cu(x)]'=Cu'(x)$（其中 C 为常数）.

(3) $\left[\frac{u(x)}{v(x)}\right]'=\frac{u'(x)v(x)-u(x)v'(x)}{v^2(x)}(v(x)\neq 0)$.

特别地，$\left[\frac{1}{v(x)}\right]'=-\frac{v'(x)}{v^2(x)}$.

证：我们只以(2)为例给出证明. 设 $f(x)=u(x)\cdot v(x)$，则

$$
\begin{aligned}
f'(x)&=\lim_{h\to 0}\frac{f(x+h)-f(x)}{h}=\lim_{h\to 0}\frac{u(x+h)v(x+h)-u(x)v(x)}{h}\\
&=\lim_{h\to 0}\frac{u(x+h)v(x+h)-u(x)v(x+h)+u(x)v(x+h)-u(x)v(x)}{h}\\
&=\lim_{h\to 0}\frac{[u(x+h)-u(x)]v(x+h)+u(x)[v(x+h)-v(x)]}{h}\\
&=\lim_{h\to 0}\frac{u(x+h)-u(x)}{h}\cdot\lim_{h\to 0}v(x+h)+u(x)\lim_{h\to 0}\frac{v(x+h)-v(x)}{h}
\end{aligned}
$$

因为 $v(x)$ 可导，所以 $v(x)$ 连续，从而 $\lim\limits_{h\to 0}v(x+h)=v(x)$. 于是

$f'(x)=u'(x)v(x)+u(x)v'(x)$. 即 $[u(x)\cdot v(x)]'=u'(x)v(x)+u(x)v'(x)$.

例 3-11　设 $f(x)=x^3+4\cos x-\sin\frac{\pi}{2}$，求 $f'(x)$，$f'\left(\frac{\pi}{2}\right)$.

解：$f'(x)=3x^2-4\sin x$，$f'\left(\frac{\pi}{2}\right)=\frac{3\pi^2}{4}-4\sin\frac{\pi}{2}=\frac{3}{4}\pi^2-4$.

例 3-12　设 $y=e^x(\sin x+\cos x)$，求 y'.

解：$y'=(e^x)'(\sin x+\cos x)+e^x(\sin x+\cos x)'$

$=e^x(\sin x+\cos x)+e^x(\cos x-\sin x)=2e^x\cos x$.

例 3-13　证明 $(\sec x)'=\sec x\tan x$，$(\csc x)'=-\csc x\cot x$.

证：$(\sec x)'=\left(\frac{1}{\cos x}\right)'=-\frac{-\sin x}{\cos^2 x}=\sec x\tan x$.

$$(\csc x)'=\left(\frac{1}{\sin x}\right)'=-\frac{\cos x}{\sin^2 x}=-\csc x\cot x.$$

例 3-14　证明：$(\tan x)'=\sec^2 x,(\cot x)'=-\csc^2 x$.

证：$(\tan x)'=\left(\dfrac{\sin x}{\cos x}\right)'=\dfrac{(\sin x)'\cos x-\sin x(\cos x)'}{\cos^2 x}=\dfrac{\cos^2 x+\sin^2 x}{\cos^2 x}=\sec^2 x.$

$$(\cot x)'=\left(\frac{\cos x}{\sin x}\right)'=\frac{(\cos x)'\sin x-\cos x(\sin x)'}{\sin^2 x}=-\frac{\sin^2 x+\cos^2 x}{\sin^2 x}=-\csc^2 x.$$

二、反函数的求导法则

设 $x=f(y)$可导，则 $f(y)$连续. 若有反函数，则反函数也连续. 设函数 $y=f^{-1}(x)$是直接函数 $x=f(y)$的反函数. 令 $\Delta y=f^{-1}(x+\Delta x)-f^{-1}(x)$，则 $\Delta y=f^{-1}(x+\Delta x)-y$，$y+\Delta y=f^{-1}(x+\Delta x)$，$x+\Delta x=f(y+\Delta y)$，$\Delta x=f(y+\Delta y)-x=f(y+\Delta y)-f(y)$. 从而 $\Delta x\to 0\Leftrightarrow\Delta y\to 0$. 如果 $f'(y)\neq 0$，则

$$\frac{\mathrm{d}y}{\mathrm{d}x}=\lim_{\Delta x\to 0}\frac{\Delta y}{\Delta x}=\frac{1}{\lim\limits_{\Delta y\to 0}\dfrac{\Delta x}{\Delta y}}=\frac{1}{\dfrac{\mathrm{d}x}{\mathrm{d}y}}=\frac{1}{f'(y)}=\frac{1}{f'[f^{-1}(x)]}.\text{ 即}\frac{\mathrm{d}y}{\mathrm{d}x}=\frac{1}{\dfrac{\mathrm{d}x}{\mathrm{d}y}}.$$

上述公式可以说成：反函数的导数等于直接函数导数的倒数.

例 3-15　求 $y=\arcsin x$ 的导数.

解：$y=\arcsin x$ 是 $x=\sin y$ 在 $\left[-\dfrac{\pi}{2},\dfrac{\pi}{2}\right]$上的反函数.

$$\frac{\mathrm{d}y}{\mathrm{d}x}=\frac{1}{\dfrac{\mathrm{d}x}{\mathrm{d}y}}=\frac{1}{(\sin y)'}=\frac{1}{\cos y}=\frac{1}{\sqrt{1-\sin^2 y}}=\frac{1}{\sqrt{1-x^2}},\quad x\in(-1,1).$$

即有$(\arcsin x)'=\dfrac{1}{\sqrt{1-x^2}}$. 类似地，可证$(\arccos x)'=-\dfrac{1}{\sqrt{1-x^2}}$.

例 3-16　求 $y=\arctan x$ 的导数.

解：$y=\arctan x$ 是 $x=\tan y$ 在$\left(-\dfrac{\pi}{2},\dfrac{\pi}{2}\right)$内的反函数.

$$\frac{\mathrm{d}y}{\mathrm{d}x}=\frac{1}{\dfrac{\mathrm{d}x}{\mathrm{d}y}}=\frac{1}{(\tan y)'}=\frac{1}{\sec^2 y}=\frac{1}{1+\tan^2 y}=\frac{1}{1+x^2},$$

即$(\arctan x)'=\dfrac{1}{1+x^2}$. 同理可证$(\operatorname{arccot} x)'=-\dfrac{1}{1+x^2}$.

三、复合函数的求导法则

设 $u=g(x)$在点 x 可导，$y=f(u)$在点 $u=g(x)$可导. 令 $\Delta u=g(x+\Delta x)-g(x)$，$\Delta y=f(u+\Delta u)-f(u)$. 因为 $u=g(x)$可导，所以连续，因而当 $\Delta x\to 0$ 时，$\Delta u\to 0$. 若 $\Delta u\neq 0$，则

$$\frac{\mathrm{d}y}{\mathrm{d}x}=\lim_{\Delta x\to 0}\frac{\Delta y}{\Delta x}=\lim_{\Delta u\to 0}\frac{f(u+\Delta u)-f(u)}{\Delta u}\lim_{\Delta x\to 0}\frac{\Delta u}{\Delta x}$$

$$=f'(u)g'(x)=f'[g(x)]g'(x)=\frac{\mathrm{d}y}{\mathrm{d}u}\frac{\mathrm{d}u}{\mathrm{d}x}.$$

即复合函数的导数等于函数对中间变量的导数乘以中间变量对自变量的导数. 这一法则称为链式法则.

对 $y=f[g(x)]$,称 $y=f(u)$为外函数,$u=g(x)$为内函数,于是链式法则可叙述为:

复合函数的导数＝外函数的导数×内函数的导数

外函数是指最后一步计算的函数. 如计算 $y=\sin^2 \mathrm{e}^x$ 时,先计算 $u=\mathrm{e}^x$,再计算 $v=\sin u$,最后一步计算 v^2. 因而 v^2 是外函数,$v=\sin\mathrm{e}^x$ 是内函数. 而对于函数 $v=\sin\mathrm{e}^x$ 来说,$v=\sin u$ 是外函数,$u=\mathrm{e}^x$ 是内函数.

例 3-17 求下列函数的导数$\frac{\mathrm{d}y}{\mathrm{d}x}$.

(1) $y=\cos^2 x$. (2) $y=\mathrm{e}^{\sqrt{x}}$. (3) $y=\arcsin\sqrt{1-x^2}$. (4) $y=\ln\tan\frac{x}{2}$.

(5) $y=\ln(x+\sqrt{1+x^2})$. (6) $y=\mathrm{e}^{\sin^2\frac{1}{x}}$. (7) $y=\ln|x|$.

解:(1) 令 $y=u^2$,$u=\cos x$,则

$$\frac{\mathrm{d}y}{\mathrm{d}x}=\frac{\mathrm{d}y}{\mathrm{d}u}\cdot\frac{\mathrm{d}u}{\mathrm{d}x}=2u\cdot(-\sin x)=-2\cos x\sin x=-\sin(2x).$$

(2) 令 $y=\mathrm{e}^u$,$u=\sqrt{x}$. 则$\frac{\mathrm{d}y}{\mathrm{d}x}=\frac{\mathrm{d}y}{\mathrm{d}u}\cdot\frac{\mathrm{d}u}{\mathrm{d}x}=\mathrm{e}^u\cdot\frac{1}{2\sqrt{x}}=\frac{\mathrm{e}^{\sqrt{x}}}{2\sqrt{x}}$.

(3) $\frac{\mathrm{d}y}{\mathrm{d}x}=\frac{1}{\sqrt{1-(1-x^2)}}\cdot(\sqrt{1-x^2})'=\frac{1}{|x|}\cdot\frac{-2x}{2\sqrt{1-x^2}}=-\frac{x}{|x|\sqrt{1-x^2}}$.

(4) $\frac{\mathrm{d}y}{\mathrm{d}x}=\frac{1}{\tan\frac{x}{2}}\cdot\left(\tan\frac{x}{2}\right)'=\cot\frac{x}{2}\cdot\sec^2\frac{x}{2}\cdot\left(\frac{x}{2}\right)'$

$$=\frac{1}{2}\cot\frac{x}{2}\cdot\sec^2\frac{x}{2}=\frac{1}{2\sin\frac{x}{2}\cos\frac{x}{2}}=\frac{1}{\sin x}=\csc x.$$

(5) $\frac{\mathrm{d}y}{\mathrm{d}x}=\frac{(x+\sqrt{1+x^2})'}{x+\sqrt{1+x^2}}=\frac{1+(\sqrt{1+x^2})'}{x+\sqrt{1+x^2}}=\frac{1}{x+\sqrt{1+x^2}}\left[1+\frac{(1+x^2)'}{2\sqrt{1+x^2}}\right]$

$$=\frac{1}{x+\sqrt{1+x^2}}\left[1+\frac{2x}{2\sqrt{1+x^2}}\right]=\frac{1}{x+\sqrt{1+x^2}}\cdot\frac{x+\sqrt{1+x^2}}{\sqrt{1+x^2}}=\frac{1}{\sqrt{1+x^2}}.$$

(6) $y'=\mathrm{e}^{\sin^2\frac{1}{x}}\left(\sin^2\frac{1}{x}\right)'=\mathrm{e}^{\sin^2\frac{1}{x}}\cdot 2\sin\frac{1}{x}\cdot\left(\sin\frac{1}{x}\right)'=\mathrm{e}^{\sin^2\frac{1}{x}}\cdot 2\sin\frac{1}{x}\cdot\cos\frac{1}{x}\cdot\left(\frac{1}{x}\right)'$

$$=-\frac{1}{x^2}\mathrm{e}^{\sin^2\frac{1}{x}}\cdot\sin\frac{2}{x}.$$

(7) $y=\ln|x|=\begin{cases}\ln x, & x>0\\ \ln(-x), & x<0\end{cases}$.

当 $x>0$ 时,$\frac{\mathrm{d}y}{\mathrm{d}x}=(\ln x)'=\frac{1}{x}$; 当 $x<0$ 时,$\frac{\mathrm{d}y}{\mathrm{d}x}=[\ln(-x)]'=\frac{(-x)'}{-x}=\frac{1}{x}$.

因而$(\ln|x|)'=\frac{1}{x}, x\neq 0$.

四、幂指函数的导数

求幂指函数$f(x)=[u(x)]^{v(x)}$的导数时，可以先将其表示为复合函数$e^{v(x)\ln u(x)}$，然后按复合函数的求导法则求导数.

例 3-18　求下列幂指函数的导数$\frac{dy}{dx}$：(1)$y=x^{\sin x}(x>0)$.(2)$y=\sqrt[x]{x}(x>0)$.

解：(1) $y=x^{\sin x}=e^{\sin x\ln x}, y'=e^{\sin x\ln x}(\sin x\ln x)'=x^{\sin x}\left(\cos x\cdot\ln x+\frac{\sin x}{x}\right)$.

(2) $y=x^{\frac{1}{x}}=e^{\frac{\ln x}{x}}, y'=e^{\frac{\ln x}{x}}\left(\frac{\ln x}{x}\right)'=\sqrt[x]{x}\cdot\frac{1-\ln x}{x^2}$.

五、常数和基本初等函数的导数公式

$(c)'=0$；$(x^{\mu})'=\mu x^{\mu-1}$；$\left(\frac{1}{x}\right)'=-\frac{1}{x^2}$；$(\sqrt{x})'=\frac{1}{2\sqrt{x}}$；

$(\sin x)'=\cos x$；$(\cos x)'=-\sin x$；

$(\tan x)'=\sec^2 x$；$(\cot x)'=-\csc^2 x$；

$(\sec x)'=\sec x\tan x$；$(\csc x)'=-\csc x\cot x$；

$(\arcsin x)'=\frac{1}{\sqrt{1-x^2}}$；$(\arccos x)'=-\frac{1}{\sqrt{1-x^2}}$；

$(\arctan x)'=\frac{1}{1+x^2}$；$(\text{arccot} x)'=-\frac{1}{1+x^2}$；

$(a^x)'=a^x\ln a$；$(\log_a x)'=\frac{1}{x\ln a}$；$(e^x)'=e^x$；　$(\ln x)'=\frac{1}{x}$.

六、高阶导数

导函数的导数称为二阶导数，记为$f''(x), y'', \frac{d^2y}{dx^2}=\frac{d\left(\frac{dy}{dx}\right)}{dx}\left[=\frac{d}{dx}\left(\frac{dy}{dx}\right)\right]$.

二阶导数的导数称为三阶导数，记为$f'''(x), y''', \frac{d^3y}{dx^3}$.

三阶导数的导数称为四阶导数，记为$f^{(4)}(x), y^{(4)}, \frac{d^4y}{dx^4}$.

一般地，n阶导数记为$f^{(n)}(x), y^{(n)}, \frac{d^ny}{dx^n}$.

相应地，$f(x)$称为零阶导数，$f'(x)$称为一阶导数.

二阶和二阶以上的导数均称为高阶导数.

例 3-19　设$y=ax+b$，则$y'=a, y''=0$.

$y=ax^2+bx+c(a\neq 0)$，则$y'=2ax+b, y''=2a, y'''=0, y^{(n)}=0, n>3$.

例 3-20 设 $y=x^n$，则

$$y'=nx^{n-1}, y''=n(n-1)x^{n-2}, \cdots, y^{(n)}=n!, y^{(k)}=0, k>n.$$

例 3-21 设 $y=\mathrm{e}^x$，则 $y^{(n)}=\mathrm{e}^x(n=1,2,\cdots)$.

例 3-22 求 $y=\ln(1+x)$的 n 阶导数.

解：$y'=\dfrac{1}{1+x}, y''=-\dfrac{1}{(1+x)^2}, y'''=\dfrac{2(1+x)}{(1+x)^4}=\dfrac{2}{(1+x)^3}$,

$y^{(4)}=-\dfrac{3\cdot 2(1+x)^2}{(1+x)^6}=-\dfrac{3!}{(1+x)^4}$.

可以看出，一般地，有 $y^{(n)}=(-1)^{n-1}\dfrac{(n-1)!}{(1+x)^n}, n\geqslant 1$.

例 3-23 设 $y=\sin x$，求 $y^{(n)}$.

解：$y'=(\sin x)'=\cos x=\sin\left(x+\dfrac{\pi}{2}\right)$,

$y''=\sin\left(x+\dfrac{\pi}{2}+\dfrac{\pi}{2}\right)=\sin\left(x+2\cdot\dfrac{\pi}{2}\right)$,

$y'''=\sin\left(x+3\cdot\dfrac{\pi}{2}\right), \cdots$

一般地，$y^{(n)}=\sin\left(x+n\cdot\dfrac{\pi}{2}\right)$，即$(\sin x)^{(n)}=\sin\left(x+n\cdot\dfrac{\pi}{2}\right), n=1,2,\cdots$.

同理可证，$(\cos x)^{(n)}=\cos\left(x+n\cdot\dfrac{\pi}{2}\right), n=1,2,\cdots$.

设 $u=u(x), v=v(x)$有 n 阶导数，则

$$(uv)'=u'v+uv',$$

$$(uv)''=(u'v+uv')'=u''v+u'v'+u'v'+uv''=u''v+2u'v'+uv'',$$

$$(uv)'''=u'''v+3u''v'+3u'v''+uv''',$$

一般地，有

$$(uv)^{(n)}=C_n^0u^{(n)}v+C_n^1u^{(n-1)}v'+C_n^2u^{(n-2)}v''+\cdots C_n^nuv^{(n)}=\sum_{k=0}^{n}C_n^ku^{(n-k)}v^{(k)}. \quad (3\text{-}4)$$

上述公式称为高阶导数的**莱布尼兹公式**.

例 3-24 求 $y=x^2\mathrm{e}^x$ 的 n 阶导数.

解：设 $u=\mathrm{e}^x, v=x^2$，则由公式(3-4)，有

$$\begin{aligned} y^{(n)}&=(uv)^{(n)}=(\mathrm{e}^x\cdot x^2)^{(n)}\\ &=C_n^0(\mathrm{e}^x)^{(n)}\cdot x^2+C_n^1(\mathrm{e}^x)^{(n-1)}\cdot(x^2)'+C_n^2(\mathrm{e}^x)^{(n-2)}\cdot(x^2)''\\ &=C_n^0\mathrm{e}^x\cdot x^2+C_n^1\mathrm{e}^x\cdot 2x+C_n^2\mathrm{e}^x\cdot 2\\ &=\mathrm{e}^x\left[x^2+2nx+2\cdot\frac{n(n-1)}{2}\right]=\mathrm{e}^x[x^2+2nx+n(n-1)]. \end{aligned}$$

在线自测

习题 3-2

1. 求下列函数的导数：

(1) $y=x^2+\frac{1}{x^2}$；(2) $y=e^{-x}\cos x$；(3) $y=x^2\ln x$；(4) $y=\frac{\ln x}{x}$；(5) $y=e^{x^2}$；(6) $y=\ln\sin x$；(7) $y=\ln\cos(e^x)$；(8) $y=\ln(1+x^2)$；(9) $y=(\arcsin x)^2$；(10) $y=\arctan(e^x)$；(11) $y=2^{\arctan\sqrt{x}}$；(12) $y=\arctan\frac{x+1}{x-1}$；(13) $y=\ln\ln\ln x$；(14) $y=\frac{\sqrt{1+x}-\sqrt{1-x}}{\sqrt{1+x}+\sqrt{1-x}}$；(15) $y=\frac{\arcsin x}{\arccos x}$；(16) $y=\ln(\sec x+\tan x)$；(17) $y=\ln(\csc x-\cot x)$.

2. 求下列函数在给定点处的导数：

(1) $y=\sin x+\cos x, x=0,\frac{\pi}{4},\frac{\pi}{2}$；　(2) $y=x\,\mathrm{arccot}\,x, x=1$；

(3) $s=2^t\ln t, t=1$.

3. 求下列函数的高阶导数或在指定点处的高阶导数：

(1) $y=xe^x$；　(2) $y=x\ln x$；　(3) $y=\sin^2 x$；　(4) $y=\ln(1-2x), x=0$.

第三节　微　　分

一、微分的定义

由导数的定义 $f'(x_0)=\lim\limits_{\Delta x\to 0}\frac{\Delta y}{\Delta x}$，知 $\lim\limits_{\Delta x\to 0}\frac{\Delta y-f'(x_0)\Delta x}{\Delta x}=0$，即

$$\Delta y-f'(x_0)\Delta x=o(\Delta x)(\Delta x\to 0).$$

另一方面，$\lim\limits_{\Delta x\to 0}\frac{\Delta y-f'(x_0)\Delta x}{\Delta y}=1-\frac{f'(x_0)}{\lim\limits_{\Delta x\to 0}\frac{\Delta y}{\Delta x}}=1-\frac{f'(x_0)}{f'(x_0)}=0$，即

$$\Delta y-f'(x_0)\Delta x=o(\Delta y)(\Delta x\to 0).$$

综上所述，当 $|\Delta x|$ 很小时，$f'(x_0)\Delta x$ 与 Δy 之差不仅是 $|\Delta x|$ 的高阶无穷小，也是 $|\Delta y|$ 的高阶无穷小. 因而，我们可以说，$f'(x_0)\Delta x$ 是 Δy 的主要部分，称为函数 $f(x)$ 在 x_0 处的微分，记为 $dy|_{x=x_0}$，即 $dy|_{x=x_0}=f'(x_0)\Delta x$. 一般地，称 $f'(x)\Delta x$ 为函数 $f(x)$ 在点 x 处的微分，记为 dy，即 $dy=f'(x)\Delta x$.

特别地，$dx=(x)'\Delta x=\Delta x$，因而 $dy=f'(x)dx$.

例如，$y=\sin x$ 的微分为 $dy=(\sin x)'dx=\cos x\,dx$. $y=\sin x$ 在点 $x=\frac{\pi}{6}$ 的微分为 $dy|_{x=\frac{\pi}{6}}=\cos\frac{\pi}{6}\cdot dx=\frac{\sqrt{3}}{2}dx$.

由微分的定义知：

(1) $f'(x)=\frac{dy}{dx}$，即函数的导数等于微分之商，简称“微商”.

(2) 微分存在⇔导数存在. 因而,可导也称作可微.

(3) $\frac{\mathrm{d}y}{\mathrm{d}x}=\frac{1}{\frac{\mathrm{d}x}{\mathrm{d}y}}$.

二、利用微分进行近似计算

令 $x=x_0+\Delta x$,则当$|\Delta x|=|x-x_0|$很小时,可用 $f'(x_0)(x-x_0)$近似代替 $f(x)-f(x_0)$,从而可用 $f(x_0)+f'(x_0)(x-x_0)$近似代替 $f(x)$.

例 3-25 计算$\sqrt[3]{1.02}$的近似值.

解:设 $f(x)=\sqrt[3]{x}$,$x_0=1$,$x=1.02$,$\Delta x=0.02$. $f'(x)=\frac{1}{3}x^{-\frac{2}{3}}=\frac{1}{3\sqrt[3]{x^2}}$. $f'(1)=\frac{1}{3}$.

$\sqrt[3]{1.02}=f(1.02)\approx f(1)+f'(1)\Delta x=1+\frac{0.02}{3}\approx 1.0067$.

计算器的计算结果为$\sqrt[3]{1.02}\approx 1.0066$.

例 3-26 计算 $\sin 30°30'$的近似值.

解:设 $f(x)=\sin x$,$x=30°30'=\frac{\pi}{6}+\frac{\pi}{360}$,$x_0=\frac{\pi}{6}$,$\Delta x=\frac{\pi}{360}$.

$f(x_0)=f\left(\frac{\pi}{6}\right)=\frac{1}{2}$. $f'(x)=\cos x$,$f'(x_0)=f'\left(\frac{\pi}{6}\right)=\cos\frac{\pi}{6}=\frac{\sqrt{3}}{2}$.

$\sin 30°30'=f\left(\frac{\pi}{6}+\frac{\pi}{360}\right)\approx f\left(\frac{\pi}{6}\right)+f'\left(\frac{\pi}{6}\right)\cdot\frac{\pi}{360}=\frac{1}{2}+\frac{\sqrt{3}}{2}\cdot\frac{\pi}{360}\approx 0.5076$.

计算器的计算结果为 $\sin 30°30'\approx 0.5075$.

我们指出,$y=f(x_0)+f'(x_0)(x-x_0)$是曲线 $y=f(x)$在点$(x_0,f(x_0))$处的切线方程. 因而,利用微分进行近似计算就是用曲线的切线近似代替曲线所算的函数值. 而函数 $y=f(x)$在点 x_0 处的微分 $\mathrm{d}y|_{x=x_0}=f'(x_0)\Delta x$ 则表示当自变量 x 在点 x_0 处有增量 Δx 时,其曲线在点$(x_0,f(x_0))$处的切线的纵坐标的增量.

例 3-27 一个圆的半径从 R 增加到 $R+\Delta R$ 时,其面积的增加量为

$$\Delta S=\pi(R+\Delta R)^2-\pi R^2=2\pi R\Delta R+\pi(\Delta R)^2$$

其中 $2\pi R\Delta R$ 为圆面积 $S=\pi R^2$ 的微分,即 $\mathrm{d}S=2\pi R\mathrm{d}R$. 它相当于“线宽”为 $\mathrm{d}R$、半径为 R 的“圆周的面积”,称为圆面积的微分元素.

三、微分运算法则

由导数和微分的关系可知,微分有如下运算法则.

1. 微分的四则运算

设 $u=u(x)$,$v=v(x)$可微,则

$$\mathrm{d}(u\pm v)=\mathrm{d}u\pm\mathrm{d}v;$$

$$\mathrm{d}(uv)=v\mathrm{d}u+u\mathrm{d}v;$$

$$\mathrm{d}\left(\frac{u}{v}\right)=\frac{v\mathrm{d}u-u\mathrm{d}v}{v^2}.$$

2. 复合函数的微分

设 $u=u(x)$，$y=f(u)$都可微，则

$$\mathrm{d}y=f'(u)\mathrm{d}u=f'[u(x)]u'(x)\mathrm{d}x.$$

例 3-28 求函数 $y=\ln(1+\mathrm{e}^{x^2})$的微分.

解：$\mathrm{d}y=\dfrac{\mathrm{d}(1+\mathrm{e}^{x^2})}{1+\mathrm{e}^{x^2}}=\dfrac{\mathrm{d}(1)+\mathrm{d}\mathrm{e}^{x^2}}{1+\mathrm{e}^{x^2}}=\dfrac{\mathrm{e}^{x^2}\mathrm{d}(x^2)}{1+\mathrm{e}^{x^2}}=\dfrac{2x\mathrm{e}^{x^2}}{1+\mathrm{e}^{x^2}}\mathrm{d}x.$

在线自测

习题 3-3

1. 利用微分计算下列函数值的近似值：

(1) $\cos29°$；(2) $\tan136°$；(3) $\arcsin0.500\,2$；(4) $\sqrt[3]{996}$.

2. 一半径为 R 的球因受热其半径增加了 ΔR. 写出利用微分近似计算其体积增量的近似公式，并说明其几何意义.

3. 求下列函数的微分：

(1) $y=\mathrm{e}^{\sqrt{x}}$；(2) $y=\ln\tan\dfrac{x}{2}$；(3) $y=\ln(x+\sqrt{1+x^2})$；(4) $y=\mathrm{e}^{\sin^2\frac{1}{x}}$.

第四节 参数方程所确定的函数及隐函数的导数

一、参数方程所确定的函数的导数

设函数 $x=x(t)$，$y=y(t)$都可导，且 $x'(t)\neq0$，则

$$\frac{\mathrm{d}y}{\mathrm{d}x}=\frac{y'(t)\mathrm{d}t}{x'(t)\mathrm{d}t}=\frac{y'(t)}{x'(t)}=\frac{\frac{\mathrm{d}y}{\mathrm{d}t}}{\frac{\mathrm{d}x}{\mathrm{d}t}} \tag{3-5}$$

例 3-29 求旋轮线(摆线)$\begin{cases}x=a(t-\sin t)\\y=a(1-\cos t)\end{cases}$上相应于 $t=\dfrac{\pi}{2}$的点处的切线方程和法线方程.

解：$\dfrac{\mathrm{d}y}{\mathrm{d}x}=\dfrac{\frac{\mathrm{d}y}{\mathrm{d}t}}{\frac{\mathrm{d}x}{\mathrm{d}t}}=\dfrac{a\sin t}{a(1-\cos t)}=\dfrac{2\sin\frac{t}{2}\cos\frac{t}{2}}{2\sin^2\frac{t}{2}}=\cot\dfrac{t}{2}.\ \dfrac{\mathrm{d}y}{\mathrm{d}x}\Big|_{t=\frac{\pi}{2}}=\cot\dfrac{\pi}{4}=1.$

$t=\dfrac{\pi}{2}$对应于点$\left(\left(\dfrac{\pi}{2}-1\right)a,a\right)$，故所求的切线方程为 $y-a=x-\left(\dfrac{\pi}{2}-1\right)a$，即 $y=x+$

$\left(2-\frac{\pi}{2}\right)a$. 法线方程为 $y-a=-x+\left(\frac{\pi}{2}-1\right)a$，即 $y=-x+\frac{\pi a}{2}$.

例 3-30 求心脏线 $r=a(1+\cos\theta)(0\leqslant\theta\leqslant2\pi)$ 上相应于 $\theta=\frac{\pi}{2}$ 的点处的切线方程和法线方程.

解：心脏线的参数方程为 $x=a(1+\cos\theta)\cos\theta$，$y=a(1+\cos\theta)\sin\theta$，相应于 $\theta=\frac{\pi}{2}$ 的点为 $(0,a)$.

$$\frac{dy}{dx}=\frac{\frac{dy}{d\theta}}{\frac{dx}{d\theta}}=-\frac{\cos\theta+\cos2\theta}{\sin\theta+\sin2\theta}. \quad \left.\frac{dy}{dx}\right|_{\theta=\frac{\pi}{2}}=1.$$

故所求的切线方程为 $y=x+a$，法线方程为 $y=-x+a$.

二、由隐函数方程所确定的函数的导数(一)

形如 $F(x,y)=0$ 的方程满足一定条件(本课程不讨论这种条件)时可确定函数 $y=y(x)$. 称由 $F(x,y)=0$ 所确定的函数 $y=y(x)$ 为隐函数. 本段举例说明由隐函数方程 $F(x,y)=0$ 所确定的导数的求法.

例 3-31 求椭圆 $\frac{x^2}{16}+\frac{y^2}{9}=1$ 在点 $\left(2,\frac{3\sqrt{3}}{2}\right)$ 处的切线方程.

解法 1：在点 $\left(2,\frac{3\sqrt{3}}{2}\right)$ 附近，椭圆的方程为 $y=\frac{3}{4}\sqrt{16-x^2}$. $y'=-\frac{3x}{4\sqrt{16-x^2}}$. $y'|_{x=2}=-\frac{\sqrt{3}}{4}$，即所求切线的斜率为 $k=-\frac{\sqrt{3}}{4}$. 故所求的切线方程为 $y=-\frac{\sqrt{3}}{4}(x-2)+\frac{3\sqrt{3}}{2}$，即 $y=-\frac{\sqrt{3}}{4}x+2\sqrt{3}$.

解法 2：椭圆的参数方程为 $x=4\cos t$，$y=3\sin t(0\leqslant t\leqslant2\pi)$. 点 $\left(2,\frac{3\sqrt{3}}{2}\right)$ 相应于 $t=\frac{\pi}{3}$. $\frac{dy}{dx}=-\frac{3\cos t}{4\sin t}=-\frac{3}{4}\cot t$. $\left.\frac{dy}{dx}\right|_{t=\frac{\pi}{3}}=-\frac{\sqrt{3}}{4}$，即所求切线的斜率为 $k=-\frac{\sqrt{3}}{4}$. 故所求的切线方程为 $y=-\frac{\sqrt{3}}{4}x+2\sqrt{3}$.

解法 3：将方程两边求导数，有

$$\frac{d}{dx}\left(\frac{x^2}{16}+\frac{y^2}{9}\right)=\frac{d(1)}{dx}. \quad \frac{d}{dx}\left(\frac{x^2}{16}\right)+\frac{d}{dx}\left(\frac{y^2}{9}\right)=\frac{d(1)}{dx}. \quad \frac{d}{dx}\left(\frac{x^2}{16}\right)=\frac{x}{8}, \frac{d(1)}{dx}=0.$$

$\frac{d}{dx}\left(\frac{y^2}{9}\right)=\frac{d}{dy}\left(\frac{y^2}{9}\right)\frac{dy}{dx}=\frac{2y}{9}\frac{dy}{dx}$. 于是，有 $\frac{x}{8}+\frac{2y}{9}\frac{dy}{dx}=0$. 将点 $\left(2,\frac{3\sqrt{3}}{2}\right)$ 代入，得 $\left.\frac{dy}{dx}\right|_{\left(2,\frac{3\sqrt{3}}{2}\right)}=-\frac{\sqrt{3}}{4}$，即所求切线的斜率为 $k=-\frac{\sqrt{3}}{4}$. 故所求的切线方程为 $y=-\frac{\sqrt{3}}{4}x+2\sqrt{3}$.

在线自测

习题 3-4

1. 求星形线$\begin{cases}x=a\cos^3\theta\\y=a\sin^3\theta\end{cases}$上相应于$\theta=\dfrac{\pi}{6}$的点处的切线方程与法线方程.

2. 求圆的渐开线$\begin{cases}x=a(\cos\theta+\theta\sin\theta)\\y=a(\sin\theta-\theta\cos\theta)\end{cases}$上相应于$\theta=\dfrac{\pi}{4}$的点处的切线方程与法线方程.

3. 求阿基米德螺线 $r=a\theta$ 上相应于$\theta=\dfrac{\pi}{2}$的点处的切线方程与法线方程.

4. 求星形线 $x^{\frac{2}{3}}+y^{\frac{2}{3}}=a^{\frac{2}{3}}$ 在点$\left(\dfrac{3\sqrt{3}}{8}a,\dfrac{a}{8}\right)$处的切线方程与法线方程.

第五节　偏导数与全微分

一、偏导数

设海平面由坐标面 xOy 确定，x 轴正向表示南、负向表示北，y 轴正向表示东、负向表示西. xOy 平面上任意点(x,y)对应的山的海拔高度为 $z=f(x,y)$，如图 3-5 所示.

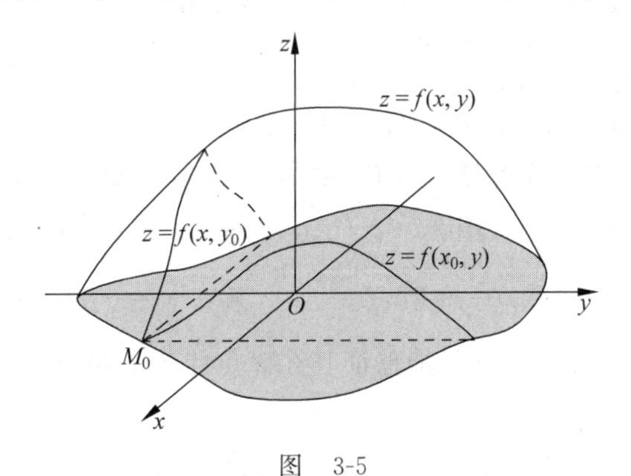

图　3-5

如果一登山者从山南面的山脚下某点 $M_0(x_0,y_0,f(x_0,y_0))$出发径直向北走，则走出一条曲线 $z=f(x,y_0)$. 这是关于自变量 x 的一元函数，其导数表示登山者所处位置的高度随 x 变化的变化率. 如果登山者从 $M_0(x_0,y_0,f(x_0,y_0))$出发径直向东走，则走出一条曲线 $z=f(x_0,y)$. 这是关于自变量 y 的一元函数，其导数表示登山者所处位置的高度随 y 变化的变化率.

一般地，当多元函数中只有一个自变量变化而其他自变量都不变时，多元函数其实就成了一元函数.此时，函数对变量的导数称为偏导数.

以二元函数 $z=f(x,y)$ 为例，函数对 x 和 y 的偏导数分别记为

$$\frac{\partial z}{\partial x},\frac{\partial f}{\partial x},f_x(x,y);\quad \frac{\partial z}{\partial y},\frac{\partial f}{\partial y},f_y(x,y).$$

$$\frac{\partial z}{\partial x}=\lim_{\Delta x\to 0}\frac{f(x+\Delta x,y)-f(x,y)}{\Delta x},\quad \frac{\partial z}{\partial y}=\lim_{\Delta y\to 0}\frac{f(x,y+\Delta y)-f(x,y)}{\Delta y}. \tag{3-6}$$

例 3-32 求函数 $z=x^2+xy+y^2$ 在点(1,2)处的两个偏导数 $\left.\frac{\partial z}{\partial x}\right|_{(1,2)},\left.\frac{\partial z}{\partial y}\right|_{(1,2)}$.

解法 1：$\frac{\partial z}{\partial x}$ 表示把 y 看作不变的常数而变量 x 变化时函数的导数，故 $\frac{\partial z}{\partial x}=2x+y$. $\frac{\partial z}{\partial y}$ 表示把 x 看作不变的常数而变量 y 变化时函数的导数，故 $\frac{\partial z}{\partial y}=x+2y$. $\left.\frac{\partial z}{\partial x}\right|_{(1,2)}=4$，$\left.\frac{\partial z}{\partial y}\right|_{(1,2)}=5$.

解法 2：$\left.\frac{\partial z}{\partial x}\right|_{(1,2)}$ 表示把 y 看作不变的常数 2 而变量 x 变化时函数在 $x=1$ 处的导数.此时 $z=x^2+2x+4$.故 $\left.\frac{\partial z}{\partial x}\right|_{(1,2)}=(2x+2)\Big|_{x=1}=4$.

$\left.\frac{\partial z}{\partial y}\right|_{(1,2)}$ 表示把 x 看作不变的常数 1 而变量 y 变化时函数在 $y=2$ 处的导数.此时 $z=1+y+y^2$.故 $\left.\frac{\partial z}{\partial y}\right|_{(1,2)}=(1+2y)\Big|_{y=2}=5$.

二、偏导数存在与函数连续的关系

对于一元函数来说，可导的函数一定连续.但对于多元函数来说，情形则完全不同了.多元函数在某点处的各个偏导数都存在也不能保证函数在该点处连续，如例 3-33.

例 3-33 $z=f(x,y)=\begin{cases}1, & x=0\text{ 或 }y=0,\\ 0, & \text{其他}\end{cases}$ (图 3-6).

因为 $f(x,0)=1$，所以 $f_x(x,0)=0$，$f_x(0,0)=0$；

因为 $f(0,y)=1$，所以 $f_y(0,y)=0$，$f_y(0,0)=0$.

即函数在(0,0)处的两个偏导数都存在，但函数在(0,0)处不连续.

例 3-34 函数 $z=\sqrt{x^2+y^2}$ (图 3-7)在(0,0)处连续.当 $y=0$ 时，$z=|x|$，其在 $x=0$ 处不可导，因而 $\left.\frac{\partial z}{\partial x}\right|_{(0,0)}$ 不存在.当 $x=0$ 时，$z=|y|$，其在 $y=0$ 处不可导，因而 $\left.\frac{\partial z}{\partial y}\right|_{(0,0)}$ 不存在.这说明，多元函数在某点连续并不能保证其在该点的各个偏导数存在.

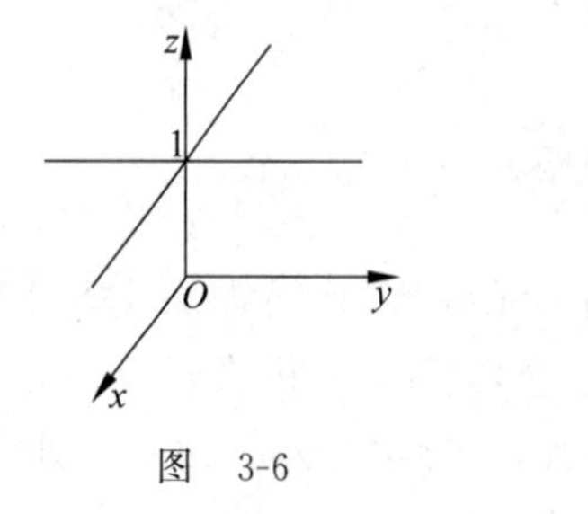

图 3-6

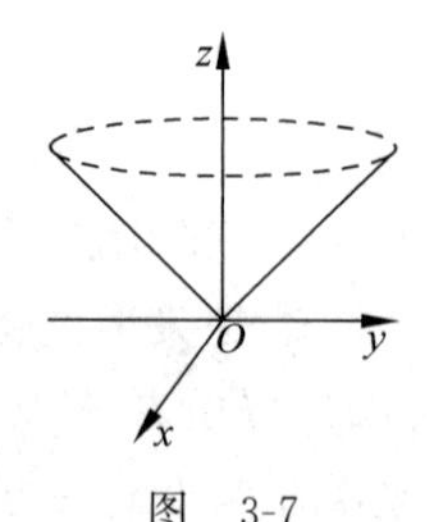

图 3-7

三、高阶偏导数

多元函数的偏导函数还是多元函数.偏导函数的偏导数称为二阶偏导数.

函数 $z=f(x,y)$的二阶偏导数记为

$$\frac{\partial}{\partial x}\left(\frac{\partial z}{\partial x}\right)=\frac{\partial^2 z}{\partial x^2}=f_{xx}(x,y),\quad \frac{\partial}{\partial y}\left(\frac{\partial z}{\partial y}\right)=\frac{\partial^2 z}{\partial y^2}=f_{yy}(x,y),$$

$$\frac{\partial}{\partial y}\left(\frac{\partial z}{\partial x}\right)=\frac{\partial^2 z}{\partial x\partial y}=f_{xy}(x,y),\quad \frac{\partial}{\partial x}\left(\frac{\partial z}{\partial y}\right)=\frac{\partial^2 z}{\partial y\partial x}=f_{yx}(x,y).\tag{3-7}$$

其中$\frac{\partial^2 z}{\partial x\partial y}$和$\frac{\partial^2 z}{\partial y\partial x}$称为二阶混合偏导数.

类似地,还有更高阶的偏导数.二阶及二阶以上的偏导数统称为高阶偏导数.

例 3-35　设 $z=\sin(xy)$,求$\frac{\partial^2 z}{\partial x^2}$,$\frac{\partial^2 z}{\partial y^2}$,$\frac{\partial^2 z}{\partial x\partial y}$,$\frac{\partial^2 z}{\partial y\partial x}$和$\frac{\partial^3 z}{\partial y\partial x^2}$.

解:$\frac{\partial z}{\partial x}=y\cos(xy)$,　$\frac{\partial z}{\partial y}=x\cos(xy)$.

$\frac{\partial^2 z}{\partial x^2}=-y^2\sin(xy)$,　$\frac{\partial^2 z}{\partial y^2}=-x^2\sin(xy)$.

$\frac{\partial^2 z}{\partial x\partial y}=\cos(xy)-xy\sin(xy)$,　$\frac{\partial^2 z}{\partial y\partial x}=\cos(xy)-xy\sin(xy)$.

$$\begin{aligned}\frac{\partial^3 z}{\partial y\partial x^2}&=\frac{\partial}{\partial x}\left(\frac{\partial^2 z}{\partial y\partial x}\right)=\frac{\partial}{\partial x}[\cos(xy)-xy\sin(xy)]\\&=-2y\sin(xy)-xy^2\cos(xy).\end{aligned}$$

注意到,在例 3-35 中,有$\frac{\partial^2 z}{\partial x\partial y}=\frac{\partial^2 z}{\partial y\partial x}$.那么,对于任意的有二阶偏导数的二元函数,这两个二阶混合偏导数是否总是相等呢?答案是否定的.但是,我们有以下定理.

定理 3-3　如果函数 $z=f(x,y)$的两个二阶混合偏导数$\frac{\partial^2 z}{\partial x\partial y}$和$\frac{\partial^2 z}{\partial y\partial x}$在区域 D 内连续,则$\frac{\partial^2 z}{\partial x\partial y}=\frac{\partial^2 z}{\partial y\partial x}$.

四、全微分

对于二元函数 $z=f(x,y)$,称 $\Delta_x z=f(x+\Delta x,y)-f(x,y)$为关于 x 的偏增量,称 $\Delta_y z=f(x,y+\Delta y)-f(x,y)$为关于 y 的偏增量,称 $\Delta z=f(x+\Delta x,y+\Delta y)-f(x,y)$为全增量.

$$\begin{aligned}\Delta z&=f(x+\Delta x,y+\Delta y)-f(x,y)\\&=f(x+\Delta x,y+\Delta y)-f(x,y+\Delta y)+f(x,y+\Delta y)-f(x,y).\end{aligned}$$

定义 3-5　如果$\lim\limits_{\rho\to 0}\frac{\Delta z-[f_x(x,y)\Delta x+f_y(x,y)\Delta y]}{\rho}=0$,即

$$\Delta z-[f_x(x,y)\Delta x+f_y(x,y)\Delta y]=o(\rho)\left(\rho=\sqrt{(\Delta x)^2+(\Delta y)^2}\to 0\right),$$

亦即

$$\Delta z=f_x(x,y)\Delta x+f_y(x,y)\Delta y+o(\rho)\quad(\rho=\sqrt{(\Delta x)^2+(\Delta y)^2}\to 0)\tag{3-8}$$

则称函数 $z=f(x,y)$ 在点 (x,y) 处**可微分**，简称可微，并称

$$\mathrm{d}z=\frac{\partial z}{\partial x}\Delta x+\frac{\partial z}{\partial y}\Delta y\tag{3-9}$$

为函数 $z=f(x,y)$ 在点 (x,y) 处的**全微分**.

相应地，称 $\mathrm{d}_x z=f_x(x,y)\Delta x$ 和 $\mathrm{d}_y z=f_y(x,y)\Delta y$ 分别为 $z=f(x,y)$ 在点 (x,y) 处关于 x 和 y 的偏微分.

如果函数 $z=f(x,y)$ 在区域 D 内处处可微分，则称函数 $z=f(x,y)$ 在区域 D 内可微.

容易算得，$\mathrm{d}x=\Delta x$，$\mathrm{d}y=\Delta y$. 于是有

$$\mathrm{d}z=\frac{\partial z}{\partial x}\mathrm{d}x+\frac{\partial z}{\partial y}\mathrm{d}y\tag{3-10}$$

类似地，可以定义三元及三元以上的函数全微分的概念. 譬如，如果函数 $u=f(x,y,z)$ 可微，则其全微分为

$$\mathrm{d}u=\frac{\partial u}{\partial x}\mathrm{d}x+\frac{\partial u}{\partial y}\mathrm{d}y+\frac{\partial u}{\partial z}\mathrm{d}z$$

定理 3-4 设函数 $z=f(x,y)$ 满足

$$f(x+\Delta x,y+\Delta y)-f(x,y)=A\Delta x+B\Delta y+o(\rho)(\rho=\sqrt{(\Delta x)^2+(\Delta y)^2}\to 0),$$

则函数 $z=f(x,y)$ 在点 (x,y) 处可微分，且 $\frac{\partial z}{\partial x}=A$，$\frac{\partial z}{\partial y}=B$.

证：令 $\Delta y=0$，则 $f(x+\Delta x,y)-f(x,y)=A\Delta x+o(\Delta x)$. 于是

$$\frac{\partial z}{\partial x}=\lim_{\Delta x\to 0}\frac{f(x+\Delta x,y)-f(x,y)}{\Delta x}=\lim_{\Delta x\to 0}\frac{A\Delta x+o(\Delta x)}{\Delta x}=A$$

同理可证，$\frac{\partial z}{\partial y}=B$.

五、函数连续、偏导数存在与可微的关系

由例 3-33 知，偏导数存在的函数不一定连续. 由例 3-34 知，连续的函数偏导数不一定存在.

设函数 $z=f(x,y)$ 可微，即

$$\Delta z=\frac{\partial z}{\partial x}\Delta x+\frac{\partial z}{\partial y}\Delta y+o(\rho)(\rho=\sqrt{(\Delta x)^2+(\Delta y)^2}\to 0)$$

从而 $\lim\limits_{\substack{\Delta x\to 0\\ \Delta y\to 0}}\Delta z=0$，即 $\lim\limits_{\substack{\Delta x\to 0\\ \Delta y\to 0}}f(x+\Delta x,y+\Delta y)=f(x,y)$. 这说明 $f(x,y)$ 连续. 即可微的函数一定连续. 反之，不连续的函数一定不可微.

由可微的定义知，可微函数的各个偏导数一定存在. 但是，连续函数的偏导数不一定存在，因而连续函数不一定可微. 另外，各个偏导数都存在的函数不一定连续，因而不一定可微.

从上面的分析可以看出，可微分是多元函数的一个很好的性质. 那么，怎么知道一个函数是否可微呢？显然，检验全微分定义中的极限是否成立并非一件简单的事，本来多元函数的极限就不容易求. 下面的定理给出了一个检验多元函数可微的充分条件.

定理 3-5　各个偏导数都连续的函数一定可微.

例 3-36　求函数 $z=e^{xy}$ 在点(2,1)处的全微分 $dz|_{(2,1)}$.

解：$\frac{\partial z}{\partial x}=ye^{xy}$，$\frac{\partial z}{\partial y}=xe^{xy}$. $dz=\frac{\partial z}{\partial x}dx+\frac{\partial z}{\partial y}dy=ye^{xy}dx+xe^{xy}dy$.

$dz|_{(2,1)}=e^2dx+2e^2dy=e^2(dx+2dy)$.

六、利用全微分进行近似计算

如果函数 $f(x,y)$在点(x_0,y_0)处可微，那么当 $\rho=\sqrt{(\Delta x)^2+(\Delta y)^2}$ 很小时，我们可以用 $f(x,y)$在点(x_0,y_0)处的全微分近似代替函数的增量，即

$$f(x_0+\Delta x,y_0+\Delta y)-f(x_0,y_0)\approx f_x(x_0,y_0)\Delta x+f_y(x_0,y_0)\Delta y \tag{3-11}$$

从而

$$f(x_0+\Delta x,y_0+\Delta y)\approx f(x_0,y_0)+f_x(x_0,y_0)\Delta x+f_y(x_0,y_0)\Delta y \tag{3-12}$$

如果已知 $f(x_0,y_0)$，$f_x(x_0,y_0)$和 $f_y(x_0,y_0)$的值，那么可以利用近似公式(3-11)的右边作为 $f(x_0+\Delta x,y_0+\Delta y)$的近似值. 并且，当 $f(x,y)$在点(x_0,y_0)可微时，计算得到的误差是 $\rho=\sqrt{(\Delta x)^2+(\Delta y)^2}$ 的高阶无穷小. 也就是说，当$|\Delta x|$和$|\Delta y|$都很小时，计算误差要比 ρ 小得多.

例 3-37　利用近似计算公式(3-12)计算$(1.04)^{2.02}$ 的近似值.

解：设 $f(x,y)=x^y$，$x_0=1$，$y_0=2$，$\Delta x=0.04$，$\Delta y=0.02$.

因为 $f(x,2)=x^2$，所以 $f_x(x,2)=2x$，$f_x(1,2)=2$.

因为 $f(1,y)=1$，所以 $f_y(1,y)=0$，$f_y(1,2)=0$.

应用近似公式(3-12)，有

$$\begin{aligned}(1.04)^{2.02}&=f(1+0.04,2+0.02)\\&\approx f(1,2)+f_x(1,2)\times 0.04+f_y(1,2)\times 0.02\\&=1+2\times 0.04=1.08.\end{aligned}$$

而$(1.04)^{2.02}$ 的精确值为 1.082 448 75…. 计算误差约为 2.3‰.

在线自测

习题 3-5

1. 求下列函数的偏导数与全微分：

(1) $z=\ln(xy)$；(2) $z=(1+x)^y$；(3) $u=x^{\frac{y}{z}}$.

2. 设 $f(x,y)=x+(y-1)\arcsin\sqrt{\frac{x}{y}}$，求 $f_x(x,1)$.

3. 求下列函数的$\frac{\partial^2 z}{\partial x^2}$，$\frac{\partial^2 z}{\partial y^2}$和$\frac{\partial^2 z}{\partial x\partial y}$：

(1) $z=x^2+xy^2$；(2) $z=x\ln(xy)$.

4. 设 $r=\sqrt{x^2+y^2+z^2}$，证明$\frac{\partial^2 r}{\partial x^2}+\frac{\partial^2 r}{\partial y^2}+\frac{\partial^2 r}{\partial z^2}=\frac{2}{r}$.

5. 求函数 $z=\ln(1+x^2+y^2)$在点(1,2)处的全微分.

6. 利用全微分计算$\sqrt{(1.02)^3+(1.97)^3}$的近似值.

第六节　多元复合函数与隐函数的求导法及几何应用

一、多元复合函数的求导法

空间一点 $M(x,y,z)$在圆柱面 $x^2+y^2=a^2$ 上以角速度 ω 绕 z 轴旋转(从上往下看，按逆时针方向)，且 $z=2x^2+6y^2$. 那么，如何求点 $M(x,y,z)$在 z 轴方向上的速度呢？

设动点从 $A(a,0,0)$开始运动，经过 t 时间运动到 M 点. 则有

$$x=a\cos\omega t,\quad y=a\sin\omega t,\quad z=2x^2+6y^2.$$

这三个函数复合成一个一元函数 $z=2a^2\cos^2\omega t+6a^2\sin^2\omega t$，于是点 $M(x,y,z)$在 z 轴方向上的速度为

$$\frac{\mathrm{d}z}{\mathrm{d}t}=-4a^2\cos\omega t\sin\omega t+12a^2\sin\omega t\cos\omega t=4a^2\sin 2\omega t.$$

(1) 设函数 $u=u(t)$，$v=v(t)$在点 t 可导，函数 $z=f(u,v)$在对应点(u,v)处可微，则它们的复合函数 $z=f[u(t),v(t)]$在点 t 可导，且由 $\mathrm{d}z=\frac{\partial z}{\partial u}\mathrm{d}u+\frac{\partial z}{\partial v}\mathrm{d}v$ 可知

$$\frac{\mathrm{d}z}{\mathrm{d}t}=\frac{\partial z}{\partial u}\frac{\mathrm{d}u}{\mathrm{d}t}+\frac{\partial z}{\partial v}\frac{\mathrm{d}v}{\mathrm{d}t}\tag{3-13}$$

(2) 设函数 $u=u(x,y)$，$v=v(x,y)$在点(x,y)具有偏导数，函数 $z=f(u,v)$在对应点(u,v)处可微，则它们的复合函数 $z=f[u(x,y),v(x,y)]$在点(x,y)具有偏导数，且由 $\mathrm{d}z=\frac{\partial z}{\partial u}\mathrm{d}u+\frac{\partial z}{\partial v}\mathrm{d}v$ 可知

$$\frac{\partial z}{\partial x}=\frac{\partial z}{\partial u}\frac{\partial u}{\partial x}+\frac{\partial z}{\partial v}\frac{\partial v}{\partial x},\quad \frac{\partial z}{\partial y}=\frac{\partial z}{\partial u}\frac{\partial u}{\partial y}+\frac{\partial z}{\partial v}\frac{\partial v}{\partial y}\tag{3-14}$$

类似地可推出其他类型的多元复合函数的求导公式.

二、由隐函数方程所确定的函数的导数(二)

我们在本章第四节讨论过由隐函数方程所确定的函数的导数，现在我们用多元函数微分的方法重新讨论.

一般地，在平面直角坐标系中，方程 $F(x,y)=0$ 表示平面曲线. 对其两边求微分，得

$F_x(x,y)\mathrm{d}x+F_y(x,y)\mathrm{d}y=0$. 或简单地写成 $F_x\mathrm{d}x+F_y\mathrm{d}y=0$. 由此可得，

$$\frac{\mathrm{d}y}{\mathrm{d}x}=-\frac{F_x}{F_y} \tag{3-15}$$

在空间直角坐标系中，方程 $F(x,y,z)=0$ 表示曲面. 若 y 不变，则 $F(x,y,z)=0$ 是关于变量 x 和 z 的方程. 若 x 不变，则 $F(x,y,z)=0$ 是关于变量 y 和 z 的方程. 此时，类似公式(3-15)，有

$$\frac{\partial z}{\partial x}=-\frac{F_x}{F_z},\quad \frac{\partial z}{\partial y}=-\frac{F_y}{F_z} \tag{3-16}$$

例 3-38　求球面 $x^2+y^2+z^2-4z=0$ 上任一点处 z 坐标关于其他两个坐标的偏导数 $\frac{\partial z}{\partial x}$ 和 $\frac{\partial z}{\partial y}$.

解：设 $F(x,y,z)=x^2+y^2+z^2-4z$. 则 $F(x,y,z)=0$, $F_x=2x$, $F_y=2y$, $F_z=2z-4$. 由公式(3-16)，有

$$\frac{\partial z}{\partial x}=-\frac{F_x}{F_z}=-\frac{2x}{2z-4}=\frac{x}{2-z},\quad \frac{\partial z}{\partial y}=-\frac{F_y}{F_z}=-\frac{2y}{2z-4}=\frac{y}{2-z},\quad z\neq 2.$$

例 3-39　求球面 $x^2+y^2+z^2=6$ 与平面 $x+y+z=0$ 的交线上任一点处 y 坐标和 z 坐标对 x 坐标的导数 $\frac{\mathrm{d}y}{\mathrm{d}x}$, $\frac{\mathrm{d}z}{\mathrm{d}x}$.

解：分别对两个曲面方程的两边求关于 x 的导数，得

$$\begin{cases}2x+2y\dfrac{\mathrm{d}y}{\mathrm{d}x}+2z\dfrac{\mathrm{d}z}{\mathrm{d}x}=0\\ 1+\dfrac{\mathrm{d}y}{\mathrm{d}x}+\dfrac{\mathrm{d}z}{\mathrm{d}x}=0\end{cases}\text{，解之，得}\frac{\mathrm{d}y}{\mathrm{d}x}=\frac{z-x}{y-z},\quad \frac{\mathrm{d}z}{\mathrm{d}x}=\frac{x-y}{y-z}, z\neq y.$$

三、空间曲线的切线与法平面

(1) 设有空间曲线 Γ: $x=x(t)$, $y=y(t)$, $z=z(t)$ [$x(t)$, $y(t)$, $z(t)$ 均可导，且 $x'(t)$, $y'(t)$, $z'(t)$ 不同时为零，此时称曲线为光滑的]. 设 $M_0(x_0,y_0,z_0)$ 是曲线 Γ 上一点，其对应于 $t=t_0$. $M(x_0+\Delta x,y_0+\Delta y,z_0+\Delta z)$ 是曲线 Γ 上任一点，其对应于 $t=t_0+\Delta t$. 当 $M\to M_0$ 即 $\Delta t\to 0$ 时，割线 M_0M 的极限位置 M_0T 称为曲线在 M_0 处的切线(图 3-8).

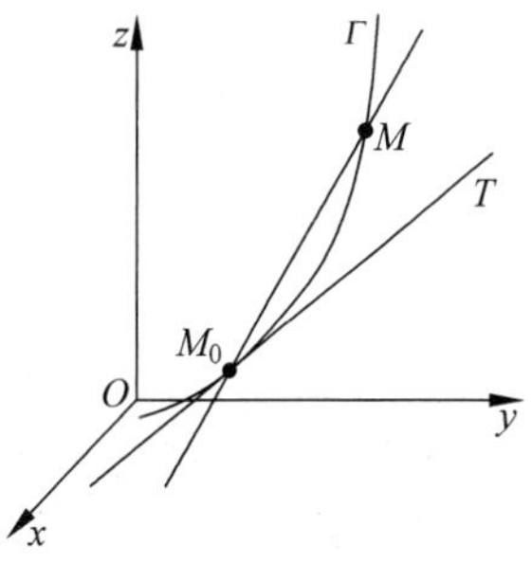

图　3-8

那么，如何求该切线的方程呢？

首先，割线 M_0M 的方程为 $\frac{x-x_0}{\Delta x}=\frac{y-y_0}{\Delta y}=\frac{z-z_0}{\Delta z}$. 分母同除以 Δt，得

$$\frac{x-x_0}{\frac{\Delta x}{\Delta t}}=\frac{y-y_0}{\frac{\Delta y}{\Delta t}}=\frac{z-z_0}{\frac{\Delta z}{\Delta t}}.$$

令 $\Delta t\to 0$，则得切线 M_0T 的方程为

$$\frac{x-x_0}{x'(t_0)}=\frac{y-y_0}{y'(t_0)}=\frac{z-z_0}{z'(t_0)} \tag{3-17}$$

切线的方向向量为 $\vec{T}=(x'(t_0),y'(t_0),z'(t_0))$，称之为曲线 Γ 上相应于 $t=t_0$ 点处的切线向量，简称**切向量**.

过切点 $M_0(x_0,y_0,z_0)$ 且与过该点的切线垂直的平面称为曲线 Γ 在该点处的法平面，其方程为

$$x'(t_0)(x-x_0)+y'(t_0)(y-y_0)+z'(t_0)(z-z_0)=0 \tag{3-18}$$

例 3-40 求螺旋线 $x=a\cos\theta, y=a\sin\theta, z=b\theta$ 上相应于 $\theta=\frac{\pi}{4}$ 的点处的切线方程和法平面方程.

解：$\frac{dx}{d\theta}=-a\sin\theta$，$\frac{dy}{d\theta}=a\cos\theta$，$\frac{dz}{d\theta}=b$.

$$\left.\frac{dx}{d\theta}\right|_{\theta=\frac{\pi}{4}}=-\frac{\sqrt{2}a}{2},\quad \left.\frac{dy}{d\theta}\right|_{\theta=\frac{\pi}{4}}=\frac{\sqrt{2}a}{2},\quad \left.\frac{dz}{d\theta}\right|_{\theta=\frac{\pi}{4}}=b.$$

由此可得螺旋线相应于 $\theta=\frac{\pi}{4}$ 的点处的切向量为 $\vec{T}=\left(-\frac{\sqrt{2}a}{2},\frac{\sqrt{2}a}{2},b\right)$. 而相应于 $\theta=\frac{\pi}{4}$ 的点的坐标为 $\left(\frac{\sqrt{2}a}{2},\frac{\sqrt{2}a}{2},\frac{\pi b}{4}\right)$. 于是所求的切线方程为

$$\frac{x-\frac{\sqrt{2}a}{2}}{-\frac{\sqrt{2}a}{2}}=\frac{y-\frac{\sqrt{2}a}{2}}{\frac{\sqrt{2}a}{2}}=\frac{z-\frac{\pi b}{4}}{b} \text{ 或表示为 } \frac{x-\frac{\sqrt{2}a}{2}}{-a}=\frac{y-\frac{\sqrt{2}a}{2}}{a}=\frac{z-\frac{\pi b}{4}}{\sqrt{2}b}.$$

所求的法平面方程为 $-a\left(x-\frac{\sqrt{2}a}{2}\right)+a\left(y-\frac{\sqrt{2}a}{2}\right)+\sqrt{2}b\left(z-\frac{\pi b}{4}\right)=0$ 或化简为

$$ax-ay-\sqrt{2}bz+\frac{\sqrt{2}\pi b^2}{4}=0.$$

(2) 设有空间曲线 Γ：$\begin{cases}F(x,y,z)=0\\G(x,y,z)=0\end{cases}$ [$F(x,y,z)$,$G(x,y,z)$ 均可微]. 假设曲线 Γ 可以表示为参数方程 $x=x, y=y(x), z=z(x)$，则曲线 Γ 上任一点处的切向量为

$$\vec{T}=\left(\frac{dx}{dx},\frac{dy}{dx},\frac{dz}{dx}\right)=\left(1,\frac{dy}{dx},\frac{dz}{dx}\right).$$

例 3-41 求球面 $x^2+y^2+z^2=6$ 与平面 $x+y+z=0$ 的交线上点 $(1,-2,1)$ 处的切线方程和法平面方程.

解：分别对两个曲面方程的两边求关于 x 的导数，并移项，得

$$\begin{cases}y\frac{dy}{dx}+z\frac{dz}{dx}=-x\\\frac{dy}{dx}+\frac{dz}{dx}=-1\end{cases}，\text{在点}(1,-2,1)\text{处}，\begin{cases}-2\left.\frac{dy}{dx}\right|_{(1,-2,1)}+\left.\frac{dz}{dx}\right|_{(1,-2,1)}=-1\\\left.\frac{dy}{dx}\right|_{(1,-2,1)}+\left.\frac{dz}{dx}\right|_{(1,-2,1)}=-1\end{cases}.$$

解得 $\left.\frac{dy}{dx}\right|_{(1,-2,1)}=0$，$\left.\frac{dz}{dx}\right|_{(1,-2,1)}=-1$. 由此，得切向量 $\vec{T}=\left.\left(\frac{dx}{dx},\frac{dy}{dx},\frac{dz}{dx}\right)\right|_{(1,-2,1)}=(1,0,-1)$.

因而所求切线方程为$\frac{x-1}{1}=\frac{y+2}{0}=\frac{z-1}{-1}$.

法平面方程为$(x-1)+0\cdot(y+2)-(z-1)=0$,化简为$x-z=0$.

(3) 对于平面曲线$F(x,y)=0$,其切向量为$\vec{T}=\left(1,\frac{\mathrm{d}y}{\mathrm{d}x}\right)$. 由于$F_x\mathrm{d}x+F_y\mathrm{d}y=0$,即$F_x+F_y\frac{\mathrm{d}y}{\mathrm{d}x}=0$,$(F_x,F_y)\cdot\left(1,\frac{\mathrm{d}y}{\mathrm{d}x}\right)=0$,故$\vec{n}=(F_x,F_y)$为曲线的法向量.

四、曲面的切平面与法线

设有曲面Σ: $F(x,y,z)=0$[$F(x,y,z)$可微].

$M_0(x_0,y_0,z_0)$是曲面Σ上一点. 在曲面Σ上任取一条过点M_0的光滑曲线Γ: $x=x(t)$, $y=y(t)$, $z=z(t)$,设点$M_0(x_0,y_0,z_0)$相应于$t=t_0$. 则曲线Γ在M_0处的切向量为$\vec{T}=(x'(t_0),y'(t_0),z'(t_0))$. 见图 3-9.

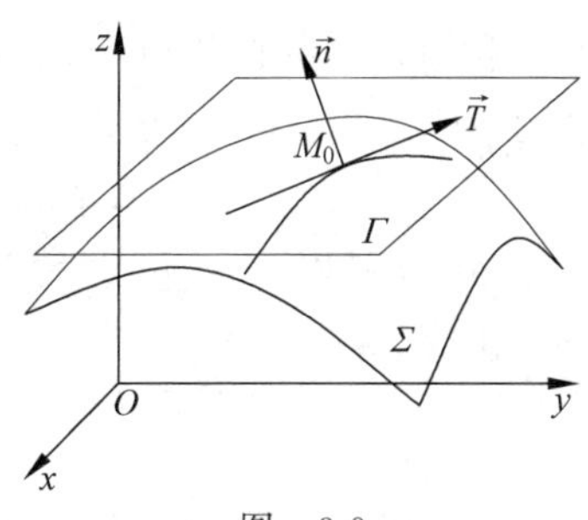

图　3-9

因为曲线Γ在曲面Σ上,所以有$F[x(t),y(t),z(t)]=0$. 两边求关于t的导数,有

$$F_x(x_0,y_0,z_0)x'(t_0)+F_y(x_0,y_0,z_0)y'(t_0)+F_z(x_0,y_0,z_0)z'(t_0)=0$$

令$\vec{n}=(F_x(x_0,y_0,z_0),F_y(x_0,y_0,z_0),F_z(x_0,y_0,z_0))$,则上式可表示为$\vec{T}\cdot\vec{n}=0$. 于是$\vec{T}\perp\vec{n}$. 这说明,曲面$\Sigma$上过点$M_0$的任意光滑曲线在点$M_0$的切向量都与向量$\vec{n}$垂直,即曲面$\Sigma$上过点$M_0$的任意光滑曲线在点$M_0$的切线都与向量$\vec{n}$垂直. 这也就是说,曲面$\Sigma$上过点$M_0$的所有光滑曲线在点$M_0$的切线都在与向量$\vec{n}$垂直的同一个平面上. 我们称这个平面为曲面$\Sigma$在点$M_0$处的**切平面**. 其方程为

$$F_x(x_0,y_0,z_0)(x-x_0)+F_y(x_0,y_0,z_0)(y-y_0)+F_z(x_0,y_0,z_0)(z-z_0)=0 \tag{3-19}$$

称$\vec{n}$为曲面Σ在点M_0处的法向量.

过点M_0且垂直于曲面Σ在点M_0处的切平面的直线称为曲面Σ在点M_0处的**法线**,其方程为

$$\frac{x-x_0}{F_x(x_0,y_0,z_0)}=\frac{y-y_0}{F_y(x_0,y_0,z_0)}=\frac{z-z_0}{F_z(x_0,y_0,z_0)} \tag{3-20}$$

特别地,设曲面Σ的方程为$z=f(x,y)$. 令$F(x,y,z)=f(x,y)-z$,则曲面方程为$F(x,y,z)=0$,且$F_x(x,y,z)=f_x(x,y)$,$F_y(x,y,z)=f_y(x,y)$,$F_z(x,y,z)=-1$,于是得法向量$\vec{n}=(f_x(x,y),f_y(x,y),-1)$.

例 3-42　设有入射光线l_1照射到镜面Σ: $F(x,y,z)=0$上被反射后的反射光线为l_2. 入射光线照在镜面上的点称为入射点. 根据光的反射定律: 镜面在入射点的法线与反射光线、入射光线在同一平面上; 反射光线和入射光线分居在法线的两侧,且它们与法线的夹角(分别称为入射角和反射角)相等.

设有旋转抛物面型镜面Σ: $z=a(x^2+y^2)$($a>0$). 证明: 一束平行于z轴的光线照到

镜面的凹面上后的反射光线必经过抛物面的焦点 $C\left(0,0,\frac{1}{4a}\right)$，如图 3-10 所示.

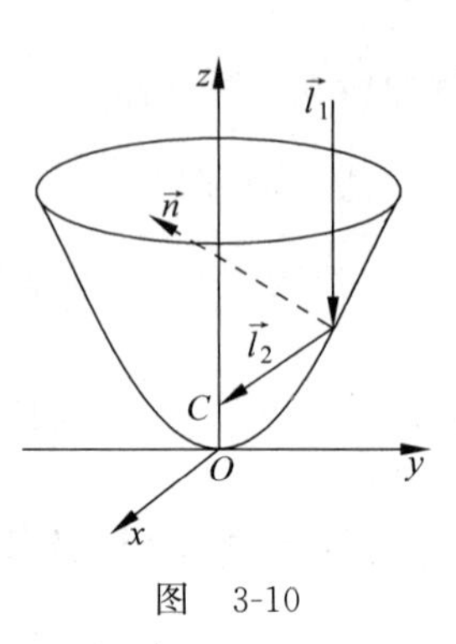

图 3-10

证明：设入射线的方向向量为 $\vec{l}_1=(0,0,-1)$，入射点的坐标为 $P(x_0,y_0,z_0)$，则 $\overrightarrow{PC}=\left(x_0,y_0,z_0-\frac{1}{4a}\right)$. 又旋转抛物面在点 $P(x_0,y_0,z_0)$ 处的法向量为 $\vec{n}=(2ax_0,2ay_0,-1)$.

容易验证，$\vec{l}_1$、$\overrightarrow{PC}$ 与 $\vec{n}$ 共面. 为证明 $\overrightarrow{PC}$ 就是反射线的方向向量，我们只需要证明 $\overrightarrow{PC}$ 与 $\vec{n}$ 的夹角等于入射角. 因为 $|\vec{l}_1|=1$，$|\vec{l}_1\cdot\vec{n}|=1$.

$$|\overrightarrow{PC}|=\sqrt{x_0^2+y_0^2+\left(z_0-\frac{1}{4a}\right)^2}=\sqrt{\frac{z_0}{a}+\left(z_0-\frac{1}{4a}\right)^2}=z_0+\frac{1}{4a}$$

$$|\overrightarrow{PC}\cdot\vec{n}|=2ax_0^2+2ay_0^2-\left(z_0-\frac{1}{4a}\right)=2z_0-z_0+\frac{1}{4a}=z_0+\frac{1}{4a}$$

所以 $\frac{|\vec{l}_1\cdot\vec{n}|}{|\vec{l}_1||\vec{n}|}=\frac{|\overrightarrow{PC}\cdot\vec{n}|}{|\overrightarrow{PC}||\vec{n}|}$，即 $\overrightarrow{PC}$ 与 $\vec{n}$ 的夹角的余弦等于入射角的余弦，从而 $\overrightarrow{PC}$ 与 $\vec{n}$ 的夹角等于入射角.

在线自测

习题 3-6

1. 设动点从 $A(a,0,0)$ 开始沿圆柱面 $x^2+y^2=4$ 以角速度 ω 绕 z 轴旋转(从上往下看，按逆时针方向)，且满足 $z=xy$. 求动点在 z 轴方向上的速度.

2. 求空间曲线 $x=t,y=t^2,z=t^3$ 在点(1,1,1)处的切线方程与法平面方程.

3. 求球面 $x^2+y^2+z^2=4$ 与圆柱面 $x^2+y^2-2x=0$ 的交线在点 $(1,1,\sqrt{2})$ 处的切线方程与法平面方程.

4. 求椭球面 $3x^2+y^2+z^2=16$ 在点(1,2,3)处的切平面方程和法线方程.

5. 求旋转抛物面 $z=x^2+y^2$ 在点(1,1,2)处的切平面方程和法线方程.

6. 设有旋转椭球面 $\frac{x^2}{b^2}+\frac{y^2}{a^2}+\frac{z^2}{b^2}=1(b>a>0)$，其焦点为 $(0,c,0)$ 和 $(0,-c,0)$，其中 $c=\sqrt{b^2-a^2}$. 证明：任意一束从焦点发出的光线经过椭球面的凹面反射后的光线必经过椭球面的另一焦点，如图所示.

7. 设有旋转双叶双曲面 $-\frac{x^2}{a^2}-\frac{y^2}{a^2}+\frac{z^2}{b^2}=1$，其焦点为 $(0,0,c)$ 和 $(0,0,-c)$，其中 $c=$

$\sqrt{a^2+b^2}$. 证明：任意一束从焦点发出的光线经过旋转双叶双曲面的凹面反射后的光线跟经过反射点与另一焦点的直线重合，如图所示.

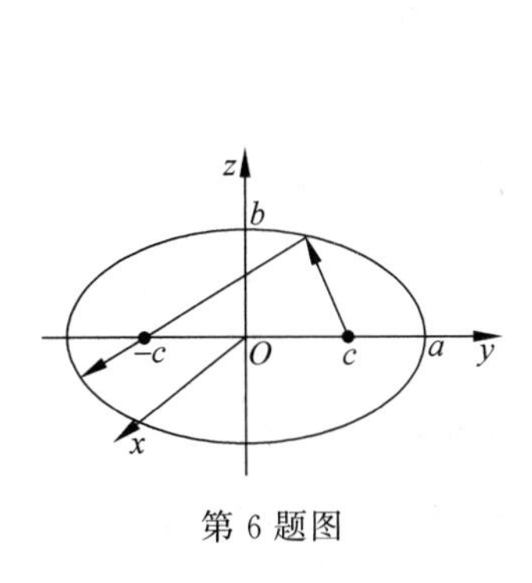

第 6 题图

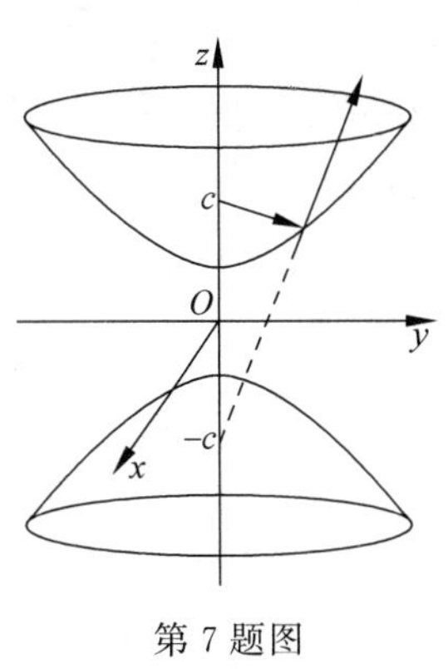

第 7 题图

第七节　方向导数与梯度

一、方向导数与梯度

设海平面由坐标面 xOy 确定. xOy 平面上任意点 x, y 对应的山的海拔高度为 $z=f(x,y)$，如图 3-11 所示.

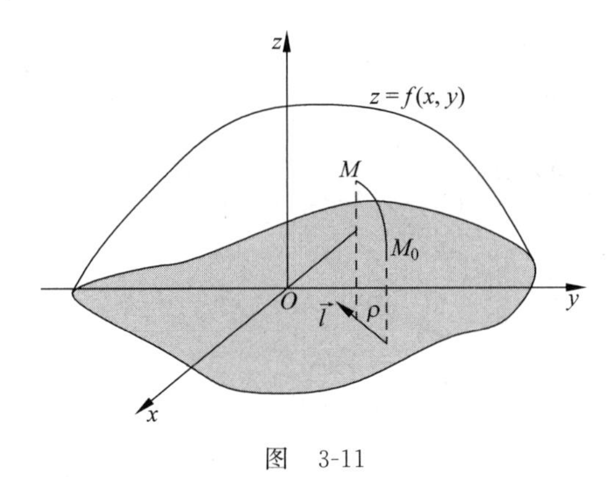

图　3-11

设向量 $\vec{l}$ 在 xOy 平面上. 如果一登山者从山上某点 $M_0(x_0, y_0, z_0)$ $[z_0=f(x_0,y_0)]$ 沿向量 $\vec{l}$ 的方向攀爬到点 $M(x_0+\Delta x, y_0+\Delta y, z_0+\Delta z)$，则水平移动距离为 $\rho=\sqrt{(\Delta x)^2+(\Delta y)^2}$，其海拔高度的增量与水平移动距离之比 $\frac{\Delta z}{\rho}$ 表示当 xOy 面上的点从点 (x_0, y_0) 移动到点 $(x_0+\Delta x, y_0+\Delta y)$ 时，山的高度相对于水平移动距离的平均变化率. 如果 $\lim\limits_{\rho\to 0}\frac{\Delta z}{\rho}$ 存在，则称 $\lim\limits_{\rho\to 0}\frac{\Delta z}{\rho}$ 为函数 $z=f(x,y)$ 在点 (x_0, y_0) 处沿方向 $\vec{l}$ 的方向导数，记为 $\left.\frac{\partial z}{\partial l}\right|_{(x_0,y_0)}$ 或 $\left.\frac{\partial f}{\partial l}\right|_{(x_0,y_0)}$.

函数 $z=f(x,y)$在点(x_0,y_0)处可以有无穷多个方向导数. 方向导数$\left.\dfrac{\partial z}{\partial l}\right|_{(x_0,y_0)}$反映了函数 $z=f(x,y)$在点(x_0,y_0)沿 $\vec{l}$ 方向的变化率. 对于山的高度函数 $z=f(x,y)$来说,其沿某方向的方向导数越大,则沿该方向的高度增加越快; 相反,如果沿某方向的方向导数为负值,则沿该方向的高度下降.

定理 3-6 如果函数 $z=f(x,y)$在点(x,y)处可微分,则函数在该点沿任意方向 $\vec{l}$ 的方向导数都存在,且有

$$\frac{\partial f}{\partial l}=\operatorname{grad}f(x,y)\cdot\vec{l}^{\circ} \tag{3-21}$$

其中,向量 $\operatorname{grad}f(x,y)=(f_x(x,y),f_y(x,y))$称为函数 $z=f(x,y)$在点(x,y)处的**梯度**,也记为$\nabla f(x,y)=(f_x(x,y),f_y(x,y))$,$\vec{l}^{\circ}$是与 $\vec{l}$ 同向的单位向量.

证: 设向量 $\vec{l}$ 与 x 轴正向的夹角为 θ, $\Delta x=\rho\cos\theta$, $\Delta y=\rho\sin\theta$, 其中 $\rho=\sqrt{(\Delta x)^2+(\Delta y)^2}$. 因为 $z=f(x,y)$在点(x,y)处可微分,所以

$$f(x+\Delta x,y+\Delta y)-f(x,y)=\frac{\partial f}{\partial x}\Delta x+\frac{\partial f}{\partial y}\Delta y+o(\rho)(\rho\to 0)$$

$f(x,y)$沿方向 $\vec{l}$ 的方向导数为

$$\begin{aligned}\frac{\partial z}{\partial l}&=\lim_{\rho\to 0}\frac{f(x+\Delta x,y+\Delta y)-f(x,y)}{\rho}\\&=\lim_{\rho\to 0}\frac{\frac{\partial f}{\partial x}\Delta x+\frac{\partial f}{\partial y}\Delta y+o(\rho)}{\rho}=\frac{\partial f}{\partial x}\cos\theta+\frac{\partial f}{\partial y}\sin\theta\\&=\left(\frac{\partial f}{\partial x},\frac{\partial f}{\partial y}\right)\cdot(\cos\theta,\sin\theta)=\left(\frac{\partial f}{\partial x},\frac{\partial f}{\partial y}\right)\cdot\frac{\vec{l}}{|\vec{l}|}\\&=\left(\frac{\partial f}{\partial x},\frac{\partial f}{\partial y}\right)\cdot\vec{l}^{\circ}=\operatorname{grad}f(x,y)\cdot\vec{l}^{\circ}\end{aligned}$$

其中 $\vec{l}^{\circ}=(\cos\theta,\sin\theta)=\dfrac{\vec{l}}{|\vec{l}|}$是与 $\vec{l}$ 同向的单位向量.

由$\dfrac{\partial f}{\partial l}=\operatorname{grad}f(x,y)\cdot\vec{l}^{\circ}=|\operatorname{grad}f(x,y)||\vec{l}^{\circ}|\cos\varphi$[其中 φ 为 $\operatorname{grad}f(x,y)$与 $\vec{l}^{\circ}$之间的夹角]可知,当 $\varphi=0$ 时$\dfrac{\partial f}{\partial l}$最大,当 $\varphi=\pi$ 时$\dfrac{\partial f}{\partial l}$最小,即函数沿梯度方向增加最快,沿负梯度方向减少最快.

易知,函数 $f(x,y)$沿 x 轴正向的方向导数为$\dfrac{\partial f}{\partial l}=\left(\dfrac{\partial f}{\partial x},\dfrac{\partial f}{\partial y}\right)\cdot(1,0)=\dfrac{\partial f}{\partial x}$;

函数 $f(x,y)$沿 x 轴负向的方向导数为$\dfrac{\partial f}{\partial l}=\left(\dfrac{\partial f}{\partial x},\dfrac{\partial f}{\partial y}\right)\cdot(-1,0)=-\dfrac{\partial f}{\partial x}$;

函数 $f(x,y)$沿 y 轴正向的方向导数为$\dfrac{\partial f}{\partial l}=\left(\dfrac{\partial f}{\partial x},\dfrac{\partial f}{\partial y}\right)\cdot(0,1)=\dfrac{\partial f}{\partial y}$;

函数 $f(x,y)$ 沿 y 轴负向的方向导数为 $\frac{\partial f}{\partial l}=\left(\frac{\partial f}{\partial x},\frac{\partial f}{\partial y}\right)\cdot(0,-1)=-\frac{\partial f}{\partial y}$.

函数的梯度和方向导数可以推广到三元及三元以上的函数，如：

函数 $f(x,y,z)$ 的梯度为 $\mathrm{grad}f(x,y,z)=\left(\frac{\partial f}{\partial x},\frac{\partial f}{\partial y},\frac{\partial f}{\partial z}\right)$；函数 $f(x,y,z)$ 沿方向 $\vec{l}$ 的方向导数为 $\frac{\partial f}{\partial l}=\mathrm{grad}f(x,y,z)\cdot\vec{l}^{\circ}=\left(\frac{\partial f}{\partial x},\frac{\partial f}{\partial y},\frac{\partial f}{\partial z}\right)\cdot\vec{l}^{\circ}$（$\vec{l}^{\circ}$ 是与 $\vec{l}$ 同向的单位向量）.

例 3-43　求函数 $f(x,y)=x^2+y^2$ 在点 $A(1,2)$ 处的梯度和沿从 $A(1,2)$ 到 $B(2,5)$ 方向的方向导数.

解：$\left.\frac{\partial f}{\partial x}\right|_{(1,2)}=2x\,|_{(1,2)}=2,\left.\frac{\partial f}{\partial y}\right|_{(1,2)}=2y\,|_{(1,2)}=4$，

$\mathrm{grad}f(1,2)=\left.\left(\frac{\partial f}{\partial x},\frac{\partial f}{\partial y}\right)\right|_{(1,2)}=(2,4)$.

$\vec{l}=\overrightarrow{AB}=(1,3)$. $\vec{l}^{\circ}=\frac{\vec{l}}{|\vec{l}|}=\frac{(1,3)}{\sqrt{10}}=\left(\frac{1}{\sqrt{10}},\frac{3}{\sqrt{10}}\right)$.

$\frac{\partial f}{\partial l}=\mathrm{grad}f(1,2)\cdot\vec{l}^{\circ}=(2,4)\cdot\left(\frac{1}{\sqrt{10}},\frac{3}{\sqrt{10}}\right)=\frac{14}{\sqrt{10}}=\frac{7}{5}\sqrt{10}$.

由方向导数的定义可知，函数 $f(x,y)$ 沿梯度 $\mathrm{grad}f(x,y)$ 方向的方向导数最大，其方向导数为 $|\mathrm{grad}f(x,y)|$；函数 $f(x,y)$ 沿负梯度方向 $-\mathrm{grad}f(x,y)$ 的方向导数最小，其方向导数为 $-|\mathrm{grad}f(x,y)|$. 也就是说，函数 $f(x,y)$ 沿梯度方向增加最快，其变化率为 $|\mathrm{grad}f(x,y)|$；函数 $f(x,y)$ 沿负梯度方向减少最快，其变化率为 $-|\mathrm{grad}f(x,y)|$.

例 3-44　设 $f(x,y)=x^2-xy+y^2$.

(1) 求 $f(x,y)$ 在点 $(1,1)$ 处增加最快的方向，并求其变化率.

(2) 求 $f(x,y)$ 在点 $(1,1)$ 处减少最快的方向，并求其变化率.

解：$f_x(x,y)=2x-y,f_y(x,y)=-x+2y,f_x(1,1)=1,f_y(1,1)=1,\mathrm{grad}f(1,1)=(f_x(1,1),f_y(1,1))=(1,1)$.

(1) 函数 $f(x,y)$ 在点 $(1,1)$ 处沿梯度方向 $\vec{l}_1=\mathrm{grad}f(1,1)=(1,1)$ 增加最快，其变化率为 $\frac{\partial f}{\partial l}=|\mathrm{grad}f(1,1)|=|(1,1)|=\sqrt{2}$.

(2) 函数 $f(x,y)$ 在点 $(1,1)$ 处沿负梯度方向 $\vec{l}_2=-\mathrm{grad}f(1,1)=(-1,-1)$ 减少最快，其变化率为 $\frac{\partial f}{\partial l}=-|\mathrm{grad}f(1,1)|=-|(1,1)|=-\sqrt{2}$.

二、等值线与等值面

曲线 $f(x,y)=C$（C 为任意常数）称为函数 $f(x,y)$ 的等值线. 图 3-12 是一个山丘的等高线图.

$\mathrm{grad}f(x,y)=\nabla f(x,y)=(f_x,f_y)$ 为函数 $f(x,y)$ 的等值线 $f(x,y)=C$ 的法向量，其方向指向函数值增加的方向.

曲面 $F(x,y,z)=C$（C 为任意常数）称为函数 $F(x,y,z)$ 的等值面.

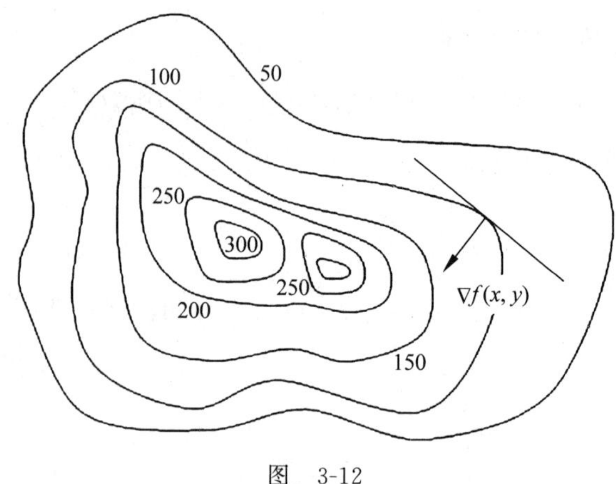

图 3-12

$\mathrm{grad}F(x,y,z)=\nabla f(x,y,z)=(F_x,F_y,F_z)$为函数 $F(x,y,z)$等值面 $F(x,y,z)=C$ 的法向量,其方向指向函数值增加的方向.

在线自测

习题 3-7

1. 求函数 $z=2x^2+y^2$ 在点$\left(\frac{\sqrt{2}}{2},\frac{\sqrt{2}}{2}\right)$处的梯度以及沿圆 $x^2+y^2=1$ 的内法线方向(指向圆内)的方向导数.

2. 求函数 $u=x^2+y^2+z^2$ 在螺旋线 $x=2\cos\theta,y=2\sin\theta,z=4\theta$ 上的相应于$\theta=\frac{\pi}{4}$的点处沿螺旋线在该点的切线正方向(θ 增大的方向)的方向导数.

3. 求函数 $r=\sqrt{x^2+y^2+z^2}$ 在球面 $x^2+y^2+z^2=a^2$ 上任一点处沿球面在该点处的外法线方向(方向指向外侧)的方向导数.

第四章

微分中值定理与函数的性态分析

第一节　微分中值定理

一、费马(Fermat)引理

定理 4-1　(费马引理)设函数 $f(x)$在 x_0 的邻域内可导,且 $f(x) \leqslant f(x_0)$[或 $f(x) \geqslant f(x_0)$],则必有 $f'(x_0)=0$,如图 4-1 所示.

二、罗尔(Rolle)定理

设函数 $f(x)$在闭区间$[a,b]$上连续,在开区间(a,b)内可导,且 $f(a)=f(b)$,则曲线 $y=f(x)$在相应的区间$[a,b]$上连续、处处有切线且两端点$(a,f(a))$和$(b,f(b))$一样高,因而在两端点之间必有最高点或最低点,从而有水平的切线,如图 4-2 所示. 于是有如下的罗尔定理.

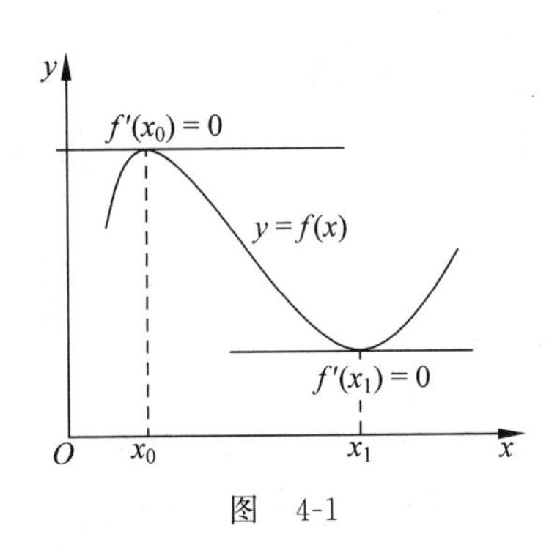

图　4-1

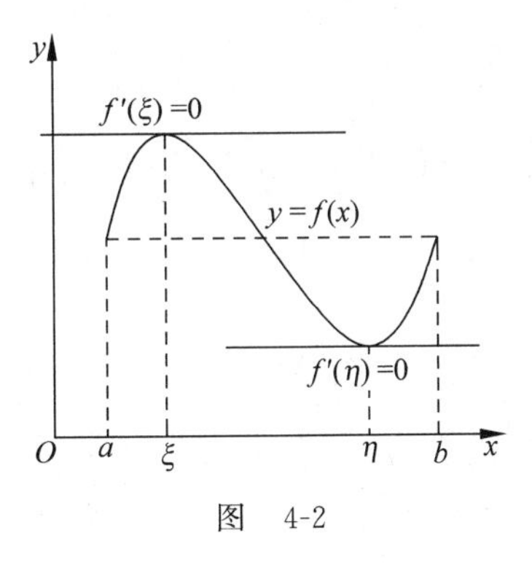

图　4-2

定理 4-2　设函数 $f(x)$在闭区间$[a,b]$上连续,在开区间(a,b)内可导,且 $f(a)=f(b)$,则至少存在一点 $\xi \in (a,b)$,使得 $f'(\xi)=0$.

证:如果在$[a,b]$上,$f(x)$恒为常数,则 $f'(x) \equiv 0, x \in [a,b]$. 否则,$f(x)$$(a,b)$内必取得最小值或最大值. 由费马引理知,至少存在一点 $\xi \in (a,b)$,使得 $f'(\xi)=0$.

例 4-1　设 $f(x)=(x-1)(x-2)(x-3)$,试判断方程 $f'(x)=0$ 和 $f''(x)=0$ 各有几个实根,分别在何区间.

解:因为 $f(1)=f(2)=f(3)=0$,且 $f(x)$在$[1,2]$上连续,在$(1,2)$内可导. 由罗尔定理,存在 $\xi_1 \in (1,2)$,使得 $f'(\xi_1)=0$. 同理,存在 $\xi_2 \in (2,3)$,使得 $f'(\xi_2)=0$. 因为

$f'(x)=0$ 是二次方程，至多有两个实根，所以 $f'(x)=0$ 有两个实根，分别位于区间(1,2)和(2,3)内. 再对函数 $f'(x)$ 在区间 $[\xi_1,\xi_2]$ 上应用罗尔定理，存在 $\eta\in(\xi_1,\xi_2)$，使得 $f''(\eta)=0$. $f''(x)=0$ 是一次方程，有且只有一个实根，位于区间(1,3)内.

三、拉格朗日(Lagrange)中值定理(微分中值定理)

设函数 $f(x)$ 在闭区间 $[a,b]$ 上连续，在开区间 (a,b) 内可导，则曲线 $y=f(x)$ 在相应的区间 $[a,b]$ 上连续、处处有切线，因而在两端点 $A(a,f(a))$ 和 $B(b,f(b))$ 之间至少存在一点，在该点处的切线平行于弦 AB，如图 4-3 所示. 而弦 AB 的斜率为 $\frac{f(b)-f(a)}{b-a}$. 于是有如下的**拉格朗日中值定理**.

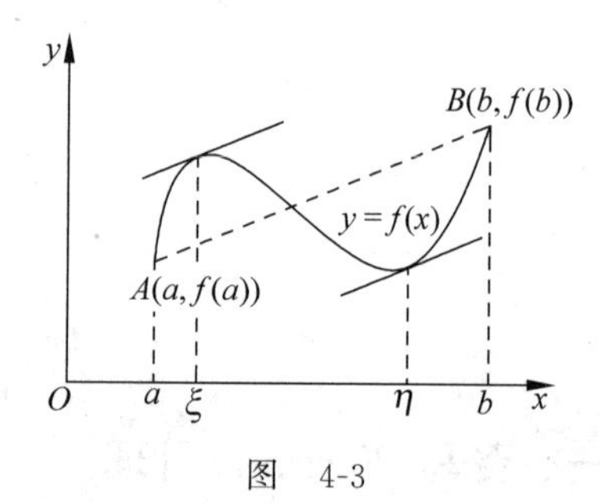

图 4-3

定理 4-3 设函数 $f(x)$ 在闭区间 $[a,b]$ 上连续，在开区间 (a,b) 内可导，则至少存在一点 $\xi\in(a,b)$，使得

$$\frac{f(b)-f(a)}{b-a}=f'(\xi) \quad \text{或} \quad f(b)-f(a)=f'(\xi)(b-a) \tag{4-1}$$

定理 4-3 称为**拉格朗日中值定理**，也称**微分中值定理**. 公式(4-1)称为拉格朗日中值公式，也称**微分中值公式**.

证：弦 AB 的方程为

$$y=f(a)+\frac{f(b)-f(a)}{b-a}(x-a)$$

将曲线 $y=f(x)$ 与弦 AB 对应的纵坐标作差，得

$$F(x)=f(x)-\left[f(a)+\frac{f(b)-f(a)}{b-a}(x-a)\right]$$

则 $F(x)$ 在闭区间 $[a,b]$ 上连续，在开区间 (a,b) 内可导，且 $F(a)=F(b)=0$. 由罗尔定理，存在 $\xi\in(a,b)$，使得 $F'(\xi)=0$，即 $\frac{f(b)-f(a)}{b-a}=f'(\xi)$.

例 4-2 证明：当 $x>0$ 时，$\frac{x}{1+x}<\ln(1+x)<x$.

证：设 $f(t)=\ln(1+t)$，则 $f(x)=\ln(1+x)$，$f(0)=\ln(1+0)=0$. 对任意的 $x>0$，函数 $f(t)$ 在闭区间 $[0,x]$ 上连续，在开区间 $(0,x)$ 内可导，由拉格朗日中值定理，至少存在一点 $\xi\in(0,x)$，使得 $\frac{f(x)-f(0)}{x-0}=f'(\xi)$，即 $\frac{f(x)}{x}=f'(\xi)$. 而 $f'(t)=\frac{1}{1+t}$，从而 $f'(\xi)=\frac{1}{1+\xi}$. 因为 $0<\xi<x$，所以 $1<1+\xi<1+x$，$\frac{1}{1+x}<\frac{1}{1+\xi}<1$，于是 $\frac{1}{1+x}<f'(\xi)<1$，$\frac{1}{1+x}<\frac{f(x)}{x}<1$. 所以 $\frac{x}{1+x}<f(x)<x$. 即 $\frac{x}{1+x}<\ln(1+x)<x$.

特别地，对任意正整数 n，有 $\frac{1}{n+1}<\ln\left(1+\frac{1}{n}\right)$.

例 4-3 证明：当 $x\neq 0$ 时，$e^x>1+x$.

证：由拉格朗日中值定理，在 0 与 x 之间存在 ξ，使得

$$e^x-1=e^x-e^0=e^{\xi}x.$$

当 $x>0$ 时，$e^{\xi}>1$，从而 $e^x-1>x$，即 $e^x>1+x$.

当 $x<0$ 时，$e^{\xi}<1$，从而 $e^x-1>x$，即 $e^x>1+x$.

推论 4-1 设 $f'(x)\equiv 0$，则 $f(x)$为常数函数.

证：对任意的 $x_1,x_2,x_1<x_2$，在$[x_1,x_2]$上应用拉格朗日中值定理，得 $f(x_2)-f(x_1)=f'(\xi)(x_2-x_1)(x_1<\xi<x_2)$. 由假设 $f'(\xi)=0$，故 $f(x_1)=f(x_2)$. 由 x_1,x_2 的任意性可知，$f(x)$为常数函数.

例 4-4 证明：$\arcsin x+\arccos x=\dfrac{\pi}{2}(-1\leqslant x\leqslant 1)$.

证：设 $f(x)=\arcsin x+\arccos x, x\in[-1,1]$.

因为 $f'(x)=\dfrac{1}{\sqrt{1-x^2}}+\left(-\dfrac{1}{\sqrt{1-x^2}}\right)=0, x\in(-1,1)$，所以 $f(x)\equiv C$(常数)，$x\in[-1,1]$.

又因为 $f(0)=\arcsin 0+\arccos 0=\dfrac{\pi}{2}$所以 $C=\dfrac{\pi}{2}$. $\arcsin x+\arccos x=\dfrac{\pi}{2}$.

四、柯西(Cauchy)中值定理

设函数 $x(t)$和 $y(t)$在闭区间$[a,b]$上连续，在开区间(a,b)内可导，且 $x'(t)\neq 0$，则曲线 C：$\begin{cases}x=x(t)\\y=y(t)\end{cases}(a\leqslant t\leqslant b)$连续且处处有切线，因而在两端点 $A(x(a),y(a))$和 $B(x(b),y(b))$之间至少存在一点$(x(\xi),y(\xi))$，在该点处的切线平行于弦 AB，如图 4-4 所示. 而弦 AB 的斜率为 $\dfrac{y(b)-y(a)}{x(b)-x(a)}$，点$(x(\xi),y(\xi))$处切线的斜率为$\left.\dfrac{dy}{dx}\right|_{t=\xi}=\dfrac{y'(\xi)}{x'(\xi)}$，于是有如下的**柯西中值定理**.

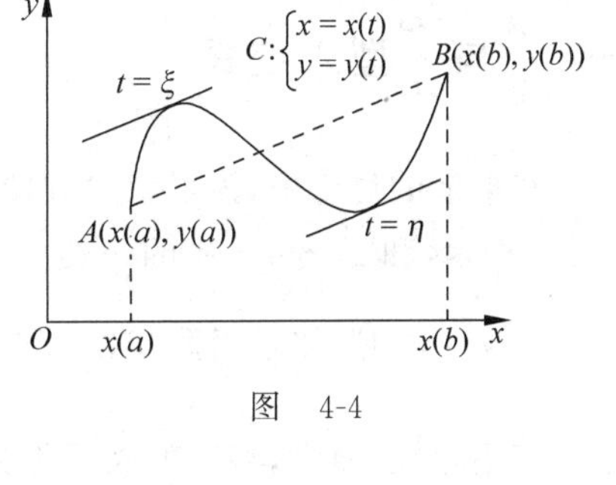

图 4-4

定理 4-4 设函数 $x(t)$和 $y(t)$在闭区间$[a,b]$上连续，在开区间(a,b)内可导，且 $x'(t)\neq 0$，则至少存在一点 $\xi\in(a,b)$，使得

$$\frac{y(b)-y(a)}{x(b)-x(a)}=\frac{y'(\xi)}{x'(\xi)} \tag{4-2}$$

本节介绍了罗尔定理、拉格朗日中值定理和柯西中值定理. 当 $x(t)=t$ 时，$y(t)=y(x)$，此时，柯西中值定理即为拉格朗日中值定理. 当 $f(a)=f(b)$时，拉格朗日中值定理即为罗尔定理.

在线自测

习题 4-1

1. 不用求函数 $f(x)=x(x^2-1)(x-2)$ 的导数，说明函数 $f'(x)$ 与 $f''(x)$ 分别有几个零点及其所在的区间.

2. 若方程 $a_0x^n+a_1x^{n-1}+\cdots+a_{n-1}x=0$ 有一个正根 x_0，证明方程 $na_0x^{n-1}+(n-1)a_1x^{n-2}+\cdots+a_{n-1}=0$ 至少有一个小于 x_0 的正根.

3. 设 $0<a<b$，证明：$\dfrac{b-a}{b}<\ln\dfrac{b}{a}<\dfrac{b-a}{a}$.

4. 证明不等式：$|\arctan x-\arctan y|\leqslant|x-y|$.

5. 证明下列恒等式：

(1) $\arctan x+\operatorname{arccot}x=\dfrac{\pi}{2}$，$-\infty<x<+\infty$；

(2) $\arctan x+\arctan\dfrac{1}{x}=\dfrac{\pi}{2}$，$x>0$；

(3) $\arctan e^x+\arctan e^{-x}=\dfrac{\pi}{2}$，$-\infty<x<+\infty$.

第二节　洛必达(L'Hospital)法则

一、$\dfrac{0}{0}$与$\dfrac{\infty}{\infty}$型未定式

在本节的讨论中，为了叙述方便，我们仍然用 $x\to@$ 表示 $x\to x_0$，$x\to x_0^-$，$x\to x_0^+$，$x\to\infty$，$x\to-\infty$ 和 $x\to+\infty$ 中的一类.

当 $x\to@$ 时，如果函数 $f(x)$ 和 $g(x)$ 都趋于 0 或都趋于∞，则极限 $\lim\limits_{x\to@}\dfrac{f(x)}{g(x)}$ 可能存在也可能不存在. 通常，将这类极限称为$\dfrac{0}{0}$与$\dfrac{\infty}{\infty}$型未定式.

例如，$\lim\limits_{x\to0}\dfrac{x-\sin x}{x^3}$ 是$\dfrac{0}{0}$型未定式，$\lim\limits_{x\to+\infty}\dfrac{\ln x}{x}$ 是$\dfrac{\infty}{\infty}$型未定式.

定理 4-5 （洛必达法则）设 $\lim\limits_{x\to@}f(x)=\lim\limits_{x\to@}g(x)=0$（或为$\infty$），且 $\lim\limits_{x\to@}\dfrac{f'(x)}{g'(x)}$ 存在（或为∞），则 $\lim\limits_{x\to@}\dfrac{f(x)}{g(x)}=\lim\limits_{x\to@}\dfrac{f'(x)}{g'(x)}$.

证：只证如下情形：设 $\lim\limits_{x\to a}f(x)=\lim\limits_{x\to a}g(x)=0$ 且 $\lim\limits_{x\to a}\dfrac{f'(x)}{g'(x)}$ 存在.

因为 $\lim\limits_{x\to a}f(x)$ 与 $f(a)$ 无关，$\lim\limits_{x\to a}g(x)$ 与 $g(a)$ 无关，所以不妨设 $f(a)=g(a)=0$. 于是，函数 $f(x)$ 和 $g(x)$ 在点 a 的某邻域内连续，在点 a 的某去心邻域内可导. 对 a 的该去心邻域内任意一点 x，应用柯西中值定理，在 a 和 x 之间存在一点 ξ，使得 $\dfrac{f(x)-f(a)}{g(x)-g(a)}=\dfrac{f'(\xi)}{g'(\xi)}$. 因为当 $x\to a$ 时，$\xi\to a$，所以

$$\lim_{x\to a}\frac{f(x)}{F(x)}=\lim_{x\to a}\frac{f(x)-f(a)}{F(x)-F(a)}=\lim_{\xi\to a}\frac{f'(\xi)}{g'(\xi)}=\lim_{x\to a}\frac{f'(x)}{g'(x)}$$

最后一个等式是将变量符号 ξ 换成 x 而得到的，这是因为函数的极限与自变量用什么符号表示无关.

例 4-5 求$\lim\limits_{x\to 0}\dfrac{x-\sin x}{x^3}$.

解：这是$\dfrac{0}{0}$型未定式，应用洛必达法则，

$$\lim_{x\to 0}\frac{x-\sin x}{x^3}=\lim_{x\to 0}\frac{(x-\sin x)'}{(x^3)'}=\lim_{x\to 0}\frac{1-\cos x}{3x^2}$$

最后一个式子仍然是$\dfrac{0}{0}$型未定式，可以继续应用洛必达法则，得

$$\lim_{x\to 0}\frac{x-\sin x}{x^3}=\lim_{x\to 0}\frac{(1-\cos x)'}{(3x^2)'}=\lim_{x\to 0}\frac{\sin x}{6x}$$

最后一个式子仍然是$\dfrac{0}{0}$型未定式，可以继续应用洛必达法则，或者利用重要极限$\lim\limits_{x\to 0}\dfrac{\sin x}{x}=1$

得原式$=\dfrac{1}{6}$.

求极限$\lim\limits_{x\to 0}\dfrac{1-\cos x}{3x^2}$时，还可以利用等价无穷小代换 $1-\cos x\sim\dfrac{1}{2}x^2(x\to 0)$.

例 4-6 求$\lim\limits_{x\to 1}\dfrac{x^3-3x+2}{x^3-x^2-x+1}$.

解：这是$\dfrac{0}{0}$型未定式，应用洛必达法则，得

$$\lim_{x\to 1}\frac{x^3-3x+2}{x^3-x^2-x+1}=\lim_{x\to 1}\frac{3x^2-3}{3x^2-2x-1}$$

上式右端还是$\dfrac{0}{0}$型未定式，继续应用洛必达法则，得：原式$=\lim\limits_{x\to 1}\dfrac{6x}{6x-2}$. 注意，此极限为$\dfrac{3}{2}$，不能继续应用洛必达法则. 故$\lim\limits_{x\to 1}\dfrac{x^3-3x+2}{x^3-x^2-x+1}=\dfrac{3}{2}$.

例 4-7 求 $\lim\limits_{x\to+\infty}\dfrac{x^n}{e^{\lambda x}}$($n$ 为正整数，$\lambda>0$).

解：这是$\dfrac{\infty}{\infty}$型未定式，相继应用洛必达法则 n 次，有

$$\lim_{x\to+\infty}\frac{x^n}{e^{\lambda x}}=\lim_{x\to+\infty}\frac{nx^{n-1}}{\lambda e^{\lambda x}}=\cdots=\lim_{x\to+\infty}\frac{n!}{\lambda^n e^{\lambda x}}=0.$$

二、$0\cdot\infty,\infty-\infty,0^0,1^\infty,\infty^0$ 型未定式

$0\cdot\infty,\infty-\infty,0^0,1^\infty,\infty^0$ 中的 0 表示无穷小，1 表示极限为 1 的函数.

(1) 无穷小与无穷大的乘积的极限不一定等于零. 如当 $x\to 0$ 时，$f(x)=x$ 是无穷小，$g(x)=\dfrac{1}{x}$、$h(x)=\dfrac{1}{x^2}$和 $p(x)=\dfrac{1}{\sqrt[3]{x}}$都是无穷大，但 $f(x)g(x)=1$、$f(x)h(x)=\dfrac{1}{x}$是无穷

大，$f(x)p(x)=\sqrt[3]{x^2}$是无穷小.因而无穷小与无穷大的乘积的极限称为$0\cdot\infty$型未定式.

因为无穷小的倒数是无穷大，无穷大的倒数是无穷小，所以$0\cdot\infty$型未定式可以化为$\frac{0}{0}$或$\frac{\infty}{\infty}$型未定式.

例 4-8 求$\lim\limits_{x\to+\infty}x\left(\frac{\pi}{2}-\arctan x\right)$.

解：因为$\lim\limits_{x\to+\infty}\arctan x=\frac{\pi}{2}$，所以所求极限为$0\cdot\infty$型未定式，可化为$\frac{0}{0}$型未定式，并应用洛必达法则，有

$$\lim_{x\to+\infty}x\left(\frac{\pi}{2}-\arctan x\right)=\lim_{x\to+\infty}\frac{\frac{\pi}{2}-\arctan x}{\frac{1}{x}}=\lim_{x\to+\infty}\frac{-\frac{1}{1+x^2}}{-\frac{1}{x^2}}=\lim_{x\to+\infty}\frac{x^2}{1+x^2}.$$

这是$\frac{\infty}{\infty}$型未定式.应用洛必达法则，得：原式$=\lim\limits_{x\to+\infty}\frac{2x}{2x}=1$.

(2) $\infty-\infty$不一定等于零.如当$x\to\infty$时，$f(x)=x$、$g(x)=x-1$、$h(x)=x^2$都是无穷大，但$f(x)-g(x)=1$，$f(x)-h(x)=x-x^2$是无穷小.如果$\lim\limits_{x\to @}f(x)=\infty$，$\lim\limits_{x\to @}g(x)=\infty$，则称$\lim\limits_{x\to @}[f(x)-g(x)]$为$\infty-\infty$型未定式.

要求$\infty-\infty$型未定式的极限，首先要将其化为$\frac{0}{0}$或$\frac{\infty}{\infty}$型未定式.这可以根据具体函数式，采用通分、提取因子或有理化等方法实现.

例 4-9 求$\lim\limits_{x\to0}\left[\frac{1}{x}-\frac{1}{\ln(1+x)}\right]$.

解：这是$\infty-\infty$型未定式.通分，得$\lim\limits_{x\to0}\left[\frac{1}{x}-\frac{1}{\ln(1+x)}\right]=\lim\limits_{x\to0}\frac{\ln(1+x)-x}{x\ln(1+x)}$.这是$\frac{0}{0}$型未定式.首先注意到，当$x\to0$时，$\ln(1+x)\sim x$.先用等价无穷小代换，再应用洛必达法则，有

$$\begin{aligned}\lim_{x\to0}\left[\frac{1}{x}-\frac{1}{\ln(1+x)}\right]&=\lim_{x\to0}\frac{\ln(1+x)-x}{x\ln(1+x)}=\lim_{x\to0}\frac{\ln(1+x)-x}{x^2}\\&=\lim_{x\to0}\frac{[\ln(1+x)-x]'}{(x^2)'}=\lim_{x\to0}\frac{\frac{1}{1+x}-1}{2x}\\&=\lim_{x\to0}\frac{-x}{2x(1+x)}=\lim_{x\to0}\frac{-1}{2(1+x)}=-\frac{1}{2}.\end{aligned}$$

(3) 如果$\lim\limits_{x\to @}f(x)=0$，$\lim\limits_{x\to @}g(x)=0$，那么$[\lim\limits_{x\to @}f(x)]^{\lim\limits_{x\to @}g(x)}$没意义.但这并非说，极限$\lim\limits_{x\to @}[f(x)]^{g(x)}$不存在.此时，极限$\lim\limits_{x\to @}[f(x)]^{g(x)}$称为$0^0$型未定式.

因为$\lim\limits_{x\to @}[f(x)]^{g(x)}=\lim\limits_{x\to @}e^{g(x)\ln f(x)}=e^{\lim\limits_{x\to @}g(x)\ln f(x)}$，而$\lim\limits_{x\to @}\ln f(x)=-\infty$，所以$\lim\limits_{x\to @}g(x)\ln f(x)$为$0\cdot\infty$型未定式.可将其化为$\frac{0}{0}$或$\frac{\infty}{\infty}$型未定式，然后利用洛必达法则进行计算.

例 4-10　求 $\lim\limits_{x\to 0^+} x^x$.

解：这是 0^0 型未定式. $\lim\limits_{x\to 0^+} x^x = \mathrm{e}^{\lim\limits_{x\to 0^+} x\ln x}$. 而 $\lim\limits_{x\to 0^+} x\ln x$ 是 $0\cdot\infty$ 型未定式，可化为 $\frac{\infty}{\infty}$ 型未定式，如下：

$$\lim_{x\to 0^+} x\ln x = \lim_{x\to 0^+}\frac{\ln x}{\frac{1}{x}} = \lim_{x\to 0^+}\frac{(\ln x)'}{\left(\frac{1}{x}\right)'} = -\lim_{x\to 0^+} x = 0,$$

于是 $\lim\limits_{x\to 0^+} x^x = \mathrm{e}^0 = 1$.

也可以作变量代换 $x=\frac{1}{t}$ 将极限 $\lim\limits_{x\to 0^+} x\ln x$ 化为 $\frac{\infty}{\infty}$ 型未定式，然后应用洛必达法则进行计算，如下：

$$\lim_{x\to 0^+} x\ln x \xlongequal{x=\frac{1}{t}} -\lim_{x\to +\infty}\frac{\ln t}{t} = -\lim_{x\to +\infty}\frac{(\ln t)'}{(t)'} = -\lim_{x\to +\infty}\frac{1}{t} = 0$$

(4) 如果 $\lim\limits_{x\to @} f(x)=1$，$\lim\limits_{x\to @} g(x)=\infty$，那么 $[\lim\limits_{x\to @} f(x)]^{\lim\limits_{x\to @} g(x)}$ 没意义. 但这并非说，极限 $\lim\limits_{x\to @}[f(x)]^{g(x)}$ 不存在. 此时，极限 $\lim\limits_{x\to @}[f(x)]^{g(x)}$ 称为 1^∞ 型未定式.

因为 $\lim\limits_{x\to @}[f(x)]^{g(x)} = \lim\limits_{x\to @}\mathrm{e}^{g(x)\ln f(x)} = \mathrm{e}^{\lim\limits_{x\to @} g(x)\ln f(x)}$，而 $\lim\limits_{x\to @}\ln f(x)=0$，所以 $\lim\limits_{x\to @} g(x)\ln f(x)$ 为 $\infty\cdot 0$ 型未定式. 可将其化为 $\frac{0}{0}$ 或 $\frac{\infty}{\infty}$ 型未定式，然后利用洛必达法则进行计算.

例 4-11　求 $\lim\limits_{x\to 0}(\cos x)^{\frac{1}{x^2}}$.

解：这是 1^∞ 型未定式. $\lim\limits_{x\to 0}(\cos x)^{\frac{1}{x^2}} = \mathrm{e}^{\lim\limits_{x\to 0}\frac{\ln\cos x}{x^2}}$. 而 $\lim\limits_{x\to 0}\frac{\ln\cos x}{x^2}$ 是 $\frac{0}{0}$ 型未定式. 应用洛必达法则

$$\lim_{x\to 0}\frac{\ln\cos x}{x^2} = \lim_{x\to 0}\frac{(\ln\cos x)'}{(x^2)'} = \lim_{x\to 0}\frac{-\sin x}{2x\cos x} = -\frac{1}{2}\lim_{x\to 0}\frac{\sin x}{x}\cdot\lim_{x\to 0}\frac{1}{\cos x} = -\frac{1}{2}$$

于是 $\lim\limits_{x\to 0}(\cos x)^{\frac{1}{x^2}} = \mathrm{e}^{-\frac{1}{2}} = \frac{1}{\sqrt{\mathrm{e}}}$.

(5) 如果 $\lim\limits_{x\to @} f(x)=+\infty$，$\lim\limits_{x\to @} g(x)=0$，那么 $[\lim\limits_{x\to @} f(x)]^{\lim\limits_{x\to @} g(x)}$ 没意义. 但这并非说，极限 $\lim\limits_{x\to @}[f(x)]^{g(x)}$ 不存在. 此时，极限 $\lim\limits_{x\to @}[f(x)]^{g(x)}$ 称为 ∞^0 型未定式.

因为 $\lim\limits_{x\to @}[f(x)]^{g(x)} = \lim\limits_{x\to @}\mathrm{e}^{g(x)\ln f(x)} = \mathrm{e}^{\lim\limits_{x\to @} g(x)\ln f(x)}$，而 $\lim\limits_{x\to @}\ln f(x)=+\infty$，所以 $\lim\limits_{x\to @} g(x)\ln f(x)$ 为 $0\cdot\infty$ 型未定式. 可将其化为 $\frac{0}{0}$ 或 $\frac{\infty}{\infty}$ 型未定式，然后利用洛必达法则进行计算.

例 4-12　求 $\lim\limits_{x\to +\infty} x^{\frac{1}{x}}$.

解：这是 ∞^0 型未定式. $\lim\limits_{x\to +\infty} x^{\frac{1}{x}} = \mathrm{e}^{\lim\limits_{x\to +\infty}\frac{\ln x}{x}}$. $\lim\limits_{x\to +\infty}\frac{\ln x}{x}$ 为 $\frac{\infty}{\infty}$ 型未定式. 应用洛必达法则，有

$$\lim_{x\to +\infty}\frac{\ln x}{x} = \lim_{x\to +\infty}\frac{(\ln x)'}{(x)'} = \lim_{x\to +\infty}\frac{1}{x} = 0$$

于是 $\lim\limits_{x\to+\infty} x^{\frac{1}{x}}=e^0=1$.

注意,只有当 $\lim\limits_{x\to@}\dfrac{f(x)}{g(x)}$ 为 $\dfrac{0}{0}$ 或 $\dfrac{\infty}{\infty}$ 型未定式,且 $\lim\limits_{x\to@}\dfrac{f'(x)}{g'(x)}$ 存在(或为 ∞)时,才有 $\lim\limits_{x\to@}\dfrac{f(x)}{g(x)}=\lim\limits_{x\to@}\dfrac{f'(x)}{g'(x)}$. 如果 $\lim\limits_{x\to@}\dfrac{f'(x)}{g'(x)}$ 不存在也不为 ∞,并不能据此断定 $\lim\limits_{x\to@}\dfrac{f(x)}{g(x)}$ 不存在也不为 ∞,如例 4-13.

例 4-13 求 $\lim\limits_{x\to\infty}\dfrac{x+\cos x}{x}$.

解:易知,这是 $\dfrac{\infty}{\infty}$ 型未定式. 分子分母分别求导数,有 $\lim\limits_{x\to\infty}\dfrac{(x+\cos x)'}{(x)'}=\lim\limits_{x\to\infty}(1-\sin x)$ 不存在,但 $\lim\limits_{x\to\infty}\dfrac{x+\cos x}{x}=1+\lim\limits_{x\to\infty}\dfrac{\cos x}{x}=1$.

在线自测

习题 4-2

1. 应用洛必达法则求下列极限:

(1) $\lim\limits_{x\to1}\dfrac{\ln x}{\sin(\pi x)}$;　(2) $\lim\limits_{x\to+\infty}\dfrac{\ln x}{x^n}(n>0)$;　(3) $\lim\limits_{x\to\infty}\dfrac{2x^2-x+2}{(x+2)^2}$;

(4) $\lim\limits_{x\to1}\left(\dfrac{2}{x^2-1}-\dfrac{1}{x-1}\right)$;　(5) $\lim\limits_{x\to0^+}x^{\sin x}$;　(6) $\lim\limits_{x\to1}x^{\frac{1}{x-1}}$;

(7) $\lim\limits_{x\to+\infty}x^{\sin\frac{1}{x}}$;　(8) $\lim\limits_{x\to0}\left(\dfrac{2^x+3^x+4^x}{3}\right)^{\frac{1}{x}}$.

2. 应用洛必达法则证明带佩亚诺型余项的麦克劳林公式:设函数 $f(x)$ 在 $x=0$ 的某邻域内有直到 $n+1$ 阶导数,则对该邻域内任意点 x,当 $x\to0$ 时,有

$$f(x)=f(0)+f'(0)x+\frac{f''(0)}{2!}x^2+\cdots+\frac{f^{(n)}(0)}{n!}x^n+o(x^n).$$

第三节　一元函数及其图形的性态分析

一、函数的单调性及其判定

定义 4-1　设函数 $f(x)$ 定义在区间 I 上. 如果对区间 I 内任意两点 x_1,x_2,都有 $f(x_1)<f(x_2)$,则称 $f(x)$ 在区间 I 上单调增加;如果对区间 I 内任意两点 x_1,x_2,都有 $f(x_1)>f(x_2)$,则称 $f(x)$ 在区间 I 上单调减少.

如果函数 $f(x)$ 在区间 I 内可导,且 $f'(x)>0$,那么曲线 $y=f(x)$ 上任一点处的切线的斜率都大于零,因而曲线是单调上升的,从而函数 $f(x)$ 在区间内单调增加;如果函数

$f(x)$在区间 I 内可导，且 $f'(x)<0$，那么曲线 $y=f(x)$上任一点处的切线的斜率都小于零，因而曲线是单调下降的，从而函数 $f(x)$在区间内单调减少. 于是，有以下定理.

定理 4-6　设函数 $f(x)$在闭区间$[a,b]$上连续，在开区间(a,b)内可导.

(1) 若 $f'(x)>0, x\in(a,b)$，则 $f(x)$在闭区间$[a,b]$上单调增加.

(2) 若 $f'(x)<0, x\in(a,b)$，则 $f(x)$在闭区间$[a,b]$上单调减少.

证：对任意的 $x_1, x_2\in[a,b]$，$x_1<x_2$，由拉格朗日中值定理，存在 $\xi\in(x_1,x_2)$，使得 $f(x_2)-f(x_1)=f'(\xi)(x_2-x_1)$.

(1) 若 $f'(x)>0, x\in(a,b)$，则 $f'(\xi)>0$，从而 $f(x_2)>f(x_1)$. 故 $f(x)$在闭区间$[a,b]$上单调增加.

(2) 若 $f'(x)<0, x\in(a,b)$，则 $f'(\xi)<0$，从而 $f(x_2)<f(x_1)$. 故 $f(x)$在闭区间$[a,b]$上单调减少.

定理 4-6′　设函数 $f(x)$在区间 I 内可导.

(1) 若 $f'(x)>0, x\in I$，则 $f(x)$在区间 I 内单调增加.

(2) 若 $f'(x)<0, x\in I$，则 $f(x)$在区间 I 内单调减少.

注：*若函数 $f(x)$的导数 $f'(x)$在某区间上除有限个点为零外，在其他点处均为正(或均为负)，则函数 $f(x)$在该区间内单调增加(或单调减少).*

由定理 4-6 容易证得：函数 $f(x)=x^2$ 在区间$(-\infty,0]$上单调减少，在区间$[0,+\infty)$上单调增加. 函数 $f(x)=x^3$ 在$(-\infty,+\infty)$上单调增加.

例 4-14　讨论下列函数在给定区间上的单调性：

(1) $y=x-\sin x, x\in[-\pi,\pi]$.　　　(2) $y=\sqrt[3]{x^2}, x\in(-\infty,+\infty)$.

解：(1) 因为 $y'=1-\cos x\geqslant 0$，且等号仅在 $x=0$ 处成立. 所以函数在给定区间上单调增加.

(2) 因为 $y'=\dfrac{2}{3\sqrt[3]{x}}\begin{cases}>0, & x>0\\ <0, & x<0\end{cases}$，所以函数在$[0,+\infty)$上单调增加，在$(-\infty,0]$上单调减少.

例 4-15　证明：当 $x\neq 0$ 时，$e^x>1+x$.

证：设 $f(x)=e^x-1-x$，则 $f(x)$在$(-\infty,+\infty)$内可导，且当 $x<0$ 时，$f'(x)<0$. 当 $x>0$ 时，$f'(x)>0$. $f(x)$在$(-\infty,0]$上单调减少，在$[0,+\infty)$上单调增加. 所以，当 $x\neq 0$ 时，$f(x)>f(0)=0$，即 $e^x>1+x$.

二、曲线的凹凸与拐点

定义 4-2　设函数 $f(x)$在区间 I 上连续. 如果对区间 I 内任意两点 x_1, x_2，都有 $f\left(\dfrac{x_1+x_2}{2}\right)<\dfrac{f(x_1)+f(x_2)}{2}$，则称曲线 $y=f(x)$在区间 I 上是(向上)凹的；如果对区间 I 内任意两点 x_1, x_2，都有 $f\left(\dfrac{x_1+x_2}{2}\right)>\dfrac{f(x_1)+f(x_2)}{2}$，则称曲线 $y=f(x)$在区间 I 上是(向上)凸的，如图 4-5、图 4-6 所示.

不难看出，凹曲线 $y=f(x)$上切线的斜率单调增加，即 $f'(x)$单调增加，从而 $f''(x)>0$；凸曲线 $y=f(x)$上切线的斜率单调减少，即 $f'(x)$单调减少，从而 $f''(x)<0$. 反过来，

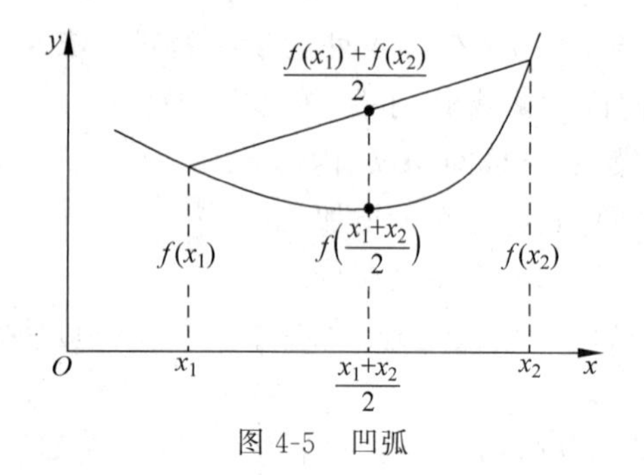

图 4-5 凹弧

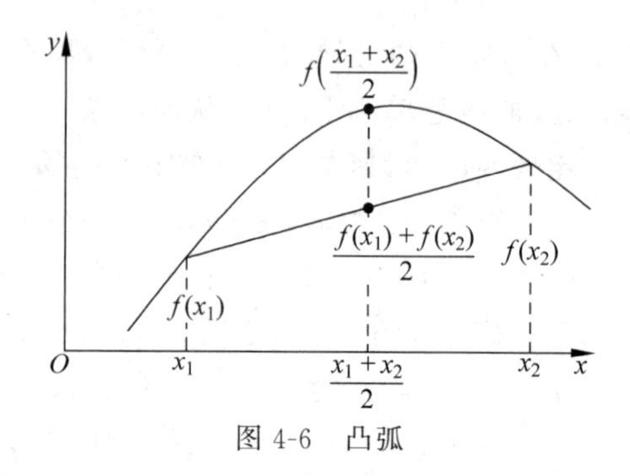

图 4-6 凸弧

如果在区间 I 内，$f''(x)>0$，则 $f'(x)$ 在区间 I 内单调增加，从而曲线 $y=f(x)$ 上切线的斜率单调增加，因而曲线 $y=f(x)$ 在区间 I 内凹；如果在区间 I 内，$f''(x)<0$，则 $f'(x)$ 在区间 I 内单调减少，从而曲线 $y=f(x)$ 上切线的斜率单调减少，因而曲线 $y=f(x)$ 在区间 I 内凸. 于是，有以下定理.

定理 4-7 设函数 $f(x)$ 在闭区间 $[a,b]$ 上连续，在开区间 (a,b) 内有二阶导数.

(1) 若 $f''(x)>0, x\in(a,b)$，则曲线 $y=f(x)$ 在闭区间 $[a,b]$ 内凹.

(2) 若 $f''(x)<0, x\in(a,b)$，则曲线 $y=f(x)$ 在闭区间 $[a,b]$ 内凸.

定理 4-7′ 设函数 $f(x)$ 在区间 I 内有二阶导数.

(1) 若 $f''(x)>0, x\in I$，则曲线 $y=f(x)$ 在区间 I 内凹.

(2) 若 $f''(x)<0, x\in I$，则曲线 $y=f(x)$ 在区间 I 内凸.

注：若函数 $f(x)$ 的二阶导数 $f''(x)$ 在某区间上除有限个点为零外，在其他点处均为正（或均为负），则曲线 $y=f(x)$ 在闭区间 $[a,b]$ 上凹（或凸）.

由定理 2 容易证得：曲线 $y=x^2$ 在 $(-\infty,+\infty)$ 内凹. 曲线 $y=x^3$ 在区间 $(-\infty,0]$ 内凸，在区间 $[0,+\infty)$ 内凹. 曲线 $y=a^x\,(a>0, a\neq 1)$ 在 $(-\infty,+\infty)$ 内凹. 曲线 $y=\ln x$ 在 $(0,+\infty)$ 内凸.

点 $(0,0)$ 是曲线 $y=x^3$ 上凹弧与凸弧的分界点. 这样的点称为曲线的拐点.

定义 4-3 连续曲线上凹凸弧的分界点称为曲线的**拐点**.

显然有以下定理.

定理 4-8 设 $f(x)$ 具有二阶导数，$(x_0, f(x_0))$ 是曲线 $y=f(x)$ 的拐点，则 $f''(x_0)=0$.

注 1：二阶导数等于零的点不一定对应曲线上的拐点. 如曲线 $y=x^4$. $y''|_{x=0}=0$. 但曲线 $y=x^4$ 在 $(-\infty,+\infty)$ 内凹. $(0,0)$ 不是曲线 $y=x^4$ 的拐点，如图 4-7 所示.

注 2：二阶导数不存在的点也可能对应曲线上的拐点. 如 $(0,0)$ 是曲线 $y=\sqrt[3]{x}$ 的拐点，但在 $y'|_{x=0}$，$y''|_{x=0}$ 都不存在，如图 4-8 所示.

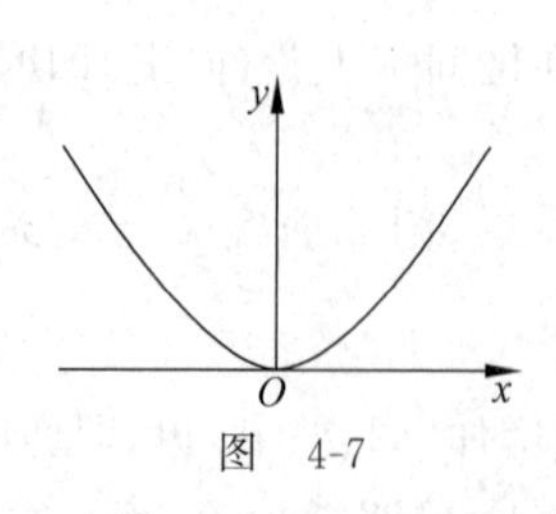

图 4-7

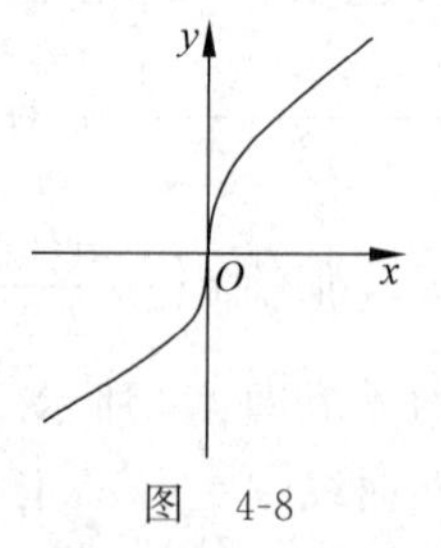

图 4-8

三、极值

定义 4-4　对点 x_0 的某邻域内的一切点 x，若 $f(x)<f(x_0)$，则称 $f(x_0)$ 是 $f(x)$ 的**极大值**；若 $f(x)>f(x_0)$，则称 $f(x_0)$ 是 $f(x)$ 的**极小值**.

函数的极大值与极小值统称为**极值**.

使函数取得极大值的点 x_0 称为**极大值点**；使函数取得极小值的点 x_0 称为**极小值点**. 极大值点和极小值点统称为**极值点**.

注：根据定义 4-4，函数的极值只能在区间内部取得.

函数的极值是函数的局部最大值或最小值，因而也对应其曲线的局部最高点或最低点，所以有以下定理.

定理 4-9　（极值的必要条件）设函数 $f(x)$ 在点 x_0 处可导且取得极值，则必有 $f'(x_0)=0$.

导数等于零的点称为函数的**驻点**. 于是，定理 4-9 可以说成：可导函数的极值点一定是驻点.

注 1：驻点不一定是极值点. 如 $x=0$ 是 $y=x^3$ 的驻点，但不是极值点，如图 4-9 所示.

注 2：不可导的点也可能是极值点. 如函数 $y=|x|$ 在 $x=0$ 处不可导，但 $x=0$ 是函数 $y=|x|$ 的极小值点，如图 4-10 所示.

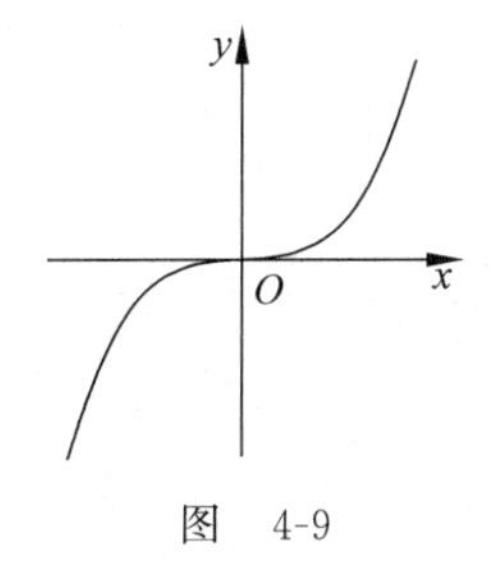

图　4-9

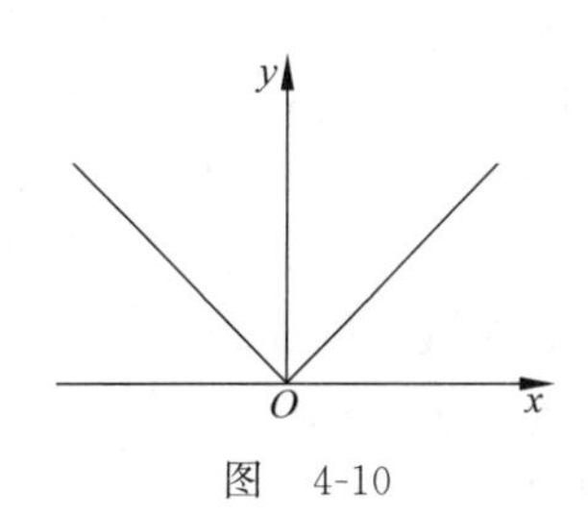

图　4-10

注 3：极值点一定是驻点或导数不存在的点.

定理 4-10　（极值的充分条件）(1) 若 $f(x)$ 在 x_0 的某左邻域 $(a,x_0]$ 内单调增加（或减少），在 x_0 某右邻域 $[x_0,b)$ 内单调减少（或增加），则 x_0 是 $f(x)$ 的极大（或极小）值点.

(2) 设 $f(x)$ 在 x_0 连续. 若在 x_0 的某左邻域 (a,x_0) 内 $f'(x)>0$（或 <0），在 x_0 的某右邻域 (x_0,b) 内 $f'(x)<0$（或 >0），则 x_0 是 $f(x)$ 的极大（或极小）值点.

(3) 若 $f'(x_0)=0$，$f''(x_0)>0$（<0），则 x_0 是 $f(x)$ 的极小（极大）值点.

推论　图形为凸（凹）曲线的函数的驻点一定是极大（极小）值点.

四、闭区间上连续函数的最大值与最小值

定义 4-5　设函数 $f(x)$ 定义在区间 I 上，如果存在 $x_0\in I$，使得对所有的 $x\in I$，都有 $f(x)\leqslant f(x_0)$，则称 $f(x)$ 在 x_0 取得区间 I 上的最大值 $f(x_0)$；如果存在 $x_0\in I$，使得对所有的 $x\in I$，都有 $f(x)\geqslant f(x_0)$，则称 $f(x)$ 在 x_0 取得区间 I 上的最小值 $f(x_0)$.

取得最大值和最小值的点称为**最大值点**和**最小值点**. 最大值点和最小值点统称为**最值点**.

最大值和最小值统称为**最值**.

最值若在区间内部取得，则其必为极值.

最值点必为驻点或导数不存在的点或区间端点.

例 4-16 试分析函数 $y=x^3-3x^2-9x+5$ 及其曲线的性态.

解：函数的定义域为$(-\infty,+\infty)$. $y'=3x^2-6x-9=3(x+1)(x-3)$. 解 $y'=0$ 得驻点 $x_1=-1, x_2=3$. $y''=6x-6=6(x-1)$. 解 $y''=0$，得 $x_3=1$. 然后按如下步骤填表和分析函数及曲线的性态：

① 以 $x_1=-1, x_2=3, x_3=1$ 为端点划分定义域，并列表如下：

x	$(-\infty,-1)$	-1	$(-1,1)$	1	$(1,3)$	3	$(3,+\infty)$
y'	+	0	−	−	−	0	+
y''	−	−	−	0	+	+	+
y	↗	极大值 10	↘	拐点$(1,-6)$	↘	极小值-22	↗

② 将 y' 和 y'' 在各个端点及各个区间取值的正负号填入相应格内.

③ 根据 y' 的正负号判定函数的单调区间，根据 y'' 的正负号判定曲线的凹凸. 用短弧线表示曲线弧的形状，画到表中最后一行所对应的表格中. 譬如，$(-\infty,-1)$区间对应的格子中的弧线表示函数在该区间内单调增加且曲线弧是凸的；$(-1,1)$区间对应的格子中的弧线表示函数在该区间内单调减少且曲线弧是凸的；$(1,3)$区间对应的格子中的弧线表示函数在该区间内单调减少且曲线弧是凹的；$(3,+\infty)$区间对应的格子中的弧线表示函数在该区间内单调增加且曲线弧是凹的.

④ 根据表中最后一行中各个区间对应的格子中弧段的形状判定区间端点的特性：是否为极值点，是否为拐点的横坐标，并求出函数值.

⑤ 总结函数及曲线的性态.

单调增加区间：$(-\infty,-1]$，$[3,+\infty)$；单调减少区间：$[-1,3]$；

凹区间：$[1,+\infty)$；凸区间：$(-\infty,1]$；拐点：$(1,-6)$；

极值：$f_{\max}(-1)=10$；$f_{\min}(3)=-22$.

例 4-17 求函数 $f(x)=x^3-3x^2-9x+5$ 在区间$[-2,6]$上的最大值与最小值.

解：$f'(x)=3x^2-6x-9=3(x-3)(x+1)$. 解 $f'(x)=0$ 得驻点 $x=3,-1$. 函数没有不可导的点. $f(3)=-22, f(-1)=10, f(-2)=3, f(6)=59$. 比较得最大值 $f_{\max}(6)=59$，最小值 $f_{\min}(3)=-22$.

例 4-18 求直径给定的圆内接矩形中面积最大者.

解：设圆的直径为 d，圆内接矩形的边长分别为 x 和 y，则 $x^2+y^2=d^2$. $y=\sqrt{d^2-x^2}$ $(0<x<d)$. 圆内接矩形面积为 $S=xy=x\sqrt{d^2-x^2}$ $(0<x<d)$，$S^2=x^2(d^2-x^2)$. 令 $t=x^2$，$U=S^2$，则 $U=t(d^2-t)=d^2t-t^2$. $U'=d^2-2t$. 解 $U'=0$，得 $t=\frac{1}{2}d^2$. 从而 $x=\frac{d}{\sqrt{2}}$.

又 $U''=-2<0$，故当 $t=\frac{1}{2}d^2$ 时，U 取得最大值. 从而当 $y=x=\frac{d}{\sqrt{2}}$时，S 取得最大值. 所以，给定圆半径时，圆内接正方形是圆内接矩形中面积最大者.

五、渐近线

若 $\lim\limits_{x\to+\infty}f(x)=A$ 或 $\lim\limits_{x\to-\infty}f(x)=A$，则直线 $y=A$ 称为曲线 $y=f(x)$ 的**水平渐近线**.

若 $\lim\limits_{x\to x_0^+}f(x)=\infty$ 或 $\lim\limits_{x\to x_0^-}f(x)=\infty$，则直线 $x=x_0$ 称为曲线 $y=f(x)$ 的**铅直渐近线**.

若 $\lim\limits_{x\to+\infty}[f(x)-ax-b]=0$ 或 $\lim\limits_{x\to-\infty}[f(x)-ax-b]=0$，$(a\neq0)$，则直线 $y=ax+b$ 称为曲线 $y=f(x)$ 的斜渐近线.

因为 $\lim\limits_{x\to+\infty}[f(x)-ax-b]=0\Rightarrow\lim\limits_{x\to+\infty}x\left[\dfrac{f(x)}{x}-a-\dfrac{b}{x}\right]=0\Rightarrow\lim\limits_{x\to+\infty}\left[\dfrac{f(x)}{x}-a\right]=0$. 所以 $y=ax+b$ 为曲线 $y=f(x)$ 的斜渐近线 $\Leftrightarrow a=\lim\limits_{\substack{x\to+\infty\\(x\to-\infty)}}\dfrac{f(x)}{x}$，$b=\lim\limits_{\substack{x\to+\infty\\(x\to-\infty)}}[f(x)-ax]$.

例 4-19　求曲线 $y=\dfrac{x^2}{2x-1}$ 的渐近线.

解：因为函数 $y=\dfrac{x^2}{2x-1}$ 在点 $x=\dfrac{1}{2}$ 处无定义，且 $\lim\limits_{x\to\frac{1}{2}}\dfrac{x^2}{2x-1}=\infty$，所以曲线有铅直渐近线 $x=\dfrac{1}{2}$.

因为 $\lim\limits_{x\to\infty}\dfrac{x^2}{2x-1}=\infty$，所以曲线无水平渐近线.

因为 $a=\lim\limits_{x\to\infty}\dfrac{y}{x}=\lim\limits_{x\to\infty}\dfrac{x^2}{x(2x-1)}=\lim\limits_{x\to\infty}\dfrac{1}{2-\dfrac{1}{x}}=\dfrac{1}{2}$，

$$b=\lim_{x\to\infty}\left(\frac{x^2}{2x-1}-ax\right)=\lim_{x\to\infty}\left(\frac{x^2}{2x-1}-\frac{x}{2}\right)=\lim_{x\to\infty}\frac{x}{2(2x-1)}=\frac{1}{4}.$$

所以曲线有斜渐近线 $y=\dfrac{1}{2}x+\dfrac{1}{4}$.

六、曲率

我们注意到，很多曲线在不同段的弯曲程度会不同，如抛物线 $y=x^2$ 在原点$(0,0)$处就比在点$(1,1)$处更弯曲些. 在几何学、物理学以及工程技术中，经常需要研究曲线的弯曲程度.

假设曲线是光滑的，即曲线上处处有切线，且切线随曲线上点的移动而连续地移动. 易知，长短相同的弧段，越弯曲则其切线的转角越大.

设曲线 $y=f(x)$ 是光滑的，α 为曲线 $y=f(x)$ 的切线的倾角，当曲线上动点从 M 移动到点 M' 时，两点之间的弧长为 Δs，切线倾角 α 的变化量为 $\Delta\alpha$，如图 4-11 所示. 因为 $\Delta\alpha$ 可能为负(譬如当曲线弧为凸弧时)，所以切线的转角为 $|\Delta\alpha|$. 称 $\left|\dfrac{\Delta\alpha}{\Delta s}\right|$ 为弧段 MM' 的平均曲率. 称 $\lim\limits_{\Delta s\to0}\left|\dfrac{\Delta\alpha}{\Delta s}\right|$ 为曲线在点 M 处的**曲率**，记为 κ，即 $\kappa=\lim\limits_{\Delta s\to0}\left|\dfrac{\Delta\alpha}{\Delta s}\right|=\left|\dfrac{\mathrm{d}\alpha}{\mathrm{d}s}\right|$.

易知，直线上任一点处的曲率为零.

设半径为 R 的圆上一动点从一点移动到另一点时，切线的转角为 $\Delta\alpha$，则对应的圆弧所对的圆心角为 $\Delta\alpha$，从而弧长为 $\Delta s=R\Delta\alpha$，如图 4-12 所示. 于是 $\frac{\Delta\alpha}{\Delta s}=\frac{1}{R}$. 因而，圆上任一点处的曲率都等于圆半径的倒数.

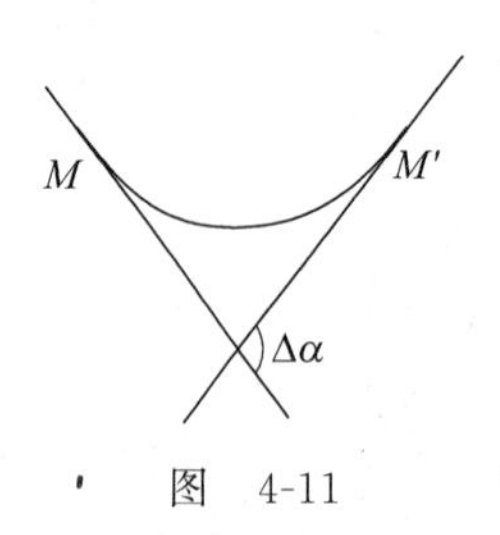

图 4-11

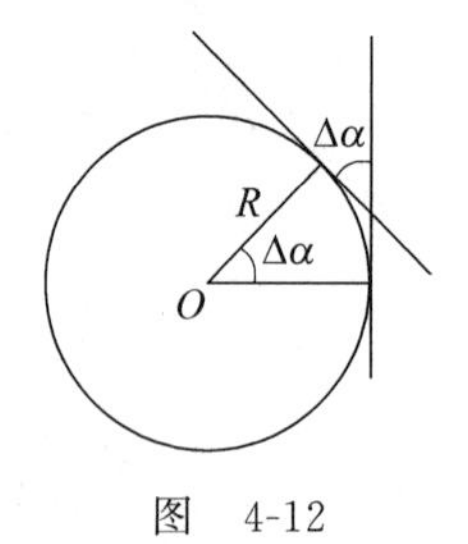

图 4-12

设 $y=f(x)$ 具有二阶导数. 因为 $y'=\tan\alpha$，$\alpha=\arctan y'$，$\frac{\mathrm{d}\alpha}{\mathrm{d}x}=\frac{y''}{1+y'^2}$，而 $\frac{\mathrm{d}s}{\mathrm{d}x}=\sqrt{1+y'^2}$（这将在后面要介绍的定积分的几何应用中证明），所以有 $\kappa=\frac{|y''|}{(1+y'^2)^{\frac{3}{2}}}$.

设曲线 C 上点 M 处的曲率为 $\kappa(\neq 0)$. 可在点 M 处曲线凹向的一侧的法线上取一点 D，使得 DM 的长度为 $\rho=\frac{1}{\kappa}$. 如图 4-13 所示。以 D 为圆心，ρ 为半径的圆称为曲线 C 在点 M 处的**曲率圆**，ρ 称为点 M 处的**曲率半径**，曲率圆的圆心 D 称为**曲率中心**.

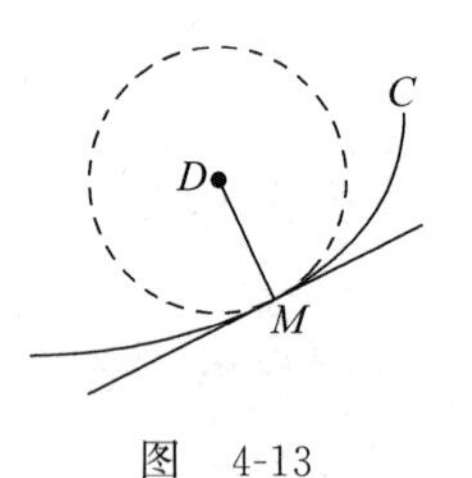

图 4-13

例 4-20 求抛物线 $y=x^2$ 上点 $(0,0)$ 处的曲率、曲率半径和曲率中心.

解：$y'=2x$，$y''=2$. 在点 $(0,0)$ 处，曲率为 $\kappa=2$. 曲率半径为 $\rho=\frac{1}{\kappa}=\frac{1}{2}$. 因为所给抛物线在点 $(0,0)$ 处的法线为 $x=0$，所以点 $(0,0)$ 处的曲率中心为 $\left(0,\frac{1}{2}\right)$.

在线自测

习题 4-3

1. 求下列函数的单调区间与极值：

(1) $y=\sqrt[3]{x^2}$；(2) $y=(x^2-1)^3+1$.

2. 求下列曲线的凹凸区间与拐点：

(1) $y=\mathrm{e}^{-x^2}$；(2) $y=\ln(1+x^2)$.

3. 求函数 $y=x^3-3x^2+6$ 的单调区间与极值及其图形的凹凸区间和拐点.

4. 证明下列不等式：

(1) 当 $x>0$ 时，$e^x>1+x+\dfrac{x^2}{2}$；

(2) 当 $0<x<\dfrac{\pi}{2}$ 时，$\sin x+\tan x>2x$.

5. 利用函数图形的凹凸性证明下列不等式：

(1) $\dfrac{1}{2}(x^2+y^2)>\left(\dfrac{x+y}{2}\right)^2 (x,y>0,x\neq y)$；

(2) $\dfrac{1}{2}(\ln x+\ln y)>\ln\dfrac{x+y}{2} (x,y>0,x\neq y)$.

6. 问 a,b 为何值时，点$(1,3)$是曲线 $y=ax^3+bx^2$ 的拐点？

7. 求下列函数的最大值与最小值：

(1) $y=x+\sqrt{1-x}$，$-1\leqslant x\leqslant 4$；(2) $y=x^2-\dfrac{54}{x}$，$x<0$；(3) $y=\dfrac{x}{x^2+1}$，$x\geqslant 0$.

8. 求曲线 $y=\dfrac{2x^3}{x^2-1}$ 的渐近线.

9. 求正弦曲线 $y=\sin x$ 在点 $\left(\dfrac{\pi}{2},1\right)$ 处的曲率、曲率半径和曲率中心.

第四节　多元函数的极值

一、多元函数极值的定义

定义 4-6　设函数 $f(P)$ 在点 P_0 的某邻域内有定义. 若对该邻域内任一点 $P\neq P_0$，都有 $f(P)<f(P_0)$，则称函数 $f(P)$ 在点 P_0 处取得**极大值** $f(P_0)$；若对该邻域内任一点 $P\neq P_0$，都有 $f(P)>f(P_0)$，则称函数 $f(P)$ 在点 P_0 处取得**极小值** $f(P_0)$.

函数的极大值与极小值统称为**极值**.

使函数取得极大值的点称为**极大值点**；使函数取得极小值的点称为**极小值点**. 极大值点和极小值点统称为**极值点**.

注：根据定义 4-6，函数的极值只能在区域内部取得.

二、多元函数取得极值的条件

我们以二元函数为例说明多元函数取得极值的条件.

设函数 $f(x,y)$ 在点(x_0,y_0)取得极大值，那么，对 x_0 的某邻域内任一点 $x\neq x_0$，都有 $f(x,y_0)<f(x_0,y_0)$，因而一元函数 $f(x,y_0)$ 在 $x=x_0$ 处取得极大值. 同样，对 y_0 的某邻域内任一点 $y\neq y_0$，都有 $f(x_0,y)<f(x_0,y_0)$，因而一元函数 $f(x_0,y)$ 在 $y=y_0$ 处取得极大值. 于是，有以下定理.

定理 4-11　(**多元函数极值的必要条件**)具有偏导数的多元函数在其极值点处的各偏导数为零.

一阶偏导数同时为零的点称为多元函数的**驻点**.

偏导数都存在的函数的极值点一定是驻点；但驻点不一定是极值点；偏导数不存在的点也可能是极值点，如函数 $z=\sqrt{x^2+y^2}$ 在点(0,0)处取得极小值，但在该点处的两个偏导数都不存在.

多元函数极值点的判定比较复杂，但对于二元函数，有以下定理.

定理 4-12 （**二元函数取得极值的充分条件**）设函数 $f(x,y)$ 在点 (x_0,y_0) 的某邻域内有二阶连续偏导数，且 (x_0,y_0) 是函数 $f(x,y)$ 的驻点，即 $f_x(x_0,y_0)=0, f_y(x_0,y_0)=0$. 令 $f_{xx}(x_0,y_0)=A, f_{xy}(x_0,y_0)=B, f_{yy}(x_0,y_0)=C$，则 $f(x,y)$ 在点 (x_0,y_0) 处是否取得极值的条件如下：

(i) 当 $AC-B^2>0$ 时有极值. 当 $A<0$ 时有极大值，当 $A>0$ 时有极小值.

(ii) 当 $AC-B^2<0$ 时没有极值.

(iii) 当 $AC-B^2=0$ 时可能有极值，也可能没有极值，还需另作讨论.

例 4-21 要做一个容积为 v_0 的长方体包装盒，问长方体的棱长各为多少时，用料最省？

解：本问题就是求一个体积为 v_0 而表面积最小的长方体. 设长方体的边长为 x,y,z，则 $xyz=v_0$. 长方体的表面积为

$$S=2(xy+yz+xz)=2\left(xy+\frac{v_0}{x}+\frac{v_0}{y}\right), x>0, y>0.$$

$$\frac{\partial S}{\partial x}=2\left(y-\frac{v_0}{x^2}\right), \frac{\partial S}{\partial y}=2\left(x-\frac{v_0}{y^2}\right). \text{解} \frac{\partial S}{\partial x}=0, \frac{\partial S}{\partial y}=0 \text{ 得 } x=y=\sqrt[3]{v_0}.$$

$$\frac{\partial^2 S}{\partial x^2}=\frac{4v_0}{x^3}, \frac{\partial^2 S}{\partial y^2}=\frac{4v_0}{y^3}, \frac{\partial^2 S}{\partial x\partial y}=2.$$

$$\text{当 } x=y=\sqrt[3]{v_0} \text{ 时}, A=\frac{\partial^2 S}{\partial x^2}=4, C=\frac{\partial^2 S}{\partial y^2}=4, B=\frac{\partial^2 S}{\partial x\partial y}=2.$$

因为 $AC-B^2>0, A>0$，所以表面积 S 当 $x=y=\sqrt[3]{v_0}$ 时取得极小值. 显然，S 一定有最小值. 因为 S 的定义域为开区域 D：$x>0, y>0$，所以其最值点一定是极值点. 因而当 $x=y=\sqrt[3]{v_0}$ 时，S 取得最小值. 此时 $z=\sqrt[3]{v_0}$，即体积一定的长方体中，立方体的表面积最小.

三、条件极值—拉格朗日乘数法

从另一个角度看，例 4-21 的问题是求函数 $S=2(xy+yz+xz)$ 满足条件 $xyz=v_0$ 的极值. 其中，函数 $S=2(xy+yz+xz)$ 称为**目标函数**，方程 $xyz=v_0$ 称为**约束条件**，因而该问题称为**条件极值问题**. 在例 4-21 的求解过程中，我们从约束条件 $xyz=v_0$ 中解出 z，然后代入目标函数中，从而将问题化为“无条件极值”. 一般情况下求函数 $u=f(x,y,z)$ 满足约束条件 $\varphi(x,y,z)=0$ 的极值时，很难从约束条件 $\varphi(x,y,z)=0$ 中解得其中一个变量的解析表达式，这样就很难将条件极值问题化为无条件极值问题. 有时，即便能够将条件极值问题化为无条件极值问题，但求解过程也会很麻烦. 鉴于此，一种直接求解条件极值问题的方法就诞生了，这就是拉格朗日乘数法.

设函数 $u=f(x,y,z)$ 和 $\varphi(x,y,z)$ 可微，由约束条件 $\varphi(x,y,z)=0$ 可以确定 $z=z(x,y)$. 则 $\frac{\partial z}{\partial x}=-\frac{\varphi_x}{\varphi_z}$，$\frac{\partial z}{\partial y}=-\frac{\varphi_y}{\varphi_z}$. 于是

$$\frac{\partial u}{\partial x}=f_x+f_z\frac{\partial z}{\partial x}=f_x-f_z\frac{\varphi_x}{\varphi_z}=f_x-\frac{f_z}{\varphi_z}\varphi_x,$$

$$\frac{\partial u}{\partial y}=f_y+f_z\frac{\partial z}{\partial y}=f_y-f_z\frac{\varphi_y}{\varphi_z}=f_y-\frac{f_z}{\varphi_z}\varphi_y.$$

如果令 $\lambda=-\frac{f_z}{\varphi_z}$，则有 $\frac{\partial u}{\partial x}=f_x+\lambda\varphi_x$，$\frac{\partial u}{\partial y}=f_y+\lambda\varphi_y$. 将 $\lambda=-\frac{f_z}{\varphi_z}$ 写成 $f_z+\lambda\varphi_z=0$，

则驻点满足

$$\frac{\partial u}{\partial x}=f_x+\lambda\varphi_x=0,\frac{\partial u}{\partial y}=f_y+\lambda\varphi_y=0,f_z+\lambda\varphi_z=0,\varphi(x,y,z)=0 \tag{4-3}$$

我们构造一个辅助函数，称之为**拉格朗日函数**，如下：

$$F(x,y,z)=f(x,y,z)+\lambda\varphi(x,y,z) \tag{4-4}$$

其中，λ 称为**拉格朗日乘数（或乘子）**. 这样，式(4-3)可写成

$$\begin{cases}F_x=f_x+\lambda\varphi_x=0\\F_y=f_y+\lambda\varphi_y=0\\F_z=f_z+\lambda\varphi_z=0\\\varphi(x,y,z)=0\end{cases} \tag{4-5}$$

解方程组(4-5)得拉格朗日函数的驻点，即函数 $u=f(x,y,z)$ 满足约束条件 $\varphi(x,y,z)=0$ 的驻点. 然后根据实际问题分析判定所求得的驻点是否为极值点. 此法称为拉格朗日乘数法.

需要指出的是，拉格朗日乘数法难以从数学上分析其是否为极值点.

例 4-22 用拉格朗日乘数法求解例 4-21.

解：设拉格朗日函数 $F(x,y,z)=2(xy+yz+xz)+\lambda(xyz-v_0)$. 解 $\begin{cases}F_x=y+z+\lambda yz=0\\F_y=x+z+\lambda xz=0\\F_z=y+x+\lambda xy=0\\xyz=v_0\end{cases}$，得 $x=y=z=\frac{v_0}{\sqrt{3}}$. 显然，体积一定的长方体中一定存在表面积最小的. 而拉格朗日函数只有一个驻点，因而这个驻点一定是表面积最小的点，即体积一定的长方体中，立方体的表面积最小.

例 4-23 求马鞍面 $z=x^2-y^2$ 在椭圆柱面 $x^2+4y^2=4$ 上以及含在其内部分的最高点和最低点的坐标.

分析：问题的实质是求函数 $z=x^2-y^2$ 在闭区域 $x^2+4y^2\leqslant 4$ 上的最大值和最小值.

根据极值的定义，极值只能在区域内部取得. 最大值和最小值可能在区域内部取得，也可能在区域边界取得. 函数 $z=x^2-y^2$ 在闭区域 $x^2+4y^2\leqslant 4$ 上的最大值点和最小值点一定是 $z=x^2-y^2$ 在区域 $x^2+4y^2<4$ 内的驻点或 $z=x^2-y^2$ 在区域边界 $x^2+4y^2=4$ 内的驻点. 求出这些点后，比较其函数值，便可得最大值和最小值.

解：(1) 解$\begin{cases}\dfrac{\partial z}{\partial x}=2x=0\\ \dfrac{\partial z}{\partial y}=-2y=0\end{cases}$，得驻点$(0,0)$.

(2) 设拉格朗日函数 $F(x,y)=x^2-y^2+\lambda(x^2+4y^2-4)$.

解$\begin{cases}F_x=2x+2\lambda x=0\\ F_y=-2y+8\lambda y=0,\\ x^2+4y^2=4\end{cases}$ $\begin{cases}(1+\lambda)x=0\\ (4\lambda-1)y=0\\ x^2+4y^2=4\end{cases}$，得驻点$(0,1),(0,-1),(2,0),(-2,0)$.

$z(0,0)=0,z(0,1)=-1,z(0,-1)=-1,z(2,0)=4,z(-2,0)=4$.

由此可知，马鞍面 $z=x^2-y^2$ 在椭圆柱面 $x^2+4y^2=4$ 上以及含在其内部分的最高点的坐标为$(\pm2,0,4)$，最低点的坐标为$(0,\pm1,-1)$.

拉格朗日乘数法可以推广到约束条件多于一个的极值问题，如求函数 $u=f(x,y,z)$满足约束条件 $\varphi(x,y,z)=0,\psi(x,y,z)=0$ 的极值，应设拉格朗日函数

$$F(x,y,z)=f(x,y,z)+\lambda\varphi(x,y,z)+\mu\psi(x,y,z).$$

然后解$\begin{cases}F_x=f_x+\lambda\varphi_x+\mu\psi_x=0\\ F_y=f_y+\lambda\varphi_y+\mu\psi_y=0\\ F_z=f_z+\lambda\varphi_z+\mu\psi_z=0\\ \varphi(x,y,z)=0\\ \psi(x,y,z)=0\end{cases}$，得驻点.

在线自测

习题 4-4

1. 求函数 $f(x,y)=x^3-y^3+3x^2+3y^2-9x$ 的极值.

2. 求 $f(x,y)=x\mathrm{e}-\dfrac{x^2+y^2}{2}$的极值.

3. 求旋转抛物面 $z=x^2+y^2$ 与平面 $x+y+z=1$ 的交线上到原点距离最近和最远的点.

4. 要建一个容积为 a 的无盖长方体水池，问长方体的棱长各是多少时，其表面积最小？

5. 将周长为 $2a$ 的矩形绕它的一边旋转构成一个圆柱体，问矩形的边长各是多少时，才能使圆柱体的体积最大？

6. 求内接于半径为 a 的球面且有最大体积的长方体.

第五章

不定积分

第一节　不定积分的概念和性质

在实际问题中，经常需要知道一个函数 $f(x)$ 是什么函数的导函数. 譬如，已知重力加速度 g，求自由落体的速度函数 $v(t)$，即已知 $v'(t)=g$，求函数 $v(t)$. 本章将研究这类问题.

一、原函数与不定积分

定义 5-1　如果在区间 I 内，有 $F'(x)=f(x)$，则称 $F(x)$ 为 $f(x)$ 在区间 I 内的**原函数**.

例如，$\sin x$ 是 $\cos x$ 在区间 $(-\infty,+\infty)$ 内的原函数，$\ln x$ 是 $\dfrac{1}{x}$ 在区间 $(0,+\infty)$ 内的原函数，$\ln(-x)$ 是 $\dfrac{1}{x}$ 在区间 $(-\infty,0)$ 内的原函数.

在第六章，我们将证明：在区间 I 内的连续函数一定有原函数.

定理 5-1　(1) 若 $F'(x)=f(x)$，则对于任意常数 C，$F(x)+C$ 都是 $f(x)$ 的原函数.

(2) 同一函数的两个原函数之间相差一个常数.

证：(1) 对于任意常数 C，$[F(x)+C]'=f(x)$.

(2) 设 $F(x)$ 和 $G(x)$ 都是 $f(x)$ 的原函数，则

$$[F(x)-G(x)]'=F'(x)-G'(x)=f(x)-f(x)=0.$$

即 $F(x)-G(x)$ 是一个常数.

由定理 5-1 知，一个函数的原函数有无穷多个，并且 $f(x)$ 的任意一个原函数都可表示为 $F(x)+C$ 的形式. 当 C 取遍所有实数时，$F(x)+C$ 取遍 $f(x)$ 的所有原函数，即 $F(x)+C$ 为函数 $f(x)$ 在区间 I 上的原函数的一般表达式.

定义 5-2　如果 $F(x)$ 是 $f(x)$ 在区间 I 上的一个原函数，则称 $F(x)+C$ 为 $f(x)$ 在区间 I 内的不定积分，记为 $\int f(x)\mathrm{d}x$，即 $\int f(x)\mathrm{d}x=F(x)+C$，其中“$\int$”称为积分号，$f(x)$ 称为被积函数，$f(x)\mathrm{d}x$ 称为被积表达式，x 称为积分变量，C 为任意常数.

例如，因为 $\left(\dfrac{x^{\mu+1}}{\mu+1}\right)'=x^{\mu}$，所以 $\int x^{\mu}\mathrm{d}x=\dfrac{x^{\mu+1}}{\mu+1}+C(\mu\neq-1)$.

因为当 $x>0$ 时，$(\ln x)'=\dfrac{1}{x}$，所以 $\int\dfrac{\mathrm{d}x}{x}=\ln x+C$；

因为当 $x<0$ 时，$[\ln(-x)]'=\dfrac{1}{x}$，所以 $\int\dfrac{\mathrm{d}x}{x}=\ln(-x)+C$.

综上，有 $\int\dfrac{\mathrm{d}x}{x}=\ln|x|+C, x\neq 0$.

由导数公式可以直接得到下列不定积分公式中的(1)～(10)：

(1) $\int k\mathrm{d}x=kx+C$（k 是常数）；$\int 0\mathrm{d}x=C$，$\int\mathrm{d}x=x+C$.

(2) $\int x^{\mu}\mathrm{d}x=\dfrac{x^{\mu+1}}{\mu+1}+C(\mu\neq-1)$；$\int\dfrac{\mathrm{d}x}{x^2}=-\dfrac{1}{x}+C$，$\int\dfrac{\mathrm{d}x}{\sqrt{x}}=2\sqrt{x}+C$.

(3) $\int\dfrac{\mathrm{d}x}{x}=\ln|x|+C$.

(4) $\int\dfrac{1}{1+x^2}\mathrm{d}x=\arctan x+C$.　　(5) $\int\dfrac{1}{\sqrt{1-x^2}}\mathrm{d}x=\arcsin x+C$.

(6) $\int\cos x\mathrm{d}x=\sin x+C$；　　$\int\sin x\mathrm{d}x=-\cos x+C$.

(7) $\int\sec^2 x\mathrm{d}x=\tan x+C$；　　$\int\csc^2 x\mathrm{d}x=-\cot x+C$.

(8) $\int\sec x\tan x\mathrm{d}x=\sec x+C$；　　$\int\csc x\cot x\mathrm{d}x=-\csc x+C$.

(9) $\int\mathrm{e}^x\mathrm{d}x=\mathrm{e}^x+C$.　　(10) $\int a^x\mathrm{d}x=\dfrac{a^x}{\ln a}+C(a>0, a\neq 1)$.

(11) $\int\sec x\mathrm{d}x=\ln|\sec x+\tan x|+C$.

(12) $\int\csc x\mathrm{d}x=\ln|\csc x-\cot x|+C$.

(13) $\int\dfrac{1}{\sqrt{x^2\pm a^2}}\mathrm{d}x=\ln|x+\sqrt{x^2\pm a^2}|+C(a>0)$.

稍后我们将证明(11)、(12)和(13). 这些公式是最基本的导数公式，称为**基本积分公式**，需要牢记. 基本积分公式中的被积函数称为**基本被积函数**.

二、不定积分的基本运算法则

设函数 $F(x)$ 是 $f(x)$ 在区间 I 内的一个原函数. 由于当 C 取遍所有实数时，$-C$、$kC(k\neq0)$、$C+C_1$（C_1 为任意常数）也取遍所有实数. 从而，$F(x)-C$，$F(x)+kC$，$F(x)+C+C_1$ 等都可作为 $f(x)$ 的原函数的一般表示式，因而都是 $f(x)$ 在 I 上的不定积分. 所以，在这种意义上，有

$$\int f(x)\mathrm{d}x=F(x)-C=F(x)+kC=F(x)+C+C_1=F(x)+C(k\neq 0) \quad (5\text{-}1)$$

根据不定积分的定义，不难理解下面的结论：

定理 5-2 (1)（**导数与不定积分的互逆性**）$\left[\int f(x)\mathrm{d}x\right]'=f(x)$，$\int F'(x)\mathrm{d}x=F(x)+C$ 或 $\int\mathrm{d}F(x)=F(x)+C$；

(2)（**可加性**）$\int[f(x)\pm g(x)]\mathrm{d}x=\int f(x)\mathrm{d}x\pm\int g(x)\mathrm{d}x$；

(3)（**可倍性**）$\int kf(x)\mathrm{d}x=k\int f(x)\mathrm{d}x$（$k$ 是常数，$k\neq 0$）.

注意到，$\int 0f(x)\mathrm{d}x=C$，因而定理 5-2(3)中的 $k\neq 0$.

提示：不定积分 $\int f(x)\mathrm{d}x$ 中含有任意常数. 在求不定积分时，只要算式中含有不定积分号 $\int$，则算式中就不必写任意常数 C. 否则，一旦算式中没有了不定积分号 $\int$，则算式中要添加任意常数 C.

用不同的方法计算不定积分时，得到的结果在形式上可能会不同. 那么，如何检验不定积分的计算结果是否正确呢？根据定理 5-2(1)，对不定积分的计算结果求导数，则可知道不定积分的计算结果是否正确.

例 5-1　$\int x^2\sqrt{x}\,\mathrm{d}x=\int x^{\frac{5}{2}}\mathrm{d}x=\dfrac{x^{\frac{5}{2}+1}}{\frac{5}{2}+1}+C=\dfrac{2}{7}x^{\frac{7}{2}}+C.$

例 5-2　
$$\int\left(\frac{3}{1+x^2}-\frac{2}{\sqrt{1-x^2}}\right)\mathrm{d}x=3\int\frac{1}{1+x^2}\mathrm{d}x-2\int\frac{1}{\sqrt{1-x^2}}\mathrm{d}x$$
$$=3\arctan x-2\arcsin x+C.$$

例 5-3　$\int 2^x\mathrm{e}^x\mathrm{d}x=\int(2\mathrm{e})^x\mathrm{d}x=\dfrac{(2\mathrm{e})^x}{\ln(2\mathrm{e})}+C=\dfrac{2^x\mathrm{e}^x}{1+\ln 2}+C.$

例 5-4　
$$\int\frac{1+x+x^2}{x(1+x^2)}\mathrm{d}x=\int\frac{x+(1+x^2)}{x(1+x^2)}\mathrm{d}x=\int\left(\frac{1}{1+x^2}+\frac{1}{x}\right)\mathrm{d}x$$
$$=\int\frac{1}{1+x^2}\mathrm{d}x+\int\frac{1}{x}\mathrm{d}x=\arctan x+\ln|x|+C.$$

例 5-5　
$$\int\frac{x^4}{1+x^2}\mathrm{d}x=\int\frac{x^4-1+1}{1+x^2}\mathrm{d}x=\int\left(x^2-1+\frac{1}{1+x^2}\right)\mathrm{d}x$$
$$=\frac{x^3}{3}-x+\arctan x+C.$$

例 5-6　$\int\tan^2x\,\mathrm{d}x=\int(\sec^2x-1)\mathrm{d}x=\tan x-x+C.$

例 5-7　$\int\sin^2\dfrac{x}{2}\mathrm{d}x=\int\dfrac{1}{2}(1-\cos x)\mathrm{d}x=\dfrac{1}{2}\int\mathrm{d}x-\dfrac{1}{2}\int\cos x\,\mathrm{d}x=\dfrac{1}{2}x-\dfrac{1}{2}\sin x+C.$

例 5-8　
$$\int\frac{1}{1+\sin x}\mathrm{d}x=\int\frac{1-\sin x}{(1+\sin x)(1-\sin x)}\mathrm{d}x=\int\frac{1-\sin x}{\cos^2x}\mathrm{d}x$$
$$=\int\sec^2x\,\mathrm{d}x-\int\tan x\sec x\,\mathrm{d}x=\tan x-\sec x+C.$$

在线自测

习题 5-1

1. 计算下列不定积分：

(1) $\int 3^x e^{2x} dx$；　(2) $\int \frac{1+2x^2}{x^2(1+x^2)} dx$；　(3) $\int \frac{x^2}{1+x^2} dx$；

(4) $\int \cot^2 x dx$；　(5) $\int \cos^2 \frac{x}{2} dx$；　(6) $\int \frac{1}{1+\cos 2x} dx$；

(7) $\int \frac{1}{\sin^2 \frac{x}{2} \cos^2 \frac{x}{2}} dx$；　(8) $\int \frac{1}{\sin^2 x \cos^2 x} dx$.

2. 下列选项中正确的是(　　)。

(A) $\int f'(x) dx = f(x)$　　(B) $\int df(x) = f(x)$

(C) $\frac{d}{dx}\int f(x) dx = f(x)$　　(D) $d\int f'(x) dx = f(x)$

第二节　换元积分法

一、第一类换元积分法(凑微分法)

到目前为止,我们只能依靠由导数公式得到的不定积分公式求不定积分.如果不定积分不属于这些公式中的任何一个,那么,我们需要做变量代换,将其化为这些公式中的一个.譬如,当 $a \neq 1$ 时,$\int \frac{dx}{a^2+x^2}$ 就不在这些公式中.但是 $\int \frac{dx}{a^2+x^2} = \frac{1}{a}\int \frac{d\frac{x}{a}}{1+\left(\frac{x}{a}\right)^2}$. 如果令 $u=\frac{x}{a}$,则

$$\int \frac{dx}{a^2+x^2} = \frac{1}{a}\int \frac{d\frac{x}{a}}{1+\left(\frac{x}{a}\right)^2} = \frac{1}{a}\int \frac{du}{1+u^2} = \frac{1}{a}\arctan u + C = \frac{1}{a}\arctan\frac{x}{a} + C$$

一般地,设 $u=\varphi(x)$ 可微,$F'(u)=f(u)$,则 $\{F[\varphi(x)]\}'=f[\varphi(x)]\varphi'(x)$,$dF[\varphi(x)]=f[\varphi(x)]d\varphi(x)=f[\varphi(x)]\varphi'(x)dx$. 从而

$$\int f[\varphi(x)]\varphi'(x)dx = \int f[\varphi(x)]d\varphi(x) \xlongequal{u=\varphi(x)} \left[\int f(u)du\right]_{u=\varphi(x)} \tag{5-2}$$

如果 $\int f(u)du$ 是基本积分公式中的积分,那么应用公式(5-2),便可算得积分 $\int f[\varphi(x)]\varphi'(x)dx$. 这种方法称为**第一类换元积分法**. 公式(5-2)称为**第一类换元积分公式**.

一般地,如果被积函数含有复合函数 $f[\varphi(x)]$,且其外函数 $f(u)$ 是基本被积函数,那么首先应看看被积表达式中能不能凑出内函数的微分 $d\varphi(x)=\varphi'(x)dx$,使得被积表达式化为 $f[\varphi(x)]d\varphi(x)$. 如果被积表达式能化为 $f[\varphi(x)]d\varphi(x)$,则变量代换 $u=\varphi(x)$ 可将被积表达式化为 $f(u)du$,从而可求出不定积分.因而,第一类换元积分法也叫作**凑微分法**.

例 5-9　求不定积分$\int \frac{\mathrm{d}x}{\sqrt{a^2-x^2}}(a>0)$.

解：$\int \frac{\mathrm{d}x}{\sqrt{a^2-x^2}}=\int \frac{\mathrm{d}\frac{x}{a}}{\sqrt{1-\left(\frac{x}{a}\right)^2}} \xlongequal{u=\frac{x}{a}} \int \frac{\mathrm{d}u}{\sqrt{1-u^2}}=\arcsin u+C=\arcsin\frac{x}{a}+C$

例 5-10　求$\int \sin 2x\,\mathrm{d}x$.

解法 1：$\int \sin 2x\,\mathrm{d}x=\frac{1}{2}\int \sin 2x\,\mathrm{d}(2x) \xlongequal{u=2x} \frac{1}{2}\int \sin u\,\mathrm{d}u=\frac{1}{2}(-\cos u+C)$

$$=-\frac{1}{2}\cos 2x+\frac{1}{2}C=-\frac{1}{2}\cos 2x+C.$$

解法 2：$\int \sin 2x\,\mathrm{d}x=2\int \sin x\cos x\,\mathrm{d}x=2\int \sin x\,\mathrm{d}(\sin x)$

$$\xlongequal{u=\sin x} 2\int u\,\mathrm{d}u=u^2+C=\sin^2 x+C.$$

解法 3：$\int \sin 2x\,\mathrm{d}x=2\int \sin x\cos x\,\mathrm{d}x=-2\int \cos x\,\mathrm{d}(\cos x)$

$$\xlongequal{u=\cos x} -2\int u\,\mathrm{d}u=-u^2+C=-\cos^2 x+C.$$

注意到，在例 5-10 中，用不同的方法求得的不定积分的结果在形式上是不一样的. 然而，不难看出，$-\frac{1}{2}\cos 2x$、$\sin^2 x$ 和 $-\cos^2 x$ 之间只相差一个常数. 因而，这些结果本质上是一样的.

例 5-11　$\int \sqrt[3]{1+2x}\,\mathrm{d}x=\frac{1}{2}\int (1+2x)^{\frac{1}{3}}\mathrm{d}(1+2x)$

$$\xlongequal{u=1+2x} \frac{1}{2}\int u^{\frac{1}{3}}\mathrm{d}u=\frac{1}{2}\cdot\frac{3}{4}u^{\frac{4}{3}}+C=\frac{3}{8}(1+2x)^{\frac{4}{3}}+C.$$

例 5-12　$\int \frac{\mathrm{d}x}{2+3x}=\frac{1}{3}\int \frac{\mathrm{d}(2+3x)}{2+3x} \xlongequal{u=2+3x} \frac{1}{3}\int \frac{\mathrm{d}u}{u}=\frac{1}{3}\ln|u|+C=\frac{1}{3}\ln|2+3x|+C.$

例 5-13　$\int x^2\mathrm{e}^{-x^3}\mathrm{d}x=-\frac{1}{3}\int \mathrm{e}^{-x^3}\mathrm{d}(-x^3)=-\frac{1}{3}\mathrm{e}^{-x^3}+C.$

例 5-14　$\int \frac{\mathrm{e}^{3\sqrt{x}}}{\sqrt{x}}\mathrm{d}x=\frac{2}{3}\int \mathrm{e}^{3\sqrt{x}}\mathrm{d}(3\sqrt{x})=\frac{2}{3}\mathrm{e}^{3\sqrt{x}}+C.$

例 5-15　$\int \frac{\mathrm{d}x}{x\ln x}=\int \frac{\mathrm{d}\ln x}{\ln x}=\ln|\ln x|+C.$

例 5-16　求$\int \frac{\mathrm{d}x}{x^2-a^2}(a\neq 0)$.

解：$\int \frac{\mathrm{d}x}{x^2-a^2}=\int \frac{\mathrm{d}x}{(x-a)(x+a)}=\frac{1}{2a}\int\left(\frac{1}{x-a}-\frac{1}{x+a}\right)\mathrm{d}x$

$$=\frac{1}{2a}\left(\int \frac{\mathrm{d}x}{x-a}-\int \frac{\mathrm{d}x}{x+a}\right)=\frac{1}{2a}\left[\int \frac{\mathrm{d}(x-a)}{x-a}-\int \frac{\mathrm{d}(x+a)}{x+a}\right]$$

$$=\frac{1}{2a}[\ln|x-a|-\ln|x+a|+C]=\frac{1}{2a}\ln\left|\frac{x-a}{x+a}\right|+C.$$

例 5-17 $\int \frac{1-\sin x}{x+\cos x}\mathrm{d}x=\int \frac{\mathrm{d}(x+\cos x)}{x+\cos x}=\ln|x+\cos x|+C.$

二、三角函数有理式的积分

例 5-18 $\int \tan x\,\mathrm{d}x=\int \frac{\sin x}{\cos x}\mathrm{d}x=-\int \frac{\mathrm{d}\cos x}{\cos x}=-\ln|\cos x|+C=\ln|\sec x|+C.$

例 5-19 $\int \sin^3 x\,\mathrm{d}x=-\int (1-\cos^2 x)\mathrm{d}\cos x=-\cos x+\frac{1}{3}\cos^3 x+C.$

例 5-20 $\int \sin^2 x\,\mathrm{d}x=\int \frac{1-\cos 2x}{2}\mathrm{d}x=\frac{1}{2}x-\frac{1}{4}\sin 2x+C.$

例 5-21 证明第一节中的基本积分公式(11)和(12)：

$$\int \sec x\,\mathrm{d}x=\ln|\sec x+\tan x|+C;\int \csc x\,\mathrm{d}x=\ln|\csc x-\cot x|+C.$$

证：$\int \csc x\,\mathrm{d}x=\int \frac{\mathrm{d}x}{\sin x}=\int \frac{\mathrm{d}x}{2\sin\frac{x}{2}\cos\frac{x}{2}}=\int \frac{\mathrm{d}x}{2\tan\frac{x}{2}\cos^2\frac{x}{2}}$

$$=\int \frac{\mathrm{d}\tan\frac{x}{2}}{\tan\frac{x}{2}}=\ln\left|\tan\frac{x}{2}\right|+C=\ln\left|\frac{\sin\frac{x}{2}}{\cos\frac{x}{2}}\right|+C$$

$$=\ln\left|\frac{2\sin^2\frac{x}{2}}{2\sin\frac{x}{2}\cos\frac{x}{2}}\right|+C=\ln\left|\frac{1-\cos x}{\sin x}\right|+C$$

$$=\ln|\csc x-\cot x|+C.$$

$\int \sec x\,\mathrm{d}x=\int \frac{\mathrm{d}x}{\cos x}=\int \frac{\mathrm{d}x}{\sin\left(x+\frac{\pi}{2}\right)}=\int \csc\left(x+\frac{\pi}{2}\right)\mathrm{d}x$

$$=\ln\left|\csc\left(x+\frac{\pi}{2}\right)-\cot\left(x+\frac{\pi}{2}\right)\right|+C=\ln|\sec x+\tan x|+C.$$

例 5-22 $\int \sin^2 x\cdot\cos^3 x\,\mathrm{d}x=\int \sin^2 x\cdot\cos^2 x\,\mathrm{d}\sin x=\int \sin^2 x\cdot(1-\sin^2 x)\mathrm{d}(\sin x)$

$$=\int (\sin^2 x-\sin^4 x)\mathrm{d}\sin x=\frac{1}{3}\sin^3 x-\frac{1}{5}\sin^5 x+C$$

例 5-23 $\int \cos^4 x\,\mathrm{d}x=\int \left(\frac{1+\cos 2x}{2}\right)^2\mathrm{d}x=\frac{1}{4}\int (1+2\cos 2x+\cos^2 2x)\mathrm{d}x$

$$=\frac{1}{4}\int \left(1+2\cos 2x+\frac{1+\cos 4x}{2}\right)\mathrm{d}x$$

$$=\frac{1}{4}\int \left(\frac{3}{2}+2\cos 2x+\frac{1}{2}\cos 4x\right)\mathrm{d}x$$

$$=\frac{3}{8}x+\frac{1}{4}\sin 2x+\frac{1}{32}\sin 4x+C.$$

例 5-24　$\int \sec^4 x\,dx = \int \sec^2 x \sec^2 x\,dx = \int (1+\tan^2 x)\,d\tan x = \tan x + \frac{1}{3}\tan^3 x + C.$

三、第二类换元积分法与含根式函数的积分

凑微分法是一种最简单也是最基本的积分方法. 但凑微分法也有其局限性. 一些含根式的不定积分，如 $\int \frac{1}{\sqrt{x}(1+\sqrt[3]{x})}dx$ 和 $\int \sqrt{4-x^2}\,dx$ 等，就不能用凑微分法计算. 此时，我们可以做变量代换，将根号去掉.

公式(5-2)可以写成

$$\left[\int f(u)\,du\right]_{u=\varphi(x)} = \int f[\varphi(x)]\varphi'(x)\,dx \quad 或 \quad \left[\int f(x)\,dx\right]_{x=\varphi(t)} = \int f[\varphi(t)]\varphi'(t)\,dt.$$

如果 $x=\varphi(t)$ 还单调，则其有反函数. 在上式中，令 $t=\varphi^{-1}(x)$，则有

$$\int f(x)\,dx \xlongequal{x=\varphi(t)} \left[\int f[\varphi(t)]\varphi'(t)\,dt\right]_{t=\varphi^{-1}(x)} \tag{5-3}$$

如果 $\int f(x)\,dx$ 不是基本积分公式中的积分，而做变量代换 $x=\varphi(t)$ 后得到的积分 $\int f[\varphi(t)]\varphi'(t)\,dt$ 比较容易计算，那么应用公式(5-3)，便可算得积分.

公式(5-3)称为**第二类换元积分公式**. 利用公式(5-3)求不定积分的方法称为**第二类换元积分法**.

我们主要介绍用第二类换元积分法计算含根式的函数的不定积分.

1. 根号下为一次多项式的函数的积分

例 5-25　求 $\int \frac{\sqrt{x+1}}{1+\sqrt{x+1}}dx$.

解：做变量代换 $\sqrt{x+1}=t$ 则 $x=t^2-1$，$dx=2t\,dt$，

$$\begin{aligned}
\int \frac{\sqrt{x+1}}{1+\sqrt{x+1}}dx &= 2\int \frac{t^2}{1+t}dt = 2\int \frac{t^2-1+1}{1+t}dt \\
&= 2\int \left(t-1+\frac{1}{1+t}\right)dt = t^2-2t+2\ln|1+t|+C \\
&= (1+x)-2\sqrt{1+x}+2\ln(1+\sqrt{1+x})+C \\
&= x-2\sqrt{1+x}+2\ln(1+\sqrt{1+x})+C_1\ (C_1=C+1).
\end{aligned}$$

例 5-26　求 $\int \frac{1}{\sqrt{x}(1+\sqrt[3]{x})}dx$.

解：为同时去掉两个根号，令 $x=t^6$，则 $dx=6t^5\,dt$，

$$\begin{aligned}
\int \frac{1}{\sqrt{x}(1+\sqrt[3]{x})}dx &= \int \frac{6t^5}{t^3(1+t^2)}dt = 6\int \frac{t^2}{1+t^2}dt \\
&= 6\int \frac{t^2+1-1}{1+t^2}dt = 6\int \left(1-\frac{1}{1+t^2}\right)dt \\
&= 6[t-\arctan t]+C = 6[\sqrt[6]{x}-\arctan\sqrt[6]{x}]+C.
\end{aligned}$$

2. 根号下为二次多项式的函数的积分

根号下为二次多项式的根式有三种类型，即$\sqrt{a^2-x^2}$、$\sqrt{a^2+x^2}$和$\sqrt{x^2-a^2}$. 我们利用三角函数代换将根号下化为一个函数的平方，则可以去掉根号.

例 5-27 求$\int\sqrt{4-x^2}\,dx$.

解：如果直接令$\sqrt{4-x^2}=t$，则$x=\pm\sqrt{4-t^2}$. 这样换元后的积分表达式中含有$\sqrt{4-t^2}$，且依然不能化为基本积分类型.

$\sqrt{4-x^2}$的定义域为$[-2,2]$. 令$x=2\sin t$，$dx=2\cos t\,dt$，$t\in\left[-\frac{\pi}{2},\frac{\pi}{2}\right]$，则$x=2\sin t$在$\left[-\frac{\pi}{2},\frac{\pi}{2}\right]$上单调，且当$t$取遍$\left[-\frac{\pi}{2},\frac{\pi}{2}\right]$上所有值时，$x$取遍$[-2,2]$上所有值. 应用公式(5-3)，有

$$\begin{aligned}\int\sqrt{4-x^2}\,dx&=\int\sqrt{4-4\sin^2 t}\cdot 2\cos t\,dt=4\int\cos^2 t\,dt\\&=2\int(1+\cos 2t)\,dt=2t+\sin 2t+C=2t+2\sin t\cos t+C\\&=2\arcsin\frac{x}{2}+\frac{x\sqrt{4-x^2}}{2}+C.\end{aligned}$$

因为$\sin t=\frac{x}{2}$，所以$t=\arcsin\frac{x}{2}$，$\cos t=\sqrt{1-\sin^2 t}=\sqrt{1-\left(\frac{x}{2}\right)^2}=\frac{\sqrt{4-x^2}}{2}$.

也可以通过辅助三角形计算$\cos t$，方法是：设直角三角形的一个锐角为t，其对边长为x，斜边长为2，则其邻边长为$\sqrt{4-x^2}$. 于是$\cos t=\frac{\sqrt{4-x^2}}{2}$，如图5-1所示.

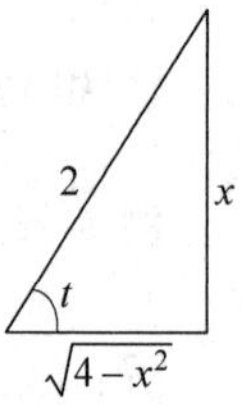

图 5-1

注：凡是含有$\sqrt{a^2-x^2}$的被积函数均可用变量代换$x=a\sin t$，$t\in\left[-\frac{\pi}{2},\frac{\pi}{2}\right]$求积分.

例 5-28 证明第一节中的基本积分公式(13)：

$$\int\frac{1}{\sqrt{x^2\pm a^2}}dx=\ln|x+\sqrt{x^2\pm a^2}|+C(a>0).$$

证：如果直接令$\sqrt{x^2+a^2}=t$，则$x=\pm\sqrt{t^2-a^2}$. 这样换元后的积分表达式中含有$\sqrt{t^2-a^2}$，且依然不能化为基本积分类型. 为去掉根号，令$x=a\tan t$，则$dx=a\sec^2 t\,dt$，$t\in\left(-\frac{\pi}{2},\frac{\pi}{2}\right)$. 因为$x=a\tan t$在$\left(-\frac{\pi}{2},\frac{\pi}{2}\right)$内单调，且当$t$取遍$\left(-\frac{\pi}{2},\frac{\pi}{2}\right)$内所有值时，$x$取遍$\sqrt{x^2+a^2}$的定义域$(-\infty,+\infty)$内所有值. 应用公式(5-3)，有

$$\begin{aligned}\int\frac{1}{\sqrt{x^2+a^2}}dx&=\int\frac{1}{a\sec t}\cdot a\sec^2 t\,dt=\int\sec t\,dt\\&=\ln|\sec t+\tan t|+C=\ln\left(\frac{x}{a}+\frac{\sqrt{x^2+a^2}}{a}\right)+C\\&=\ln(x+\sqrt{x^2+a^2})-\ln a+C=\ln(x+\sqrt{x^2+a^2})+C_1(C_1=C-\ln a).\end{aligned}$$

$$x=a\tan t,\tan t=\frac{x}{a},\sec t=\sqrt{1+\tan^2 t}=\sqrt{1+\left(\frac{x}{a}\right)^2}=\frac{\sqrt{x^2+a^2}}{a}.$$

也可以通过辅助三角形计算 $\sec t$,方法是:设直角三角形的一个锐角为 t,其对边长为 x,邻边长为 a,则其斜边长为$\sqrt{x^2+a^2}$. 于是 $\sec t=\dfrac{\sqrt{x^2+a^2}}{a}$,如图 5-2 所示.

注:凡是含有$\sqrt{x^2+a^2}$的被积函数均可用变量代换 $x=a\tan t,t\in\left(-\dfrac{\pi}{2},\dfrac{\pi}{2}\right)$求积分.

对于$\displaystyle\int\frac{1}{\sqrt{x^2-a^2}}\mathrm{d}x$,我们依然采用三角函数变换去根号.

被积函数的定义域为 $x>a$ 或 $x<-a$.

当 $x>a$ 时,令 $x=a\sec t,t\in\left[0,\dfrac{\pi}{2}\right)$,则 $\mathrm{d}x=a\sec t\tan t\,\mathrm{d}t$. 因为 $x=a\sec t$ 在$\left[0,\dfrac{\pi}{2}\right)$内单调,且当 t 取遍$\left[0,\dfrac{\pi}{2}\right)$内所有值时,$x$ 取遍$\sqrt{x^2-a^2}$的定义域$[a,+\infty)$内所有值. 应用公式(5-3),有

$$\int\frac{1}{\sqrt{x^2-a^2}}\mathrm{d}x=\int\frac{a\sec t\cdot\tan t}{a\tan t}\mathrm{d}t=\int\sec t\,\mathrm{d}t=\ln(\sec t+\tan t)+C$$

$$=\ln\left(\frac{x}{a}+\frac{\sqrt{x^2-a^2}}{a}\right)+C=\ln(x+\sqrt{x^2-a^2})+C.$$

$$x=a\sec t,\sec t=\frac{x}{a},\tan t=\sqrt{\sec^2 t-1}=\sqrt{\left(\frac{x}{a}\right)^2-1}=\frac{\sqrt{x^2-a^2}}{a}.$$

也可以通过辅助三角形计算 $\tan t$,方法是:设直角三角形的一个锐角为 t,其斜边长为 x,邻边长为 a,则其对边长为$\sqrt{x^2-a^2}$. 于是 $\tan t=\dfrac{\sqrt{x^2-a^2}}{a}$,如图 5-3 所示.

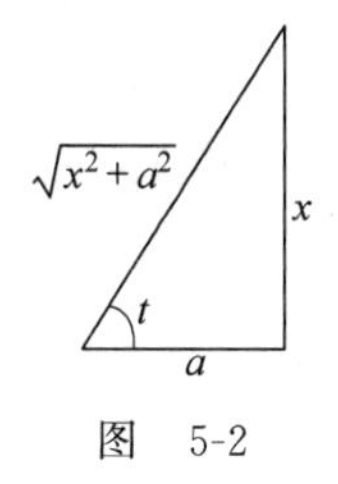

图　5-2

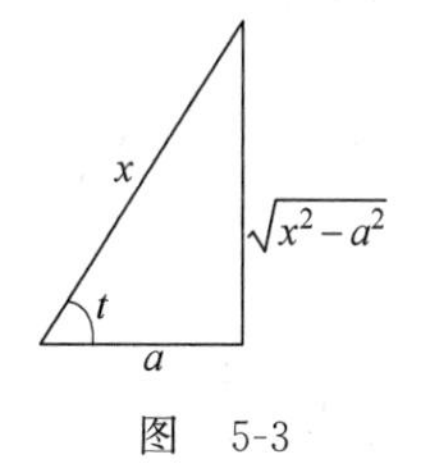

图　5-3

当 $x<-a$ 时,令 $x=-a\sec t,t\in\left[0,\dfrac{\pi}{2}\right)$. 因为 $x=-a\sec t$ 在 $t\in\left[0,\dfrac{\pi}{2}\right)$内单调,且当 t 取遍 $t\in\left[0,\dfrac{\pi}{2}\right)$内所有值时,$x$ 取遍$\sqrt{x^2-a^2}$的定义域$(-\infty,-a]$内所有值. 应用公式(5-3),有

$$\int\frac{1}{\sqrt{x^2-a^2}}\mathrm{d}x=-\int\frac{a\sec t\cdot\tan t}{a\tan t}\mathrm{d}t=-\int\sec t\,\mathrm{d}t=-\ln|\sec t+\tan t|+C$$

$$=-\ln\left|\frac{-x}{a}+\frac{\sqrt{x^2-a^2}}{a}\right|+C=-\ln\left|\frac{-x+\sqrt{x^2-a^2}}{a}\right|+C$$

$$=\ln\left|\frac{a}{-x+\sqrt{x^2-a^2}}\right|+C\ln\left|\frac{x+\sqrt{x^2-a^2}}{a}\right|+C$$
$$=\ln\left|x+\sqrt{x^2-a^2}\right|-\ln a+C=\ln\left|x+\sqrt{x^2-a^2}\right|+C.$$

注：凡是含有$\sqrt{x^2-a^2}$的被积函数均可用变量代换 $x=\pm a\sec t, t\in\left(0,\frac{\pi}{2}\right)$求积分.

在线自测

习题 5-2

求下列不定积分：(1) $\int 3^x e^x \mathrm{d}x$； (2) $\int \frac{\cos 2x}{\cos x-\sin x}\mathrm{d}x$； (3) $\int \frac{\cos 2x}{\cos^2 x\sin^2 x}\mathrm{d}x$；

(4) $\int \frac{\mathrm{d}x}{\cos x\sin x}$； (5) $\int \frac{\mathrm{d}x}{\sqrt{4-x^2}}$； (6) $\int \frac{\mathrm{d}x}{9+x^2}$；

(7) $\int \frac{\mathrm{d}x}{x^2-1}$； (8) $\int \frac{\mathrm{d}x}{x\ln x\ln\ln x}$； (9) $\int \cos^3 x\mathrm{d}x$；

(10) $\int \cos^2 x\mathrm{d}x$； (11) $\int \cos^2 x\cdot\sin^3 x\mathrm{d}x$； (12) $\int \tan^{10}x\sec^2 x\mathrm{d}x$；

(13) $\int \frac{\mathrm{d}x}{(\arcsin x)^2\sqrt{1-x^2}}$； (14) $\int \tan^3 x\sec x\mathrm{d}x$； (15) $\int \frac{\mathrm{d}x}{\sqrt{9-4x^2}}$；

(16) $\int \sqrt{1-x^2}\mathrm{d}x$； (17) $\int \frac{\mathrm{d}x}{\sqrt{x^2+4}}\mathrm{d}x$； (18) $\int \frac{\mathrm{d}x}{x\sqrt{x^2-1}}$；

(19) $\int \frac{\sqrt{x^2-9}\mathrm{d}x}{x}$； (20) $\int \frac{\mathrm{d}x}{1+\sqrt[3]{x+1}}$； (21) $\int \frac{(\sqrt{x})^3-1}{\sqrt{x}+1}\mathrm{d}x$；

(22) $\int \frac{\sqrt{x+1}-1}{\sqrt{x+1}+1}\mathrm{d}x$； (23) $\int \frac{\mathrm{d}x}{\sqrt{x}+\sqrt[4]{x}}$； (24) $\int \sqrt{\frac{1-x}{1+x}}\frac{\mathrm{d}x}{x}$.

第三节 有理函数的积分

两个多项式的商称为**有理函数**. 如$\frac{x^2+1}{x^3+x+1}$、$\frac{2x^2+x+1}{x^2+2}$、$\frac{1}{x^2-4}$等.

一个有理函数，如果其分子多项式的次数小于分母多项式的次数，则称该有理函数为**有理真分式**. 如$\frac{x^2+1}{x^3+x+1}$是有理真分式. 一个有理函数，如果其分子多项式的次数大于或等于分母多项式的次数，则称该有理函数为**有理假分式**. 如$\frac{2x^2+x+1}{x^2+2}$是有理假分式.

易知，任何一个有理函数都能化为一个多项式和一个有理真分式之和. 如

$$\frac{x^3+2x+1}{x^2+1}=\frac{x(x^2+1)+x+1}{x^2+1}=x+\frac{x+1}{x^2+1}$$

因为多项式的不定积分很容易计算，所以，计算有理函数的不定积分关键是计算有理真分式的积分.

例 5-29　计算 $\int\frac{x-2}{x^2+2x+3}\mathrm{d}x$.

解：
$$\begin{aligned}\int\frac{x-2}{x^2+2x+3}\mathrm{d}x&=\int\frac{\frac{1}{2}(x^2+2x+3)'-3}{x^2+2x+3}\mathrm{d}x\\&=\frac{1}{2}\int\frac{\mathrm{d}(x^2+2x+3)}{x^2+2x+3}-3\int\frac{\mathrm{d}x}{x^2+2x+3}\\&=\frac{1}{2}\ln(x^2+2x+3)-3\int\frac{\mathrm{d}x}{(x+1)^2+2}\\&=\frac{1}{2}\ln(x^2+2x+3)-\frac{3}{\sqrt{2}}\int\frac{1}{\left(\frac{x+1}{\sqrt{2}}\right)^2+1}\mathrm{d}\frac{x+1}{\sqrt{2}}\\&=\frac{1}{2}\ln(x^2+2x+3)-\frac{3}{\sqrt{2}}\arctan\frac{x+1}{\sqrt{2}}+C.\end{aligned}$$

设 $p(x)$ 是 m 次多项式，$q(x)$ 是 n 次多项式，$u(x)$ 是次数小于 $m+n$ 的多项式. 根据数学理论可知，一定存在次数小于 m 的多项式 $s(x)$ 和次数小于 n 的多项式 $r(x)$，使得

$$\frac{u(x)}{p(x)q(x)}=\frac{s(x)}{p(x)}+\frac{r(x)}{q(x)}.$$

例 5-30　计算下列不定积分：(1) $\int\frac{\mathrm{d}x}{x^2+x-2}$；(2) $\int\frac{2x+3}{(x-1)^2}\mathrm{d}x$.

解：(1) $\frac{1}{x^2+x-2}=\frac{1}{(x-1)(x+2)}=\frac{1}{3}\left(\frac{1}{x-1}-\frac{1}{x+2}\right)=\frac{\frac{1}{3}}{x-1}-\frac{\frac{1}{3}}{x+2}$.

$$\begin{aligned}\int\frac{\mathrm{d}x}{x^2+x-2}&=\frac{1}{3}\int\frac{\mathrm{d}x}{x-1}-\frac{1}{3}\int\frac{\mathrm{d}x}{x+2}=\frac{1}{3}(\ln|x-1|-\ln|x+2|)+C\\&=\frac{1}{3}\ln\left|\frac{x-1}{x+2}\right|+C.\end{aligned}$$

(2) $\frac{2x+3}{(x-1)^2}=\frac{2(x-1)+5}{(x-1)^2}=\frac{2}{x-1}+\frac{5}{(x-1)^2}$.

$$\begin{aligned}\int\frac{2x+3}{(x-1)^2}\mathrm{d}x&=2\int\frac{\mathrm{d}x}{x-1}+5\int\frac{\mathrm{d}x}{(x-1)^2}\\&=2\ln|x-1|-\frac{5}{x-1}+C.\end{aligned}$$

例 5-31　求下列不定积分：

(1) $\int\frac{x+3}{x^2-5x+6}\mathrm{d}x$.　　(2) $\int\frac{\mathrm{d}x}{x(x-1)^2}$.　　(3) $\int\frac{\mathrm{d}x}{(1+2x)(1+x^2)}$.

解：(1) 设$\frac{x+3}{x^2-5x+6}=\frac{x+3}{(x-2)(x-3)}=\frac{A}{x-2}+\frac{B}{x-3}$，两边同乘 $x-2$ 并令 $x=2$，得 $A=-5$. 两边同乘 $x-3$ 并令 $x=3$，得 $B=6$. 所以有 $\frac{x+3}{x^2-5x+6}=\frac{-5}{x-2}+\frac{6}{x-3}$.

$$\int\frac{x+3}{x^2-5x+6}\mathrm{d}x=\int\frac{-5}{x-2}\mathrm{d}x+\int\frac{6}{x-3}\mathrm{d}x=-5\ln|x-2|+6\ln|x-3|+C.$$

(2) 设$\frac{1}{x(x-1)^2}=\frac{A}{x}+\frac{Bx+C}{(x-1)^2}$，两边同乘 x，并令 $x=0$，得 $A=1$. 两边同乘$(x-1)^2$，并令 $x=1$，得 $B+C=1$.

令 $x=2$，有$\frac{1}{2}=\frac{A}{2}+2B+C$. 解得 $B=-1$，$C=2$. 于是有

$$\frac{1}{x(x-1)^2}=\frac{1}{x}+\frac{-x+2}{(x-1)^2}=\frac{1}{x}+\frac{-(x-1)+1}{(x-1)^2}=\frac{1}{x}+\frac{-1}{x-1}+\frac{1}{(x-1)^2}.$$

$$\begin{aligned}\int\frac{\mathrm{d}x}{x(x-1)^2}&=\int\frac{\mathrm{d}x}{x}-\int\frac{\mathrm{d}x}{x-1}+\int\frac{\mathrm{d}x}{(x-1)^2}\\&=\ln|x|-\ln|x-1|-\frac{1}{x-1}+C=\ln\left|\frac{x}{x-1}\right|-\frac{1}{x-1}+C.\end{aligned}$$

(3) 设$\frac{1}{(1+2x)(1+x^2)}=\frac{A}{1+2x}+\frac{Bx+C}{1+x^2}$，两边同乘 $1+2x$，并令 $x=-\frac{1}{2}$，得 $A=\frac{4}{5}$.

令 $x=0$，得 $1=A+C$. 解得 $C=\frac{1}{5}$.

令 $x=-1$，有$-\frac{1}{2}=-A+\frac{-B+C}{2}$，得 $B=-\frac{2}{5}$. 于是有

$$\frac{1}{(1+2x)(1+x^2)}=\frac{\frac{4}{5}}{1+2x}+\frac{-\frac{2}{5}x+\frac{1}{5}}{1+x^2}.$$

$$\begin{aligned}\int\frac{\mathrm{d}x}{(1+2x)(1+x^2)}&=\frac{4}{5}\int\frac{\mathrm{d}x}{1+2x}-\frac{1}{5}\int\frac{2x-1}{1+x^2}\mathrm{d}x\\&=\frac{2}{5}\int\frac{\mathrm{d}(1+2x)}{1+2x}-\frac{1}{5}\int\frac{\mathrm{d}(1+x^2)}{1+x^2}+\frac{1}{5}\int\frac{1}{1+x^2}\mathrm{d}x\\&=\frac{2}{5}\ln|1+2x|-\frac{1}{5}\ln(1+x^2)+\frac{1}{5}\arctan x+C\\&=\frac{1}{5}\ln\frac{(1+2x)^2}{1+x^2}+\frac{1}{5}\arctan x+C.\end{aligned}$$

在线自测

习题 5-3

计算下列不定积分：

(1) $\int \frac{3}{x^3+1}\mathrm{d}x$；　(2) $\int \frac{x^2+1}{(x+1)^2(x-1)}\mathrm{d}x$；

(3) $\int \frac{x}{(x+1)(x+2)(x+3)}\mathrm{d}x$.

第四节　分部积分法

设函数 $u=u(x)$ 和 $v=v(x)$ 具有连续导函数，则

$$(uv)'=u'v+uv'.\ uv'=(uv)'-u'v.\int uv'\mathrm{d}x=\int (uv)'\mathrm{d}x-\int u'v\mathrm{d}x$$

即
$$\int uv'\mathrm{d}x=uv-\int u'v\mathrm{d}x \quad 或 \quad \int u\mathrm{d}v=uv-\int v\mathrm{d}u \tag{5-4}$$

公式(5-4)称为**分部积分公式**. 利用分部积分公式求不定积分的方法称为**分部积分法**.

例 5-32　求 $\int x\cos x\,\mathrm{d}x$.

解：$\int x\cos x\,\mathrm{d}x=\int x\,\mathrm{d}\sin x$. 令 $u=x$，$v=\sin x$，则

$$\int x\cos x\,\mathrm{d}x=\int x\,\mathrm{d}\sin x=x\sin x-\int \sin x\,\mathrm{d}x=x\sin x+\cos x+C.$$

例 5-33　
$$\begin{aligned}\int x^2\mathrm{e}^x\mathrm{d}x&=\int x^2\mathrm{d}\mathrm{e}^x=x^2\mathrm{e}^x-\int \mathrm{e}^x\mathrm{d}(x^2)\\&=x^2\mathrm{e}^x-2\int x\mathrm{e}^x\mathrm{d}x=x^2\mathrm{e}^x-2\int x\,\mathrm{d}\mathrm{e}^x\\&=x^2\mathrm{e}^x-2\left(x\mathrm{e}^x-\int \mathrm{e}^x\mathrm{d}x\right)=x^2\mathrm{e}^x-2(x\mathrm{e}^x-\mathrm{e}^x)+C\\&=(x^2-2x+2)\mathrm{e}^x+C.\end{aligned}$$

注：在例 5-32 和例 5-33 中，利用分部积分法可以降低幂函数的次数，导致被积函数中的幂函数最终消失.

例 5-34　求 $\int x\arctan x\,\mathrm{d}x$.

$$\begin{aligned}\int x\arctan x\,\mathrm{d}x&=\int \arctan x\,\mathrm{d}\frac{x^2}{2}=\frac{x^2}{2}\arctan x-\int \frac{x^2}{2}\mathrm{d}(\arctan x)\\&=\frac{x^2}{2}\arctan x-\frac{1}{2}\int \frac{x^2}{1+x^2}\mathrm{d}x=\frac{x^2}{2}\arctan x-\frac{1}{2}\int\left(1-\frac{1}{1+x^2}\right)\mathrm{d}x\\&=\frac{x^2}{2}\arctan x-\frac{1}{2}(x-\arctan x)+C=\frac{1}{2}(x^2+1)\arctan x-\frac{1}{2}x+C.\end{aligned}$$

注：在例 5-34 中，利用分部积分法可以消去 $\arctan x$.

例 5-35 求$\int x^2 \ln x \, dx$.

解：$\int x^2 \ln x \, dx = \int \ln x \, d\frac{x^3}{3} = \frac{1}{3}x^3 \ln x - \frac{1}{3}\int x^2 dx$

$$= \frac{1}{3}x^3 \ln x - \frac{1}{9}x^3 + C.$$

注：在例 5-35 中，利用分部积分法可以消去 $\ln x$.

例 5-36 求$\int \arccos x \, dx$.

解法 1：$\int \arccos x \, dx = x \arccos x + \int \frac{x \, dx}{\sqrt{1-x^2}}$

$$= x \arccos x - \frac{1}{2}\int \frac{d(1-x^2)}{\sqrt{1-x^2}} = x \arccos x - \sqrt{1-x^2} + C.$$

解法 2：$\int \arccos x \, dx \xlongequal[x = \cos t]{t = \arccos x} \int t \, d\cos t = t\cos t - \int \cos t \, dt$

$$= t\cos t - \sin t + C = x \arccos x - \sqrt{1-x^2} + C.$$

例 5-37 求$\int e^{2x} \sin 3x \, dx$.

解：$\int e^{2x} \sin 3x \, dx = \frac{1}{2}\int \sin 3x \, de^{2x} = \frac{1}{2}e^{2x} \sin 3x - \frac{3}{2}\int e^{2x} \cos 3x \, dx$

$$= \frac{1}{2}e^{2x} \sin 3x - \frac{3}{4}\int \cos 3x \, de^{2x}$$

$$= \frac{1}{2}e^{2x} \sin 3x - \frac{3}{4}\left(e^{2x} \cos 3x + 3\int e^{2x} \sin 3x \, dx\right)$$

$$= \frac{1}{2}e^{2x} \sin 3x - \frac{3}{4}e^{2x} \cos 3x - \frac{9}{4}\int e^{2x} \sin 3x \, dx$$

$$\int e^{2x} \sin 3x \, dx = \frac{2}{13}e^{2x} \sin 3x - \frac{3}{13}e^{2x} \cos 3x + C$$

注：在例 5-37 中，要进行两次分部积分. 每一次都是令 $v = \frac{1}{2}e^{2x}$，或者每一次都是令 $u = e^{2x}$，不能交换. 否则，将形成循环.

例 5-38 求$\int \sec^3 x \, dx$.

解：$\int \sec^3 x \, dx = \int \sec x \cdot \sec^2 x \, dx = \int \sec x \, d\tan x$

$$= \sec x \tan x - \int \tan x \, d\sec x$$

$$= \sec x \tan x - \int \tan^2 x \sec x \, dx$$

$$= \sec x \tan x - \int (\sec^2 x - 1)\sec x \, dx$$

$$= \sec x \tan x + \int \sec x \, dx - \int \sec^3 x \, dx,$$

$$\int \sec^3 x\,dx = \frac{1}{2}\left(\sec x\tan x + \int \sec x\,dx\right)$$
$$= \frac{1}{2}(\sec x\tan x + \ln|\sec x + \tan x|) + C$$

例 5-39　求 $\int \frac{x\arctan x}{\sqrt{1+x^2}}dx$.

解：$\int \frac{x\arctan x}{\sqrt{1+x^2}}dx \xlongequal{x=\tan t} \int \frac{t\tan t}{\sec t}\sec^2 t\,dt$

$$= \int t\tan t\sec t\,dt = \int t\,d\sec t = t\sec t - \int \sec t\,dt$$
$$= t\sec t - \ln|\sec t + \tan t| + C$$
$$= \sqrt{1+x^2}\arctan x - \ln(x + \sqrt{1+x^2}) + C$$

例 5-40　求 $\int e^{\sqrt{x}}dx$.

解：令 $\sqrt{x}=t$，则 $x=t^2$，$dx=2t\,dt$. 于是

$$\int e^{\sqrt{x}}dx = 2\int t e^t dt = 2\int t\,de^t = 2te^t - 2\int e^t dt$$
$$= 2(t-1)e^t + C = 2(\sqrt{x}-1)e^{\sqrt{x}} + C.$$

一般地，如下类型的不定积分适合用分部积分法计算：

(1) $\int x^n \sin ax\,dx$，$\int x^n \cos ax\,dx$，$\int x^n e^{ax}\,dx$. 令 $u=x^n$.

(2) $\int x^n \arcsin x\,dx$，$\int x^n \arccos x\,dx$. 令 $\arcsin x=t$，$\arccos x=t$ 或令 $v=\frac{1}{n+1}x^{n+1}$.

(3) $\int x^n \arctan x\,dx$，$\int x^n \operatorname{arccot} x\,dx$，$\int x^n \ln x\,dx$. 令 $v=\frac{1}{n+1}x^{n+1}$，则应用分部积分公式时，可将 $\arctan x$、$\operatorname{arccot} x$、$\ln x$ 通过求导数而消掉.

(4) $\int e^{ax}\sin bx\,dx$，$\int e^{ax}\cos bx\,dx$. 求法同例 5-36.

最后需要指出的是，下列不定积分不是初等函数，因而“求不出来”：

$$\int e^{-x^2}dx,\quad \int \sin x^2 dx, \int \cos x^2 dx,\quad \int \frac{dx}{\ln x},\quad \int \frac{e^x}{x^n}dx,\quad \int \frac{\sin x}{x^n}dx,$$
$$\int \frac{\cos x}{x^n}dx\ (n\geqslant 1),\quad \int \frac{\cos x}{x^n}dx\ (n\geqslant 1).$$

在线自测

习题 5-4

求下列不定积分：

(1) $\int x\sin x\,\mathrm{d}x$；　(2) $\int x\mathrm{e}^{-x}\,\mathrm{d}x$；　(3) $\int \ln^2 x\,\mathrm{d}x$；　(4) $\int \arcsin x\,\mathrm{d}x$；

(5) $\int \mathrm{e}^{-x}\sin x\,\mathrm{d}x$；　(6) $\int x^2\arctan x\,\mathrm{d}x$；(7) $\int x^2\cos x\,\mathrm{d}x$；　(8) $\int \mathrm{e}^{\sqrt[3]{x}}\,\mathrm{d}x$；

(9) $\int (\arcsin x)^2\,\mathrm{d}x$.

第六章

定积分及其应用

第一节　定积分的概念与性质

一、问题的提出

1. 曲边梯形的面积

由连续曲线 $y=f(x)(f(x)\geqslant 0)$，两条直线 $x=a$ 和 $x=b(a<b)$ 以及 x 轴所围成的图形称为**曲边梯形**，如图 6-1 所示. 那么，这种曲边梯形的面积如何计算呢?

设函数 $f(x)$ 在区间 $[a,b]$ 上的最大值和最小值分别为 M 和 m. 如果 $M=m$，则曲边梯形为矩形，其面积为 $M(b-a)$. 如果 $M>m$，对 M 和 m 之间的任意常数 c，令 $A(c)$ 表示由直线 $y=c$，两直线 $x=a$ 和 $x=b(a<b)$ 以及 x 轴所围成的矩形的面积. 那么，$A(m)<A(c)<A(M)$. 直观地看，当 c 在区间 $[m,M]$ 上变化时，函数 $A(c)$ 在 $[m,M]$ 上连续. 设曲边梯形的面积为 A，则 $A(m)<A<A(M)$. 由介值定理，至少存在一点 $\eta\in(m,M)$，使得 $A(\eta)=A$. 再由介值定理，至少存在一点 $\xi\in(a,b)$，使得 $f(\xi)=\eta$. 这就是说，至少存在一点 $\xi\in(a,b)$，使得以区间 $[a,b]$ 为底边、高为 $f(\xi)$ 的矩形的面积 $f(\xi)(b-a)$ 恰好等于曲边梯形的面积. 然而，这样的 ξ 并不容易找到. 我们只好找一个“差不多”的 ξ，用 $f(\xi)(b-a)$ 作为曲边梯形面积的近似值，如图 6-2 所示. 显然，这样算出来的曲边梯形的面积保证不了精度. 为了提高计算精度，我们采用如下分割曲边梯形的方法.

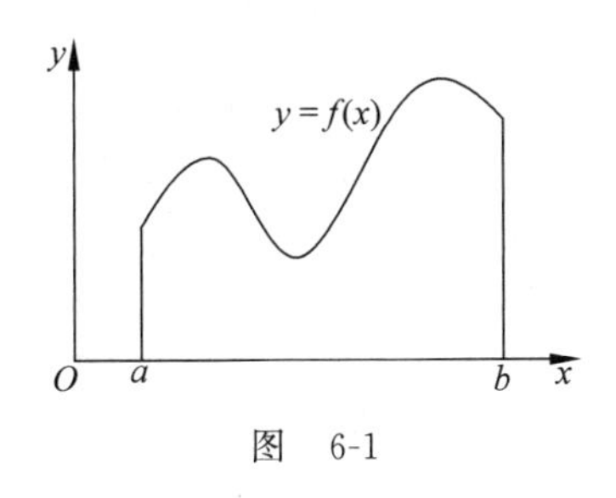

图　6-1

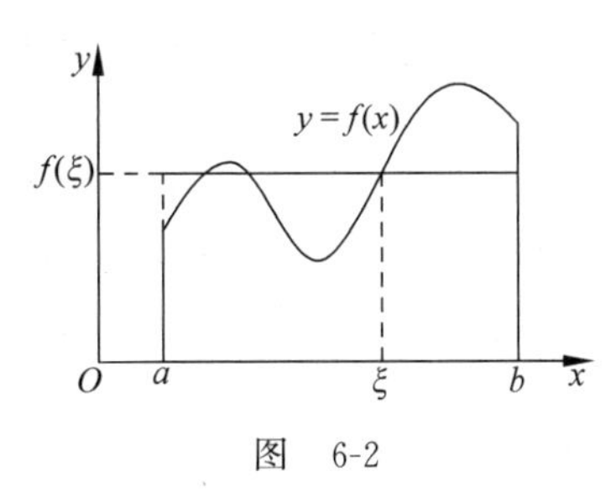

图　6-2

在区间 $[a,b]$ 内插入 $n-1$ 个分点 $a=x_0<x_1<x_2<\cdots<x_n=b$. 这 $n-1$ 个分点将区间 $[a,b]$ 划分为 n 个小区间 $[x_{i-1},x_i]$，$i=1,2,\cdots,n$. 每个小区间的长度为 $\Delta x_i=x_i-x_{i-1}$. 过每个分点做平行于 y 轴的直线，这些直线将曲边梯形切割成 n 个小长条，如图 6-3 所示. 在每个小区间 $[x_{i-1},x_i]$ 内任取一点 ξ_i，用以 $[x_{i-1},x_i]$ 为底边、高为 $f(\xi_i)$ 的小矩形的面积 $f(\xi_i)\Delta x_i$ 近似代替小长条的面积. 用这些小矩形的面积之和 $\sum\limits_{i=1}^{n} f(\xi_i)\Delta x_i$ 作为曲边梯形面

积的近似值. 可以想见，当分点越来越多，并且每个小区间的长度都越来越小时，小长条则越来越细，$\sum_{i=1}^{n} f(\xi_i)\Delta x_i$ 就会越来越接近曲边梯形的面积. 若令 $\lambda=\max\{\Delta x_1,\Delta x_2,\cdots,\Delta x_n\}$，则 $\lim\limits_{\lambda\to 0}\sum_{i=1}^{n} f(\xi_i)\Delta x_i=$ 曲边梯形的面积.

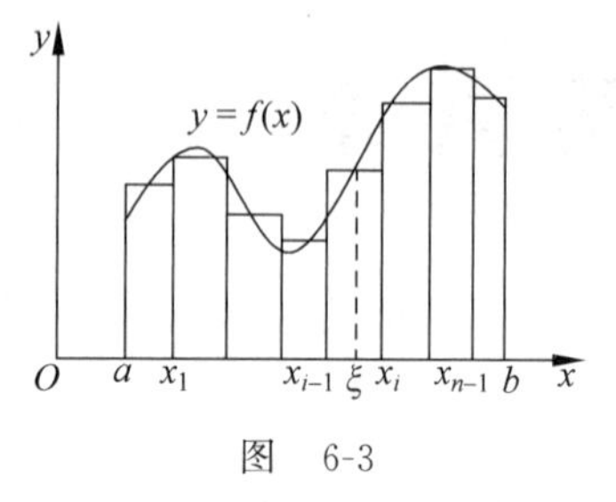

图 6-3

2. 变速直线运动的路程

设某物体做直线运动，已知速度 $v(t)\geqslant 0$ 是时段 $[T_1,T_2]$ 上的连续函数. 如果速度 v 是常数，即物体做匀速直线运动，则物体在这段时间内所走过的路程为 $s=v(T_2-T_1)$. 那么，当物体做变速直线运动时，如何计算物体在这段时间内所走过的路程？

为计算物体所走过的路程，在时段 $[T_1,T_2]$ 内插入 $n-1$ 个时间节点 $T_1=t_0<t_1<t_2<\cdots<t_n=T_2$. 这 $n-1$ 个时间节点将时段 $[T_1,T_2]$ 划分为 n 个小时段 $[t_{i-1},t_i]$，$i=1,2,\cdots,n$. 每个小时段的长度为 $\Delta t_i=t_i-t_{i-1}$. 在每个小时段 $[t_{i-1},t_i]$ 内任取一时间点 ξ_i，将物体在时段 $[t_{i-1},t_i]$ 内的运动近似地看作速度为 $v(\xi_i)$ 的匀速直线运动. 这样，物体在时段 $[t_{i-1},t_i]$ 内所走过的路程近似地等于 $v(\xi_i)\Delta t_i$，物体在时段 $[T_1,T_2]$ 内所走过的路程近似地等于 $\sum_{i=1}^{n} v(\xi_i)\Delta t_i$. 可以想见，当插入的时间节点越来越多，并且每个小时段的长度都越来越小时，$\sum_{i=1}^{n} v(\xi_i)\Delta t_i$ 就会越来越接近物体在时段 $[T_1,T_2]$ 内所走过的路程 s. 若令 $\lambda=\max\{\Delta t_1,\Delta t_2,\cdots,\Delta t_n\}$，则 $\lim\limits_{\lambda\to 0}\sum_{i=1}^{n} v(\xi_i)\Delta t_i=s$.

3. 变力沿直线所做的功

如果一个不变的力（常力）F 作用在一个物体上，且力的方向与物体的运动方向一致，那么，在物体移动了距离 s 时，力 F 对物体所做的功为 $W=Fs$. 如果作用在物体上的力在物体运动过程中是变化的，那么如何计算力使物体运动所做的功呢？

设有一个连续变化的力 $F=F(x)$ 使物体沿 x 轴从 $x=a$ 移动到 $x=b(a<b)$. 为计算力在物体运动路程中所做的功 W，在区间 $[a,b]$ 内插入 $n-1$ 个分点 $a=x_0<x_1<x_2<\cdots<x_n=b$. 这 $n-1$ 个分点将区间 $[a,b]$ 划分为 n 个小区间 $[x_{i-1},x_i]$，$i=1,2,\cdots,n$. 每个小区间的长度为 $\Delta x_i=x_i-x_{i-1}$. 当小区间很小时，在小区间上，力函数 $F(x)$ 可以近似地看作常数. 在每个小区间 $[x_{i-1},x_i]$ 内任取一点 ξ_i，用 $F(\xi_i)$ 作为力 $F(x)$ 在小区间 $[x_{i-1},x_i]$ 上的近似值. 那么，力在该区间内所做的功近似地等于 $F(\xi_i)\Delta x_i$. 这样，力 $F(x)$ 在区间 $[a,b]$ 上所做的功 W 就近似地等于 $\sum_{i=1}^{n} F(\xi_i)\Delta x_i$. 可以想见，当分点越来越多，并且每个小区间的长度都越来越小时，$\sum_{i=1}^{n} F(\xi_i)\Delta x_i$ 就会越来越接近力 $F(x)$ 在区间 $[a,b]$ 上所做的功 W. 若令 $\lambda=\max\{\Delta x_1,\Delta x_2,\cdots,\Delta x_n\}$，则 $\lim\limits_{\lambda\to 0}\sum_{i=1}^{n} F(\xi_i)\Delta x_i=W$.

4. 直线型分布的质量

设一细直棒位于 x 轴的区间 $[a,b]$ 上. 如果在 (a,b) 内任一点处细直棒的质量分布线密度处处相等，即质量在 $[a,b]$ 上均匀分布，且线密度为常数 ρ，则细直棒的质量为 $M=$

$\rho(b-a)$. 如果质量在$[a,b]$上分布不均匀,即质量分布密度函数$\rho(x)$不恒为常数,那么如何计算细直棒的质量呢?

为计算细直棒的质量,在区间$[a,b]$内插入$n-1$个分点$a=x_0<x_1<x_2<\cdots<x_n=b$. 这$n-1$个分点将区间$[a,b]$划分为$n$个小区间$[x_{i-1},x_i]$, $i=1,2,\cdots,n$. 每个小区间的长度为$\Delta x_i=x_i-x_{i-1}$. 在每个小区间$[x_{i-1},x_i]$内任取一点ξ_i,将细直棒在小区间$[x_{i-1},x_i]$上的质量看作是均匀分布的,且分布线密度为$\rho(\xi_i)$. 那么,细直棒在小区间$[x_{i-1},x_i]$上的质量可以用$\rho(\xi_i)\Delta x_i$近似代替. 这样,细直棒的质量M可以用$\sum\limits_{i=1}^{n}\rho(\xi_i)\Delta x_i$近似代替. 当分点越来越多,并且每个小区间的长度都越来越小时,$\sum\limits_{i=1}^{n}\rho(\xi_i)\Delta x_i$就会越来越接近细直棒的质量. 若令$\lambda=\max\{\Delta x_1,\Delta x_2,\cdots,\Delta x_n\}$,则$\lim\limits_{\lambda\to 0}\sum\limits_{i=1}^{n}\rho(\xi_i)\Delta x_i=M$.

二、定积分的定义

前面分析讨论的曲边梯形的面积、变速直线运动的路程、变力沿直线所做的功以及直线型分布的质量都可以用形如$\lim\limits_{\lambda\to 0}\sum\limits_{i=1}^{n}f(\xi_i)\Delta x_i$的极限来表示. 鉴于这类极限在科学技术中的重要性和广泛性,数学家们专门研究了这类极限的计算及其性质,并引入了定积分的概念.

定义 6-1　设函数$f(x)$在$[a,b]$上有界,在区间$[a,b]$内任意插入$n-1$个分点$a=x_0<x_1<x_2<\cdots<x_n=b$. 将区间$[a,b]$划分为$n$个小区间$[x_{i-1},x_i]$, $i=1,2,\cdots,n$. 每个小区间的长度为$\Delta x_i=x_i-x_{i-1}$. 在每个小区间$[x_{i-1},x_i]$内任取一点ξ_i,令$\lambda=\max\{\Delta x_1,\Delta x_2,\cdots,\Delta x_n\}$. 如果不论怎样划分区间,也不论在每个小区间$[x_{i-1},x_i]$内如何取点$\xi_i$,只要当$\lambda\to 0$时,$\sum\limits_{i=1}^{n}f(\xi_i)\Delta x_i$都趋向于一个确定的数$I$,则说函数$f(x)$在$[a,b]$上是**可积的**,并称$I$为函数在区间$[a,b]$上的**定积分**,记为

$$\int_a^b f(x)\mathrm{d}x=\lim_{\lambda\to 0}\sum_{i=1}^{n}f(\xi_i)\Delta x_i \tag{6-1}$$

其中,a称为积分下限,b称为积分上限,$[a,b]$称为积分区间.

根据定积分的定义,由连续曲线$y=f(x)(f(x)\geqslant 0)$,两条直线$x=a$和$x=b(a<b)$以及x轴所围成的曲边梯形的面积为$A=\int_a^b f(x)\mathrm{d}x$;以速度$v(t)$作直线运动的物体在时段$[T_1,T_2]$内所走过的路程为$s=\int_{T_1}^{T_2}v(t)\mathrm{d}t$;变力$F=F(x)$使物体沿$x$轴从$x=a$移动到$x=b(a<b)$所做的功$W=\int_a^b F(x)\mathrm{d}x$;分布在区间$[a,b]$上、密度函数为$\rho(x)$的质量为$M=\int_a^b \rho(x)\mathrm{d}x$.

注: 定积分只与被积函数和积分区间有关,与积分变量用什么符号表示无关. 如

$$\int_a^b f(x)\mathrm{d}x=\int_a^b f(u)\mathrm{d}u=\int_a^b f(t)\mathrm{d}t.$$

三、定积分的运算律

首先，为了方便，做如下规定：

$$\int_a^a f(x)\mathrm{d}x=0,\quad \int_b^a f(x)\mathrm{d}x=-\int_a^b f(x)\mathrm{d}x \tag{6-2}$$

根据定积分的定义，不难证明定积分有下列运算律(在下列各式中，假定定积分都存在，且不考虑积分上下限的大小)：

(1) $\int_a^b [f(x)\pm g(x)]\mathrm{d}x=\int_a^b f(x)\mathrm{d}x\pm\int_a^b g(x)\mathrm{d}x$ (6-3)

(2) $\int_a^b kf(x)\mathrm{d}x=k\int_a^b f(x)\mathrm{d}x$ (k 为常数) (6-4)

(3) $\int_a^b f(x)\mathrm{d}x=\int_a^c f(x)\mathrm{d}x+\int_c^b f(x)\mathrm{d}x$ (6-5)

(4) $\int_a^b \mathrm{d}x=b-a$ (6-6)

四、定积分的几何意义与性质

1. 定积分的几何意义

若 $f(x)\geqslant 0$，则由连续曲线 $y=f(x)$，两直线 $x=a$ 和 $x=b(a<b)$ 与 x 轴所围成的图形的面积为 $A=\int_a^b f(x)\mathrm{d}x$.

若 $f(x)<0$，则由连续曲线 $y=f(x)$，两直线 $x=a$ 和 $x=b(a<b)$ 与 x 轴所围成的图形的面积为 $A=-\int_a^b f(x)\mathrm{d}x$.

若 $f(x)$在$[a,b]$上连续且有正有负，则由连续曲线 $y=f(x)$，两直线 $x=a$ 和 $x=b(a<b)$与 x 轴所围成的图形的面积为 $A=\int_a^b |f(x)|\mathrm{d}x$，如图 6-4 所示.

$A=\int_a^b f(x)\mathrm{d}x$ 表示：由连续曲线 $y=f(x)$，两条直线 $x=a$ 和 $x=b(a<b)$与 x 轴所围成的图形位于 x 轴上方图形的面积减去位于 x 轴下方图形的面积，即面积的“代数和”(图 6-5). 这一性质称为**定积分的几何意义**.

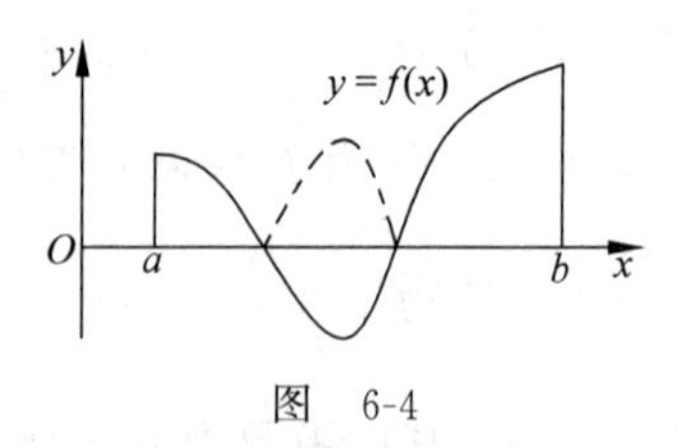

图 6-4

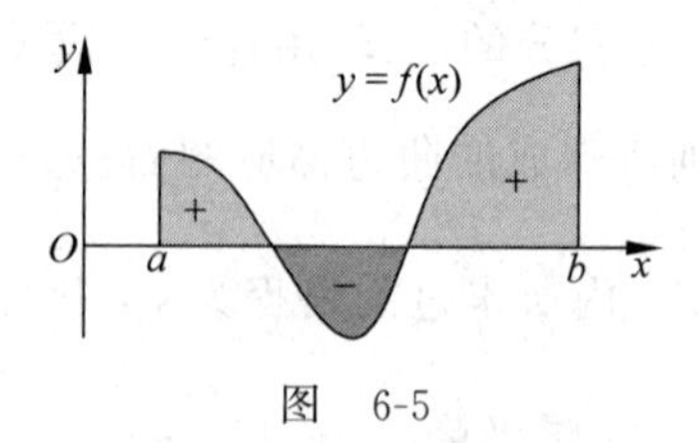

图 6-5

2. 定积分的性质

根据定积分的几何意义，可知：

(1) 设 $f(x)$在$[a,b]$上连续，且 $f(x)\geqslant 0$，则 $\int_a^b f(x)\mathrm{d}x\geqslant 0$.

(2) 设 $f(x)$，$g(x)$在$[a,b]$上连续，且 $f(x)\leqslant g(x)$，则

$$\int_a^b f(x)\mathrm{d}x \leqslant \int_a^b g(x)\mathrm{d}x \tag{6-7}$$

(3) 设 $f(x)$在$[a,b]$上连续,则

$$\left|\int_a^b f(x)\mathrm{d}x\right| \leqslant \int_a^b |f(x)|\mathrm{d}x \tag{6-8}$$

(4) 设 M 及 m 分别是函数 $f(x)$在闭区间$[a,b]$上的最大值和最小值,则

$$m(b-a) \leqslant \int_a^b f(x)\mathrm{d}x \leqslant M(b-a) \tag{6-9}$$

(5)(**定积分中值定理**)　如果函数 $f(x)$在闭区间$[a,b]$上连续,则在积分区间$[a,b]$上至少存在一个点 ξ,使得

$$\int_a^b f(x)\mathrm{d}x = f(\xi)(b-a)(a \leqslant \xi \leqslant b) \tag{6-10}$$

本节一开始就已经证明了这一性质.这一性质称为**积分中值定理**,公式(6-10)称为**积分中值公式**.

称 $\dfrac{1}{b-a}\displaystyle\int_a^b f(x)\mathrm{d}x$ 为 $f(x)$ 在$[a,b]$上的**平均值**.

(6) 设函数 $f(x)$在闭区间$[-a,a]$上可积,则当 $f(x)$为奇函数时,$\displaystyle\int_{-a}^a f(x)\mathrm{d}x=0$,如图 6-6(a)所示;当 $f(x)$为偶函数时,$\displaystyle\int_{-a}^a f(x)\mathrm{d}x = 2\int_0^a f(x)\mathrm{d}x$,如图 6-6(b)所示.

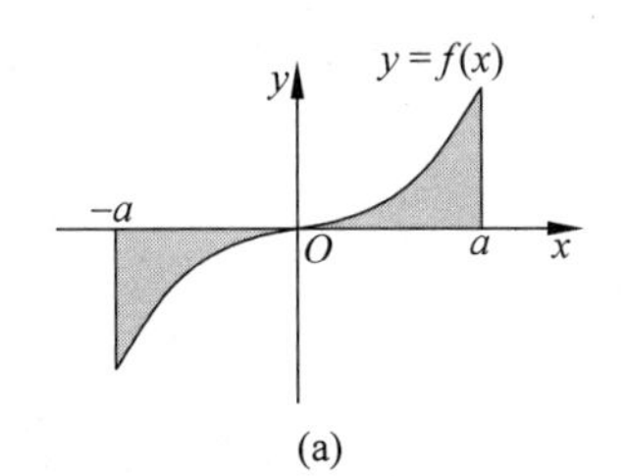

(a)

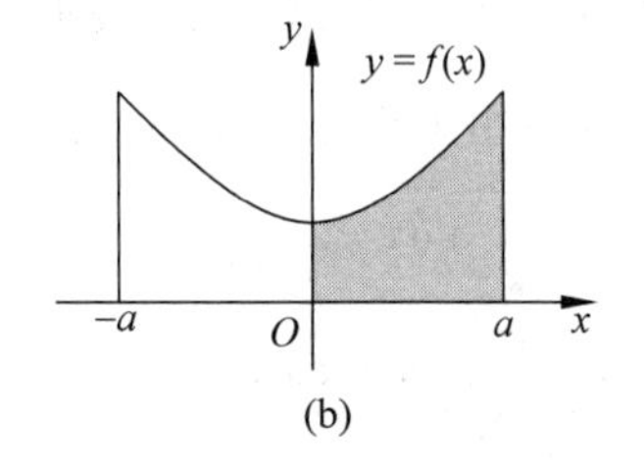

(b)

图　6-6

(7) 设函数 $f(x)$是以 T 为周期的周期函数,且在一个周期内可积,则对任意的实数 a,都有 $\displaystyle\int_a^{a+T} f(x)\mathrm{d}x = \int_0^T f(x)\mathrm{d}x$(几何意义:在每一个周期内的积分都相等).

例 6-1　$\displaystyle\int_{-a}^a \sqrt{a^2-x^2}\,\mathrm{d}x$ 表示上半圆周 $y=\sqrt{a^2-x^2}$ 与 x 轴围成的半圆的面积,因而其值为$\dfrac{1}{2}\pi a^2$;

因为 $y=\sin x$ 是奇函数,所以$\displaystyle\int_{-\pi}^{\pi} \sin x\,\mathrm{d}x = 0$;

对任意的实数 a,$[a,a+2\pi]$是函数 $y=\sin x$ 的一个周期,因而 $\displaystyle\int_a^{a+2\pi} \sin x\,\mathrm{d}x = \int_{-\pi}^{\pi} \sin x\,\mathrm{d}x = 0$.

例 6-2　比较下列各组定积分值的大小:

(1) $\displaystyle\int_0^1 x^2\mathrm{d}x, \int_0^1 x^3\mathrm{d}x$;

(2) $\int_1^2 x^2\mathrm{d}x, \int_1^2 x^3\mathrm{d}x$；

(3) $\int_0^1 x\,\mathrm{d}x, \int_0^1 \ln(1+x)\mathrm{d}x$.

解：(1) 因为当 $0\leqslant x\leqslant 1$ 时，$x^2\geqslant x^3$，所以 $\int_0^1 x^2\mathrm{d}x > \int_0^1 x^3\mathrm{d}x$.

(2) 因为当 $1\leqslant x\leqslant 2$ 时，$x^2\leqslant x^3$，所以 $\int_1^2 x^2\mathrm{d}x \leqslant \int_1^2 x^3\mathrm{d}x$.

(3) 因为当 $0\leqslant x\leqslant 1$ 时，$x\geqslant \ln(1+x)$，所以 $\int_0^1 x\,\mathrm{d}x \geqslant \int_0^1 \ln(1+x)\mathrm{d}x$.

在线自测

习题 6-1

1. 根据定积分的几何意义与性质说明下列定积分各等于什么值：

(1) $\int_0^2 \sqrt{4-x^2}\,\mathrm{d}x$；　(2) $\int_0^{2\pi} \sin x\,\mathrm{d}x$；　$\int_{-1}^1 (|x|\sin x + x^5)\mathrm{d}x$.

2. 比较下列各组定积分值的大小：

(1) $\int_0^\pi \sin x\,\mathrm{d}x, \int_0^\pi x\,\mathrm{d}x$；

(2) $\int_1^{\mathrm{e}} \ln x\,\mathrm{d}x, \int_1^{\mathrm{e}} (\ln x)^2\mathrm{d}x$；

(3) $\int_0^1 \mathrm{e}^x\,\mathrm{d}x, \int_0^1 (1+x)\mathrm{d}x$.

第二节　微积分基本公式

设一质量 M 分布在 x 轴的区间 $[a,b]$ 上，其分布密度函数 $\rho(x)$ 在 $[a,b]$ 上连续. 对 $[a,b]$ 内任意点 x，设分布在区间 $[a,x]$ 上的质量为 $M(x)$. $M(x)$ 称为**分布函数**. 那么，$M(a)=0$，$M(b)=M$. $M'(x)=\rho(x)$. $\int_a^b \rho(x)\mathrm{d}x = M(b)-M(a)$.

一般地，设 $f(x)$ 在闭区间 $[a,b]$ 上连续，$F(x)$ 是 $f(x)$ 在 $[a,b]$ 上的一个原函数，则有

$$\int_a^b f(x)\mathrm{d}x = F(b)-F(a) \tag{6-11}$$

这一公式称为**牛顿**(Newton)-**莱布尼兹**(Leibniz)**公式**. 因为利用牛顿－莱布尼兹公式可以计算定积分的值，所以牛顿－莱布尼兹公式也称为**微积分基本公式**.

下面我们将证明牛顿－莱布尼兹公式.

设 $f(x)$ 在闭区间 $[a,b]$ 上连续，对 $[a,b]$ 内任意点 x，都对应积分 $\int_a^x f(t)\mathrm{d}t$ 的值，因而

$\Phi(x)=\int_a^x f(t)\mathrm{d}t$ 是积分上限 x 的函数,称为**积分上限函数**.并且有

定理 6-1 $\Phi'(x)=\frac{\mathrm{d}}{\mathrm{d}x}\int_a^x f(t)\mathrm{d}t=f(x)$.

证:$\Phi(x+\Delta x)=\int_a^{x+\Delta x} f(t)\mathrm{d}t$,

$$\begin{aligned}\Delta\Phi=\Phi(x+\Delta x)-\Phi(x)&=\int_a^{x+\Delta x} f(t)\mathrm{d}t-\int_a^x f(t)\mathrm{d}t.\\&=\int_a^x f(t)\mathrm{d}t+\int_x^{x+\Delta x} f(t)\mathrm{d}t-\int_a^x f(t)\mathrm{d}t\\&=\int_x^{x+\Delta x} f(t)\mathrm{d}t.\end{aligned}$$

由积分中值定理,存在 $\xi\in[x,x+\Delta x]$,使得 $\Delta\Phi=f(\xi)\Delta x$.因为 $f(x)$在闭区间$[a,b]$上连续,且当 $\Delta x\to 0$ 时,$\xi\to x$,所以

$$\Phi'(x)=\lim_{\Delta x\to 0}\frac{\Delta\Phi}{\Delta x}=\lim_{\Delta x\to 0}f(\xi)=\lim_{\xi\to x}f(\xi)=f(x).$$

例如,$\frac{\mathrm{d}}{\mathrm{d}x}\int_0^x \mathrm{e}^{2t}\mathrm{d}t=\mathrm{e}^{2x}$,$\frac{\mathrm{d}}{\mathrm{d}x}\int_0^x \sin t^2\mathrm{d}t=\sin x^2$.

定理 6-1 指出:积分上限函数 $\Phi(x)=\int_a^x f(t)\mathrm{d}t(x\in[a,b])$ 是 $f(x)$ 在区间$[a,b]$上的一个原函数.因而,**闭区间上的连续函数一定有原函数**.

设 $F(x)$是 $f(x)$在区间$[a,b]$上的任意一个原函数,则必有 $F(x)=\Phi(x)+C$.显然,$\Phi(x)=\int_a^a f(x)\mathrm{d}x=0$,从而 $C=F(a)$.于是,有 $\Phi(x)=F(x)-F(a)$.$\Phi(b)=F(b)-F(a)$.此即**牛顿-莱布尼兹公式**.

利用牛顿-莱布尼兹计算定积分的过程中,常常写成如下的形式:

$$\int_a^b f(x)\mathrm{d}x=[F(x)]_a^b=F(b)-F(a) \tag{6-12}$$

或

$$\int_a^b f(x)\mathrm{d}x=F(x)\big|_a^b=F(b)-F(a) \tag{6-13}$$

由拉格朗日中值定理,存在 $\xi\in(a,b)$,使得

$$\int_a^b f(x)\mathrm{d}x=F(b)-F(a)=f(\xi)(b-a) \tag{6-14}$$

这便是积分中值公式.注意到,上节中介绍的积分中值公式中的 $\xi\in[a,b]$,而现在我们知道,可以在开区间(a,b)内找到满足积分中值公式的 ξ.

例 6-3 求 $\int_{-1}^1\frac{\mathrm{d}x}{1+x^2}$.

解:$\int_{-1}^1\frac{\mathrm{d}x}{1+x^2}=2\int_0^1\frac{\mathrm{d}x}{1+x^2}=2[\arctan x]_0^1$

$$=2(\arctan 1-\arctan 0)=\frac{\pi}{2}.$$

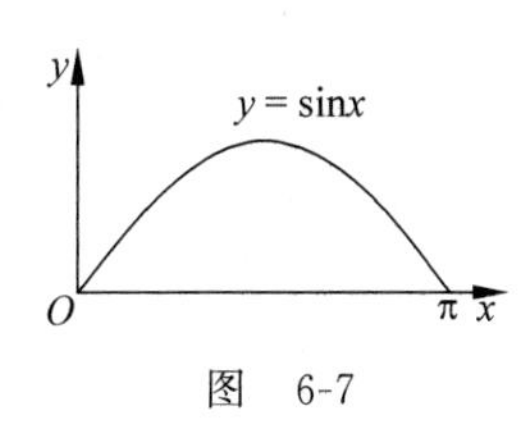

图 6-7

例 6-4 计算正弦曲线 $y=\sin x$ 相应于$[0,\pi]$上的那段与 x 轴围成的图形(图 6-7)的面积.

解：所求的面积为

$$\int_0^{\pi}\sin x\,\mathrm{d}x=[-\cos x]_0^{\pi}=(-\cos\pi+\cos 0)=2.$$

例 6-5 设 $f(x)=\begin{cases}\dfrac{1}{2}\sin x & 0\leqslant x\leqslant\pi\\ 0 & x<0\text{ 或 }x>\pi\end{cases}$，求 $F(x)=\int_0^x f(t)\mathrm{d}t$ 在 $(-\infty,+\infty)$ 内的表达式.

解：当 $0\leqslant x\leqslant\pi$，$0\leqslant t\leqslant x$ 时，$f(t)=\dfrac{1}{2}\sin t$.

$$F(x)=\int_0^x f(t)\mathrm{d}t=\int_0^x\frac{1}{2}\sin t\,\mathrm{d}t=\frac{1}{2}[-\cos t]_0^x=\frac{1}{2}(1-\cos x)=\sin^2\frac{x}{2}.$$

当 $x<0$，$x\leqslant t<0$ 时，$f(t)=0$.

$$F(x)=\int_0^x f(t)\mathrm{d}t=\int_0^x 0\mathrm{d}t=0.$$

当 $x>\pi$ 时，$F(x)=\int_0^{\pi}f(t)\mathrm{d}t+\int_{\pi}^x f(t)\mathrm{d}t=F(\pi)+\int_{\pi}^x f(t)\mathrm{d}t$.

而 $F(\pi)=\dfrac{1}{2}(1-\cos\pi)=1$，在 $[\pi,x]$ 上，$f(t)=0$. $\int_{\pi}^x f(t)\mathrm{d}t=0$. 从而当 $x>\pi$ 时，$F(x)=1$.

综上，有 $F(x)=\begin{cases}0, & x<0\\ \sin^2\dfrac{x}{2}, & 0\leqslant x\leqslant\pi.\\ 1, & x>\pi\end{cases}$

在线自测

习题 6-2

1. (1) $\dfrac{\mathrm{d}}{\mathrm{d}x}\int_0^x\sqrt{1+t^2}\,\mathrm{d}t=$_________；

   (2) $\dfrac{\mathrm{d}}{\mathrm{d}x}\int_1^x \mathrm{e}^{-t^2}\mathrm{d}t=$_________.

2. 计算下列定积分：

(1) $\int_1^2\left(x^2+\dfrac{1}{x^2}\right)\mathrm{d}x$；　(2) $\int_{\frac{1}{\sqrt{3}}}^{\sqrt{3}}\dfrac{\mathrm{d}x}{1+x^2}$；　(3) $\int_{-\frac{1}{2}}^{\frac{1}{2}}\dfrac{\mathrm{d}x}{\sqrt{1-x^2}}$；　(4) $\int_0^{2\pi}|\sin x|\,\mathrm{d}x$.

3. 设 $f(x)=\begin{cases}x+1, & x\leqslant 1\\ \dfrac{1}{2}x^2, & x>1\end{cases}$，计算 $\int_0^2 f(x)\mathrm{d}x$.

4. 设 $f(x)=\begin{cases}x^2 & 0\leqslant x<1\\ x & 1\leqslant x\leqslant 2\end{cases}$，求 $F(x)=\int_0^x f(t)\mathrm{d}t$ 在$[0,2]$内的表达式.

第三节　定积分的换元积分法与分部积分法

一、定积分的换元积分法

设函数 $u=\varphi(x)$ 在区间$[a,b]$上可微，$\varphi(a)=\alpha$，$\varphi(b)=\beta$，$F'(u)=f(u)$，则 $\{F[\varphi(x)]\}'=f[\varphi(x)]\varphi'(x)$，从而

$$\int_a^b f[\varphi(x)]\varphi'(x)\mathrm{d}x=F[\varphi(x)]\big|_a^b=F[\varphi(b)]-F[\varphi(a)]$$

$$=F(\beta)-F(\alpha)=F(u)\big|_\alpha^\beta=\int_\alpha^\beta f(u)\mathrm{d}u.$$

即

$$\int_a^b f[\varphi(x)]\varphi'(x)\mathrm{d}x \xlongequal{u=\varphi(x)} \int_\alpha^\beta f(u)\mathrm{d}u \tag{6-15}$$

上述公式从右到左可以写成

$$\int_\alpha^\beta f(x)\mathrm{d}x \xlongequal{x=\varphi(t)} \int_a^b f[\varphi(t)]\varphi'(t)\mathrm{d}t \tag{6-16}$$

公式(6-15)和式(6-16)称为定积分的**换元积分公式**.

注：应用公式(6-16)进行变量代换时，$\mathrm{d}x$ 和积分限要同时变.

例 6-6　求 $\int_0^{\frac{\pi}{2}}\cos^2x\sin x\,\mathrm{d}x$

解：$\int_0^{\frac{\pi}{2}}\cos^2x\sin x\,\mathrm{d}x=-\int_0^{\frac{\pi}{2}}\cos^2x\,\mathrm{d}\cos x$

$$\xlongequal{u=\cos x}-\int_1^0 u^2\mathrm{d}u=\int_0^1 u^2\mathrm{d}u=\left[\frac{1}{3}u^3\right]_0^1=\frac{1}{3}.$$

或 $\int_0^{\frac{\pi}{2}}\cos^2x\sin x\,\mathrm{d}x=-\int_0^{\frac{\pi}{2}}\cos^2x\,\mathrm{d}(\cos x)=-\frac{1}{3}[\cos^3x]_0^{\frac{\pi}{2}}=\frac{1}{3}$.

例 6-7　求 $\int_0^a\sqrt{a^2-x^2}\,\mathrm{d}x\,(a>0)$.

解：$\int_0^a\sqrt{a^2-x^2}\,\mathrm{d}x \xlongequal{x=a\sin t} \int_0^{\frac{\pi}{2}}a^2\cos^2t\,\mathrm{d}t$

$$=a^2\int_0^{\frac{\pi}{2}}\frac{1+\cos2t}{2}\mathrm{d}t=\frac{a^2}{2}\left[\int_0^{\frac{\pi}{2}}\mathrm{d}t+\frac{1}{2}\int_0^{\frac{\pi}{2}}\cos2t\,\mathrm{d}(2t)\right]$$

$$=\frac{a^2}{2}\left\{[t]_0^{\frac{\pi}{2}}+\frac{1}{2}[\sin2t]_0^{\frac{\pi}{2}}\right\}=\frac{\pi a^2}{4}.$$

例 6-8　证明：设 $f(x)$在$[-a,a]$上连续，

(1) 若 $f(x)$为偶函数，则 $\int_{-a}^a f(x)\mathrm{d}x=2\int_0^a f(x)\mathrm{d}x$；

(2) 若 $f(x)$为奇函数，则 $\int_{-a}^a f(x)\mathrm{d}x=0$.

证：$\int_{-a}^{a} f(x)\mathrm{d}x = \int_{-a}^{0} f(x)\mathrm{d}x + \int_{0}^{a} f(x)\mathrm{d}x$，

在$\int_{-a}^{0} f(x)\mathrm{d}x$ 中令 $x=-t$，则

$$\int_{-a}^{0} f(x)\mathrm{d}x = -\int_{a}^{0} f(-t)\mathrm{d}t = \int_{0}^{a} f(-t)\mathrm{d}t = \int_{0}^{a} f(-x)\mathrm{d}x.$$

(1) 若 $f(x)$为偶函数，则 $f(-x)=f(x)$，

$$\int_{-a}^{a} f(x)\mathrm{d}x = \int_{0}^{a} f(-x)\mathrm{d}x + \int_{0}^{a} f(x)\mathrm{d}x$$

$$= \int_{0}^{a} f(x)\mathrm{d}x + \int_{0}^{a} f(x)\mathrm{d}x = 2\int_{0}^{a} f(x)\mathrm{d}x.$$

(2) 若 $f(x)$为奇函数，则 $f(-x)=-f(x)$，

$$\int_{-a}^{a} f(x)\mathrm{d}x = \int_{0}^{a} f(-x)\mathrm{d}x + \int_{0}^{a} f(x)\mathrm{d}x$$

$$= -\int_{0}^{a} f(x)\mathrm{d}x + \int_{0}^{a} f(x)\mathrm{d}x = 0.$$

二、定积分的分部积分法

设函数 $u=u(x)$和 $v=v(x)$在$[a,b]$上有连续导数，则

$(uv)'=u'v+uv'$，$uv'=(uv)'-u'v$. 因为$\int_{a}^{b}(uv)'\mathrm{d}x = [uv]_a^b$，于是有

$$\int_{a}^{b} uv'\mathrm{d}x = [uv]_a^b - \int_{a}^{b} u'v\mathrm{d}x \tag{6-17}$$

公式(6-17)称为定积分的分部积分公式.

例 6-9 $\int_{0}^{\frac{1}{2}} \arcsin x\,\mathrm{d}x = [x\arcsin x]_0^{\frac{1}{2}} - \int_{0}^{\frac{1}{2}} \frac{x\,\mathrm{d}x}{\sqrt{1-x^2}}$

$$= \frac{1}{2}\cdot\frac{\pi}{6} + \frac{1}{2}\int_{0}^{\frac{1}{2}} \frac{1}{\sqrt{1-x^2}}\mathrm{d}(1-x^2)$$

$$= \frac{\pi}{12} + [\sqrt{1-x^2}]_0^{\frac{1}{2}} = \frac{\pi}{12} + \frac{\sqrt{3}}{2} - 1.$$

例 6-10 $\int_{0}^{1} \mathrm{e}^{\sqrt{x}}\mathrm{d}x \xlongequal[x=t^2]{\sqrt{x}=t} 2\int_{0}^{1} t\mathrm{e}^t\mathrm{d}t = 2\int_{0}^{1} t\,\mathrm{d}\mathrm{e}^t = 2[t\mathrm{e}^t]_0^1 - 2\int_{0}^{1} \mathrm{e}^t\mathrm{d}t$

$$= 2\mathrm{e} - 2[\mathrm{e}^t]_0^1 = 2\mathrm{e} - 2(\mathrm{e}-1) = 2.$$

例 6-11 $\int_{1}^{2} \ln x\,\mathrm{d}x = [x\ln x]_1^2 - \int_{1}^{2} \mathrm{d}t = 2\ln 2 - 1.$

例 6-12 设函数 $f(x)$是以 T 为周期的周期函数，且在一个周期内可积，证明：对任意的实数 a，都有$\int_{a}^{a+T} f(x)\mathrm{d}x = \int_{0}^{T} f(x)\mathrm{d}x$.

证：$\int_{a}^{a+T} f(x)\mathrm{d}x = \int_{a}^{0} f(x)\mathrm{d}x + \int_{0}^{T} f(x)\mathrm{d}x + \int_{T}^{a+T} f(x)\mathrm{d}x$.

因为$\int_{T}^{a+T} f(x)\mathrm{d}x \xlongequal{x=T+t} \int_{0}^{a} f(T+t)\mathrm{d}t = \int_{0}^{a} f(t)\mathrm{d}t = \int_{0}^{a} f(x)\mathrm{d}x = -\int_{a}^{0} f(x)\mathrm{d}x$，

所以$\int_{a}^{a+T} f(x)\mathrm{d}x = \int_{0}^{T} f(x)\mathrm{d}x$.

在线自测

习题 6-3

1. 证明：$\int_0^{2\pi}\sin^{2n+1}x\,\mathrm{d}x=\int_0^{2\pi}\cos^{2n+1}x\,\mathrm{d}x=0$（$n$ 为非负整数）.

2. 设 $f(x)$在$[0,1]$上连续，证明：

(1) $\int_0^{\frac{\pi}{2}}f(\sin x)\mathrm{d}x=\int_0^{\frac{\pi}{2}}f(\cos x)\mathrm{d}x$；

(2) $\int_0^{\pi}xf(\sin x)\mathrm{d}x=\frac{\pi}{2}\int_0^{\pi}f(\sin x)\mathrm{d}x$.

3. 计算下列定积分：

(1) $\int_0^{\frac{\pi}{2}}\cos^5x\sin x\,\mathrm{d}x$；(2) $\int_1^4\frac{\mathrm{d}x}{1+\sqrt{x}}$；(3) $\int_0^{\pi}\sqrt{1+\cos2x}\,\mathrm{d}x$.

4. 计算下列定积分：

(1) $\int_0^1 x\mathrm{e}^{-x}\mathrm{d}x$；(2) $\int_1^{\mathrm{e}}x\ln x\,\mathrm{d}x$；(3) $\int_0^{2\pi}x\sin x\,\mathrm{d}x$.

第四节　反常积分

定积分的积分区间$[a,b]$是有界闭区间，被积函数 $f(x)$是$[a,b]$上的有界函数. 由定积分可以定义无穷区间上函数的积分和闭区间上无界函数的积分，称之为**反常积分**，如下：

$$\int_a^{+\infty}f(x)\mathrm{d}x=\lim_{t\to+\infty}\int_a^t f(x)\mathrm{d}x；\quad \int_{-\infty}^b f(x)\mathrm{d}x=\lim_{t\to-\infty}\int_t^b f(x)\mathrm{d}x；$$

$$\int_{-\infty}^{+\infty}f(x)\mathrm{d}x=\int_{-\infty}^a f(x)\mathrm{d}x+\int_a^{+\infty}f(x)\mathrm{d}x；\quad \int_a^b f(x)\mathrm{d}x=\lim_{t\to a^+}\int_t^b f(x)\mathrm{d}x；$$

$$\int_a^b f(x)\mathrm{d}x=\lim_{t\to b^-}\int_a^t f(x)\mathrm{d}x；\quad \int_a^b f(x)\mathrm{d}x=\int_a^c f(x)\mathrm{d}x+\int_c^b f(x)\mathrm{d}x.$$

如果上述等式右边的极限存在，则称等式左边的反常积分收敛. 不收敛的反常积分称为发散的.

例 6-13　计算 $\int_0^{+\infty}t\mathrm{e}^{-t}\mathrm{d}t$.

解：
$$\begin{aligned}\int_0^{+\infty}t\mathrm{e}^{-t}\mathrm{d}t&=\lim_{b\to+\infty}\int_0^b t\mathrm{e}^{-t}\mathrm{d}t=-\lim_{b\to+\infty}\int_0^b t\,\mathrm{d}\mathrm{e}^{-t}=-\lim_{b\to+\infty}\left\{[t\mathrm{e}^{-t}]_0^b-\int_0^b\mathrm{e}^{-t}\mathrm{d}t\right\}\\&=-\lim_{b\to+\infty}\{b\mathrm{e}^{-b}+[\mathrm{e}^{-t}]_0^b\}=-\lim_{b\to+\infty}(b\mathrm{e}^{-b}+\mathrm{e}^{-b}-1)\\&=-\lim_{b\to+\infty}\frac{b}{\mathrm{e}^b}+1=-\lim_{b\to+\infty}\frac{(b)'}{(\mathrm{e}^b)'}+1=-\lim_{b\to+\infty}\frac{1}{\mathrm{e}^b}+1=1.\end{aligned}$$

例 6-14 计算反常积分$\int_{-\infty}^{+\infty}\frac{\mathrm{d}x}{1+x^2}$.

解：$\int_{-\infty}^{+\infty}\frac{\mathrm{d}x}{1+x^2}=\int_{-\infty}^{0}\frac{\mathrm{d}x}{1+x^2}+\int_{0}^{+\infty}\frac{\mathrm{d}x}{1+x^2}=\lim\limits_{a\to-\infty}\int_a^0\frac{1}{1+x^2}\mathrm{d}x+\lim\limits_{b\to+\infty}\int_0^b\frac{1}{1+x^2}\mathrm{d}x$

$$=\lim_{a\to-\infty}[\arctan x]_a^0+\lim_{b\to+\infty}[\arctan x]_0^b$$

$$=-\lim_{a\to-\infty}\arctan a+\lim_{b\to+\infty}\arctan b=-\left(-\frac{\pi}{2}\right)+\frac{\pi}{2}=\pi.$$

为方便起见，计算反常积分时，可写成如下形式：

$$\int_0^{+\infty}\frac{\mathrm{d}x}{1+x^2}=[\arctan x]_0^{+\infty}=\arctan(+\infty)-\arctan 0=\frac{\pi}{2}.$$

例 6-15 计算反常积分$\int_0^a\frac{\mathrm{d}x}{\sqrt{a^2-x^2}}(a>0)$.

解：因为$\lim\limits_{x\to a-0}\frac{1}{\sqrt{a^2-x^2}}=+\infty$，所以$x=a$为被积函数的无穷间断点.

$$\int_0^a\frac{\mathrm{d}x}{\sqrt{a^2-x^2}}=\lim_{t\to a^-}\int_0^t\frac{\mathrm{d}x}{\sqrt{a^2-x^2}}=\lim_{t\to a^-}\left[\arcsin\frac{x}{a}\right]_0^t=\lim_{t\to a^-}\arcsin\frac{t}{a}=\arcsin 1=\frac{\pi}{2}.$$

或$\int_0^a\frac{\mathrm{d}x}{\sqrt{a^2-x^2}}=\left[\arcsin\frac{x}{a}\right]_0^a=\arcsin 1=\frac{\pi}{2}$.

例 6-16 计算$\int_{-1}^1\frac{1}{x^2}\mathrm{d}x$.

解：因为函数$\frac{1}{x^2}$在$x=0$处不连续，所以$\int_{-1}^1\frac{1}{x^2}\mathrm{d}x=\left[-\frac{1}{x}\right]_{-1}^1=-2$是错误的. 正确的做法如下：

$$\int_{-1}^1\frac{1}{x^2}\mathrm{d}x=\int_{-1}^0\frac{1}{x^2}\mathrm{d}x+\int_0^1\frac{1}{x^2}\mathrm{d}x,$$

$$\int_0^1\frac{1}{x^2}\mathrm{d}x=\lim_{a\to0^+}\int_a^1\frac{1}{x^2}\mathrm{d}x=\lim_{a\to0^+}\left[-\frac{1}{x}\right]_a^1=\lim_{a\to0^+}\left(-1+\frac{1}{a}\right)=+\infty,$$

$$\int_{-1}^0\frac{1}{x^2}\mathrm{d}x=\lim_{b\to0^-}\int_{-1}^b\frac{1}{x^2}\mathrm{d}x=\lim_{b\to0^-}\left[-\frac{1}{x}\right]_{-1}^b=\lim_{b\to0^-}\left(-\frac{1}{b}+1\right)=+\infty,$$

故$\int_{-1}^1\frac{1}{x^2}\mathrm{d}x=+\infty$发散.

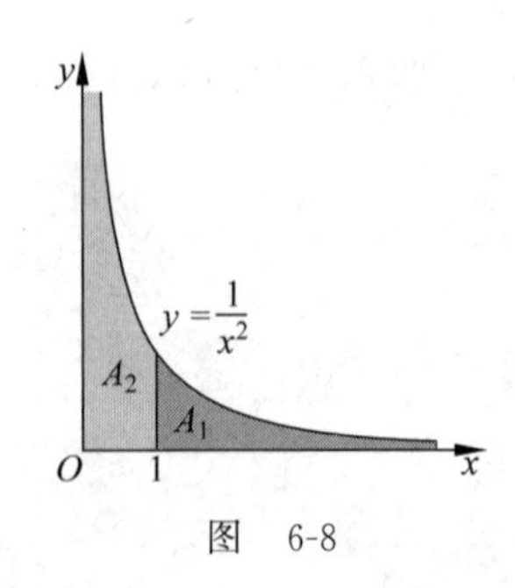

图 6-8

例 6-17 计算由曲线$y=\frac{1}{x^2}$和直线$x=1$分别与x轴和y轴围成的图形的面积A_1和A_2，如图 6-8 所示.

解：$A_1=\int_1^{+\infty}\frac{1}{x^2}\mathrm{d}x=-\left[\frac{1}{x}\right]_1^{+\infty}=-\left(\lim\limits_{x\to+\infty}\frac{1}{x}-1\right)=1$,

$$A_2=\int_0^1\frac{1}{x^2}\mathrm{d}x=-\left[\frac{1}{x}\right]_0^1=-\left(1-\lim_{x\to0^+}\frac{1}{x}\right)=+\infty.$$

例 6-18 证明：对任意的$a>0$，反常积分$\int_a^{+\infty}\frac{1}{x^p}\mathrm{d}x$当$p>1$

时收敛，当 $p\leqslant 1$ 时发散.

证：当 $p=1$ 时，$\int_a^{+\infty}\frac{1}{x}\mathrm{d}x=\lim\limits_{b\to+\infty}\int_a^b\frac{1}{x}\mathrm{d}x=\lim\limits_{b\to+\infty}[\ln x]_a^b=\lim\limits_{x\to+\infty}(\ln b-\ln a)=+\infty$.

当 $p\neq 1$ 时，$\int_a^{+\infty}\frac{1}{x^p}\mathrm{d}x=\lim\limits_{b\to+\infty}\int_a^b\frac{1}{x^p}\mathrm{d}x=\lim\limits_{b\to+\infty}\left[\frac{x^{1-p}}{1-p}\right]_a^b=\lim\limits_{b\to+\infty}\frac{b^{1-p}}{1-p}-\frac{a^{1-p}}{1-p}$.

当 $p>1$ 时，$\lim\limits_{b\to+\infty}\frac{b^{1-p}}{1-p}=0$. $\int_a^{+\infty}\frac{1}{x^p}\mathrm{d}x$ 收敛.

当 $p<1$ 时，$\lim\limits_{b\to+\infty}\frac{b^{1-p}}{1-p}=+\infty$. $\int_a^{+\infty}\frac{1}{x^p}\mathrm{d}x=+\infty$.

综上，反常积分 $\int_a^{+\infty}\frac{1}{x^p}\mathrm{d}x$ 当 $p>1$ 时收敛，当 $p\leqslant 1$ 时发散.

例 6-19　证明：对任意的 $b>0$，反常积分 $\int_0^b\frac{1}{x^p}\mathrm{d}x$ 当 $p<1$ 时收敛，当 $p\geqslant 1$ 时发散.

证：当 $p=1$ 时，$\int_0^b\frac{1}{x}\mathrm{d}x=\lim\limits_{a\to0^+}\int_a^b\frac{1}{x}\mathrm{d}x=\lim\limits_{a\to0^+}[\ln x]_a^b=\ln b-\lim\limits_{a\to0^+}\ln a=+\infty$.

当 $p\neq 1$ 时，$\int_0^b\frac{1}{x^p}\mathrm{d}x=\lim\limits_{a\to0^+}\int_a^b\frac{1}{x^p}\mathrm{d}x=\lim\limits_{a\to0^+}\left[\frac{x^{1-p}}{1-p}\right]_a^b=\frac{b^{1-p}}{1-p}-\lim\limits_{a\to0^+}\frac{a^{1-p}}{1-p}$.

当 $p<1$ 时，$\lim\limits_{a\to0^+}\frac{a^{1-p}}{1-p}=0$. $\int_0^b\frac{1}{x^p}\mathrm{d}x=\frac{b^{1-p}}{1-p}$.

当 $p>1$ 时，$\lim\limits_{a\to0^+}\frac{a^{1-p}}{1-p}=-\infty$. $\int_0^b\frac{1}{x^p}\mathrm{d}x=+\infty$.

综上，反常积分 $\int_0^b\frac{1}{x^p}\mathrm{d}x$ 当 $p<1$ 时收敛，当 $p\geqslant 1$ 时发散.

特别地，$\int_0^b\frac{1}{x^2}\mathrm{d}x$ 发散，$\int_0^b\frac{1}{\sqrt{x}}\mathrm{d}x$ 收敛.

在线自测

习题 6-4

1. 讨论反常积分 $\int_2^{+\infty}\frac{1}{x(\ln x)^p}\mathrm{d}x$ 当 p 为何值时收敛，当 p 为何值时发散.

2. 计算下列反常积分：

(1) $\int_0^{+\infty}\mathrm{e}^{-x}\sin x\,\mathrm{d}x$；　(2) $\int_1^{\mathrm{e}}\frac{\mathrm{d}x}{x\sqrt{1-(\ln x)^2}}$；　(3) $\int_0^1\frac{\ln x}{\sqrt{x}}\mathrm{d}x$.

第五节　定积分的几何应用

一、平面图形的面积

（一）曲边梯形的面积

由两条连续曲线 $y=f_1(x),y=f_2(x)(f_1(x)\leqslant f_2(x))$，两直线 $x=a,x=b(a<b)$ 所围成的平面图形称为**曲边梯形**，其面积为 A.

设由两条连续曲线 $y=f_1(x),y=f_2(x)(f_1(x)\leqslant f_2(x))$，两直线 $x=a,x=t(a\leqslant t)$ 所围成的平面图形的面积为 $F(t)$，则 $F(a)=0,F(b)=A$，如图 6-9 所示.

对 $[a,b]$ 内任意点 $x,x+\Delta x$，如图 6-10 所示，有

$$\min_{t\in[x,x+\Delta x]}[f_2(t)-f_1(t)]\Delta x\leqslant F(x+\Delta x)-F(x)\leqslant\max_{t\in[x,x+\Delta x]}[f_2(t)-f_1(t)]\Delta x,$$

$$\min_{t\in[x,x+\Delta x]}[f_2(t)-f_1(t)]\leqslant\frac{F(x+\Delta x)-F(x)}{\Delta x}\leqslant\max_{t\in[x,x+\Delta x]}[f_2(t)-f_1(t)],$$

因为当 $\Delta x\to 0$ 时，

$$\min_{t\in[x,x+\Delta x]}[f_2(t)-f_1(t)]\to f_2(x)-f_1(x),$$

$$\max_{t\in[x,x+\Delta x]}[f_2(t)-f_1(t)]\to f_2(x)-f_1(x)$$

从而 $\lim\limits_{\Delta x\to 0}\dfrac{F(x+\Delta x)-F(x)}{\Delta x}=f_2(x)-f_1(x)$. 即 $F'(x)=f_2(x)-f_1(x)$. 于是

$$\int_a^b[f_2(x)-f_1(x)]\mathrm{d}x=F(b)-F(a)=F(b)=A.$$

即有曲边梯形的面积公式

$$A=\int_a^b[f_2(x)-f_1(x)]\mathrm{d}x \tag{6-18}$$

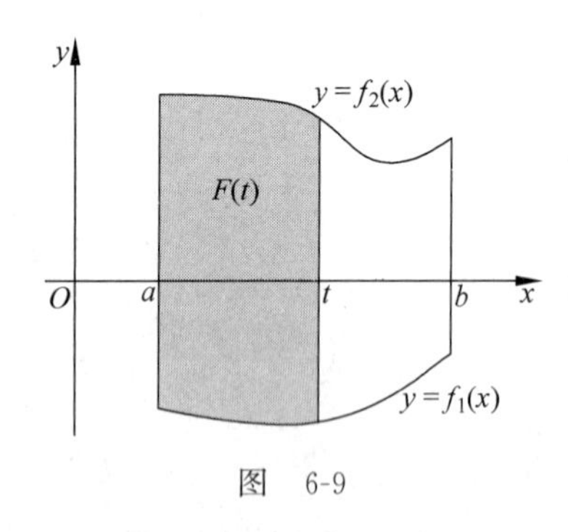

图　6-9

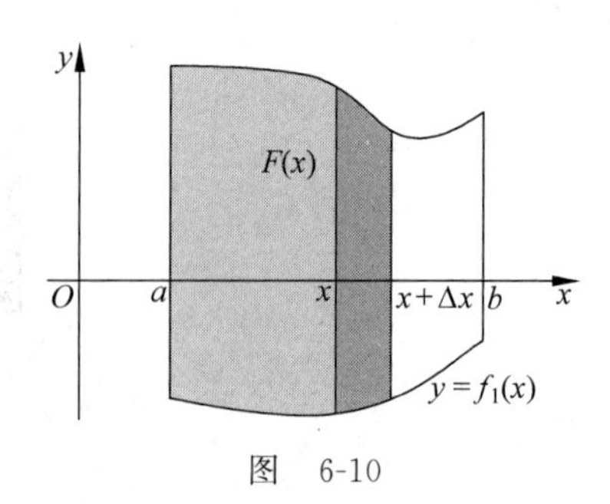

图　6-10

例 6-20　计算由抛物线 $y=x^2$ 与 $x=y^2$ 所围成的图形的面积，如图 6-11 所示.

解：曲线的交点：(0,0)，(1,1). 所求的面积为

$$A=\int_0^1(\sqrt{x}-x^2)\mathrm{d}x=\left[\frac{2}{3}x^{\frac{3}{2}}-\frac{x^3}{3}\right]_0^1=\frac{1}{3}.$$

例 6-21　计算椭圆 $\dfrac{x^2}{a^2}+\dfrac{y^2}{b^2}=1$ 的面积，如图 6-12 所示.

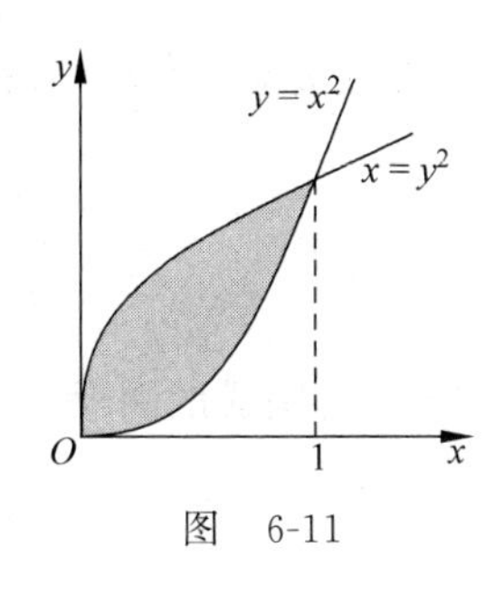

图　6-11

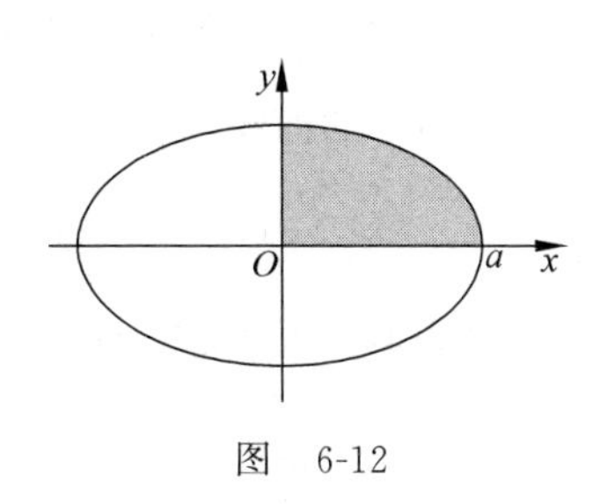

图　6-12

解：第一象限的椭圆可表示为

$$y=\frac{b}{a}\sqrt{a^2-x^2},\quad 0\leqslant x\leqslant a.$$

椭圆的面积为

$$A=4\int_0^a \frac{b}{a}\sqrt{a^2-x^2}\,\mathrm{d}x \xlongequal{x=a\sin t} \frac{4b}{a}\int_0^{\frac{\pi}{2}} a^2\cos^2 t\,\mathrm{d}t=2ab\int_0^{\frac{\pi}{2}}(1+\cos 2t)\,\mathrm{d}t=\pi ab.$$

当 $a=b=r$ 时，得圆面积公式 πr^2.

例 6-22　计算摆线的一拱 $\begin{cases}x=a(t-\sin t)\\ y=a(1-\cos t)\end{cases}$ $(a>0,$ $0\leqslant t\leqslant 2\pi)$ 与 x 轴所围图形的面积 A，如图 6-13 所示.

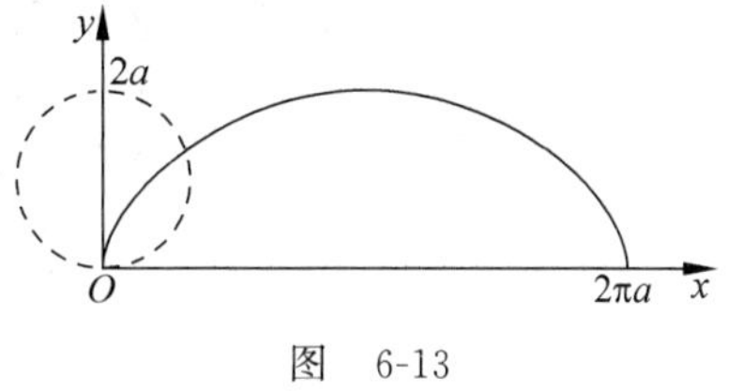

图　6-13

解：$t=0\leftrightarrow x=0$；$t=2\pi\leftrightarrow x=2\pi a$.

所求的面积为

$$\begin{aligned}A&=\int_0^{2\pi a} y\,\mathrm{d}x=\int_0^{2\pi} a(1-\cos t)\,\mathrm{d}[a(t-\sin t)]\\&=\int_0^{2\pi} a^2(1-\cos t)^2\,\mathrm{d}t=a^2\int_0^{2\pi}(1-2\cos t+\cos^2 t)\,\mathrm{d}t\\&=a^2\int_0^{2\pi}\left(1-2\cos t+\frac{1+\cos 2t}{2}\right)\mathrm{d}t=a^2\int_0^{2\pi}\left(\frac{3}{2}-2\cos t+\frac{1}{2}\cos 2t\right)\mathrm{d}t=3\pi a^2.\end{aligned}$$

（二）曲边扇形的面积

由连续曲线 $r=r(\theta)$ 和两条射线 $\theta=\alpha,\theta=\beta(\alpha<\beta)$ 所围图形称为以 $r=r(\theta)$ 为曲边的**曲边扇形**，如图 6-14 所示. 设其面积为 A.

设由极角分别为 α 和 $\theta(\alpha\leqslant\theta\leqslant\beta)$ 的射线，曲线 $r=r(\theta)$ 围成的曲边扇形的面积为 $\Phi(\theta)$，则 $\Phi(\alpha)=0,\Phi(\beta)=0$.

设由极角分别为 θ 和 $\theta+\Delta\theta$ 的射线，曲线 $r=r(\theta)$ 围成的曲边扇形的面积为 $\Delta A=\Phi(\theta+\Delta\theta)-\Phi(\theta)$，则

$$\min_{t\in[\theta,\theta+\Delta\theta]}\frac{1}{2}r^2(t)\Delta\theta\leqslant\Delta A\leqslant\max_{t\in[\theta,\theta+\Delta\theta]}\frac{1}{2}r^2(t)\Delta\theta,$$

$$\min_{t\in[\theta,\theta+\Delta\theta]}\frac{1}{2}r^2(t)\leqslant\frac{\Delta A}{\Delta\theta}\leqslant\max_{t\in[\theta,\theta+\Delta\theta]}\frac{1}{2}r^2(t),$$

$$\Phi'(\theta)=\lim_{\Delta\theta\to 0}\frac{\Delta A}{\Delta\theta}=\frac{1}{2}r^2(\theta).$$

故 $\frac{1}{2}\int_{\alpha}^{\beta} r^{2}(\theta)\mathrm{d}\theta=\Phi(\beta)-\Phi(\alpha)=\Phi(\beta)=A$. 即,由连续曲线 $r=r(\theta)$ 和两条射线 $\theta=\alpha$, $\theta=\beta(\alpha<\beta)$ 所围的图形的面积为

$$A=\frac{1}{2}\int_{\alpha}^{\beta} r^{2}(\theta)\mathrm{d}\theta \tag{6-19}$$

例 6-23 计算心形线 $r=a(1+\cos\theta)(0\leqslant\theta\leqslant 2\pi)$(图 6-15)所围成的图形的面积.

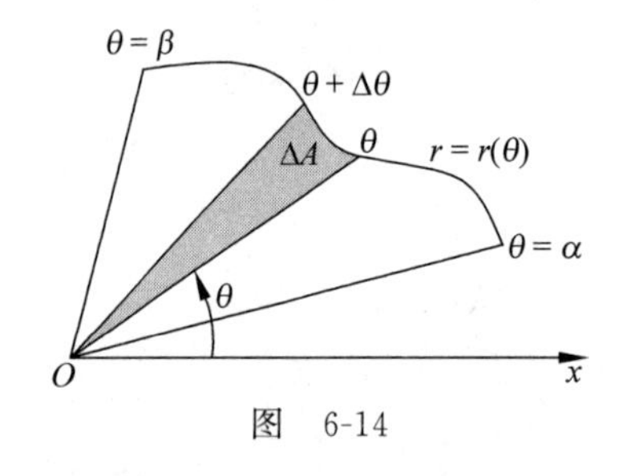

图 6-14

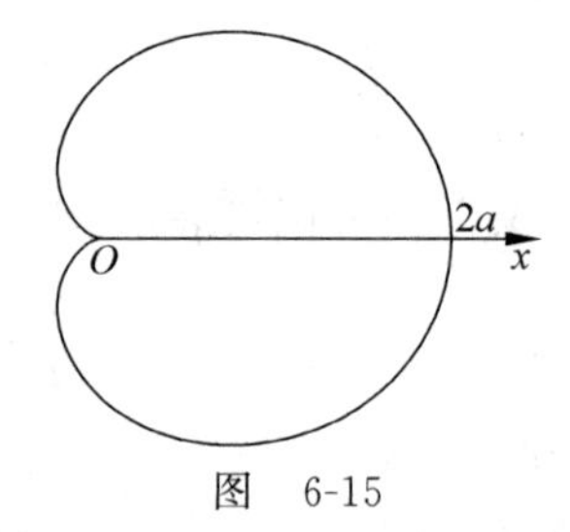

图 6-15

解:所求的面积为

$$\begin{aligned}A&=\frac{1}{2}\int_{0}^{2\pi} r^{2}(\theta)\mathrm{d}\theta=\frac{1}{2}a^{2}\int_{0}^{2\pi}(1+\cos\theta)^{2}\mathrm{d}\theta\\&=\frac{1}{2}a^{2}\int_{0}^{2\pi}(1+2\cos\theta+\cos^{2}\theta)\mathrm{d}\theta\\&=\frac{1}{2}a^{2}\int_{0}^{2\pi}\left(\frac{3}{2}+2\cos\theta+\cos 2\theta\right)\mathrm{d}\theta\\&=\frac{1}{2}a^{2}\left[\frac{3}{2}+2\sin\theta+\frac{1}{4}\sin 2\theta\right]_{0}^{2\pi}=\frac{3}{2}\pi a^{2}.\end{aligned}$$

例 6-24 计算双纽线 $r^{2}=a^{2}\cos 2\theta$(图 6-16)所围成的图形的面积.

解:从曲线方程可以看出,θ 的取值范围为 $\left[-\frac{\pi}{4},\frac{\pi}{4}\right]\cup\left[\frac{3\pi}{4},\frac{5\pi}{4}\right]$. 所求的面积为

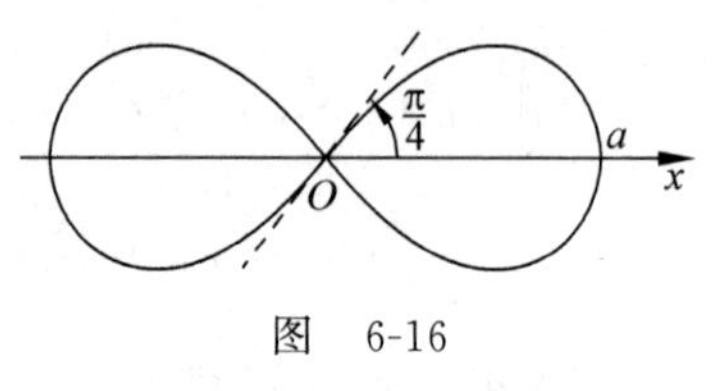

图 6-16

$$A=4\int_{0}^{\frac{\pi}{4}}\frac{1}{2}a^{2}\cos 2\theta\mathrm{d}\theta=a^{2}.$$

二、立体的体积

(一) 一般立体的体积

假设一个立体介于分别过 x 轴上的 a,b 两点且与 x 轴垂直的两个平面之间,其体积为 V. 过区间 $[a,b]$ 内任一点 x,做与 x 轴垂直的平面. 该平面截立体所得截面的面积已知为 $A(x)$,且 $A(x)$ 在 $[a,b]$ 上连续,如图 6-17 所示.

设介于分别过 x 轴上的 a,x 两点且与 x 轴垂直的两个平面之间的那部分立体的体积为 $V(x)$,如图 6-17 所示,则 $V(a)=0,V(b)=V$. 对 $[a,b]$ 的任一子区间 $[x,x+\Delta x]$,分别过 x 和 $x+\Delta x$ 做与 x 轴垂直的平面,如图 6-18 所示. 介于这两个平面之间的立体的体积 $\Delta V=V(x+\Delta x)-V(x)$ 满足

$$\min_{t\in[x,x+\Delta x]} A(t)\Delta x \leqslant \Delta V \leqslant \max_{t\in[x,x+\Delta x]} A(t)\Delta x$$

$$\min_{t\in[x,x+\Delta x]} A(t) \leqslant \frac{\Delta V}{\Delta x} \leqslant \max_{t\in[x,x+\Delta x]} A(t)$$

$$V'(x) = \lim_{\Delta x\to 0}\frac{\Delta V}{\Delta x} = A(x)$$

$$\int_a^b A(x)\mathrm{d}x = V(b) - V(a) = V$$

即，区间$[a,b]$上平行截面的面积已知为$A(x)$的立体体积为

$$V = \int_a^b A(x)\mathrm{d}x \tag{6-20}$$

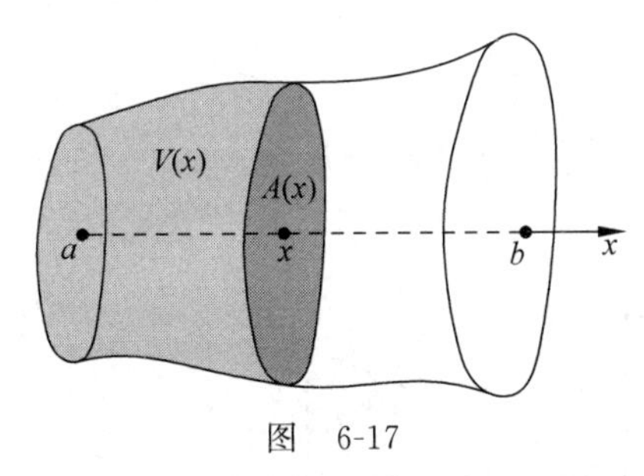

图　6-17

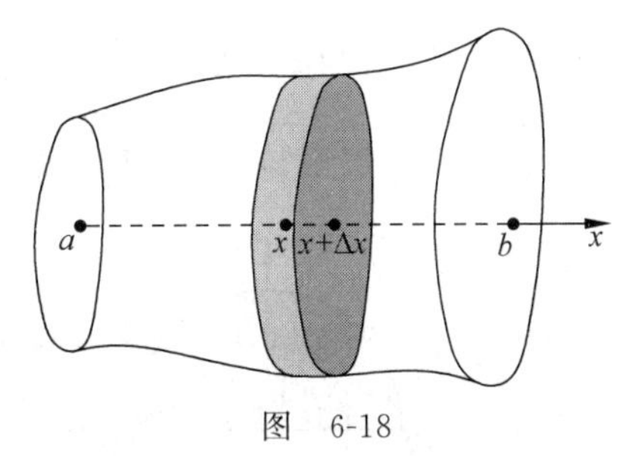

图　6-18

上述立体可以看作是由无穷多个垂直于x轴的平行平面构成的，而每个平面的"体积"为$A(x)\mathrm{d}x$，于是，立体的体积等于这无穷多个平行平面的"体积"之和，即等于$A(x)\mathrm{d}x$的积分.

（二）旋转体的体积

一平面图形绕平面上的一条定直线旋转一周所得到的立体叫作**旋转体**. 定直线叫作**旋转轴**. 例如，圆柱体可以由矩形绕其一边旋转一周而成，球体可由半圆绕其直径旋转一周而成.

设一旋转体是由连续曲线$y=f(x)$及两条直线$x=a$和$x=b(a<b)$与x轴所围成的平面图形绕x轴旋转而成. 过$[a,b]$内任一点x，做垂直于x轴的平面，它与旋转体的截面是一个半径为$|f(x)|$的圆面，如图6-19所示，其面积为$A(x)=\pi[f(x)]^2$. 于是，旋转体的体积为

$$V = \pi\int_a^b [f(x)]^2\mathrm{d}x \tag{6-21}$$

平面图形$0\leqslant a\leqslant x\leqslant b, 0\leqslant y\leqslant f(x)$绕$y$轴旋转得到的旋转体可以看作是由无穷多条平行线段绕$y$轴旋转所成的圆柱面构成的，如图6-20所示. 而由过x轴上的点x且平行于y轴的线段绕y轴旋转所成的圆柱面的侧面积为$2\pi xf(x)$，故旋转体的体积为

$$V = 2\pi\int_a^b xf(x)\mathrm{d}x \tag{6-22}$$

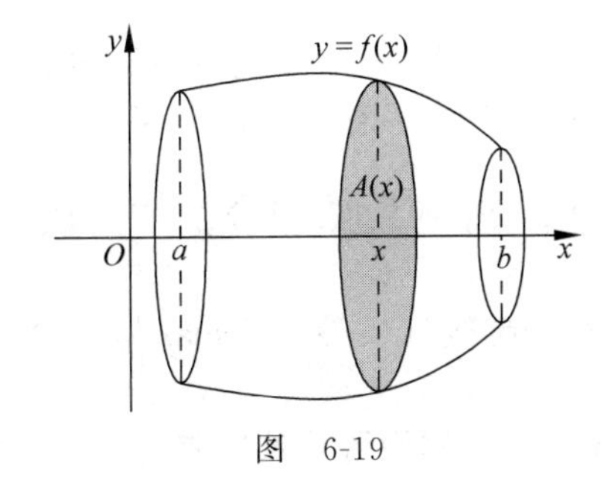

图　6-19

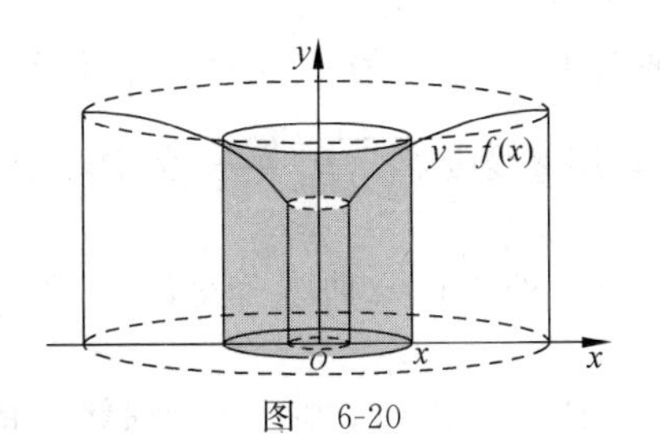

图　6-20

例 6-25 求半径为 R 的球的体积.

解：半径为 R 的球可以看作是由上半圆周 $y=\sqrt{R^2-x^2}$ 和 x 轴围成的平面图形绕 x 轴旋转而成的，如图 6-21 所示. 于是其体积为

$$V=\pi\int_{-R}^{R}y^2\mathrm{d}x=2\pi\int_0^R(R^2-x^2)\mathrm{d}x$$

$$=2\pi\left[R^2x-\frac{1}{3}x^3\right]_0^R=2\pi\left(R^3-\frac{1}{3}R^3\right)=\frac{4}{3}\pi R^3$$

例 6-26 求底圆半径为 R、高为 h 的圆锥体的体积.

解：底圆半径为 R、高为 h 的圆锥体可以由直线 $y=\dfrac{R}{h}x$，$x=h$ 和 x 轴围成的直角三角形绕 x 轴旋转而成，如图 6-22 所示. 于是其体积为

$$V=\pi\int_0^h y^2\mathrm{d}x=\pi\int_0^h\left(\frac{R}{h}x\right)^2\mathrm{d}x=\frac{\pi R^2}{h^2}\left[\frac{1}{3}x^3\right]_0^h=\frac{1}{3}\pi R^2h.$$

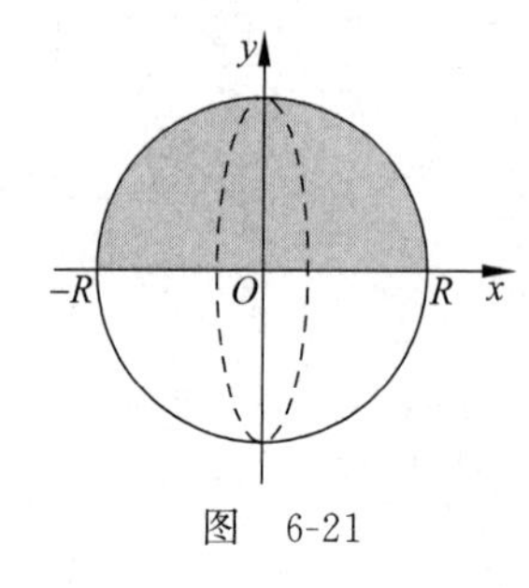

图 6-21

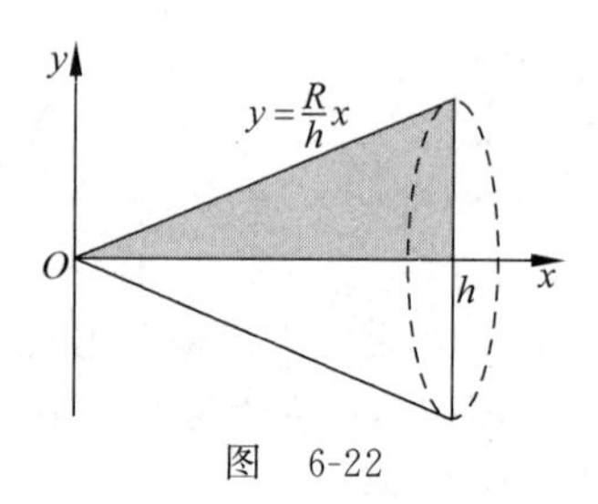

图 6-22

例 6-27 求曲线 $y=\sin x(0\leqslant x\leqslant\pi)$ 与 x 轴所围成的平面图形(图 6-23)分别绕 x 轴和 y 轴旋转而成的旋转体的体积.

解：绕 x 轴旋转而成的旋转体的体积为

$$V_x=\pi\int_0^\pi\sin^2x\,\mathrm{d}x=\pi\int_0^\pi\frac{1-\cos 2x}{2}\mathrm{d}x=\frac{\pi^2}{2}.$$

绕 y 轴旋转而成的旋转体的体积为

$$V_y=2\pi\int_0^\pi x\sin x\,\mathrm{d}x=-2\pi\int_0^\pi x\,\mathrm{d}\cos x$$

$$=-2\pi\left(x\cos x\Big|_0^\pi-\int_0^\pi\cos x\,\mathrm{d}x\right)=-2\pi\left(-\pi-\sin x\Big|_0^\pi\right)=2\pi^2.$$

三、平面曲线的弧长

设平面曲线 C 的方程为 $y=f(x)(a\leqslant x\leqslant b)$，且 $f(x)$ 在 $[a,b]$ 上有连续的导函数(此时称曲线 C 为**光滑的**). 将曲线 C 任意地分成 n 个小弧段 $P_0P_1,P_1P_2,\cdots,P_{n-1}P_n$，如图 6-24. 用直线段 $\overline{P_{k-1}P_k}$ 的长度 $|P_{k-1}P_k|$ 代替弧段 $P_{k-1}P_k$ 的长度. 用 $\sum\limits_{k=1}^{n}|P_{k-1}P_k|$ 近似代替曲线 C 的弧长 s. 曲线分得越细，则 $\sum\limits_{k=1}^{n}|P_{k-1}P_k|$ 越接近 s. 令 $\lambda=\max\limits_{1\leqslant k\leqslant n}|P_{k-1}P_k|$. 若 $\lim\limits_{\lambda\to 0}\sum\limits_{k=1}^{n}|P_{k-1}P_k|=s$，则称 s 为**曲线 C 的弧长**. 这样的曲线称为**可求长的曲线**.

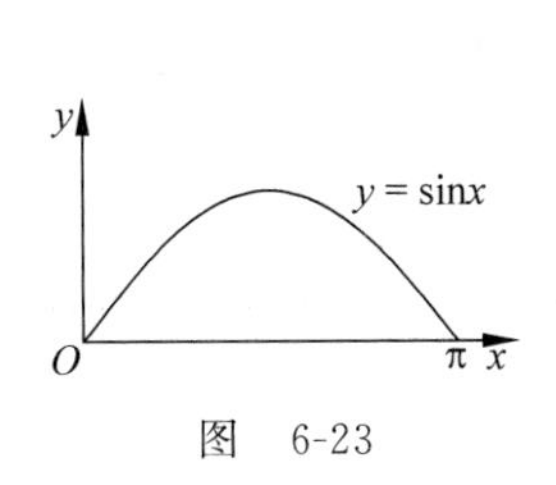

图　6-23

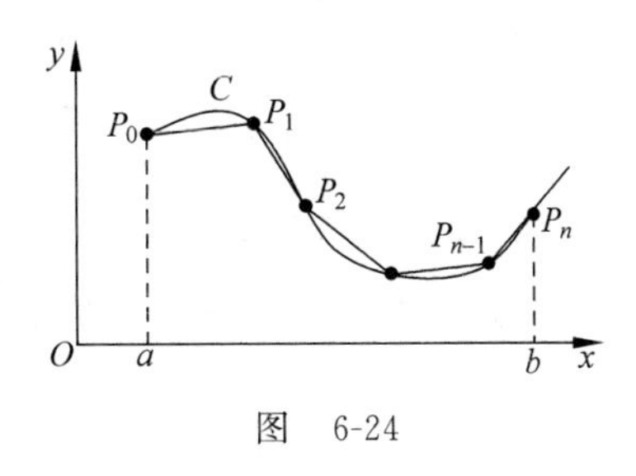

图　6-24

定理 6-2　设平面曲线 C 的方程为 $y=f(x)(a\leqslant x\leqslant b)$，且 $f(x)$ 在 $[a,b]$ 上有连续的导函数，则曲线 C 的弧长 s 满足

$$\min_{x\in[a,b]}\sqrt{1+[f'(x)]^2}(b-a)\leqslant s\leqslant\max_{x\in[a,b]}\sqrt{1+[f'(x)]^2}(b-a) \tag{6-23}$$

证：设点 P_k 的坐标为 (x_k,y_k)，则 $|P_{k-1}P_k|=\sqrt{(x_k-x_{k-1})^2+(y_k-y_{k-1})^2}$. 由拉格朗日中值定理，存在 $\xi_k\in(x_{k-1},x_k)$，使得 $y_k-y_{k-1}=f'(\xi_k)(x_k-x_{k-1})$. 于是

$$|P_{k-1}P_k|=\sqrt{(x_k-x_{k-1})^2+[f'(\xi_k)(x_k-x_{k-1})]^2}=\sqrt{1+[f'(\xi_k)]^2}(x_k-x_{k-1}).$$

因为对所有的 $k(1\leqslant k\leqslant n)$，有

$$\min_{x\in[a,b]}\sqrt{1+[f'(x)]^2}\leqslant\sqrt{1+[f'(\xi_k)]^2}\leqslant\max_{x\in[a,b]}\sqrt{1+[f'(x)]^2},$$

所以

$$\min_{x\in[a,b]}\sqrt{1+[f'(x)]^2}(b-a)\leqslant\sum_{k=1}^{n}|P_{k-1}P_k|\leqslant\max_{x\in[a,b]}\sqrt{1+[f'(x)]^2}(b-a).$$

因为当 $\lambda=\max\limits_{1\leqslant k\leqslant n}|P_{k-1}P_k|\to 0$ 时，$\sum\limits_{k=1}^{n}|P_{k-1}P_k|\to s$，所以有

$$\min_{x\in[a,b]}\sqrt{1+[f'(x)]^2}(b-a)\leqslant s\leqslant\max_{x\in[a,b]}\sqrt{1+[f'(x)]^2}(b-a)$$

下面我们推导曲线弧长的计算公式.

对 $[a,b]$ 内任一点 x，设曲线 C 上对应于区间 $[a,x]$ 上的那部分弧段的长度为 $s(x)$，则 $s(a)=0$，$s(b)=s$. 由定理 6-2，对 $[a,b]$ 的任一子区间 $[x,x+\Delta x]$，其对应的曲线弧长 $\Delta s=s(x+\Delta x)-s(x)$ 满足

$$\min_{t\in[x,x+\Delta x]}\sqrt{1+[f'(t)]^2}\Delta x\leqslant\Delta s\leqslant\max_{t\in[x,x+\Delta x]}\sqrt{1+[f'(t)]^2}\Delta x,$$

$$\min_{t\in[x,x+\Delta x]}\sqrt{1+[f'(t)]^2}\leqslant\frac{\Delta s}{\Delta x}\leqslant\max_{t\in[x,x+\Delta x]}\sqrt{1+[f'(t)]^2},$$

$$s'(x)=\lim_{\Delta x\to 0}\frac{\Delta s}{\Delta x}=\sqrt{1+[f'(x)]^2}.$$

$$\int_a^b\sqrt{1+[f'(x)]^2}\,\mathrm{d}x=s(b)-s(a)=s(b)=s.$$

于是，有曲线弧长的积分公式

$$s=\int_a^b\sqrt{1+[f'(x)]^2}\,\mathrm{d}x \tag{6-24}$$

称 $\mathrm{d}s=\sqrt{1+[f'(x)]^2}\,\mathrm{d}x=\sqrt{1+(y')^2}\,\mathrm{d}x=\sqrt{(\mathrm{d}x)^2+(\mathrm{d}y)^2}$ 为弧长的微分元.

设曲线 C 由参数方程 $x=x(t)$，$y=y(t)(\alpha\leqslant t\leqslant\beta)$ 表示，其中，$x'(t)$，$y'(t)$ 在区间

$[\alpha,\beta]$上连续，且$[x'(t)]^2+[y'(t)]^2\neq 0$(曲线 C 是光滑的)，则曲线 C 的弧长公式为

$$s=\int_{\alpha}^{\beta}\sqrt{[x'(t)]^2+[y'(t)]^2}\,\mathrm{d}t \tag{6-25}$$

弧微分元 $\mathrm{d}s=\sqrt{[x'(t)]^2+[y'(t)]^2}\,\mathrm{d}t$.

设平面曲线 C 的极坐标方程为 $r=r(\theta)(\alpha\leqslant\theta\leqslant\beta)$且 $r(\theta)$在$[\alpha,\beta]$上有连续的导函数，令 $x=r(\theta)\cos\theta, y=r(\theta)\sin\theta$，则

$$\frac{\mathrm{d}x}{\mathrm{d}\theta}=r'(\theta)\cos\theta-r(\theta)\sin\theta,\quad \frac{\mathrm{d}y}{\mathrm{d}\theta}=r'(\theta)\sin\theta+r(\theta)\cos\theta,$$

$$\mathrm{d}s=\sqrt{\left(\frac{\mathrm{d}x}{\mathrm{d}\theta}\right)^2+\left(\frac{\mathrm{d}y}{\mathrm{d}\theta}\right)^2}\,\mathrm{d}\theta=\sqrt{r'^2(\theta)+r^2(\theta)}\,\mathrm{d}\theta.$$

于是平面曲线 C 的弧长为

$$s=\int_{\alpha}^{\beta}\sqrt{r'^2(\theta)+r^2(\theta)}\,\mathrm{d}\theta \tag{6-26}$$

例 6-28 求半径为 R 的圆周长.

解法 1：设圆的方程为 $x^2+y^2=R^2$. 其在第一象限的弧段为 $y=\sqrt{R^2-x^2}, 0\leqslant x\leqslant R$. $y'=\dfrac{-x}{\sqrt{R^2-x^2}}$. 圆的周长是第一象限圆弧的 4 倍. 于是，圆周长为

$$\begin{aligned}s&=4\int_0^R\sqrt{1+y'^2}\,\mathrm{d}x=4\int_0^R\sqrt{1+\left(\frac{-x}{\sqrt{R^2-x^2}}\right)^2}\,\mathrm{d}x\\&=4R\int_0^R\frac{\mathrm{d}x}{\sqrt{R^2-x^2}}\xlongequal{x=R\sin t}4R\int_0^{\frac{\pi}{2}}\frac{R\cos t}{R\cos t}\mathrm{d}t=4R\int_0^{\frac{\pi}{2}}\mathrm{d}t=2\pi R\end{aligned}$$

解法 2：设圆的参数方程为 $x=R\cos\theta, y=R\sin\theta, 0\leqslant\theta\leqslant 2\pi$. 圆周长为

$$s=\int_0^{2\pi}\sqrt{\left(\frac{\mathrm{d}x}{\mathrm{d}\theta}\right)^2+\left(\frac{\mathrm{d}y}{\mathrm{d}\theta}\right)^2}\,\mathrm{d}\theta=\int_0^{2\pi}R\,\mathrm{d}\theta=2\pi R$$

解法 3：圆的极坐标方程为 $r=R, 0\leqslant\theta\leqslant 2\pi$. 圆周长为

$$s=\int_0^{2\pi}\sqrt{r'^2(\theta)+r^2(\theta)}\,\mathrm{d}\theta=\int_0^{2\pi}R\,\mathrm{d}\theta=2\pi R$$

注：椭圆的参数方程为 $x=a\cos t, y=b\sin t, 0\leqslant t\leqslant 2\pi$. 其周长为 $s=\int_0^{\frac{\pi}{2}}\sqrt{a^2\cos^2 t+b^2\sin^2 t}\,\mathrm{d}t$. 因为被积函数的原函数不是初等函数，所以这个积分“不可求”. 也就是说，椭圆周长的精确值无法得到.

例 6-29 求摆线$\begin{cases}x=a(t-\sin t)\\y=a(1-\cos t)\end{cases}(a>0)$的一拱$(t\in[0,2\pi])$的弧长.

解：$\dfrac{\mathrm{d}x}{\mathrm{d}t}=a(1-\cos t), \dfrac{\mathrm{d}y}{\mathrm{d}t}=a\sin t$. 所求的弧长为

$$\begin{aligned}s&=\int_0^{2\pi}\sqrt{[x'(t)]^2+[y'(t)]^2}\,\mathrm{d}t=\int_0^{2\pi}\sqrt{a^2(1-\cos t)^2+a^2\sin^2 t}\,\mathrm{d}t\\&=a\int_0^{2\pi}\sqrt{2(1-\cos t)}\,\mathrm{d}t=2a\int_0^{2\pi}\sin\frac{t}{2}\mathrm{d}t=8a.\end{aligned}$$

例 6-30　求心形线 $r=a(1+\cos\theta)(a>0)$(图 6-15)的周长.

解：心形线的周长为

$$s=\int_0^{2\pi}\sqrt{\left(\frac{\mathrm{d}r}{\mathrm{d}\theta}\right)^2+r^2(\theta)}\,\mathrm{d}\theta=\int_0^{2\pi}\sqrt{a^2\sin^2\theta+a^2(1+\cos\theta)^2}\,\mathrm{d}\theta$$

$$=\sqrt{2}a\int_0^{2\pi}\sqrt{1+\cos\theta}\,\mathrm{d}\theta=\sqrt{2}a\int_0^{2\pi}\sqrt{2\cos^2\frac{\theta}{2}}\,\mathrm{d}\theta$$

$$=2a\int_0^{2\pi}\left|\cos\frac{\theta}{2}\right|\mathrm{d}\theta\xlongequal{\theta=2t}4a\int_0^{\pi}|\cos t|\,\mathrm{d}t=8a\int_0^{\frac{\pi}{2}}\cos t\,\mathrm{d}t=8a.$$

在线自测

习题 6-5

1. 计算由正弦曲线 $y=\sin x$，余弦曲线 $y=\cos x$，y 轴及直线 $x=\pi$ 所围成的平面图形的面积.

2. 计算由抛物线 $y^2=2x$ 与直线 $y=x-4$ 所围成的图形的面积.

3. 计算星形线 $x=a\cos^3\theta, y=a\sin^3\theta(0\leqslant\theta\leqslant 2\pi)$的周长以及它所围成的平面图形的面积.

4. 计算阿基米德螺线 $r=a\theta(a>0)$相应于 $0\leqslant\theta\leqslant 2\pi$ 的一段的弧长及其与射线 $\theta=0$ 所围成的图形的面积.

5. 计算对数螺线 $r=\mathrm{e}^{\theta}$ 相应于 $0\leqslant\theta\leqslant 2\pi$ 的一段与射线 $\theta=0$ 所围成的图形的面积.

6. 证明公式(6-22)：由平面图形 $0\leqslant a\leqslant x\leqslant b, 0\leqslant y\leqslant f(x)$绕 y 轴旋转得到的旋转体的体积为 $V=2\pi\int_a^b xf(x)\mathrm{d}x$.

7. 求摆线的一拱 $\begin{cases}x=a(t-\sin t)\\ y=a(1-\cos t)\end{cases}(a>0, t\in[0,2\pi])$与 x 轴所围成的图形分别绕 x 轴、y 轴旋转构成旋转体的体积 V_x 和 V_y.

第六节　定积分的物理应用举例

一、变力沿直线做功

由本章第一节，变力 $F=F(x)$使物体沿 x 轴从 $x=a$ 移动到 $x=b(a<b)$所做的功为 $W=\int_a^b F(x)\mathrm{d}x$.

例 6-31　把一个带电量为 $+q$ 的点电荷放置到 r 轴的原点处，求单位正电荷从 $r=a$ 移

动到 $r=b(0<a<b)$ 电场力所做的功以及点 $x=a$ 处的电势.

解：根据库仑定律，单位正电荷在 r 处所受的电场力的大小为 $F=k\dfrac{q}{r^2}$（k 为静电力恒量）. 在该电场力作用下，单位正电荷从 $r=a$ 移动到 $r=b$ 所做的功为

$$W=\int_a^b F(r)\mathrm{d}r=\int_a^b k\frac{q}{r^2}\mathrm{d}r=kq\left[-\frac{1}{r}\right]_a^b=kq\left(\frac{1}{a}-\frac{1}{b}\right)$$

令 $b\to+\infty$，可得单位正电荷从点 $x=a$ 处移动到无穷远处电场力所做的功，也就是点 $x=a$ 处的电势为 $U=\dfrac{kq}{a}$.

二、直线型分布的质心

设一根质量为零的直杆的两端有两个质量分别为 m_1,m_2 的质点. 这是两个质点的质点系.

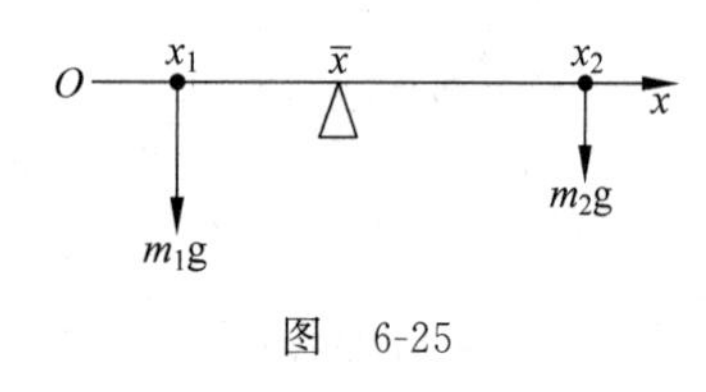

图 6-25

两质点所受的重力分别为 m_1g 和 m_2g. 将直杆放在 x 轴上，建立坐标系如图 6-25 所示. 设两质点的坐标分别为 x_1,x_2，支点的坐标为 $\bar{x}$. 根据杠杆原理，当直杆处于平衡状态时，有 $m_1g(\bar{x}-x_1)=m_2g(x_2-\bar{x})$，即 $m_1(\bar{x}-x_1)=m_2(x_2-\bar{x})$，从而有 $\bar{x}=\dfrac{m_1x_1+m_2x_2}{m_1+m_2}$. 我们称 m_1x_1 和 m_2x_2 分别为质点 m_1,m_2 对原点 O 的力矩，记为 $M_1=m_1x_1,M_2=m_2x_2$. 此时，相当于两个质点的质量都集中在支点 $\bar{x}$ 处. 因而称 $\bar{x}$ 为该质点系质心的坐标.

一般地，设 x 轴上有 n 个质量分别为 $m_1,m_2,\cdots,m_n$ 的质点，其位置坐标分别为 $x_1,x_2,\cdots,x_n$. 则该质点系的质心坐标为 $\bar{x}=\dfrac{\sum\limits_{i=1}^{n}m_ix_i}{\sum\limits_{i=1}^{n}m_i}$，其中 $\sum\limits_{i=1}^{n}m_ix_i$ 表示质点系对原点 O 的合力矩.

设一细直棒位于 x 轴的区间 $[a,b]$ 上，其质量为 M，分布线密度函数 $\rho(x)$ 在 $[a,b]$ 上连续. 那么，如何求其质心的坐标呢？

为计算细直棒的质心坐标，在区间 $[a,b]$ 内插入 $n-1$ 个分点 $a=x_0<x_1<x_2<\cdots<x_n=b$. 这 $n-1$ 个分点将区间 $[a,b]$ 划分为 n 个小区间 $[x_{i-1},x_i]$，$i=1,2,\cdots,n$. 每个小区间的长度为 $\Delta x_i=x_i-x_{i-1}$. 在每个小区间 $[x_{i-1},x_i]$ 内任取一点 ξ_i，将细直棒在小区间 $[x_{i-1},x_i]$ 上的质量看作是均匀分布的，且分布线密度为 $\rho(\xi_i)$. 那么，细直棒在小区间 $[x_{i-1},x_i]$ 上的质量可以用 $\rho(\xi_i)\Delta x_i$ 近似代替. 我们再将小区间 $[x_{i-1},x_i]$ 上的质量近似地看作集中在点 ξ_i 处. 这样，细直棒就可以近似地看作由 n 个质点构成的质点系，其质心 $\bar{x}$ 近似地等于 $\dfrac{1}{M}\sum\limits_{i=1}^{n}\xi_i\rho(\xi_i)\Delta x_i$. 当分点越来越多，并且每个小区间的长度都越来越小时，$\dfrac{1}{M}\sum\limits_{i=1}^{n}\xi_i\rho(\xi_i)\Delta x_i$ 就会越来越接近细直棒的质心坐标. 若令 $\lambda=\max\{\Delta x_1,\Delta x_2,\cdots,\Delta x_n\}$，则

$$\bar{x}=\lim_{\lambda\to 0}\frac{1}{M}\sum_{i=1}^{n}\xi_i\rho(\xi_i)\Delta x_i=\frac{1}{M}\int_a^b x\rho(x)\mathrm{d}x=\frac{\int_a^b x\rho(x)\mathrm{d}x}{\int_a^b \rho(x)\mathrm{d}x} \tag{6-27}$$

其中，$\int_a^b x\rho(x)\mathrm{d}x$ 为细直棒对原点 O 的合力矩.

例 6-32　设一细直棒位于 x 轴的区间$[0,1]$上，其质量分布线密度函数 $\rho(x)=\sqrt{1-x^2}$，求该细直棒的质量和质心坐标.

解：细直棒的质量为 $M=\int_0^1\sqrt{1-x^2}\,\mathrm{d}x=\frac{\pi}{4}\left(\frac{1}{4}\text{圆的面积}\right)$.

细直棒的质心坐标为

$$\begin{aligned}\bar{x}&=\frac{1}{M}\int_0^1 x\sqrt{1-x^2}\,\mathrm{d}x=-\frac{1}{2M}\int_0^1(1-x^2)^{\frac{1}{2}}\mathrm{d}(1-x^2)\\&=-\frac{1}{3M}(1-x^2)^{\frac{3}{2}}\Big|_0^1=\frac{1}{3M}=\frac{4}{3\pi}.\end{aligned}$$

三、转动惯量

转动惯量是刚体绕轴转动时惯性(回转物体保持其匀速圆周运动或静止状态的特性)的量度. 刚体的转动惯量在工程技术中有着重要的应用.

要了解转动惯量，得先了解动能的概念. 在牛顿物理学中，合外力对物体做功会改变物体的运动状态，从而使物体增加了能量. 质量相同的物体，运动速度越快，则越难改变其运动状态，从而能量越大；运动速度相同的物体，质量越大，则越难改变其运动状态，从而能量越大. 这种因物体的运动所具有的能量称为物体的动能，用字母 E 表示.

因为作用在物体上的合外力所做的功 $\boldsymbol{W}$ 改变了物体的动能 $\boldsymbol{E}$，所以将作用在物体上的合外力所做的功定义为物体动能的增量，即 $\boldsymbol{W}=\Delta\boldsymbol{E}$.

假设一质量为 m 的物体在 x 轴上做变速直线运动，物体在初始状态(时刻 $t=0$)时位于坐标原点($x=0$)，初始速度为 0，此时物体的动能 $E=0$. 当物体在合外力 F 的作用下运动到 T 时刻时，物体位于 $x=X$，其速度为 $v=V$. 此时物体的动能就等于合外力 F 对物体所做的功. 根据牛顿第二定律 $F=ma$(F 为物体所受的合外力，m 为物体的质量，a 为物体运动的加速度)，有

$$E=W=\int_0^X F\mathrm{d}x=\int_0^X ma\,\mathrm{d}x=m\int_0^T\frac{\mathrm{d}v}{\mathrm{d}t}\frac{\mathrm{d}x}{\mathrm{d}t}\mathrm{d}t=m\int_0^V v\mathrm{d}v=\frac{1}{2}mV^2$$

因而，质量为 m、速度为 v 的物体所具有的动能为 $E=\frac{1}{2}mv^2$.

质量为 m、线速度为 v 的做圆周运动的质点所具有的动能也为 $E=\frac{1}{2}mv^2$. 设匀速圆周运动的半径为 r，角速度为 ω，则 $v=r\omega$. 于是 $E=\frac{1}{2}mr^2\omega^2$. 这说明，做匀速圆周运动的质点所具有的动能与角速度的平方成正比，而比例系数$\frac{1}{2}mr^2$ 只与质点的质量和其到转轴的距离有关，我们称 mr^2 为质点绕转轴的转动惯量，记为 $J=mr^2$.

从转动惯量公式中可以看出，当质点到转轴的距离 r 一定时，质点的质量越大，转动惯量越大；质量相同的质点，到转轴的距离 r 越大，转动惯量越大. 这与我们的生活经验是一致的.

另外，我们指出，转动惯量对于质量是可加的，即质点系绕给定转轴 l 的转动惯量等于各质点绕转轴 l 的转动惯量之和.

例 6-33 求例 6-32 中的细直棒绕原点的转动惯量.

解：类似于质心的计算公式的推导，我们可以得到直线型分布的质量的转动惯量的计算公式.

我们现在从另一个角度分析转动惯量的计算法。x 的微分元 $\mathrm{d}x$ 上的质量元素为 $\mathrm{d}m=\rho(x)\mathrm{d}x$. 该质量元素绕原点的转动惯量（称为转动惯量微分元素）为 $\mathrm{d}J=\rho(x)x^2\mathrm{d}x$. 于是，细直棒绕原点的转动惯量为

$$J=\int_0^1\rho(x)x^2\mathrm{d}x=\int_0^1\sqrt{1-x^2}\,x^2\mathrm{d}x\xlongequal{x=\sin t}\int_0^{\frac{\pi}{2}}\cos^2t\sin^2t\,\mathrm{d}t$$

$$=\frac{1}{4}\int_0^{\frac{\pi}{2}}\sin^2 2t\,\mathrm{d}t=\frac{1}{8}\int_0^{\frac{\pi}{2}}(1-\cos4t)\mathrm{d}t=\frac{\pi}{16}.$$

可以证明：细直棒绕质心的转动惯量是绕所有点的转动惯量中的最小者.

四、直线型分布的质量对质点的引力

例 6-34 在一线密度为 ρ、长度为 $2l$ 的均匀细直棒的垂直平分线上有一质量为 m_0 的质点，该质点到细直棒的距离为 a，如图 6-26 所示，求细直棒对质点的万有引力.

解：根据万有引力定律，质量分别为 m_1 和 m_2、相距为 r 的两个质点之间的引力的大小为 $F=G\dfrac{m_1m_2}{r^2}$（G 为万有引力常数），引力的方向沿着两质点的连线方向.

建立直角坐标系，如图 6-26 所示. 细直棒对质点 m_0 的引力不是可加的. 但其沿坐标轴方向的分量是可加的. 由对称性可知，细直棒对质点的引力沿 x 轴方向的分量为零，沿 y 轴方向的分量等于$[0,l]$那段对质点的引力沿 y 轴方向的分量的两倍. 对$[0,l]$内任一点 x，集中在该点处质点的质量为 $\rho\mathrm{d}x$，它对质点 m_0 的引力沿 y 轴方向的分量为$\dfrac{Gm_0\rho a\,\mathrm{d}x}{(a^2+x^2)^{\frac{3}{2}}}$，物理上称之为力的微分元素，简称力元. 于是，细直棒对质点的引力为

$$F=2\int_0^l\frac{Gm_0\rho a\,\mathrm{d}x}{(a^2+x^2)^{\frac{3}{2}}}=2Gm_0\rho a\int_0^l\frac{\mathrm{d}x}{(a^2+x^2)^{\frac{3}{2}}}$$

$$\xlongequal{x=a\tan t}\frac{2Gm_0\rho}{a}\int_0^{\arctan\frac{l}{a}}\cos t\,\mathrm{d}t=\frac{2Gm_0\rho}{a}\sin\left(\arctan\frac{l}{a}\right)$$

令 $\theta=\arctan\dfrac{l}{a}$，则 $\tan\theta=\dfrac{l}{a}$，由辅助三角形方法（图 6-27）可得

$$F=\frac{2Gm_0\rho}{a}\frac{l}{\sqrt{a^2+l^2}}=\frac{2Gm_0\rho l}{a\sqrt{a^2+l^2}}$$

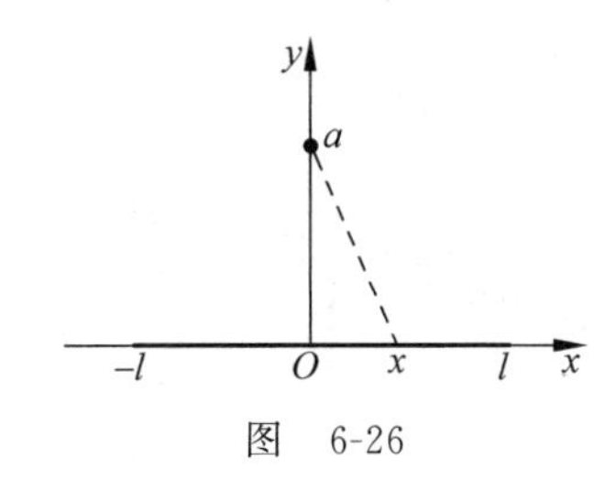

图　6-26

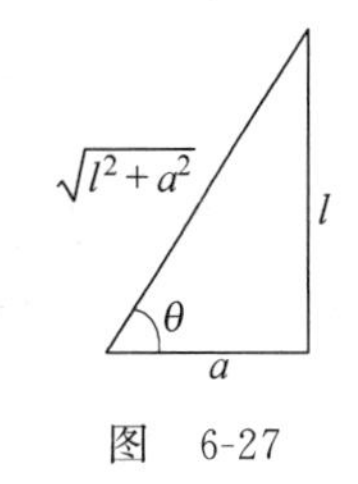

图　6-27

在线自测

习题 6-6

1. 由实验知道，弹簧在拉伸过程中，需要的力 F（单位：N）与弹簧的伸长量（单位：cm）成正比，即 $F=ks$（k 为比例常数），计算把弹簧拉长 6cm 所做的功.

2. 设一长为 l 的细直棒上任一点处的密度等于该点到一固定端的距离的平方，求该细直棒的质量、质心以及其绕质心的转动惯量.

3. 设有一长度为 l、线密度为 ρ 的细直棒，在与棒的一端垂直距离为 a 单位处有一质量为 m 的质点，求细直棒对该质点的引力（万有引力常数为 G）.

4. 设有一无限长细直棒，其线密度为 ρ，在距棒为 a 单位处有一质量为 m 的质点，求细直棒对该质点的引力（万有引力常数为 G）.

5. 证明：细直棒绕质心的转动惯量是绕所有点的转动惯量中的最小者.

第七章

重积分及其应用

第一节　二重积分的概念与性质

一、问题的提出

1. 曲顶柱体的体积

设 D 是 xOy 平面上的有界闭区域. 函数 $z=f(x,y)$ 在 D 上非负、连续，以区域 D 为底、以曲面 $z=f(x,y)$ 为顶、侧面平行于 z 轴的立体称为以 D 为底、以 $z=f(x,y)$ 为顶的**曲顶柱体**，如图 7-1 所示. 如果顶面的方程为常数函数 $z=h$，即柱体是平顶的，则该柱体的体积等于 D 的面积乘以高 h. 那么，如何计算一般的曲顶柱体的体积呢？

记有界闭区域 D 的面积为 σ. 设函数 $f(x,y)$ 在 D 上的最大值和最小值分别为 M 和 m. 如果 $M=m$，则柱体是平顶的，其体积为 $M\sigma$. 如果 $M>m$，对 M 和 m 之间的任意常数 c，令 $V(c)$ 表示以 D 为底、以平面 $z=c$ 为顶的平顶柱体，那么 $V(m)<V(c)<V(M)$. 直观地看，当 c 在区间 $[m,M]$ 上变化时，函数 $V(c)$ 在 $[m,M]$ 上连续. 设曲顶柱体的体积为 V，则 $V(m)<V<V(M)$. 由一元函数的介值定理，至少存在一点 $\zeta\in(m,M)$（ζ[ˈziːtə]，希腊字母，英文 zeta），使得 $V(\zeta)=V$. 再由多元函数的介值定理，至少存在一点 $(\xi,\eta)\in D$，使得 $f(\xi,\eta)=\zeta$. 这就是说，至少存在一点 $(\xi,\eta)\in D$，使得以 D 为底、以 $z=f(\xi,\eta)$ 为顶的平顶柱体的体积 $f(\xi,\eta)\sigma$ 恰好等于曲顶柱体的体积. 然而，这样的 (ξ,η) 并不容易找到. 我们只好找一个"差不多"的 (ξ,η)，用 $f(\xi,\eta)\sigma$ 作为曲顶柱体体积的近似值，如图 7-2 所示. 显然，这样算出来的曲顶柱体的体积保证不了精度. 为了提高计算精度，我们采用如下分割曲顶柱体的方法.

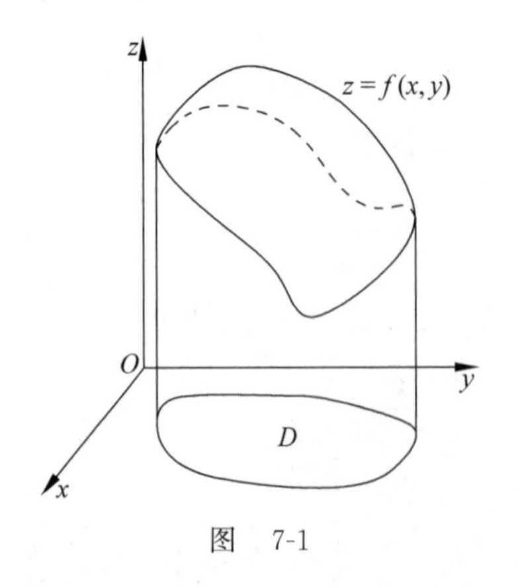

图　7-1

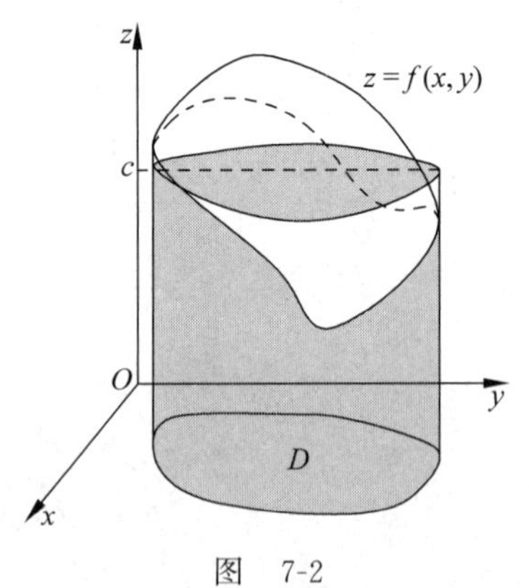

图　7-2

用任意一组网格线将闭区域 D 分割成 n 个小区域 $\Delta\sigma_i, i=1,2,\cdots,n$. 为避免符号太多,我们用 $\Delta\sigma_i$ 同时表示小区域 $\Delta\sigma_i$ 的面积. 以每个小区域 $\Delta\sigma_i$ 的边界为准线、母线平行于 z 轴的柱面将曲顶柱体切割成 n 个小长条,如图 7-3 所示. 在每个小区域 $\Delta\sigma_i$ 内任取一点 (ξ_i,η_i),用以 $\Delta\sigma_i$ 为底、高为 $f(\xi_i,\eta_i)$ 的小平顶柱体的体积 $f(\xi_i,\eta_i)\Delta\sigma_i$ 近似代替小曲顶柱体的体积. 用这些小平顶柱体的体积之和 $\sum\limits_{i=1}^{n} f(\xi_i,\eta_i)\Delta\sigma_i$ 作为曲顶柱体体积的近似值. 可以想见,当网格越来越密,并且每个小区域的直径(小区域内两点距离的最大值)越来越小时,小长条则越来越细,$\sum\limits_{i=1}^{n} f(\xi_i,\eta_i)\Delta\sigma_i$ 就会越来越接近曲顶柱体的体积. 若令 λ 表示所有小区域直径的最大值,则 $\lim\limits_{\lambda\to 0}\sum\limits_{i=1}^{n} f(\xi_i,\eta_i)\Delta\sigma_i=$ 曲顶柱体的体积.

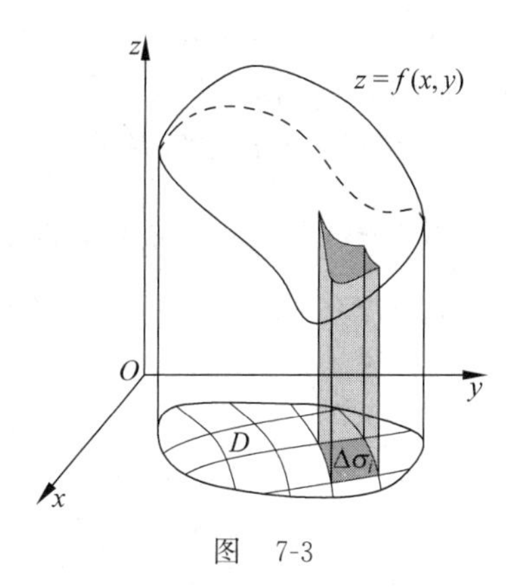

图 7-3

2. 平面分布的质量的面密度与质量

设有一平面薄片,质量为 M,占有 xOy 平面上的有界闭区域 D,D 的面积为 σ,则 $\bar{\rho}=\dfrac{M}{\sigma}$ 称为质量分布的**平均面密度**. 对 D 内任意一个小闭区域 $\Delta\sigma$(其面积也记为 $\Delta\sigma$),设分布在 $\Delta\sigma$ 上的质量为 ΔM,则 $\Delta\sigma$ 上质量分布的平均面密度为 $\bar{\rho}=\dfrac{\Delta M}{\Delta\sigma}$. 对 D 内任一点 (x,y) 以及包含 (x,y) 的任意小闭区域 $\Delta\sigma$,如果当 $\Delta\sigma$ 缩向点 (x,y)(记为 $\Delta\sigma\to(x,y)$)时,$\rho(x,y)=\lim\limits_{\Delta\sigma\to(x,y)}\dfrac{\Delta M}{\Delta\sigma}$ 存在,则称 $\rho(x,y)$ 为质量在点 (x,y) 处的**面密度**. 如果 $\rho(x,y)$ 在 D 内恒为常数 ρ,则称**质量在 D 上是均匀分布的**. 此时,$M=\rho\sigma$.

在很多情况下,我们知道质量分布的面密度函数 $\rho(x,y)$. 为求质量 M,用任意一组网格线将有界闭区域 D 分割成 n 个小区域 $\Delta\sigma_i, i=1,2,\cdots,n$($\Delta\sigma_i$ 同时表示小区域 $\Delta\sigma_i$ 的面积). 在每个小区域 $\Delta\sigma_i$ 内任取一点 (ξ_i,η_i),用 $\rho(\xi_i,\eta_i)$ 近似代替 $\Delta\sigma_i$ 内任一点处的面密度,则分布在 $\Delta\sigma_i$ 上的质量可用 $\rho(\xi_i,\eta_i)\Delta\sigma_i$ 近似地代替. 于是,分布在 D 上的质量 M 可用 $\sum\limits_{i=1}^{n}\rho(\xi_i,\eta_i)\Delta\sigma_i$ 近似代替. 可以想见,当网格越来越密,并且每个小区域的直径越来越小时,$\sum\limits_{i=1}^{n}\rho(\xi_i,\eta_i)\Delta\sigma_i$ 就会越来越接近 M. 若令 λ 表示所有小区域直径的最大值,则 $\lim\limits_{\lambda\to 0}\sum\limits_{i=1}^{n}\rho(\xi_i,\eta_i)\Delta\sigma_i=M$.

二、二重积分的定义

计算曲顶柱体的体积和平面分布的质量时,都需要计算形如 $\lim\limits_{\lambda\to 0}\sum\limits_{i=1}^{n} f(\xi_i,\eta_i)\Delta\sigma_i$ 的极限. 为此,引入如下定义.

定义 7-1 设函数 $f(x,y)$在有界闭区域 D 上有界.将区域 D 任意分割成 n 个小区域 $\Delta\sigma_i, i=1,2,\cdots,n$.用 $\Delta\sigma_i$ 同时表示小区域 $\Delta\sigma_i$ 的面积.在每个小区域 $\Delta\sigma_i$ 内任取一点(ξ_i,η_i),令 λ 表示所有小区域直径的最大值.如果无论怎么划分区域以及无论怎么取点(ξ_i,η_i),当 $\lambda\to 0$ 时,$\sum\limits_{i=1}^{n} f(\xi_i,\eta_i)\Delta\sigma_i$ 都趋向于同一个确定的数,则称此数为函数 $f(x,y)$在有界闭区域 D 上的二重积分,记作

$$\iint\limits_D f(x,y)\mathrm{d}\sigma=\lim_{\lambda\to 0}\sum_{i=1}^{n} f(\xi_i,\eta_i)\Delta\sigma_i \tag{7-1}$$

其中,$f(x,y)$称为被积函数,$\mathrm{d}\sigma$ 称为面积元素,$f(x,y)\mathrm{d}\sigma$ 称为被积表达式,D 称为积分区域,二重积分的符号 $\iint$ 表示要计算两次积分(之后将看到).

根据二重积分的定义,当 $f(x,y)\geqslant 0$ 时,$\iint\limits_D f(x,y)\mathrm{d}\sigma$ 表示以 D 为底、以曲面 $z=f(x,y)$ 为顶的曲顶柱体的体积;当 $f(x,y)\leqslant 0$ 时,$\iint\limits_D f(x,y)\mathrm{d}\sigma$ 表示以 D 为底、以曲面 $z=f(x,y)$ 为顶的曲顶柱体体积的负值;$\iint\limits_D |f(x,y)|\mathrm{d}\sigma$ 表示以 D 为底、以曲面 $z=f(x,y)$ 为顶的曲顶柱体体积;若 $f(x,y)$ 在 D 上有正有负,则$\iint\limits_D f(x,y)d\sigma$ 表示曲顶柱体在 xOy 平面上方部分的体积减去下方部分的体积,也就是曲顶柱体体积的"代数和".这也是**二重积分的几何意义**.

根据二重积分的定义,分布在有界闭区域 D 上、密度函数为 $\rho(x,y)$的质量为 $M=\iint\limits_D \rho(x,y)\mathrm{d}\sigma$.这是**二重积分的物理意义**.

在直角坐标系下,如果用平行于坐标轴的直线来划分区域 D,则小区域的面积为 $\Delta\sigma=\Delta x\Delta y$,如图 7-4 所示.于是面积元素为 $\mathrm{d}\sigma=\mathrm{d}x\mathrm{d}y$.这样,二重积分可以写成$\iint\limits_D f(x,y)\mathrm{d}x\mathrm{d}y$.

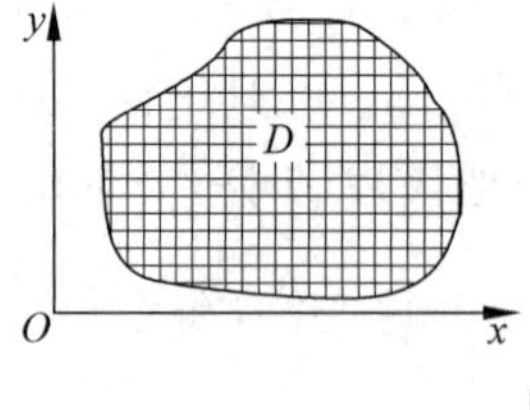

图 7-4

三、二重积分的性质

二重积分与定积分有类似的性质.

性质 1 当 k 为常数时,$\iint\limits_D kf(x,y)\mathrm{d}\sigma=k\iint\limits_D f(x,y)\mathrm{d}\sigma$.

性质 2 $\iint\limits_D [f(x,y)\pm g(x,y)]\mathrm{d}\sigma=\iint\limits_D f(x,y)\mathrm{d}\sigma\pm\iint\limits_D g(x,y)\mathrm{d}\sigma$.

性质 3 设有界闭区域 D 由有界闭区域 D_1 和 D_2 构成,则

$$\iint_D f(x,y)\mathrm{d}\sigma=\iint_{D_1} f(x,y)\mathrm{d}\sigma+\iint_{D_2} f(x,y)\mathrm{d}\sigma.$$

性质 4　若 σ 为有界闭区域 D 的面积，则 $\sigma=\iint_D 1\cdot\mathrm{d}\sigma=\iint_D \mathrm{d}\sigma$.

性质 5　若在有界闭区域 D 上，$f(x,y)\leqslant g(x,y)$，则

$$\iint_D f(x,y)\mathrm{d}\sigma\leqslant\iint_D g(x,y)\mathrm{d}\sigma.$$

特别地，$\left|\iint_D f(x,y)\mathrm{d}\sigma\right|\leqslant\iint_D |f(x,y)|\mathrm{d}\sigma$.

性质 6　设 M,m 分别是 $f(x,y)$ 在闭区域 D 上的最大值和最小值，σ 为 D 的面积，则

$$m\sigma\leqslant\iint_D f(x,y)\mathrm{d}\sigma\leqslant M\sigma$$

性质 7　(**二重积分中值定理**)设函数 $f(x,y)$ 在有界闭区域 D 上连续，σ 为 D 的面积，则在 D 上至少存在一点 (ξ,η)，使得 $\iint_D f(x,y)\mathrm{d}\sigma=f(\xi,\eta)\sigma$.

例 7-1　比较二重积分 $\iint_D \ln(x+y)\mathrm{d}\sigma$ 与 $\iint_D [\ln(x+y)]^2\mathrm{d}\sigma$ 的大小，其中 D 是直角三角形闭区域，三顶点各为(1,0)，(1,1)，(2,0).

解：三角形斜边 $x+y=2$. 在 D 内有 $1\leqslant x+y\leqslant 2<\mathrm{e}$. 故

$0<\ln(x+y)<1$. $\ln(x+y)>[\ln(x+y)]^2$. 因此 $\iint_D \ln(x+y)\mathrm{d}\sigma>\iint_D [\ln(x+y)]^2\mathrm{d}\sigma$

在线自测

习题 7-1

1. 设 $D=\{(x,y)|x^2+y^2\leqslant 1\}$. 用二重积分的几何意义说明 $\iint_D x\,\mathrm{d}\sigma=0$.

2. 比较下列各组二重积分值的大小：

(1) $I_1=\iint_D (x+y)^2\mathrm{d}\sigma$ 与 $I_2=\iint_D (x+y)^3\mathrm{d}\sigma$，其中 D 是由 x 轴、y 轴和直线 $x+y=1$ 围成的闭区域；

(2) $I_1=\iint_{D_1} (x^2+y^2)\mathrm{d}\sigma$ 与 $I_2=\iint_{D_2} (x^2+y^2)\mathrm{d}\sigma$，其中 D_1：$x^2+y^2\leqslant 1$，D_2：$|x|\leqslant 1$，$|y|\leqslant 1$.

第二节 二重积分的计算法

一、二重积分的直角坐标计算法

设区域 D 由两直线 $x=a,x=b(a<b)$ 和两曲线 $y=\varphi_1(x),y=\varphi_2(x)(\varphi_1(x)\leqslant\varphi_2(x))$ 所围成，如图 7-5 所示. 习惯上，这类区域被称为 X 型区域.

以区域 D 为底、以曲面 $z=f(x,y)(f(x,y)\geqslant 0)$ 为顶的曲顶柱体的体积为

$$V=\iint_D f(x,y)\mathrm{d}x\mathrm{d}y$$

对任意的 $x\in[a,b]$，过 x 轴上的 x 点且垂直于 x 轴的平面与曲顶柱体的截面是一个曲边梯形，如图 7-6 所示，其面积为

$$A(x)=\int_{\varphi_1(x)}^{\varphi_2(x)} f(x,y)\mathrm{d}y$$

由平行截面面积已知的立体体积的计算公式可知

$$V=\int_a^b A(x)\mathrm{d}x=\int_a^b\left[\int_{\varphi_1(x)}^{\varphi_2(x)} f(x,y)\mathrm{d}y\right]\mathrm{d}x$$

即

$$\iint_D f(x,y)\mathrm{d}x\mathrm{d}y=\int_a^b\left[\int_{\varphi_1(x)}^{\varphi_2(x)} f(x,y)\mathrm{d}y\right]\mathrm{d}x \tag{7-2}$$

或简记为 $\int_a^b \mathrm{d}x\int_{\varphi_1(x)}^{\varphi_2(x)} f(x,y)\mathrm{d}y$.

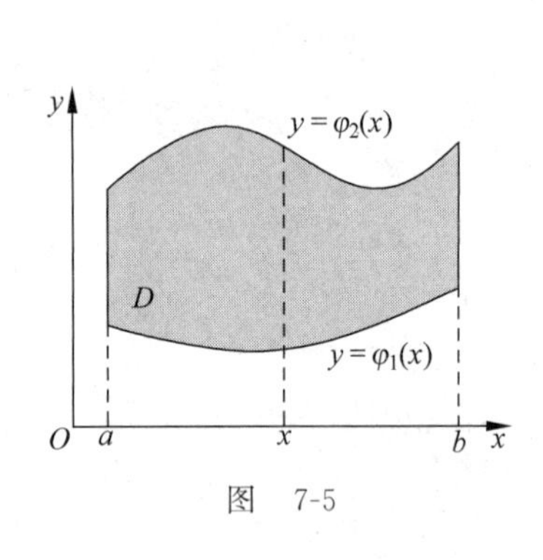

图 7-5

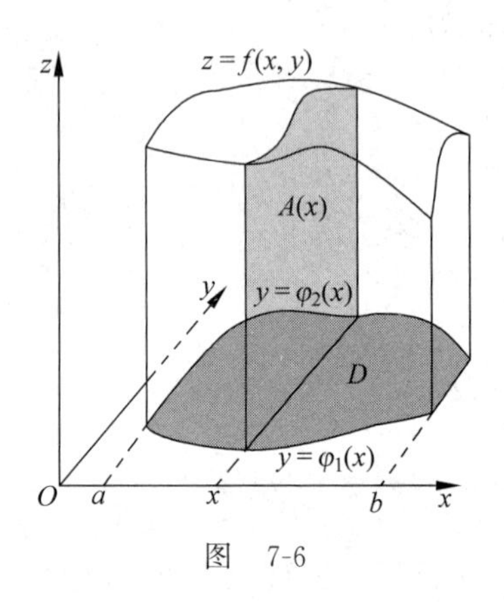

图 7-6

公式(7-2)的右边称为先对 y 后对 x 的二次积分. $\int_{\varphi_1(x)}^{\varphi_2(x)} f(x,y)\mathrm{d}y$ 是定积分，其中，积分变量为 y，而变量 x 暂时看作常数. 显然，$\int_{\varphi_1(x)}^{\varphi_2(x)} f(x,y)\mathrm{d}y$ 是 x 的函数. 其在区间 $[a,b]$ 的定积分则为 $\iint_D f(x,y)\mathrm{d}x\mathrm{d}y$.

公式(7-2)也称为将二重积分化为先对 y 后对 x 的二次积分.

公式(7-2)可以解释为：区域 D 可看作是由无穷多条平行于 y 轴的线段构成的. 在区域

D 上的二重积分等于先在每一条这样的平行线段上积分,然后将这些线段上的积分再积分.

利用公式(7-2)计算二重积分的关键是确定二次积分的积分限.可按下述方法确定二次积分的积分限:首先找到两条直线 $x=a$ 和 $x=b(a<b)$,使得区域 D 介于这两条直线之间,且 D 的边界与这两条直线相交.这样就确定了积分变量 x 的积分限 a 和 b.然后对区间 $[a,b]$ 内的任一点 x,过 x 轴上的 x 点作平行于 y 轴的直线.该直线含在区域 D 内的直线段上纵坐标的下限则为 $\varphi_1(x)$,上限则为 $y=\varphi_2(x)$,如图 7-5 所示.

公式(7-2)的物理解释:设 xOy 的区域 D 上分布着密度函数为 $f(x,y)$ 的质量 M.区域 D 可看作是由无穷多个质点组成的,也可以看作是由无穷多条平行于 y 轴的线段构成的.因而总质量等于所有这样的平行线段上的质量之和.而每一条平行线段上的质量为 $\int_{\varphi_1(x)}^{\varphi_2(x)} f(x,y)\mathrm{d}y$,因而质量 M 为

$$M=\iint_D f(x,y)\mathrm{d}x\mathrm{d}y=\int_a^b\left[\int_{\varphi_1(x)}^{\varphi_2(x)} f(x,y)\mathrm{d}y\right]\mathrm{d}x.$$

设区域 D 由两直线 $y=c$,$y=d\ (c<d)$ 和两曲线 $x=\varphi_1(y)$,$x=\varphi_2(y)$ $(\varphi_1(y)\leqslant\varphi_2(y))$ 所围成,如图 7-7 所示.习惯上,这类区域被称为 Y 型区域.同 X 型区域类似,有

$$\iint_D f(x,y)\mathrm{d}x\mathrm{d}y=\int_c^d\left[\int_{\varphi_1(y)}^{\varphi_2(y)} f(x,y)\mathrm{d}x\right]\mathrm{d}y \tag{7-3}$$

或简记为 $\int_c^d\mathrm{d}y\int_{\varphi_1(y)}^{\varphi_2(y)} f(x,y)\mathrm{d}x$.

同 X 型区域类似,Y 型区域 D 上的二重积分化为二次积分时可如下确定积分限:首先找到两条直线 $y=c$ 和 $y=d(c<d)$,使得区域 D 介于这两条直线之间,且 D 的边界与这两条直线相交.这样就确定了积分变量 y 的积分限 c 和 d.然后对区间 $[c,d]$ 内的任一点 y,过 y 轴上的 y 点作平行于 x 轴的直线.该直线含在区域 D 内的直线段上横坐标的下限则为 $\varphi_1(y)$,上限则为 $y=\varphi_2(y)$,如图 7-7 所示.

特别地,设 D 为矩形区域:$a\leqslant x\leqslant b,c\leqslant y\leqslant d$,如图 7-8 所示,$f(x,y)=g(x)h(y)$,则

$$\iint_D f(x,y)\mathrm{d}x\mathrm{d}y=\int_a^b g(x)\left[\int_c^d h(y)\mathrm{d}y\right]\mathrm{d}x=\int_a^b g(x)\mathrm{d}x\cdot\int_c^d h(y)\mathrm{d}y \tag{7-4}$$

公式(7-4)指出,若积分区域为矩形区域,并且被积函数可以分离变量,即可以表示成 x 的函数和 y 的函数的乘积,那么,这个二重积分就等于两个定积分的乘积.也就是说,关于变量 x 的积分和关于变量 y 的积分可分别计算.

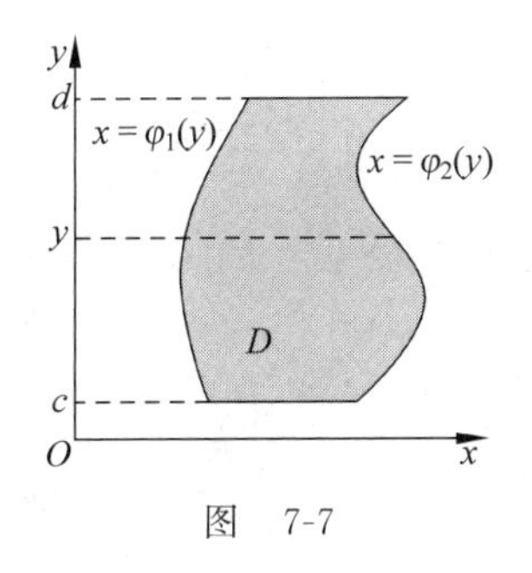

图 7-7

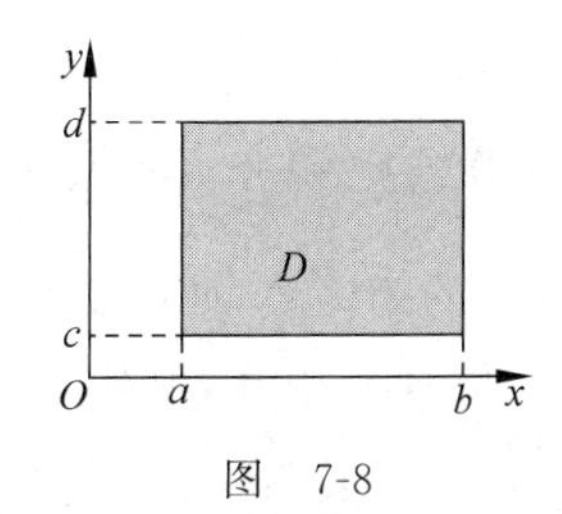

图 7-8

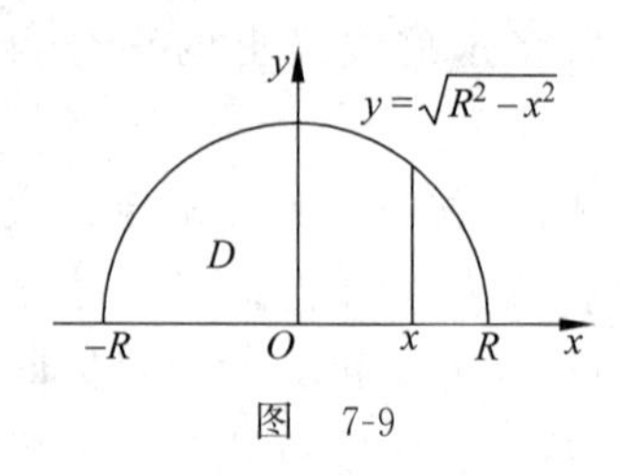

图 7-9

例 7-2 计算二重积分 $\iint\limits_D y\,\mathrm{d}\sigma$，其中 D 为由上半圆周 $y=\sqrt{R^2-x^2}$ 和 x 轴围成的有界闭区域，如图 7-9 所示.

解：积分区域 D 介于两直线 $x=-R$ 和 $x=R$ 之间. 对区间 $[-R,R]$ 内的任一点 x，过 x 轴上的 x 点作平行于 y 轴的直线. 该直线含在区域 D 内的直线段上纵坐标的下限为 0，上限为 $y=\sqrt{R^2-x^2}$. 于是

$$\iint\limits_D y\,\mathrm{d}\sigma=\int_{-R}^{R}\mathrm{d}x\int_0^{\sqrt{R^2-x^2}}y\,\mathrm{d}y=2\int_0^{R}\mathrm{d}x\int_0^{\sqrt{R^2-x^2}}y\,\mathrm{d}y=\int_0^{R}(R^2-x^2)\,\mathrm{d}x=\frac{2}{3}R^3.$$

例 7-3 计算二重积分 $\iint\limits_D xy\,\mathrm{d}\sigma$，其中 D 是由抛物线 $y^2=x$ 和直线 $y=x-2$ 围成的闭区域，如图 7-10 所示.

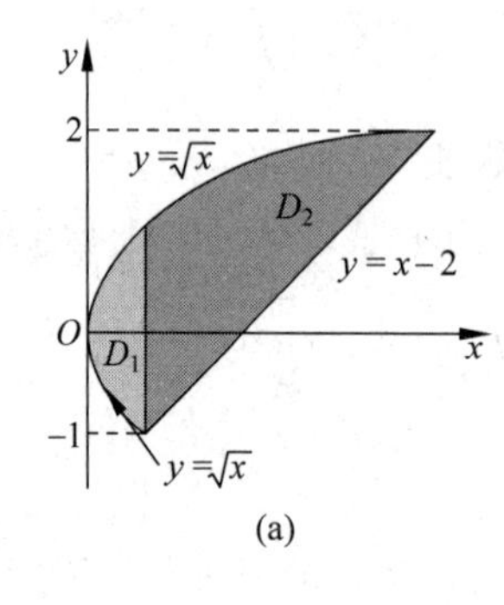

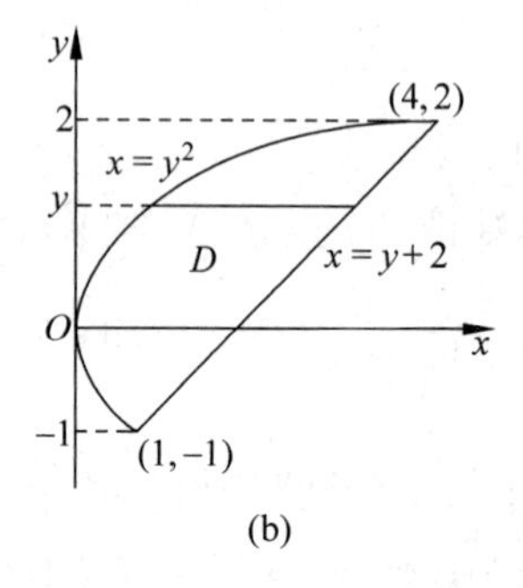

图 7-10

解：若将二重积分化为先对 x 后对 y 的积分，则因为变量 y 的积分下限不是一个表达式，所以必须将积分区域分成两部分区域，如图 7-10(a) 所示. 这样会比较麻烦. 如果先对 y 后对 x 积分，则不需要分割积分区域. 因而我们将二重积分化为先对 y 后对 x 的积分，如图 7-10(b) 所示.

解 $\begin{cases}y^2=x\\ y=x-2\end{cases}$ 得交点 $(1,-1)$ 和 $(4,2)$.

$$\begin{aligned}\iint\limits_D xy\,\mathrm{d}\sigma&=\int_{-1}^{2}\mathrm{d}y\int_{y^2}^{y+2}xy\,\mathrm{d}x=\int_{-1}^{2}y\left[\frac{1}{2}x^2\right]_{y^2}^{y+2}\mathrm{d}y\\&=\frac{1}{2}\int_{-1}^{2}[y^3+4y^2+4y-y^5]\mathrm{d}y\\&=\frac{1}{2}\left[\frac{1}{4}y^4+\frac{4}{3}y^3+2y^2-\frac{1}{6}y^6\right]_{-1}^{2}=\frac{45}{8}.\end{aligned}$$

例 7-4 计算二重积分 $\iint\limits_D \mathrm{e}^{-y^2}\,\mathrm{d}x\,\mathrm{d}y$，其中 D 是由直线 $y=x$，直线 $y=1$ 和 y 轴围成的闭区域，如图 7-11 所示.

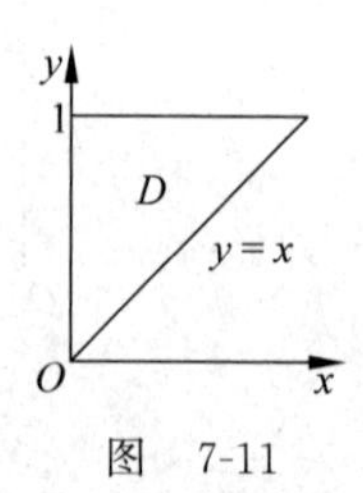

图 7-11

解：先对 y 后对 x 积分，则有

$$\iint\limits_D \mathrm{e}^{-y^2}\,\mathrm{d}x\,\mathrm{d}y=\int_0^1\mathrm{d}x\int_x^1\mathrm{e}^{-y^2}\,\mathrm{d}y=\int_0^1\mathrm{d}x\int_x^1\mathrm{e}^{-y^2}\,\mathrm{d}y.$$

因为不定积分 $\int e^{-y^2}dy$ 不是初等函数,即"求不出来",所以二重积分计算不出来.若先对 x 后对 y 积分,则有

$$\iint_D e^{-y^2}dxdy=\int_0^1 dy\int_0^y e^{-y^2}dx=\int_0^1 e^{-y^2}ydy$$

$$=-\frac{1}{2}\int_0^1 e^{-y^2}d(-y^2)=-\frac{1}{2}e^{-y^2}\Big|_0^1=\frac{1}{2}\left(1-\frac{1}{e}\right).$$

此例提示我们,如果二次积分算不出来或计算麻烦,可以交换一下二次积分的积分次序试试.

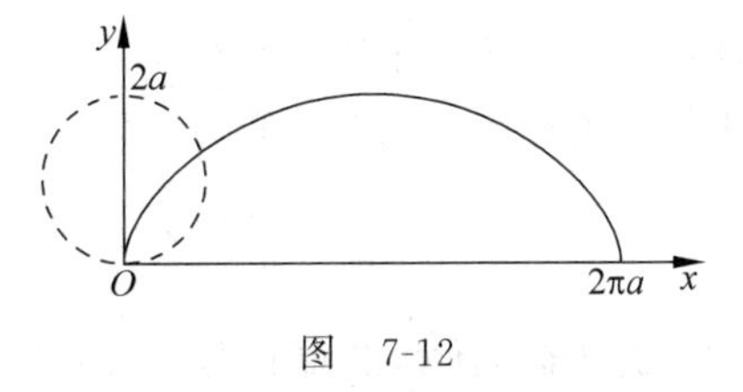

图　7-12

例 7-5　计算二重积分 $\iint_D ydxdy$,其中 D 是摆线的一拱 $x=a(t-\sin t),y=a(1-\cos t)(a>0,0\leqslant t\leqslant 2\pi)$与 x 轴所围的闭区域,如图 7-12 所示.

解:摆线方程可以表示为 $y=y(x),0\leqslant x\leqslant 2\pi a$.

$$\iint_D ydxdy=\int_0^{2\pi a}dx\int_0^{y(x)}ydy=\frac{1}{2}\int_0^{2\pi a}[y(x)]^2dx$$

$$=\frac{1}{2}\int_0^{2\pi}[a(1-\cos t)]^2d[a(t-\sin t)]$$

$$=\frac{1}{2}a^3\int_0^{2\pi}(1-\cos t)^3dt$$

$$=\frac{1}{2}a^3\int_0^{2\pi}(1-3\cos t+3\cos^2 t-\cos^3 t)dt$$

$$=\frac{1}{2}a^3\left[2\pi-3\sin t\Big|_0^{2\pi}+\frac{3}{2}\int_0^{2\pi}(1+\cos 2t)dt-\int_0^{2\pi}(1-\sin^2 t)d\sin t\right]$$

$$=\frac{1}{2}a^3\left[2\pi+\frac{3}{2}\int_0^{2\pi}dt+\frac{3}{4}\int_0^{2\pi}\cos 2t\,d(2t)-\int_0^{2\pi}\sin t\,dt+\int_0^{2\pi}\sin^2 t\,d\sin t\right]$$

$$=\frac{1}{2}a^3\left[2\pi+3\pi+\frac{3}{4}\sin(2t)\Big|_0^{2\pi}+\frac{1}{3}\sin^3 t\Big|_0^{2\pi}\right]=\frac{5}{2}\pi a^3.$$

二、二重积分的极坐标计算法

设区域 D 由两射线 $\theta=\alpha,\theta=\beta(\alpha<\beta)$和两曲线 $r=\varphi_1(\theta),r=\varphi_2(\theta)(\varphi_1(\theta)\leqslant\varphi_2(\theta))$所围成,即 D:$\varphi_1(\theta)\leqslant r\leqslant\varphi_2(\theta),\alpha\leqslant\theta\leqslant\beta$,如图 7-13.

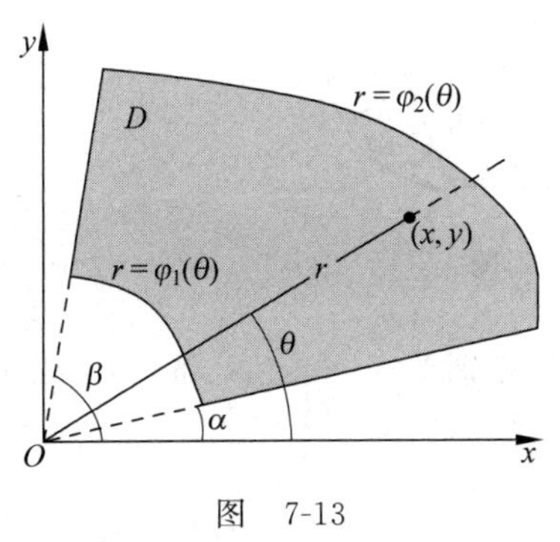

图　7-13

当二重积分的积分区域形如图 7-13 时,用直角坐标计算法很难将二重积分化为二次积分.对这类区域上的二重积分,可以利用极坐标进行计算.首先,做极坐标变换 $x=r\cos\theta,y=r\sin\theta$,其中 r 是点(x,y)的极径((x,y)到原点的距离),θ 是点(x,y)的极角((x,y)到原点的连线与 x 轴正向的夹角).这样就将二重积分的积分变量 x,y 代换为变量 r,θ,从而将直角坐标形式的二重积分化为极坐标形式的二重积分.可以证明(但证明

过程比较复杂,本书不予讨论):

$$\iint\limits_D f(x,y)\mathrm{d}\sigma=\iint\limits_D f(r\cos\theta,r\sin\theta)r\,\mathrm{d}r\,\mathrm{d}\theta.$$

剩下的问题就是将上式右端极坐标形式的二重积分化为二次积分.通常的做法是:首先,确定极角 θ 的变化范围.D 内所有点的极角 θ 的最小值 α 和最大值 β 分别作为 θ 的积分下限和积分上限。其次,确定极径 r 的积分限.对于 θ 的变化区间 $[\alpha,\beta]$ 内任意一个 θ,作极角为 θ 的射线,该射线含在区域 D 内的直线段上的点的极径 r 的最小值 $\varphi_1(\theta)$ 和最大值 $\varphi_2(\theta)$ 分别作为 r 的积分下限和积分上限,如图 7-13 所示.这样,就可以将直角坐标形式的二重积分化为极坐标形式的二次积分,即

$$\iint\limits_D f(x,y)\mathrm{d}\sigma=\int_\alpha^\beta \mathrm{d}\theta\int_{\varphi_1(\theta)}^{\varphi_2(\theta)} f(r\cos\theta,r\sin\theta)r\,\mathrm{d}r \tag{7-5}$$

例 7-6 计算二重积分 $\iint\limits_D\sqrt{1+4x^2+4y^2}\,\mathrm{d}x\,\mathrm{d}y$,其中 D 为圆形区域 $x^2+y^2\leqslant 1$,如图 7-14 所示.

解:做变量代换 $x=r\cos\theta,y=r\sin\theta$.积分区域 D 介于两射线 $\theta=0$ 和 $\theta=2\pi$ 之间,因而 θ 的积分下限为 0,上限为 2π.对于 θ 的变化区间 $[0,2\pi]$ 内任意一个 θ,作极角为 θ 的射线,该射线含在区域 D 内的直线段上的点的极径 r 的最小值为 0,最大值为 1.因而 r 的积分下限为 0,上限为 1.由公式(7-5),有

$$\iint\limits_D\sqrt{1+4x^2+4y^2}\,\mathrm{d}x\,\mathrm{d}y=\int_0^{2\pi}\mathrm{d}\theta\int_0^1\sqrt{1+4r^2}\,r\,\mathrm{d}r.$$

注意到,上式中的 $\int_0^1\sqrt{1+4r^2}\,r\,\mathrm{d}r$ 为常数,所以

$$\begin{aligned}\text{上式}&=\frac{\pi}{4}\int_0^1(1+4r^2)^{\frac{1}{2}}\mathrm{d}(1+4r^2)\\&=\frac{\pi}{4}\,\frac{2}{3}(1+4r^2)^{\frac{3}{2}}\Big|_0^1=\frac{\pi}{6}(5\sqrt{5}-1).\end{aligned}$$

例 7-7 计算二重积分 $\iint\limits_D y\,\mathrm{d}x\,\mathrm{d}y$,其中 D 是位于两圆 $x^2+(y-1)^2=1$ 与 $x^2+(y-2)^2=4$ 之间的那部分区域,如图 7-15 所示.

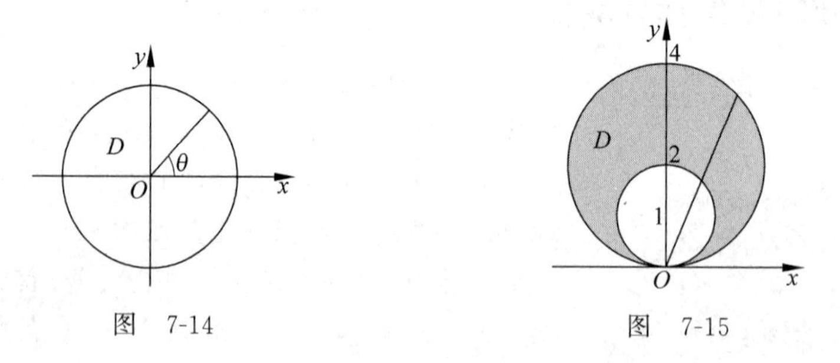

图 7-14　　图 7-15

解:令 $x=r\cos\theta$,$y=r\sin\theta$,可得两圆的极坐标方程分别为 $r=2\sin\theta$ 和 $r=4\sin\theta$,$0\leqslant\theta\leqslant\pi$.于是

$$\iint\limits_D y\,\mathrm{d}x\,\mathrm{d}y=\int_0^\pi\sin\theta\,\mathrm{d}\theta\int_{2\sin\theta}^{4\sin\theta}r^2\,\mathrm{d}r$$

$$=\int_0^{\pi}\sin\theta\left[\frac{1}{3}r^3\right]_{2\sin\theta}^{4\sin\theta}d\theta=\frac{56}{3}\int_0^{\pi}\sin^4\theta d\theta$$

$$=\frac{14}{3}\int_0^{\pi}(1-\cos 2\theta)^2 d\theta=\frac{14}{3}\int_0^{\pi}(1-2\cos 2\theta+\cos^2 2\theta)d\theta$$

$$=\frac{14}{3}\int_0^{\pi}\left(1-2\cos 2\theta+\frac{1+\cos 4\theta}{2}\right)d\theta$$

$$=\frac{14}{3}\int_0^{\pi}\left(\frac{3}{2}-2\cos 2\theta+\frac{1}{2}\cos 4\theta\right)d\theta=7\pi.$$

例 7-8　计算反常二重积分 $\iint\limits_{\substack{-\infty<x<+\infty\\-\infty<y<+\infty}} e^{-x^2-y^2}dxdy$，并由此计算 $\int_0^{+\infty}e^{-x^2}dx$.

解：一方面，令 $x=r\cos\theta, y=r\sin\theta$，

$$\iint\limits_{\substack{-\infty<x<+\infty\\-\infty<y<+\infty}} e^{-x^2-y^2}dxdy=\int_0^{2\pi}d\theta\int_0^{+\infty}e^{-r^2}rdr=-\pi\int_0^{+\infty}e^{-r^2}d(-r^2)=-\pi e^{-r^2}\Big|_0^{+\infty}=\pi.$$

另一方面，$\iint\limits_{\substack{-\infty<x<+\infty\\-\infty<y<+\infty}} e^{-x^2-y^2}dxdy=\int_0^{+\infty}e^{-x^2}dx\int_0^{+\infty}e^{-y^2}dy=\left(\int_0^{+\infty}e^{-x^2}dx\right)^2$，所以 $\int_0^{+\infty}e^{-x^2}dx=\sqrt{\pi}$.

在线自测

习题 7-2

1. 利用极坐标计算例 7-2 的二重积分.

2. 计算下列二重积分：

(1) $\iint\limits_D x^2 y dxdy$，其中 D 为矩形闭区域 $0\leqslant x\leqslant 2, 1\leqslant y\leqslant 2$.

(2) $\iint\limits_D x^2 dxdy$，其中 D 是以(0,0)，(0,1)，(2,0)为顶点的三角形区域.

(3) $\iint\limits_D xdxdy$ 和 $\iint\limits_D ydxdy$，其中 D 是由正弦曲线 $y=\sin x(0\leqslant x\leqslant\pi)$与 x 轴围成的闭区域.

(4) $\iint\limits_D yd\sigma$，其中 D：$0\leqslant y\leqslant\sqrt{R^2-x^2}$.

(5) $\iint\limits_D (x^2+y^2)d\sigma$，其中 D 为圆形区域：$x^2+y^2\leqslant R^2$.

(6) $\iint\limits_D \sqrt{1+x^2+y^2}dxdy$，其中 D 为圆形区域 $x^2+y^2\leqslant 2$.

第三节　二重积分的应用

一、曲顶柱体的体积

我们已经介绍过利用二重积分计算曲顶柱体体积的方法，在此不再赘述.

二、曲面的面积

（一）空间平面区域的面积

设矩形 T 的边长分别为 a 和 b，长度为 a 的边平行于 xOy 平面，长度为 b 的边与 xOy 平面的夹角为 θ，并设矩形 T 在 xOy 平面上的投影为区域 D. 设矩形 T 的面积为 S，区域 D 的面积为 σ，则显然，D 为矩形区域，且边长分别为 a 和 $b\cos\theta$，如图 7-16 所示. 于是有 $\sigma = ab\cos\theta = S\cos\theta$.

设一平面与 xOy 平面的夹角为 θ，Σ 为该平面上的一个区域，其面积为 S，它在 xOy 平面上的投影为闭区域 D，其面积为 σ. 我们用一组平行于 xOy 平面的平行平面和一组垂直于 xOy 平面的平行平面将 Σ 分割成许多个一边平行于 xOy 平面的矩形和一些以 Σ 的边界为边的图形，如图 7-17 所示. 设 Σ 的分割中的小矩形 ΔS（其面积也记为 ΔS）在 xOy 平面的投影区域为 $\Delta\sigma$（其面积也记为 $\Delta\sigma$），则 $\Delta\sigma = \Delta S\cos\theta$. 由于当分割越来越细时，$\Sigma$ 的分割中那些以 Σ 的边界为边界的小平面图形的面积之和会越来越小，因此有 $\sigma = S\cos\theta$.

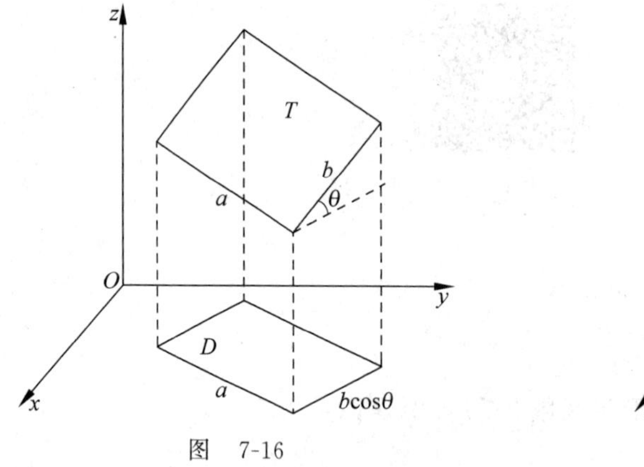

图　7-16

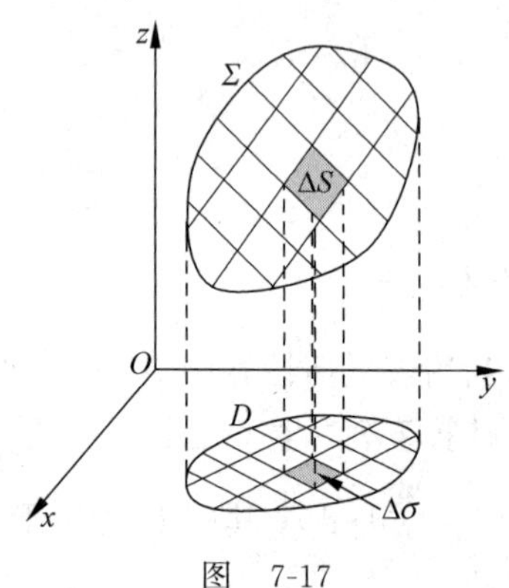

图　7-17

（二）曲面的面积

设函数 $z=f(x,y)$ 在闭区域 D 上有连续的偏导数，且两个偏导数不同时为零，则曲面 $z=f(x,y)$ 上处处有切平面，并且当曲面上的点在曲面上移动时，切平面连续移动. 我们称这样的曲面是**光滑的**. 用任意一组网格线将闭区域 D 分割成 n 个小区域 $\Delta\sigma_i$，$i=1,2,\cdots,n$（$\Delta\sigma_i$ 同时表示小区域 $\Delta\sigma_i$ 的面积）. 以每个小区域 $\Delta\sigma_i$ 的边界为准线、母线平行于 z 轴的柱面将曲面 $z=f(x,y)$ 切割成 n 个小曲面. 在每个小区域 $\Delta\sigma_i$ 内任取一点 (ξ_i,η_i)，点 $(\xi_i,\eta_i,f(\xi_i,\eta_i))$ 处与 z 轴正向夹角不超过 $\dfrac{\pi}{2}$ 的法向量为 $\vec{n}=(-f_x(\xi_i,\eta_i),-f_y(\xi_i,\eta_i),1)$. 在

空间解析几何中介绍过，该切平面与 xOy 平面的夹角的余弦为

$$\cos\theta=\frac{1}{\sqrt{f_x^2(\xi_i,\eta_i)+f_y^2(\xi_i,\eta_i)+1}}$$

该切平面包含在以小区域 $\Delta\sigma_i$ 的边界为准线、母线平行于 z 轴的柱面内的那部分平面图形的面积则为 $\sqrt{f_x^2(\xi_i,\eta_i)+f_y^2(\xi_i,\eta_i)+1}\,\Delta\sigma_i$. 用这些小平面图形的面积之和 $\sum\limits_{i=1}^{n}\sqrt{f_x^2(\xi_i,\eta_i)+f_y^2(\xi_i,\eta_i)+1}\,\Delta\sigma_i$ 作为曲面 $z=f(x,y)$ 的面积的近似值. 令 λ 表示所有小区域直径（小区域内两点距离的最大值）的最大值. 我们称 $\lim\limits_{\lambda\to 0}\sum\limits_{i=1}^{n}\sqrt{f_x^2(\xi_i,\eta_i)+f_y^2(\xi_i,\eta_i)+1}\,\Delta\sigma_i$ 为曲面 $z=f(x,y)$ 的面积.

设曲面 $z=f(x,y)$ 是光滑的，其在 xOy 平面上的投影为闭区域 D. 由二重积分的定义知，该曲面的面积为

$$S=\iint_D\sqrt{\left(\frac{\partial z}{\partial x}\right)^2+\left(\frac{\partial z}{\partial y}\right)^2+1}\,\mathrm{d}\sigma \tag{7-6}$$

曲面 $z=f(x,y)$ 的面积微分元素为 $\mathrm{d}S=\sqrt{\left(\frac{\partial z}{\partial x}\right)^2+\left(\frac{\partial z}{\partial y}\right)^2+1}\,\mathrm{d}\sigma$.

例 7-9　求旋转抛物面 $z=x^2+y^2$ 在平面 $z=1$ 下面那部分的面积，如图 7-18 所示.

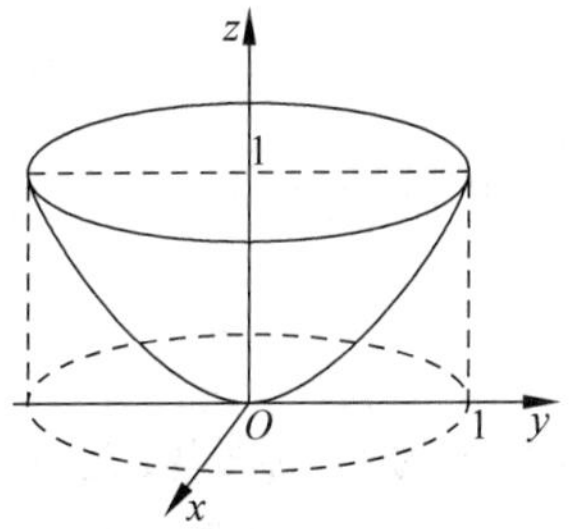

图　7-18

解：曲面在 xOy 面上的投影区域为 D：$x^2+y^2\leqslant 1$.

$$\frac{\partial z}{\partial x}=2x,\quad \frac{\partial z}{\partial y}=2y.$$

所求的面积为

$$S=\iint_D\sqrt{1+\left(\frac{\partial z}{\partial x}\right)^2+\left(\frac{\partial z}{\partial y}\right)^2}\,\mathrm{d}x\,\mathrm{d}y$$

$$=\iint_D\sqrt{1+4x^2+4y^2}\,\mathrm{d}x\,\mathrm{d}y=\frac{\pi}{6}(5\sqrt{5}-1).$$（计算过程参看本章第二节例 7-2）

例 7-10　求半径为 R 的球面的面积.

解：设半球面的方程为 $z=\sqrt{R^2-x^2-y^2}$，$(x,y)\in D$：$x^2+y^2\leqslant R^2$.

$$\frac{\partial z}{\partial x}=-\frac{x}{\sqrt{R^2-x^2-y^2}},\quad \frac{\partial z}{\partial y}=-\frac{y}{\sqrt{R^2-x^2-y^2}}.$$

所求的面积为

$$S=2\iint_D\sqrt{1+\left(\frac{\partial z}{\partial x}\right)^2+\left(\frac{\partial z}{\partial y}\right)^2}\,\mathrm{d}x\,\mathrm{d}y=2R\iint_D\frac{\mathrm{d}x\,\mathrm{d}y}{\sqrt{R^2-x^2-y^2}}$$

做变量代换 $x=r\cos\theta$，$y=r\sin\theta$，则

$$S=2R\int_0^{2\pi}\mathrm{d}\theta\int_0^R\frac{r\,\mathrm{d}r}{\sqrt{R^2-r^2}}=4\pi R\int_0^R\frac{r\,\mathrm{d}r}{\sqrt{R^2-r^2}}$$

$$=-2\pi R\int_0^R\frac{\mathrm{d}(R^2-r^2)}{\sqrt{R^2-r^2}}=-4\pi R\sqrt{R^2-r^2}\Big|_0^R=4\pi R^2.$$

三、二重积分的物理应用

（一）计算物理量的微元法

我们采用“分割、求和、求极限”的方法得到分布在有界闭区域 D 上、密度函数为 $\rho(x,y)$ 的质量为 $M=\iint\limits_D \rho(x,y)\mathrm{d}\sigma$. 我们可以这样解释这一计算公式：闭区域 D 是由无穷多个点构成的，因而 D 的面积等于这无穷多个点的面积之和. 我们知道，点的长度、面积和体积都是零. 但我们可以取一个包含点(x,y)且面积为无穷小的闭区域，其面积称为面积微分元素，简称**面积元素**，记为 $\mathrm{d}\sigma$，其质量为 $\rho(x,y)\mathrm{d}\sigma$，称为**质量微分元素**，简称**质量元**. 我们可以将其看作质点. 因而总质量就等于质量微分元素 $\rho(x,y)\mathrm{d}\sigma$ 在分布区域 D 上的二重积分.

对于很多由质量产生的物理量，如质心、转动惯量和引力等，我们都可以仿照上述方法求之. 以后不再赘述. 这种方法也称微分元素法，简称**微元法**.

（二）平面型分布的质心

设质量 M 分布在 xOy 平面的有界闭区域 D 上，密度函数为 $\rho(x,y)$，其质心的坐标为$(\bar{x},\bar{y})$，则 $M=\iint\limits_D \rho(x,y)\mathrm{d}\sigma$，且

$$\bar{x}=\frac{1}{M}\iint\limits_D x\rho(x,y)\mathrm{d}\sigma,\quad \bar{y}=\frac{1}{M}\iint\limits_D y\rho(x,y)\mathrm{d}\sigma \tag{7-7}$$

特别地，若质量均匀分布在闭区域 D 上，则

$$\bar{x}=\frac{1}{\sigma}\iint\limits_D x\,\mathrm{d}\sigma,\quad \bar{y}=\frac{1}{\sigma}\iint\limits_D y\,\mathrm{d}\sigma \tag{7-8}$$

其中，σ 为 D 的面积. 此时，$(\bar{x},\bar{y})$也称为闭区域 D 的**形心坐标**.

例 7-11 计算半圆 D：$0\leqslant y\leqslant\sqrt{R^2-x^2}$ 的形心坐标.

解：半圆的面积为 $\sigma=\frac{1}{2}\pi R^2$. 设 D 的形心坐标为$(\bar{x},\bar{y})$. 由对称性知，$\bar{x}=0$. 由公式(7-8)，

$$\begin{aligned}\bar{y}&=\frac{1}{\sigma}\iint\limits_D y\,\mathrm{d}\sigma=\frac{1}{\sigma}\iint\limits_D r^2\sin\theta\,\mathrm{d}r\,\mathrm{d}\theta\\&=\frac{1}{\sigma}\int_0^{\pi}\sin\theta\,\mathrm{d}\theta\int_0^R r^2\,\mathrm{d}r=\frac{2}{3\sigma}R^3=\frac{4R}{3\pi}.\end{aligned}$$

故所求的形心坐标为$\left(0,\frac{4R}{3\pi}\right)$.

（三）转动惯量

设质量 M 分布在 xOy 平面的有界闭区域 D 上，密度函数为 $\rho(x,y)$，则其绕转轴 l 的转动惯量为

$$J_l=\iint\limits_D r^2(x,y)\rho(x,y)\mathrm{d}\sigma \tag{7-9}$$

其中，$r(x,y)$为 D 中点(x,y)到转轴 l 的距离.

可以证明：刚体绕过质心之轴的转动惯量是绕与该轴平行的所有转轴的转动惯量中的最小者.

例 7-12　设质量 M 均匀分布在半径为 R 的圆盘上，求该圆盘分别绕如下转轴的转动惯量：(1)过圆心且与圆盘垂直的直线 l_1；(2)包含直径的直线 l_2.

解：设圆盘为 $D: x^2+y^2\leqslant R^2$. 质量分布面密度为 $\rho=\dfrac{M}{\pi R^2}$.

(1) l_1 为 z 轴，D 内任意点(x,y)到 z 轴的距离为 $r(x,y)=\sqrt{x^2+y^2}$. 所求的转动惯量为

$$J_{l_1}=\iint_D r^2(x,y)\rho\mathrm{d}\sigma=\rho\iint_D(x^2+y^2)\mathrm{d}\sigma=\rho\iint_D r^3\mathrm{d}r\mathrm{d}\theta$$

$$=\rho\int_0^{2\pi}\mathrm{d}\theta\int_0^R r^3\mathrm{d}r=\frac{\pi}{2}\rho R^4=\frac{1}{2}MR^2.$$

(2) 取 y 轴为 l_2. D 内任意点(x,y)到 y 轴的距离为 $r(x,y)=|x|$. 所求的转动惯量为

$$J_{l_2}=\iint_D r^2(x,y)\rho\mathrm{d}\sigma=\rho\iint_D x^2\mathrm{d}\sigma=\rho\iint_D r^3\cos^2\theta\mathrm{d}r\mathrm{d}\theta$$

$$=\rho\int_0^{2\pi}\cos^2\theta\mathrm{d}\theta\int_0^R r^3\mathrm{d}r=\frac{1}{8}\rho R^4\int_0^{2\pi}(1+\cos2\theta)\mathrm{d}\theta$$

$$=\frac{\pi}{4}\rho R^4=\frac{1}{4}MR^2.$$

注：绕 l_1(z 轴)的转动惯量还可以如下计算：

$$J_{l_1}=\iint_D r^2(x,y)\rho\mathrm{d}\sigma=\rho\iint_D r^3\mathrm{d}r\mathrm{d}\theta$$

$$=\int_0^R r^2\mathrm{d}r\int_0^{2\pi}\rho r\mathrm{d}\theta=\int_0^R r^2\cdot\rho 2\pi r\mathrm{d}r$$

这种计算方法的理念是：半径为 R 的圆盘可看作是由无穷多个同心圆构成的. 每个半径为 r 的圆的周长为 $2\pi r$，宽度元素为 $\mathrm{d}r$，因而其质量元素为 $\rho 2\pi r\mathrm{d}r$. 该质量元素绕转轴 l_1 的转动惯量为 $r^2\rho 2\pi r\mathrm{d}r$，因而 $J_{l_1}=\int_0^R r^2\rho 2\pi r\mathrm{d}r$. 在物理学中经常用这种方法分析计算物理量.

(四) 平面分布的质量对质点的引力

例 7-13　设一半径为 R、质量均匀分布的圆盘的面密度为 ρ. 一质量为 m 的质点在过圆心且与圆盘垂直的直线上，距离圆盘为 a，求圆盘对质点的引力 F(万有引力常数为 G).

解：设圆盘为 $D: x^2+y^2\leqslant R^2$.

注意到，引力是向量，需要按分量分别计算. 由对称性知，所求的引力沿水平方向的分量为零. 所以所求的引力就是合引力沿铅直方向的分量. (x,y)处的质量元 $\rho\mathrm{d}\sigma$ 对质点的引力沿铅直方向的分量为

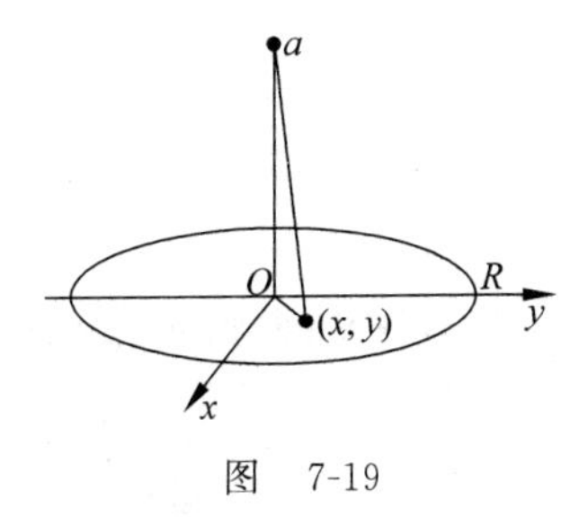

图　7-19

$$\mathrm{d}F=\frac{Gm\rho\mathrm{d}\sigma}{x^2+y^2+a^2}\frac{a}{\sqrt{x^2+y^2+a^2}}=\frac{Gm\rho a\mathrm{d}\sigma}{(x^2+y^2+a^2)^{\frac{3}{2}}}$$

于是，所求的引力大小为

$$F=\iint_D \frac{Gm\rho a\,\mathrm{d}\sigma}{(x^2+y^2+a^2)^{\frac{3}{2}}}=Gm\rho a\iint_D \frac{r\,\mathrm{d}r\,\mathrm{d}\theta}{(r^2+a^2)^{\frac{3}{2}}}$$

$$=Gm\rho a\int_0^{2\pi}\mathrm{d}\theta\int_0^R \frac{r\,\mathrm{d}r}{(r^2+a^2)^{\frac{3}{2}}}=\pi Gm\rho a\int_0^R \frac{\mathrm{d}(r^2+a^2)}{(r^2+a^2)^{\frac{3}{2}}}$$

$$=-2\pi Gm\rho a\left[\frac{1}{\sqrt{r^2+a^2}}\right]_0^R=2\pi Gm\rho\left(1-\frac{a}{\sqrt{R^2+a^2}}\right)$$

（五）水压力

例 7-14 一个横放着的半径为 R 的圆柱形水桶内盛有半桶水（水的密度为 ρ），如图 7-20(a)所示，试计算桶的一个底面所受的水压力 P.

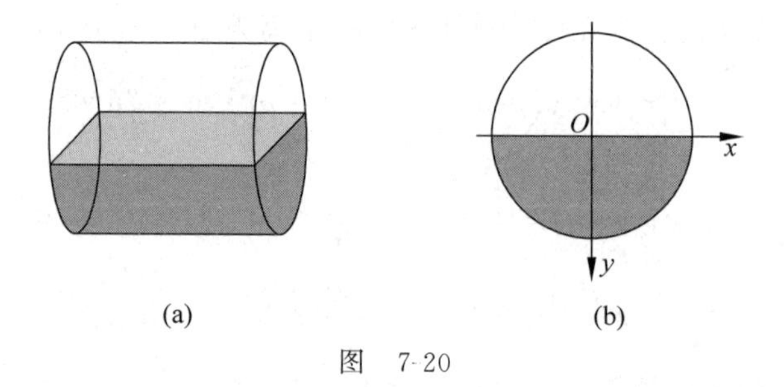

图 7-20

解：建立直角坐标系，如图 7-20(b)所示. 浸水半圆面为 D：$0\leqslant y\leqslant\sqrt{R^2-x^2}$. D 内任一点 (x,y) 处的面积元 $\mathrm{d}\sigma$ 所受到的水压力为 $\mathrm{d}P=\rho gy\,\mathrm{d}\sigma$. 于是，桶的一个底面所受的水压力为

$$P=\iint_D \rho yg\,\mathrm{d}\sigma=\rho g\int_{-R}^R \mathrm{d}x\int_0^{\sqrt{R^2-x^2}} y\,\mathrm{d}y=2\rho g\int_0^R \mathrm{d}x\int_0^{\sqrt{R^2-x^2}} y\,\mathrm{d}y$$

$$=2\rho g\int_0^R (R^2-x^2)\,\mathrm{d}x=\frac{2\rho g}{3}R^3$$

在线自测

习题 7-3

1. 求旋转抛物面 $z=1-\frac{1}{2}(x^2+y^2)$ 在 xOy 平面上面那部分的面积.

2. 求圆锥面 $z=\sqrt{x^2+y^2}$ 位于平面 $z=1$ 下面那部分的面积.

3. 求由正弦曲线 $y=\sin x\,(0\leqslant x\leqslant\pi)$ 与 x 轴所围成的平面图形的形心坐标.

4. 计算摆线的一拱 $\begin{cases}x=a(t-\sin t)\\ y=a(1-\cos t)\end{cases}$ $(a>0,0\leqslant t\leqslant 2\pi)$ 与 x 轴所围图形的形心坐标.

5. 求位于两圆 $x^2+(y-1)^2=1$ 与 $x^2+(y-2)^2=4$ 之间的图形的形心坐标.

6. 设一质量均匀分布的三角形薄板,两直角边长分别为 a 和 b,其质量面密度为 ρ,求其绕长为 b 的边的转动惯量.

7. 求边长分别为 a 和 b,面密度为 1 的矩形绕长为 b 的边的转动惯量.

8. 假设 xOy 平面均匀分布着密度为 ρ 的质量,在距平面距离为 a 的点处有一质量为 m 的质点,求平面对质点的引力 F(万有引力常数为 G).

9. 设质量 M 分布在 xOy 平面的有界闭区域 D 上,密度函数为 $\rho(x,y)$,证明其绕过质心且与 z 轴平行的直线的转动惯量是绕所有与 z 轴平行的直线的转动惯量中最小者.

第四节　三重积分及其应用

一、三重积分的概念

(一) 三重积分的定义与性质

设函数 $f(x,y,z)$ 是空间有界闭区域 Ω 上的有界函数. 将闭区域 Ω 任意划分成 n 个小闭区域 $\Delta v_1,\Delta v_2,\cdots,\Delta v_n$,其中 Δv_i 表示第 i 个小闭区域,同时也表示它的体积. 令 λ 为各小闭区域直径的最大值. 如果对 Ω 的任意划分和任意的 $(\xi_i,\eta_i,\zeta_i)\in\Delta v_i, i=1,2,\cdots,n$, $\lim\limits_{\lambda\to 0}\sum\limits_{i=1}^{n}f(\xi_i,\eta_i,\zeta_i)\Delta v_i$ 都存在,则称此极限为函数 $f(x,y,z)$ 在 Ω 上的三重积分,记为 $\iiint\limits_{\Omega}f(x,y,z)\mathrm{d}v$ 或 $\iiint\limits_{\Omega}f(x,y,z)\mathrm{d}x\mathrm{d}y\mathrm{d}z$,即

$$\iiint\limits_{\Omega}f(x,y,z)\mathrm{d}v=\lim_{\lambda\to 0}\sum_{i=1}^{n}f(\xi_i,\eta_i,\zeta_i)\Delta v_i \tag{7-10}$$

三重积分具有与二重积分类似的性质,特别地,$\iiint\limits_{\Omega}\mathrm{d}v$ 表示有界闭区域 Ω 的体积.

(二) 立体分布的质量与体密度

设质量 M 分布在空间有界闭区域 Ω 上,对 Ω 内任一点 (x,y,z) 以及任意包含点 (x,y,z) 的有界闭区域 Δv(Δv 也表示其体积),分布在 Δv 上的质量为 ΔM. 令 λ 表示 Δv 的直径,如果 $\lim\limits_{\lambda\to 0}\dfrac{\Delta M}{\Delta v}$ 存在,则称该极限为质量 M 在点 (x,y,z) 处的分布(体)密度,记为 $\rho(x,y,z)$. 如果函数 $\rho(x,y,z)$ 是空间有界闭区域 Ω 上的有界函数,则 $M=\iiint\limits_{\Omega}\rho(x,y,z)\mathrm{d}v$.

(三) 立体分布质量的质心与转动惯量

立体分布的质量具有同平面分布质量类似的质心和转动惯量计算公式.

设质量 M 分布在空间有界闭区域 Ω 上,分布密度函数为 $\rho(x,y,z)$,其质心的坐标为 $(\bar{x},\bar{y},\bar{z})$,绕转轴 l 的转动惯量为 J_l,则有

$$\bar{x}=\frac{1}{M}\iiint\limits_{\Omega}x\rho(x,y,z)\mathrm{d}v,\ \bar{y}=\frac{1}{M}\iiint\limits_{\Omega}y\rho(x,y,z)\mathrm{d}v,\ \bar{z}=\frac{1}{M}\iiint\limits_{\Omega}z\rho(x,y,z)\mathrm{d}v \tag{7-11}$$

$$J_l=\iiint_{\Omega} r^2(x,y,z)\rho(x,y,z)\mathrm{d}v \tag{7-12}$$

其中 $r(x,y,z)$ 为点 (x,y,z) 到转轴 l 的距离.

特别地，当质量均匀分布在 Ω 上时，

$$\bar{x}=\frac{1}{V}\iiint_{\Omega} x\mathrm{d}v,\quad \bar{y}=\frac{1}{V}\iiint_{\Omega} y\mathrm{d}v,\quad \bar{z}=\frac{1}{V}\iiint_{\Omega} z\mathrm{d}v \tag{7-13}$$

其中，V 表示 Ω 的体积. 此时，$(\bar{x},\bar{y},\bar{z})$ 称为立体的**体心坐标**.

（四）重力对液体做功

设一容器中盛有某种液体，液体在空间直角坐标系中所占的区域为 Ω，且 Ω 位于 xOy 平面上方，液体的密度函数为 $\rho(x,y,z)$，容器的底部有一出口. 问容器中的液体从出口流到 xOy 平面，重力做了多少功？

对任意的 $(x,y,z)\in\Omega$，点 (x,y,z) 处的质量元素为 $\rho(x,y,z)\mathrm{d}v$. 质量元素 $\rho(x,y,z)\mathrm{d}v$ 滴落到 xOy 平面，重力所做的功为 $z\rho(x,y,z)g\,\mathrm{d}v$（$g$ 为重力加速度）. 因而，容器中的液体全部流到 xOy 平面，重力所做的功为

$$W=g\iiint_{\Omega} z\rho(x,y,z)\mathrm{d}v=Mg\cdot\frac{1}{M}\iiint_{\Omega} z\rho(x,y,z)\mathrm{d}v=Mg\bar{z} \tag{7-14}$$

其中，$\bar{z}$ 为 Ω 的质心的 z 坐标.

式(7-14)表示，容器中的液体全部流到 xOy 平面时，重力所做的功相当于液体的质量全部集中到质心时，落到 xOy 平面重力所做的功.

同样的道理，将容器中的液体全部提升至液面上方的某个位置时，克服重力所做的功等于把全部质量从质心处提升到指定位置，克服重力所做的功.

二、三重积分的计算法

（一）三重积分的平行线计算法

我们借助立体分布的质量来给出三重积分的计算法.

设空间有界闭区域 Ω 为曲顶柱体：$z_1(x,y)\leqslant z\leqslant z_2(x,y)$，$(x,y)\in D$，其中 D 为 Ω 在 xOy 面上的投影区域，如图 7-21 所示. 设 Ω 上分布着密度函数为 $f(x,y,z)$ 的质量，则该立体的质量为 $\iiint\limits_{\Omega} f(x,y,z)\mathrm{d}v$. Ω 可看作是由无穷多条平行于 z 轴的平行线段构成的. 对 D 内任一点 (x,y)，过该点且平行于 z 轴的直线含在 Ω 内的线段上 z 坐标的最小值和最大值分别为 $z_1(x,y)$ 和 $z_2(x,y)$. 先在这样的线段上求积分 $\int_{z_1(x,y)}^{z_2(x,y)} f(x,y,z)\mathrm{d}z$. 当 (x,y) 取遍 D 内所有点时，这些平行线段便“扫过”整个 Ω. 因而立体的质量就等于 $\int_{z_1(x,y)}^{z_2(x,y)} f(x,y,z)\mathrm{d}z$ 在 D 上的二重积分，即有

$$\iiint_{\Omega} f(x,y,z)\mathrm{d}v=\iint_{D}\left[\int_{z_1(x,y)}^{z_2(x,y)} f(x,y,z)\mathrm{d}z\right]\mathrm{d}x\mathrm{d}y \tag{7-15}$$

上式右端常记为 $\iint\limits_{D}\mathrm{d}x\mathrm{d}y\int_{z_1(x,y)}^{z_2(x,y)} f(x,y,z)\mathrm{d}z$.

利用公式(7-15)计算三重积分的方法称为**三重积分的平行线计算法**.

如果用平行于坐标面的平面分割积分区域 Ω,则含在 Ω 内的小区域为长方体,体积元为 $\mathrm{d}v=\mathrm{d}x\,\mathrm{d}y\,\mathrm{d}z$,于是 $\iiint\limits_{\Omega} f(x,y,z)\mathrm{d}v$ 常记为 $\iiint\limits_{\Omega} f(x,y,z)\mathrm{d}x\,\mathrm{d}y\,\mathrm{d}z$.

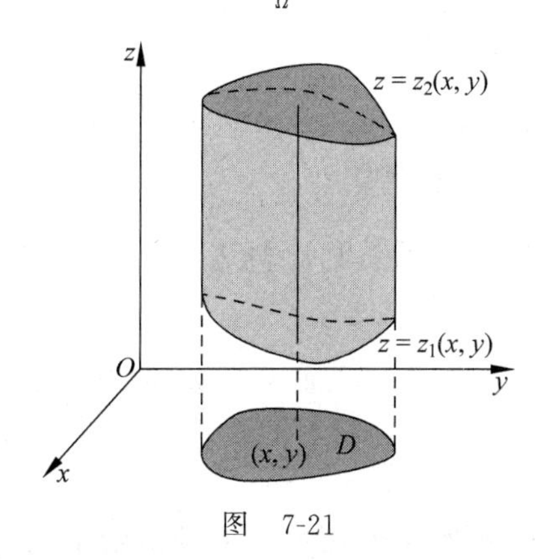

图　7-21

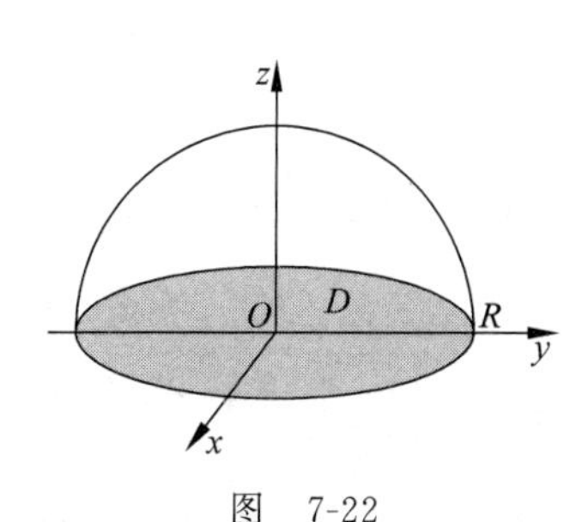

图　7-22

例 7-15　设半球体 Ω: $0\leqslant z\leqslant\sqrt{R^2-x^2-y^2}$ 上均匀分布着密度为 ρ 的质量,如图 7-22 所示,求(1)立体质心的坐标;(2)立体绕 z 轴的转动惯量.

解:(1) 设立体质心的坐标为$(\bar{x},\bar{y},\bar{z})$. 由 Ω 的对称性可知 $\bar{x}=0,\bar{y}=0$.

立体的体积为 $V=\dfrac{2}{3}\pi R^3$,质量为 $M=\rho V=\dfrac{2}{3}\rho\pi R^3$.

$$\bar{z}=\frac{1}{M}\iiint\limits_{\Omega} z\rho\,\mathrm{d}v=\frac{3}{2\pi R^3}\iiint\limits_{\Omega} z\,\mathrm{d}v.$$

Ω 在 xOy 面上的投影区域为 D: $x^2+y^2\leqslant R^2$. 对 D 内任一点(x,y),过该点且平行于 z 轴的直线含在 Ω 内的线段上 z 坐标的最小值和最大值分别为 0 和 $z=\sqrt{R^2-x^2-y^2}$. 应用公式(7-15),

$$\iiint\limits_{\Omega} z\,\mathrm{d}v=\iint\limits_{D}\left[\int_0^{\sqrt{R^2-x^2-y^2}} z\,\mathrm{d}z\right]\mathrm{d}x\,\mathrm{d}y=\frac{1}{2}\iint\limits_{D}(R^2-x^2-y^2)\mathrm{d}x\,\mathrm{d}y.$$

再利用极坐标计算上式右端的二重积分,有

$$\begin{aligned}\iint\limits_{D}(R^2-x^2-y^2)\mathrm{d}x\,\mathrm{d}y&=\int_0^{2\pi}\mathrm{d}\theta\int_0^R(R^2-r^2)r\,\mathrm{d}r\\&=2\pi\left[R^2\,\frac{1}{2}r^2-\frac{1}{4}r^4\right]_0^R=\frac{\pi}{2}R^4.\end{aligned}$$

于是 $\bar{z}=\dfrac{3}{8}R$. 故所求的质心坐标为$\left(0,0,\dfrac{3}{8}R\right)$.

(2) 所求的转动惯量为

$$\begin{aligned}J_z&=\iiint\limits_{\Omega}(x^2+y^2)\rho\,\mathrm{d}v=\rho\iint\limits_{D}\left[\int_0^{\sqrt{R^2-x^2-y^2}}(x^2+y^2)\mathrm{d}z\right]\mathrm{d}x\,\mathrm{d}y\\&=\rho\iint\limits_{D}(x^2+y^2)\sqrt{R^2-x^2-y^2}\,\mathrm{d}x\,\mathrm{d}y\end{aligned}$$

$$=\rho\int_0^{2\pi}\mathrm{d}\theta\int_0^R\sqrt{R^2-r^2}\,r^3\mathrm{d}r=2\pi\rho\int_0^R\sqrt{R^2-r^2}\,r^3\mathrm{d}r$$

$$\xlongequal{x=R\sin t}2\pi\rho R^5\int_0^{\frac{\pi}{2}}\cos^2 t\sin^3 t\,\mathrm{d}t$$

$$=-2\pi\rho R^5\int_0^{\frac{\pi}{2}}\cos^2 t(1-\cos^2 t)\mathrm{d}\cos t$$

$$=-2\pi\rho R^5\left[\frac{1}{3}\cos^3 t-\frac{1}{5}\cos^5 t\right]_0^{\frac{\pi}{2}}=\frac{4}{15}\pi\rho R^5.$$

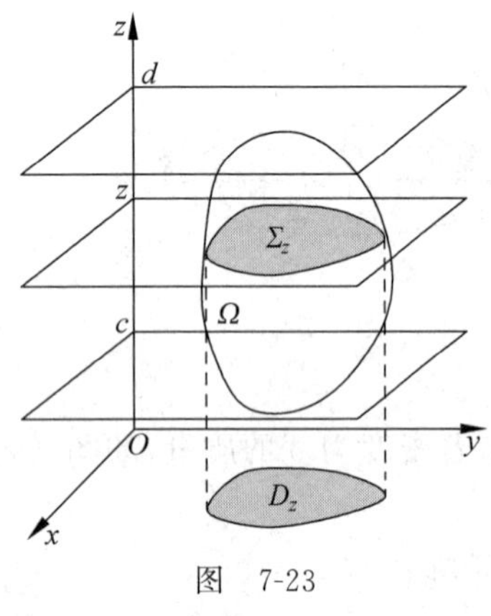

图 7-23

（二）三重积分的平行截面计算法

设空间区域 Ω 介于平面 $z=c$，$z=d(c<d)$之间. 对任意的 $z\in(c,d)$，过点$(0,0,z)$且垂直于 z 轴的平面与区域 Ω 的截面记为 Σ_z，其在 xOy 面上的投影区域为 D_z，如图 7-23 所示.

空间区域 Ω 可看作是由垂直于 z 轴的截面 Σ_z 构成的. 先计算每一个截面上的积分 $\iint\limits_{D_z}f(x,y,z)\mathrm{d}x\mathrm{d}y$，然后再将全部截面上的积分求积分，即可得到空间区域 Ω 上的三重积分，即

$$\iiint\limits_{\Omega}f(x,y,z)\mathrm{d}v=\int_c^d\left[\iint\limits_{D_z}f(x,y,z)\mathrm{d}x\mathrm{d}y\right]\mathrm{d}z \tag{7-16}$$

$\int_c^d\left[\iint\limits_{D_z}f(x,y,z)\mathrm{d}x\mathrm{d}y\right]\mathrm{d}z$ 常简记为$\int_c^d\mathrm{d}z\iint\limits_{D_z}f(x,y,z)\mathrm{d}x\mathrm{d}y$.

利用公式(7-16)计算三重积分的方法称为**三重积分的平行截面计算法**.

例 7-16 利用平行截面计算法计算例 7-15 中的三重积分 $\iiint\limits_{\Omega}z\,\mathrm{d}v$ 和$\iiint\limits_{\Omega}(x^2+y^2)\mathrm{d}v$，其中 Ω：$0\leqslant z\leqslant\sqrt{R^2-x^2-y^2}$.

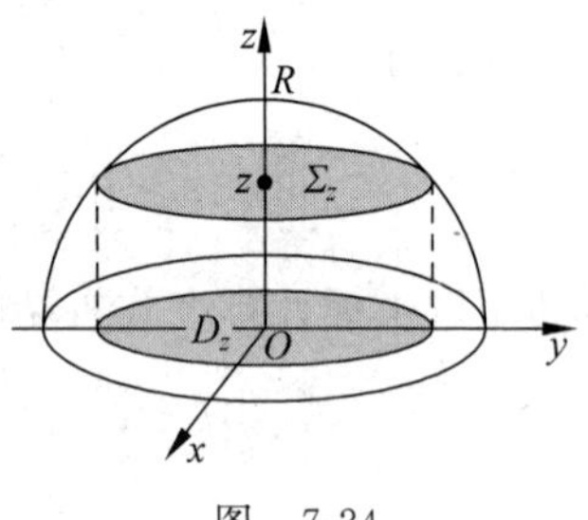

图 7-24

解：积分区域 Ω 介于平面 $z=0$ 和 $z=R$ 之间. 对任意的 $z\in(0,R)$，过点$(0,0,z)$且垂直于 z 轴的平面与区域 Ω 的截面 Σ_z 在 xOy 面上的投影区域为 D_z：$x^2+y^2\leqslant R^2-z^2$，如图 7-24 所示. 应用公式(7-16)，

$$\iiint\limits_{\Omega}z\,\mathrm{d}v=\int_0^R\mathrm{d}z\iint\limits_{D_z}z\,\mathrm{d}x\mathrm{d}y=\int_0^R z\,\mathrm{d}z\iint\limits_{D_z}\mathrm{d}x\mathrm{d}y$$

$$=\pi\int_0^R(R^2-z^2)z\,\mathrm{d}z=\pi\int_0^R(R^2z-z^3)\mathrm{d}z$$

$$=\pi\left[\frac{1}{2}R^2z^2-\frac{1}{4}z^4\right]_0^R=\frac{\pi}{4}R^4.$$

$$\iiint\limits_{\Omega}(x^2+y^2)\mathrm{d}v=\int_0^R\mathrm{d}z\iint\limits_{D_z}(x^2+y^2)\mathrm{d}x\mathrm{d}y.$$

可利用极坐标计算二重积分 $\iint\limits_{D_z}(x^2+y^2)\mathrm{d}x\mathrm{d}y$，作变量代换 $x=r\cos\theta, y=r\sin\theta$，有

$$\iint\limits_{D_z}(x^2+y^2)\mathrm{d}x\mathrm{d}y=\int_0^{2\pi}\mathrm{d}\theta\int_0^{\sqrt{R^2-z^2}}r^3\mathrm{d}r=2\pi\cdot\frac{r^4}{4}\bigg|_0^{\sqrt{R^2-z^2}}=\frac{\pi}{2}(R^2-z^2)^2.$$

于是

$$\begin{aligned}\iiint\limits_{\Omega}(x^2+y^2)\mathrm{d}v&=\frac{\pi}{2}\int_0^R(R^2-z^2)^2\mathrm{d}z=\frac{\pi}{2}\int_0^R(R^4-2R^2z^2+z^4)\mathrm{d}z\\&=\frac{\pi}{2}\left(R^4z-\frac{2}{3}R^2z^3+\frac{1}{5}z^5\right)\bigg|_0^R=\frac{\pi}{2}\left(R^5-\frac{2}{3}R^5+\frac{1}{5}R^5\right)=\frac{4}{15}\pi R^5.\end{aligned}$$

（三）三重积分的球面坐标计算法

设 (x,y,z) 为空间中任一点，其到原点的距离为 r（称为极径），过该点及 z 轴的半平面与 x 轴正向按逆时针方向的夹角为 θ，设 (x,y,z) 到原点的连线与 z 轴正向的夹角为 φ，$(0\leqslant\theta\leqslant 2\pi, 0\leqslant\varphi\leqslant\pi, r\geqslant 0)$，如图 7-25 所示. 那么，除原点外，空间中的点 (x,y,z) 与有序数组 (r,θ,φ) 一一对应. 不难看出，

$$\begin{cases}x=r\sin\varphi\cos\theta\\y=r\sin\varphi\sin\theta\ (0\leqslant\theta\leqslant 2\pi, 0\leqslant\varphi\leqslant\pi, r\geqslant 0)\\z=r\cos\varphi\end{cases}\tag{7-17}$$

图 7-25

由 (r,θ,φ) 所确定的坐标系称为**球面坐标系**. 式(7-17)称为**球面坐标变换**.

设空间区域 Ω 介于半平面 $\theta=\alpha$ 与 $\theta=\beta(0\leqslant\alpha<\beta\leqslant 2\pi)$ 之间. 对任意的 $\theta\in[\alpha,\beta]$，θ 所确定的半平面与 Ω 的截面介于该半平面上的两射线 $\varphi=\varphi_1(\theta)$ 与 $\varphi=\varphi_2(\theta)(0\leqslant\varphi_1(\theta)\leqslant\varphi_2(\theta)\leqslant\pi)$ 之间，该截面内的任意射线 $\varphi=\varphi(\theta)$ 含在该截面内的那段线段上的点的极径 r 满足 $0\leqslant r_1(\theta,\varphi)\leqslant r\leqslant r_2(\theta,\varphi)$，如图 7-26 所示. 可以证明，进行球面坐标变换后，有

$$\begin{aligned}&\iiint\limits_{\Omega}f(x,y,z)\mathrm{d}v\\=&\iiint\limits_{\Omega}f(r\sin\varphi\cos\theta, r\sin\varphi\sin\theta, r\cos\varphi)r^2\sin\varphi\mathrm{d}r\mathrm{d}\varphi\mathrm{d}\theta\\=&\int_\alpha^\beta\mathrm{d}\theta\int_{\varphi_1(\theta)}^{\varphi_2(\theta)}\sin\varphi\mathrm{d}\varphi\int_{r_1(\theta,\varphi)}^{r_2(\theta,\varphi)}f(r\sin\varphi\cos\theta, r\sin\varphi\sin\theta, r\cos\varphi)r^2\mathrm{d}r\end{aligned}\tag{7-18}$$

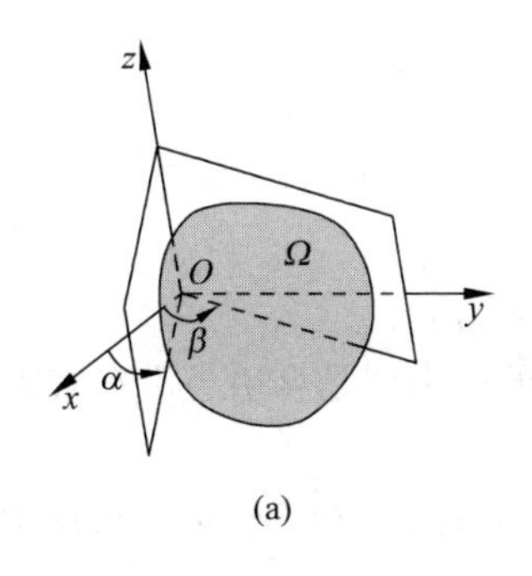

(a)

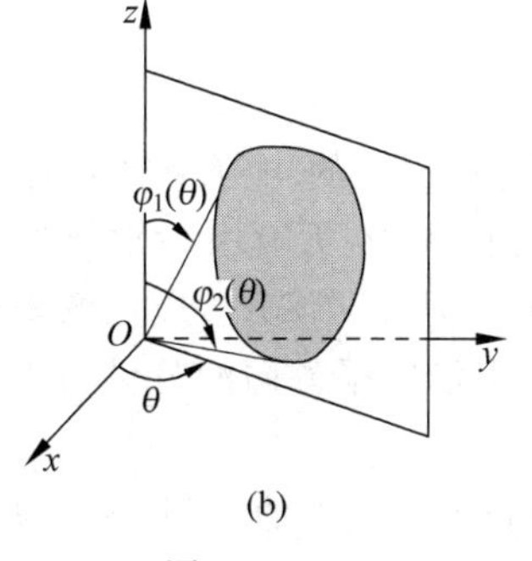

(b)

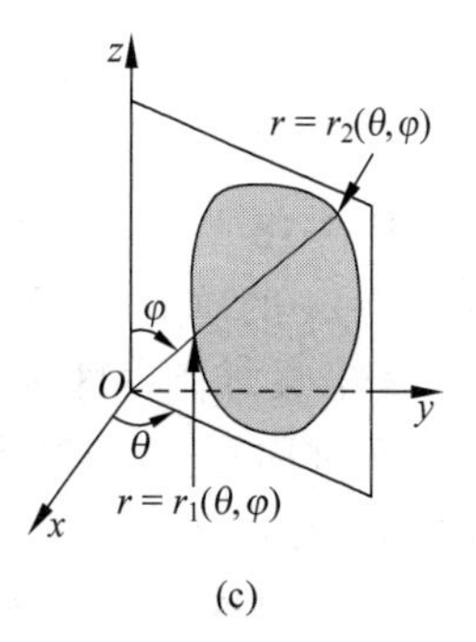

(c)

图　7-26

利用公式(7-18)计算三重积分的方法称为**三重积分的球面坐标计算法**.

例 7-17 利用球面坐标计算法计算例 7-15 中的三重积分 $\iiint\limits_{\Omega} z\,\mathrm{d}v$ 和 $\iiint\limits_{\Omega}(x^2+y^2)\,\mathrm{d}v$，其中 Ω：$0\leqslant z\leqslant\sqrt{R^2-x^2-y^2}$.

解：因为 Ω 介于半平面 $\theta=0$ 和 $\theta=2\pi$ 之间，所以 θ 的积分区间为 $[0,2\pi]$.

对任意的 $\theta\in[0,2\pi]$，由 θ 所确定的半平面与 Ω 的截面介于该半平面上的两射线 $\varphi=0$ 和 $\varphi=\dfrac{\pi}{2}$ 之间. 该截面内的任意射线 $\varphi=\varphi(\theta)$ 含在该截面内的那段线段上的点的极径 r 满足 $0\leqslant r(\theta,\varphi)\leqslant R$，如图 7-27 所示.

进行球面坐标变换，应用公式(7-18)，

$$\begin{aligned}\iiint\limits_{\Omega} z\,\mathrm{d}v&=\iiint\limits_{\Omega} r^3\cos\varphi\sin\varphi\,\mathrm{d}r\,\mathrm{d}\varphi\,\mathrm{d}\theta\\&=\int_0^{2\pi}\mathrm{d}\theta\int_0^{\frac{\pi}{2}}\sin\varphi\cos\varphi\,\mathrm{d}\varphi\int_0^R r^3\,\mathrm{d}r\\&=2\pi\left[\frac{1}{2}\sin^2\varphi\right]_0^{\frac{\pi}{2}}\left[\frac{1}{4}r^4\right]_0^R=\frac{\pi}{4}R^4.\end{aligned}$$

$$\begin{aligned}\iiint\limits_{\Omega}(x^2+y^2)\,\mathrm{d}v&=\iiint\limits_{\Omega} r^4\sin^3\varphi\,\mathrm{d}r\,\mathrm{d}\varphi\,\mathrm{d}\theta\\&=-\int_0^{2\pi}\mathrm{d}\theta\int_0^{\frac{\pi}{2}}(1-\cos^2\varphi)\,\mathrm{d}\cos\varphi\int_0^R r^4\,\mathrm{d}r\\&=-2\pi\left[\cos\varphi-\frac{1}{3}\cos^3\varphi\right]_0^{\frac{\pi}{2}}\left[\frac{1}{5}r^5\right]_0^R=\frac{4}{15}\pi R^5.\end{aligned}$$

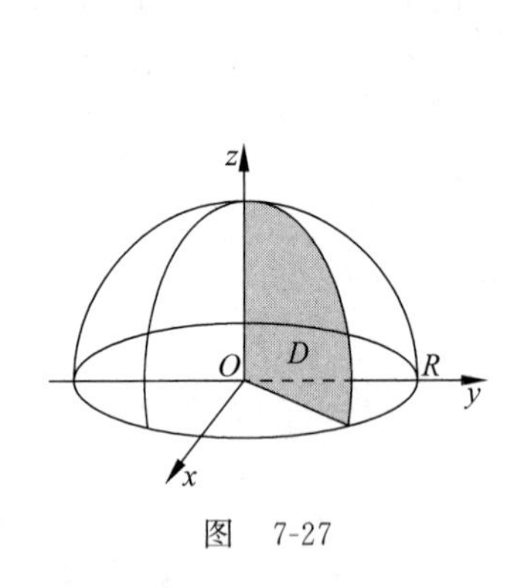

图 7-27

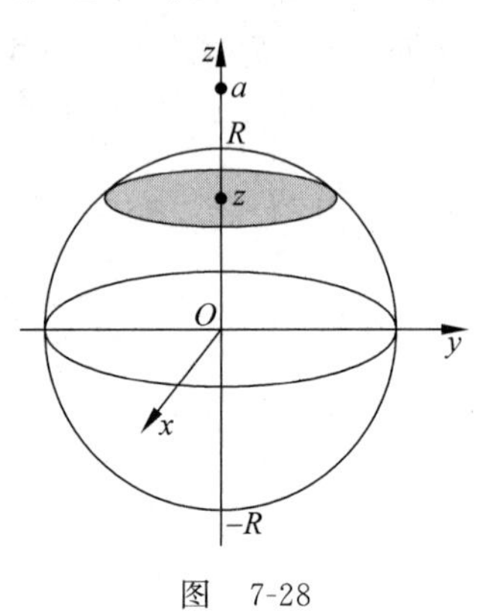

图 7-28

例 7-18 设一半径为 R、质量为 M 的均匀球的密度为 ρ. 在距离球心 $a(a>R)$ 处有一质量为 m 的质点，求球对该质点的引力(万有引力常数为 G).

解：设球所占区域为 Ω：$x^2+y^2+z^2\leqslant R^2$，质点的坐标为 $(0,0,a)$.

由对称性知，球对质点的引力沿水平方向的分量为零. 所求的引力就是合引力沿铅直方向的分量.

球体 Ω 可看作由无穷多个介于 z 轴上的区间 $[-R,R]$ 上的平行于 xOy 平面的圆盘构成. 对任意的 $z\in[-R,R]$，对应的圆盘的半径为 $R_z=\sqrt{R^2-z^2}$，其到质点的距离为 $a-z$.

利用本章第三节例 7-13 的结论，该圆盘质量微分元对质点的引力沿铅直方向的分量微分元为

$$dF=2\pi Gm\rho\left[1-\frac{a-z}{\sqrt{R_z^2+(a-z)^2}}\right]dz=2\pi Gm\rho\left[1-\frac{a-z}{\sqrt{R^2-z^2+(a-z)^2}}\right]dz$$

$$=2\pi Gm\rho\left(1-\frac{a-z}{\sqrt{R^2+a^2-2az}}\right)dz.$$

于是，所求的引力大小为

$$F=\int_{-R}^{R}2\pi Gm\rho\left(1-\frac{a-z}{\sqrt{R^2+a^2-2az}}\right)dz$$

$$=2\pi Gm\rho\left[2R+\frac{1}{a}\int_{-R}^{R}(a-z)\,d\sqrt{R^2+a^2-2az}\right]$$

$$=2\pi Gm\rho\left[2R+\frac{1}{a}(a-z)\sqrt{R^2+a^2-2az}\,\Big|_{-R}^{R}+\frac{1}{a}\int_{-R}^{R}(R^2+a^2-2az)^{\frac{1}{2}}dz\right]$$

$$=2\pi Gm\rho\left[-2R-\frac{1}{2a^2}\int_{-R}^{R}(R^2+a^2-2az)^{\frac{1}{2}}d(R^2+a^2-2az)\right]$$

$$=2\pi Gm\rho\left[-2R-\frac{1}{2a^2}\cdot\frac{2}{3}(R^2+a^2-2az)^{\frac{3}{2}}\Big|_{-R}^{R}\right]$$

$$=2\pi Gm\rho\left\{-2R+\frac{1}{3a^2}\left[(a+R)^3-(a-R)^3\right]\right\}$$

$$=G\frac{m}{a^2}\rho\frac{4}{3}\pi R^3=G\frac{Mm}{a^2}$$

其中 $M=\rho\cdot\frac{4}{3}\pi R^3$ 为球的质量. 上述结果表明：质量均匀的球对球外一质点的引力如同球的质量全部集中到球心时两质点间的引力.

在线自测

习题 7-4

1. 在圆锥体 Ω：$\sqrt{x^2+y^2}\leqslant z\leqslant 1$ 上分布着密度为 ρ 的质量，求：(1)质心的坐标；(2)绕 z 轴的转动惯量.

2. 在由抛物面 $z=x^2+y^2$ 和平面 $z=1$ 所围成的立体 Ω 上分布着密度为 ρ 的质量，求：(1)质心的坐标；(2)绕 z 轴的转动惯量.

3. 设质量为 M 的立体占有空间有界闭区域 Ω，分布密度函数为 $\rho(x,y,z)$. 证明：立体绕过质心且与 z 轴平行的直线的转动惯量是绕所有与 z 轴平行的直线的转动惯量中最小者.

4. 设球体 Ω：$x^2+y^2+z^2\leqslant 1$ 的密度函数为 $\rho(x,y,z)=x^2+y^2+z^2$，求其质量.

5. 一半径为 R 的半球面形蓄水池内盛满了水(设水的密度为 1)，大圆口朝上. 求把池内的水全部吸出所做的功(重力加速度为 g).

第八章

曲线积分与曲面积分

第一节 对弧长的曲线积分

一、曲线型分布的质量与分布线密度

设Γ是空间光滑曲线，质量M分布在Γ上，对任意的$(x,y,z)\in\Gamma$以及任意包含点(x,y,z)的弧段Δs（Δs同时表示其长度），设分布在Δs上的质量为ΔM，若弧段Δs缩向点(x,y,z)，即弧长$\Delta s\to 0$时$\lim\limits_{\Delta s\to 0}\dfrac{\Delta M}{\Delta s}$存在，则称此极限为点$(x,y,z)$处的质量分布**线密度**，简称密度，记为$\rho(x,y,z)$.

分布在xOy平面上的光滑曲线上的质量的分布线密度记为$\rho(x,y)$.

设质量M分布在空间曲线Γ上，且分布密度函数为$\rho(x,y,z)$，则M由Γ和$\rho(x,y,z)$唯一确定，记为$M=\int_{\Gamma}\rho(x,y,z)\mathrm{d}s$，并称之为**对弧长的曲线积分**.

设质量M分布在平面曲线L上，且分布密度函数为$\rho(x,y)$，则$M=\int_{L}\rho(x,y)\mathrm{d}s$.

当L是封闭曲线（首尾相接的曲线）时，积分号可写成$\oint_{L}$.

对弧长的曲线积分具有同其他几种类型的积分相似的性质. 特别地，$\int_{L}\mathrm{d}s$表示曲线L的弧长.

二、曲顶柱面的侧面积

设L为xOy面上的曲线，$(x_0,y_0)\in L$，若(x,y)沿曲线L无限趋向于(x_0,y_0)时，函数$f(x,y)$的极限$\lim\limits_{\substack{(x,y)\to(x_0,y_0)\\(x,y)\in L}}f(x,y)=f(x_0,y_0)$，则称函数$f(x,y)$在点$(x_0,y_0)$沿曲线$L$连续. 若函数$f(x,y)$在曲线$L$上任一点都沿曲线$L$连续，则称函数$f(x,y)$在曲线$L$上连续.

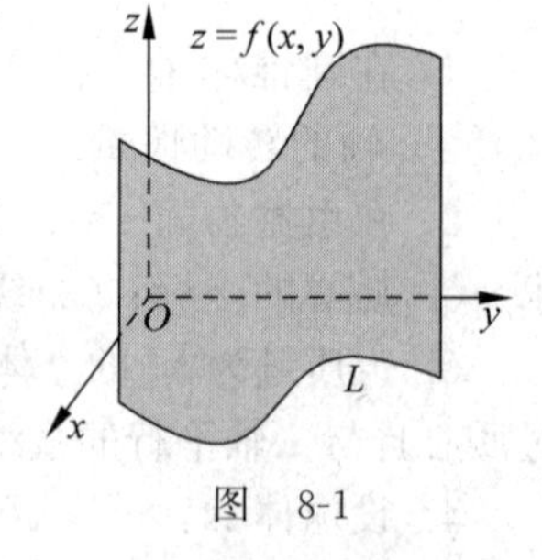

图 8-1

可以证明：若非负函数$f(x,y)$在曲线L上连续，则$\int_{L}f(x,y)\mathrm{d}s$等于以曲线$L$为底边、以空间曲线$z=f(x,y)$（$(x,y)\in L$）为顶边的曲顶柱面的侧面积，如图8-1所示. 如果将曲线L的方程表示为参数

s 的参数方程,即 $x=x(s)$,$y=y(s)$,且曲线长为 l,则$\int_L f(x,y)\mathrm{d}s=\int_0^l f(x(s),y(s))\mathrm{d}s$,这是定积分,表示曲边梯形的面积. 这也相当于把曲顶柱面展开成一个平面上的曲边梯形的面积.

三、曲线型分布质量的质心与转动惯量

设质量 M 分布在平面曲线 L 上,其分布密度函数为 $\rho(x,y)$,质心的坐标为$(\bar{x},\bar{y})$,对于转轴 l 的转动惯量为 J_l,则有

$$\bar{x}=\frac{1}{M}\int_L x\rho(x,y)\mathrm{d}s,\quad \bar{y}=\frac{1}{M}\int_L y\rho(x,y)\mathrm{d}s \tag{8-1}$$

$$J_l=\int_L r^2(x,y)\rho(x,y)\mathrm{d}s \tag{8-2}$$

其中,$r(x,y)$为点(x,y)到转轴 l 的距离.

特别地,当质量均匀分布在 L 上时,

$$\bar{x}=\frac{1}{s}\int_L x\mathrm{d}s,\quad \bar{y}=\frac{1}{s}\int_L y\mathrm{d}s \tag{8-3}$$

其中,s 表示 L 的弧长. 此时的质心坐标也称曲线 L 的**形心坐标**.

分布在空间曲线 Γ 上的质量的质心和转动惯量的公式同上述公式类似.

四、对弧长的曲线积分的计算

下面分别给出不同曲线表示形式下的对弧长的曲线积分的计算公式.

(1) 设曲线 L 的参数方程为$\begin{cases}x=x(t)\\y=y(t)\end{cases}(\alpha\leqslant t\leqslant\beta)$. 若 $x'(t)$与 $y'(t)$在$[\alpha,\beta]$上连续,且不同时为零,则称曲线 L 是光滑的. 设函数 $f(x,y)$在光滑曲线 L 上连续,则

$$\int_L f(x,y)\mathrm{d}s=\int_\alpha^\beta f[x(t),y(t)]\sqrt{[x'(t)]^2+[y'(t)]^2}\,\mathrm{d}t \tag{8-4}$$

(2) 设函数 $f(x,y)$在平面光滑曲线 L: $y=y(x)(a\leqslant x\leqslant b)$上连续,则

$$\int_f(x,y)\mathrm{d}s=\int_a^b f[x,y(x)]\sqrt{1+[y'(x)]^2}\,\mathrm{d}x \tag{8-5}$$

(3) 设函数 $f(x,y,z)$在空间光滑曲线 Γ: $x=x(t)$,$y=y(t)$,$z=z(t)(\alpha\leqslant t\leqslant\beta)$上连续,则

$$\int_\Gamma f(x,y,z)\mathrm{d}s=\int_\alpha^\beta f[x(t),y(t),z(t)]\sqrt{[x'(t)]^2+[y'(t)]^2+[z'(t)]^2}\,\mathrm{d}t \tag{8-6}$$

例 8-1　求柱面 $x^2+y^2=1$ 介于 xOy 面与平面 $x+y+z=2$ 之间那部分(图 8-2)的侧面积.

解: 柱面 $x^2+y^2=1$ 与 xOy 面的交线为 L: $x=\cos t$,$y=\sin t(0\leqslant t\leqslant 2\pi)$.

所求的侧面积为

$$\int_L(2-x-y)\mathrm{d}s=\int_0^{2\pi}(2-\cos t-\sin t)\sqrt{\left(\frac{\mathrm{d}x}{\mathrm{d}t}\right)^2+\left(\frac{\mathrm{d}y}{\mathrm{d}t}\right)^2}\,\mathrm{d}t$$

$$=\int_0^{2\pi}(2-\cos t-\sin t)\mathrm{d}t=4\pi$$

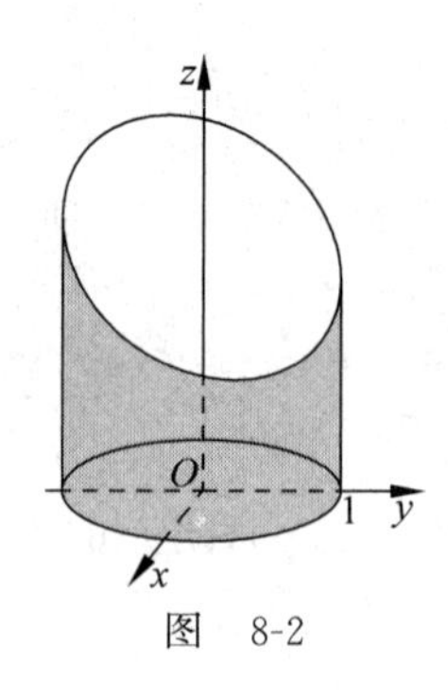

图 8-2

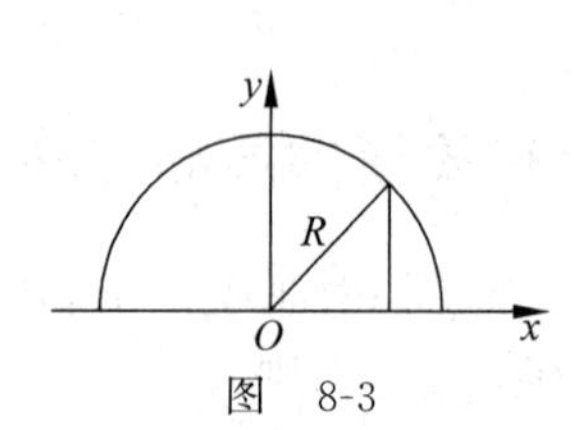

图 8-3

例 8-2 设半圆周 $L: y=\sqrt{R^2-x^2}$(图 8-3)上均匀分布着质量 M,求(1)质心的坐标;(2)设 l_O 表示过圆心且与 xOy 平面垂直的直线,求 L 上的质量分布对 l_O 的转动惯量;(3)求 L 上的质量对 x 轴的转动惯量;(4)设圆心处有一质量为 m 的质点,求 L 上的质量对质点 m 的引力(万有引力常数为 G).

解:线密度为 $\rho=\dfrac{M}{\pi R}$.

$$\mathrm{d}s=\sqrt{1+[y'(x)]^2}\,\mathrm{d}x=\sqrt{1+\left(\frac{-x}{\sqrt{R^2-x^2}}\right)^2}\,\mathrm{d}x=\frac{R\,\mathrm{d}x}{\sqrt{R^2-x^2}}.$$

(1) 设质心的坐标为$(\bar{x},\bar{y})$. 根据半圆周的对称性可知 $\bar{x}=0$.

$$\bar{y}=\frac{1}{M}\int_L y\rho\,\mathrm{d}s=\frac{\rho R}{M}\int_{-R}^{R}\mathrm{d}x=\frac{2\rho R^2}{M}=\frac{2R}{\pi}.$$

故质心的坐标为$\left(0,\dfrac{2R}{\pi}\right)$.

(2) L 上的质量对转轴 l_O 的转动惯量为

$$J_{l_O}=\int_L R^2\rho\,\mathrm{d}s=R^2\rho\int_L\mathrm{d}s=\pi R^3\rho\left(\int_L\mathrm{d}s\text{ 表示半圆周长}\right).$$

(3) L 上的质量对 x 轴的转动惯量为

$$J_x=\int_L y^2\rho\,\mathrm{d}s=\rho\int_{-R}^{R}(R^2-x^2)\frac{R\,\mathrm{d}x}{\sqrt{R^2-x^2}}=\rho R\int_{-R}^{R}\sqrt{R^2-x^2}\,\mathrm{d}x$$

$$=\frac{1}{2}\pi R^3\rho=\frac{1}{2}MR^2.\left(\int_{-R}^{R}\sqrt{R^2-x^2}\,\mathrm{d}x=\frac{1}{2}\pi R^2\text{ 表示半圆的面积}\right).$$

(4) 由对称性知,L 上的质量对质点 m 的引力沿 x 轴方向的分量为零. 因而其引力是沿 y 轴方向的分量,大小为

$$F=\int_L\frac{ykm\rho\,\mathrm{d}s}{R^3}=\frac{GMm}{R^3}\cdot\frac{1}{M}\int_L y\rho\,\mathrm{d}s=\frac{GMm}{R^3}\cdot\bar{y}=\frac{GMm}{R^3}\cdot\frac{2R}{\pi}=\frac{2GMm}{\pi R^2}$$

例 8-3 设一直角边长为 a 的等腰直角三角形上均匀分布着密度为 ρ 的物质,求其对直角边的转动惯量.

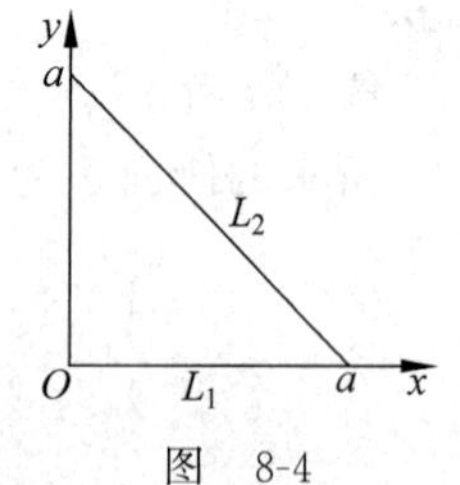

图 8-4

解:建立直角坐标系如图 8-4 所示. 位于 x 轴上的直角边为 $L_1: y=0, 0\leqslant x\leqslant a$,三角形斜边为 $L_2: y=a-x, 0\leqslant x\leqslant a$. 所求的转动惯量为

$$J=\int_{L_1}x^2\rho\mathrm{d}s+\int_{L_2}x^2\rho\mathrm{d}s=\rho\int_0^a x^2\mathrm{d}x+\rho\int_0^a x^2\sqrt{2}\mathrm{d}x$$

$$=(1+\sqrt{2})\rho\left[\frac{x^3}{3}\right]_0^a=\frac{1+\sqrt{2}}{3}\rho a^3.$$

例 8-4　设质量 M 均匀地分布在圆周 Γ：$\begin{cases}x^2+y^2+z^2=R^2\\x+y+z=0\end{cases}$ 上，求其对 z 轴的转动惯量.

解：Γ 的周长为 $2\pi R$. 质量分布线密度为 $\rho=\dfrac{M}{2\pi R}$. 对 z 轴的转动惯量为

$$J_z=\int_\Gamma(x^2+y^2)\rho\mathrm{d}s.$$

由对称性知 $\int_\Gamma x^2\mathrm{d}s=\int_\Gamma y^2\mathrm{d}s=\int_\Gamma z^2\mathrm{d}s$. 故

$$J_z=\frac{2}{3}\rho\int_\Gamma(x^2+y^2+z^2)\mathrm{d}s=\frac{2}{3}R^2\rho\int_\Gamma\mathrm{d}s$$

$$=\frac{4}{3}\pi R^3\rho=\frac{2}{3}MR^2.$$

在线自测

习题 8-1

1. 求圆柱面 $x^2+y^2=1$ 介于 xOy 平面与曲面 $z=1-x^2$ 之间那部分的侧面积.

2. 设摆线的一拱 $x=a(t-\sin t)$，$y=a(1-\cos t)$（$0\leqslant t\leqslant 2\pi$）上均匀分布着质量为 M 的物质，求：(1)质心的坐标；(2)对 x 轴的转动惯量.

3. 设边长分别为 a 和 b 的长方形上均匀分布着密度为 ρ 的物质，求其对边长为 b 的边的转动惯量.

4. 设质量 M 均匀地分布在圆周 $x^2+y^2=R^2$ 上，在过圆心且与 xOy 平面垂直的直线上距圆心为 a 的点处有一质量为 m 的质点，求分布在圆周上的质量对质点的引力（万有引力常数为 G）.

第二节　对面积的曲面积分

一、曲面型分布的质量与分布面密度

设质量 M 分布在曲面 Σ 上，对任意的 $(x,y,z)\in\Sigma$ 以及任意包含点 (x,y,z) 的小曲面 ΔS（ΔS 同时表示其面积），设分布在 ΔS 上的质量为 ΔM，当 ΔS 缩向点 (x,y,z)（记为 $\Delta S\to(x,y,z)$）时，若 $\lim\limits_{\Delta S\to 0}\dfrac{\Delta M}{\Delta S}$ 存在，则称此极限为点 (x,y,z) 处的质量分布**面密度**，简称密

度,记为 $\rho(x,y,z)$.

显然,M 由 Σ 和 $\rho(x,y,z)$ 唯一确定,记为 $M=\iint\limits_{\Sigma}\rho(x,y,z)\mathrm{d}S$,并称之为**对面积的曲面积分**.

设质量 M 分布在平面区域 D 上,且分布密度函数为 $\rho(x,y)$,则 $M=\iint\limits_{D}\rho(x,y)\mathrm{d}\sigma$.

当 Σ 是封闭曲面时,积分号可写成 $\oiint$.

对面积的曲面积分具有同其他几种类型的积分相似的性质. 特别地,$\iint\limits_{\Sigma}\mathrm{d}S$ 表示曲面 Σ 的面积.

二、曲面型分布质量的质心与转动惯量

设质量 M 分布在曲面 Σ 上,其分布密度函数为 $\rho(x,y,z)$,质心的坐标为 $(\bar{x},\bar{y},\bar{z})$,对于转轴 l 的转动惯量为 J_l,则有

$$\bar{x}=\frac{1}{M}\iint\limits_{\Sigma}x\rho(x,y,z)\mathrm{d}S,\quad \bar{y}=\frac{1}{M}\iint\limits_{\Sigma}y\rho(x,y,z)\mathrm{d}S,\quad \bar{z}=\frac{1}{M}\iint\limits_{\Sigma}z\rho(x,y,z)\mathrm{d}S \tag{8-7}$$

$$J_l=\iint\limits_{\Sigma}r^2(x,y,z)\rho(x,y,z)\mathrm{d}S \tag{8-8}$$

其中,$r(x,y,z)$ 为点 (x,y,z) 到转轴 l 的距离.

特别地,当质量均匀分布在 Σ 上时,

$$\bar{x}=\frac{1}{S}\iint\limits_{\Sigma}x\,\mathrm{d}S,\quad \bar{y}=\frac{1}{S}\iint\limits_{\Sigma}y\,\mathrm{d}S,\quad \bar{z}=\frac{1}{S}\iint\limits_{\Sigma}z\,\mathrm{d}S \tag{8-9}$$

其中,S 表示 Σ 的面积. 此时的质心坐标也称为曲面 Σ 的形心坐标.

三、对面积的曲面积分的计算

设曲面 Σ 的方程为 $z=z(x,y)$,$(x,y)\in D$. 设函数 $f(x,y,z)$ 在光滑曲面 Σ 上连续,则由第七章第三节,$\mathrm{d}S=\sqrt{\left(\frac{\partial z}{\partial x}\right)^2+\left(\frac{\partial z}{\partial y}\right)^2+1}\,\mathrm{d}\sigma$,从而(证明过程略)

$$\iint\limits_{\Sigma}f(x,y,z)\mathrm{d}S=\iint\limits_{D}f[x,y,z(x,y)]\sqrt{\left(\frac{\partial z}{\partial x}\right)^2+\left(\frac{\partial z}{\partial y}\right)^2+1}\,\mathrm{d}\sigma \tag{8-10}$$

例 8-5 设球壳 Σ: $x^2+y^2+z^2=R^2$ 上均匀分布着质量 $2M$,如图 8-5 所示,求(1)上半球壳质心(形心)的坐标;(2)上半球壳对 z 轴的转动惯量;(3)设原点处有一质量为 m 的质点,求上半球壳上分布的质量对质点的引力(万有引力常数为 G);(4)设下半球壳盛满了水,求下半球壳所受的水压力(水的密度为 μ,重力加速度为 g).

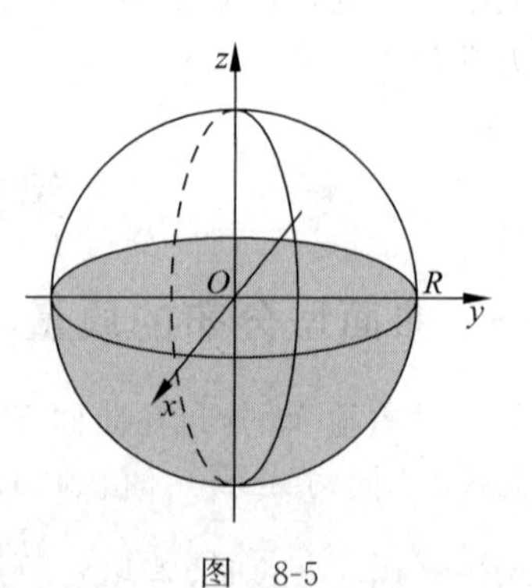

图 8-5

解: 面密度为 $\rho=\frac{M}{2\pi R^2}$. 上半球壳为 Σ_1: $z=\sqrt{R^2-x^2-y^2}$,它在 xOy 面上的投影区域为 D: $x^2+y^2\leqslant R^2$.

$$\frac{\partial z}{\partial x}=-\frac{x}{\sqrt{R^2-x^2-y^2}},\quad \frac{\partial z}{\partial y}=-\frac{y}{\sqrt{R^2-x^2-y^2}}.$$

(1) 设质心的坐标为$(\bar{x},\bar{y},\bar{z})$. 根据半球壳的对称性可知 $\bar{x}=\bar{y}=0$.

$$\bar{z}=\frac{1}{S}\iint_{\Sigma_1}z\,\mathrm{d}S=\frac{1}{S}\iint_D\sqrt{R^2-x^2-y^2}\sqrt{\left(\frac{\partial z}{\partial x}\right)^2+\left(\frac{\partial z}{\partial y}\right)^2+1}\,\mathrm{d}x\,\mathrm{d}y$$

$$=\frac{R}{S}\iint_D\mathrm{d}x\,\mathrm{d}y=\frac{\pi}{S}R^3=\frac{\pi}{2\pi R^2}R^3=\frac{R}{2}.$$

故半球壳的质心坐标为$\left(0,0,\dfrac{R}{2}\right)$.

(2) 上半球壳对 z 轴的转动惯量为

$$J_z=\rho\iint_{\Sigma_1}(x^2+y^2)\,\mathrm{d}S=\rho\iint_D(x^2+y^2)\sqrt{\left(\frac{\partial z}{\partial x}\right)^2+\left(\frac{\partial z}{\partial y}\right)^2+1}\,\mathrm{d}x\,\mathrm{d}y$$

$$=\rho R\iint_D\frac{x^2+y^2}{\sqrt{R^2-x^2-y^2}}\mathrm{d}x\,\mathrm{d}y.$$

令 $x=r\cos\theta,y=r\sin\theta$,则上式化为

$$J_z=\rho R\iint_D\frac{r^2}{\sqrt{R^2-r^2}}r\,\mathrm{d}r\,\mathrm{d}\theta=\rho R\int_0^{2\pi}\mathrm{d}\theta\int_0^R\frac{r^3}{\sqrt{R^2-r^2}}\mathrm{d}r$$

$$=2\pi\rho R\int_0^R\frac{r^3}{\sqrt{R^2-r^2}}\mathrm{d}r\xlongequal{r=R\sin t}2\pi\rho R\int_0^{\frac{\pi}{2}}\frac{R^3\sin^3 t}{R\cos t}R\cos t\,\mathrm{d}t$$

$$=2\pi\rho R^4\int_0^{\frac{\pi}{2}}\sin^3 t\,\mathrm{d}t=-2\pi\rho R^4\int_0^{\frac{\pi}{2}}(1-\cos^2 t)\,\mathrm{d}\cos t$$

$$=-2\pi\rho R^4\left[\cos t-\frac{1}{3}\cos^3 t\right]_0^{\frac{\pi}{2}}=\frac{4}{3}\pi\rho R^4=\frac{2}{3}MR^2(M=2\pi R^2\rho).$$

(3) 由对称性可知,半球壳对质点的引力沿水平方向的分量为零,因而半球壳对质点的引力等于铅直方向的分量,即

$$F=\iint_{\Sigma_1}\frac{Gm\rho z\,\mathrm{d}S}{R^3}=\frac{Gm\rho}{R^3}\iint_{\Sigma_1}z\,\mathrm{d}S=\frac{Gm\rho S}{R^3}\cdot\frac{1}{S}\iint_{\Sigma_1}z\,\mathrm{d}S$$

$$=\frac{GmM}{R^3}\cdot\bar{z}=\frac{GmM}{R^3}\cdot\frac{R}{2}=\frac{GmM}{2R^2}.$$

(4) 设下半球壳为 Σ_2. Σ_2 上任意点(x,y,z)处的面积微分元素 $\mathrm{d}S$ 所受的水压力为 $-z\mu g\,\mathrm{d}S$. 于是,下半球壳所受的水压力为

$$P=-\iint_{\Sigma_2}z\mu g\,\mathrm{d}S=\mu g\iint_{\Sigma_1}z\,\mathrm{d}S=\mu Sg\cdot\frac{1}{S}\iint_{\Sigma_1}z\,\mathrm{d}S=\mu Sg\cdot\bar{z}=\frac{1}{2}\mu SgR.$$

在线自测

习题 8-2

1. 设圆柱面形薄桶 $x^2+y^2=R^2(0\leqslant z\leqslant h)$ 的质量为 M，(1)求其对 z 轴的转动惯量；(2)若桶的底面封闭且桶内装满了水，求桶的侧面所受的水压力(水的密度为 μ，重力加速度为 g).

2. 设旋转抛物面形容器 $z=x^2+y^2(0\leqslant z\leqslant 1)$ 的质量分布面密度为常数 ρ，(1) 求容器的质心坐标；(2)求其对 z 轴的转动惯量；(3)若容器内装满了水，求容器所受的水压力(水的密度为 μ，重力加速度为 g).

3. 设圆锥面形容器 $z=\sqrt{x^2+y^2}(0\leqslant z\leqslant h)$ 的质量分布面密度为常数 ρ，(1)求容器的质心坐标；(2)求其对 z 轴的转动惯量；(3)若容器内装满了水，求容器所受的水压力(水的密度为 μ，重力加速度为 g).

第三节 有向曲线积分

一、有向曲线积分的概念与计算法

设 A,B 是平面曲线 L 上的两点. 从点 A 开始计算曲线 L 的弧长 s. 如图 8-6 所示，那么，曲线 L 可用参数方程 $x=x(s),y=y(s)$ 表示. 若 L 是光滑曲线，则 $(x'(s),y'(s))$ 为 L 的切向量，且指向 s 增加的方向，即从 A 指向 B. 由弧微分元公式(参看第六章第五节)，$\mathrm{d}s=\sqrt{[x'(s)]^2+[y'(s)]^2}\,\mathrm{d}s$，故 $\sqrt{[x'(s)]^2+[y'(s)]^2}=1$. 因而 $\vec{T}^\circ=(x'(s),y'(s))$ 是曲线 L 上从始点指向终点方向的单位切向量.

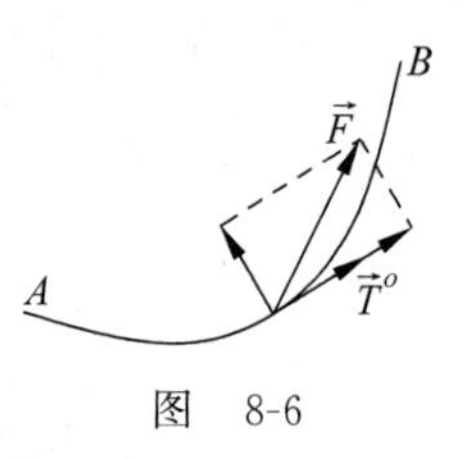

图 8-6

变力 $\vec{F}=\vec{F}(x,y)$ 沿平面曲线 L 所做的功等于其沿切线方向的分力所做的功，而沿法线方向的分力所做的功为零. 而 $\vec{F}$ 沿切线方向的分力的大小为 $F_T=\vec{F}\cdot\vec{T}^\circ$，变力 $\vec{F}$ 沿曲线 L 所做的功为

$$\int_L(\vec{F}\cdot\vec{T}^\circ)\mathrm{d}s=\int_L\vec{F}\cdot(x'(s),y'(s))\mathrm{d}s=\int_L\vec{F}\cdot(\mathrm{d}x,\mathrm{d}y)=\int_L\vec{F}\cdot\mathrm{d}\vec{r} \tag{8-11}$$

其中，$\vec{r}=(x,y)$，则 $\mathrm{d}\vec{r}=(\mathrm{d}x,\mathrm{d}y)$.

设 $\vec{F}=(P(x,y),Q(x,y))$，则 $\int_L\vec{F}\cdot(\mathrm{d}x,\mathrm{d}y)=\int_L P(x,y)\mathrm{d}x+Q(x,y)\mathrm{d}y$. 我们称之为**有向曲线积分**，也称作**对坐标的曲线积分**，简记为 $\int_L P\mathrm{d}x+Q\mathrm{d}y$.

若 L 为闭曲线(首尾相连的曲线)，则 $\int_L$ 可写成 $\oint_L$.

将 L 的始点和终点互换得到的曲线记为 $-L$. 显然，有

$$\int_{-L}P\mathrm{d}x+Q\mathrm{d}y=-\int_L P\mathrm{d}x+Q\mathrm{d}y \tag{8-12}$$

设平面曲线 L 的方程为 $x=x(t),y=y(t)$ ($t=\alpha$ 相应于始点，$t=\beta$ 相应于终点)，则

$$\int_L P(x,y)\mathrm{d}x+Q(x,y)\mathrm{d}y=\int_\alpha^\beta\{P[x(t),y(t)]x'(t)+Q[x(t),y(t)]y'(t)\}\mathrm{d}t \tag{8-13}$$

设平面曲线 L 的方程为 $y=y(x)$（$x=a$ 相应于始点，$x=b$ 相应于终点），则

$$\int_L P(x,y)\mathrm{d}x+Q(x,y)\mathrm{d}y=\int_a^b\{P[x,y(x)]+Q[x,y(x)]y'(x)\}\,\mathrm{d}x \tag{8-14}$$

设平面曲线 L 的方程为 $x=x(y)$（$y=c$ 相应于始点，$y=d$ 相应于终点），则

$$\int_L P(x,y)\mathrm{d}x+Q(x,y)\mathrm{d}y=\int_c^d\{P[x(y),y]x'(y)+Q[x(y),y]\}\,\mathrm{d}y \tag{8-15}$$

力 $\vec{F}=\vec{F}(x,y,z)=(P(x,y,z),Q(x,y,z),R(x,y,z))$ 沿空间有向曲线 Γ 所做的功可表示为

$$\int_\Gamma \vec{F}\cdot\mathrm{d}\vec{r}=\int_\Gamma P(x,y,z)\mathrm{d}x+Q(x,y,z)\mathrm{d}y+R(x,y,z)\mathrm{d}z$$

设空间曲线 Γ 的方程为 $x=x(t),y=y(t),z=z(t)$（$t=\alpha$ 相应于始点，$t=\beta$ 相应于终点），则

$$\begin{aligned}&\int_\Gamma P(x,y,z)\mathrm{d}x+Q(x,y,z)\mathrm{d}y+R(x,y,z)\mathrm{d}z\\&=\int_\alpha^\beta\{P[x(t),y(t),z(t)]x'(t)+Q[x(t),y(t),z(t)]y'(t)+\\&\quad R[x(t),y(t),z(t)]z'(t)\}\mathrm{d}t\end{aligned} \tag{8-16}$$

例 8-6　计算 $\int_L y^2\mathrm{d}x$，其中 L 分别为：

（1）以原点为圆心、半径为 a 且按逆时针方向的上半圆周；

（2）从点 $A(a,0)$ 到点 $B(-a,0)$ 的直线段，如图 8-7 所示.

解：（1）L：$y=\sqrt{a^2-x^2}$.

$$\int_L y^2\mathrm{d}x=\int_a^{-a}(a^2-x^2)\mathrm{d}x=-2\int_0^a(a^2-x^2)\mathrm{d}x=-\frac{4}{3}a^3.$$

（2）L：$y=0$，x 从 a 变到 $-a$，$\int_L y^2\mathrm{d}x=\int_a^{-a}0\mathrm{d}x=0$.

说明：本例计算的是变力 $\vec{F}=(y^2,0)$ 沿两条不同路径所做的功.结果的不同是因为力沿不同路径的大小不同，因而所做的功也不同.

例 8-7　计算 $\int_L 2xy\mathrm{d}x+x^2\mathrm{d}y$，其中 L 为

（1）抛物线 $y=x^2$ 上从 $O(0,0)$ 到 $B(1,1)$ 的一段弧；

（2）抛物线 $x=y^2$ 上从 $O(0,0)$ 到 $B(1,1)$ 的一段弧；

（3）从点 $O(0,0)$ 到点 $A(1,0)$ 再到点 $B(1,1)$ 的折线段，如图 8-8 所示.

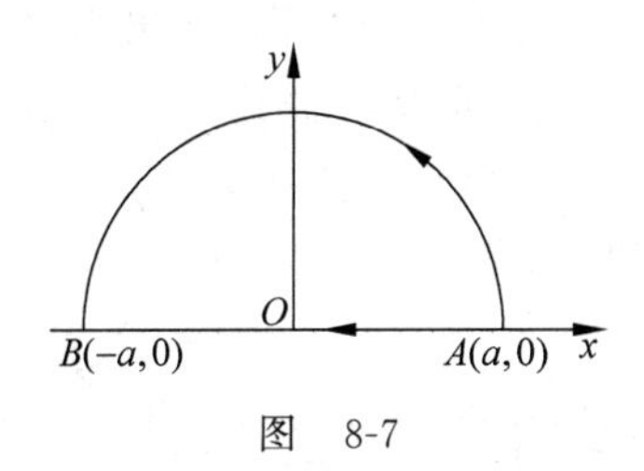

图　8-7

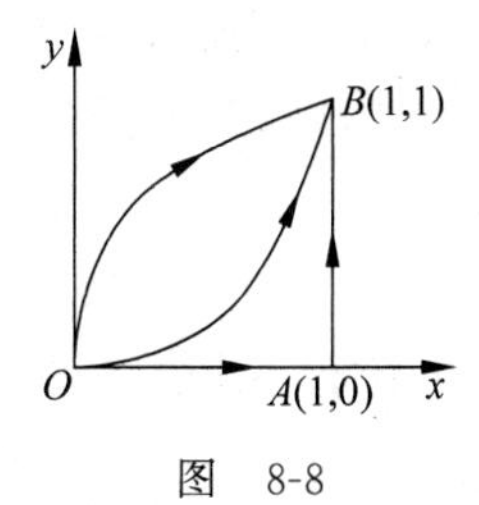

图　8-8

解：(1) $\int_L 2xy\mathrm{d}x + x^2\mathrm{d}y = \int_0^1 2x \cdot x^2\mathrm{d}x + x^2 \cdot 2x\mathrm{d}x = \int_0^1 4x^3\mathrm{d}x = 1.$

(2) $\int_L 2xy\mathrm{d}x + x^2\mathrm{d}y = \int_L 2y^2y \cdot 2y\mathrm{d}y + y^4\mathrm{d}y = 5\int_0^1 y^4\mathrm{d}y = 1.$

(3) 在 OA 上，$y=0,\mathrm{d}y=0$；在 AB 上，$x=1,\mathrm{d}x=0$，于是

$$\int_{OA} 2xy\mathrm{d}x + x^2\mathrm{d}y = 0,\int_{AB} 2xy\mathrm{d}x + x^2\mathrm{d}y = \int_0^1 \mathrm{d}y = 1.$$

$$\int_L 2xy\mathrm{d}x + x^2\mathrm{d}y = \left(\int_{OA} + \int_{AB}\right) 2xy\mathrm{d}x + x^2\mathrm{d}y = 1.$$

说明：本例计算的是变力 $\vec{F}=(2xy,x^2)$ 沿三条不同路径所做的功. 尽管路径不同，但做的功相等. 我们将看到，这并非偶然.

设 G 是一个区域，如果对 G 内任意两点 A 和 B，以及从 A 到 B 的任何两条路径 L_1 和 L_2，都有

$$\int_{L_1} P\mathrm{d}x + Q\mathrm{d}y = \int_{L_2} P\mathrm{d}x + Q\mathrm{d}y,$$

则称该**积分与路径无关**. 此时，将积分记作 $\int_A^B P\mathrm{d}x + Q\mathrm{d}y$.

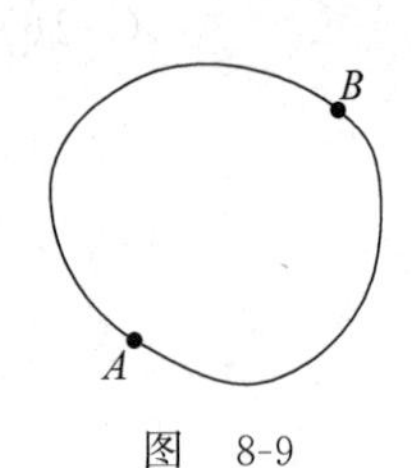

图 8-9

设曲线积分 $\oint_L P\mathrm{d}x + Q\mathrm{d}y$ 与路径无关，G 是一个区域，L 是 G 内一条连续的闭曲线. 则对曲线 L 上任意两点 A 和 B(图 8-9)，都有

$$\oint_L P\mathrm{d}x + Q\mathrm{d}y = \left(\int_A^B + \int_B^A\right) P\mathrm{d}x + Q\mathrm{d}y = \left(\int_A^B - \int_A^B\right) P\mathrm{d}x + Q\mathrm{d}y = 0$$

反过来，如果对 G 内任意闭曲线 L，都有 $\oint_L P\mathrm{d}x + Q\mathrm{d}y = 0$，则对 G 内任意两点 A 和 B 以及从 A 到 B 的任意两条曲线 L_1 和 L_2，$L_1+(-L_2)$ 为闭曲线，从而

$$\int_{L_1+(-L_2)} P\mathrm{d}x + Q\mathrm{d}y = \left(\int_{L_1} - \int_{L_2}\right) P\mathrm{d}x + Q\mathrm{d}y = 0$$

于是有 $\int_{L_1} P\mathrm{d}x + Q\mathrm{d}y = \int_{L_2} P\mathrm{d}x + Q\mathrm{d}y$. 即曲线积分 $\int_L P\mathrm{d}x + Q\mathrm{d}y$ 与路径无关.

综上，**平面区域 G 内的有向曲线积分 $\int_L P\mathrm{d}x + Q\mathrm{d}y$ 与路径无关的充分必要条件是沿 G 内任意闭曲线 L，$\oint_L P\mathrm{d}x + Q\mathrm{d}y = 0$.**

二、格林(Green)公式

一条曲线有两个方向. 一个区域 D 的边界曲线同样有两个方向. 如果当沿区域 D 的边界行走时，区域 D 总在左侧，则称该方向的边界曲线为**正向边界曲线**，如图 8-10 所示.

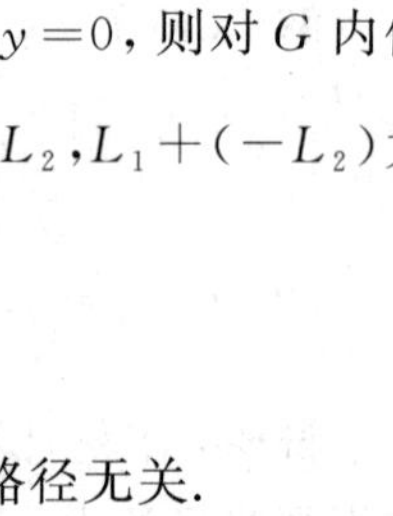

图 8-10

定理 8-1 设 L 是闭区域 D 的正向边界曲线，函数 $P(x,y)$ 和 $Q(x,y)$ 在 D 上具有一阶连续偏导数，则有格林公式

$$\oint_L P(x,y)\mathrm{d}x + Q(x,y)\mathrm{d}y = \iint_D \left(\frac{\partial Q}{\partial x} - \frac{\partial P}{\partial y}\right) \mathrm{d}x\mathrm{d}y \qquad (8\text{-}17)$$

特别地，设 L 是闭区域 D 的正向边界曲线，则由式(8-17)可得，区域 D 的面积为

$$A=\oint_L x\,\mathrm{d}y=-\oint_L y\,\mathrm{d}x=\frac{1}{2}\oint_L x\,\mathrm{d}y-y\,\mathrm{d}x \tag{8-18}$$

例 8-8　计算 $\oint_L x^2y\,\mathrm{d}x-xy^2\,\mathrm{d}y$，其中 L 为逆时针方向圆周 $x^2+y^2=a^2$.

解法一：令 $P=x^2y,Q=-xy^2$，则 $\dfrac{\partial P}{\partial y}=x^2,\dfrac{\partial Q}{\partial x}=-y^2$. 应用格林公式，有

$$\oint_L x^2y\,\mathrm{d}x-xy^2\,\mathrm{d}y=\iint_D\left(\frac{\partial Q}{\partial x}-\frac{\partial P}{\partial y}\right)\mathrm{d}x\,\mathrm{d}y=-\iint_D(x^2+y^2)\,\mathrm{d}x\,\mathrm{d}y$$

$$=-\int_0^{2\pi}\mathrm{d}\theta\int_0^a r^3\,\mathrm{d}r=-\frac{\pi}{2}a^4.$$

解法二：令 $x=a\cos t,y=a\sin t$，则

$$\oint_L x^2y\,\mathrm{d}x-xy^2\,\mathrm{d}y=-2a^4\int_0^{2\pi}\cos^2t\sin^2t$$

$$=-\frac{1}{4}a^4\int_0^{2\pi}(1-\cos4t)\,\mathrm{d}t=-\frac{\pi}{2}a^4.$$

例 8-9　计算 $\oint_L\dfrac{x\,\mathrm{d}y-y\,\mathrm{d}x}{x^2+y^2}$，其中 L 为一条不自交、分段光滑且不经过原点的连续闭曲线，L 的方向为逆时针方向.

解：记 L 所围成的闭区域为 D，令 $P=\dfrac{-y}{x^2+y^2},Q=\dfrac{x}{x^2+y^2}$，则当 $x^2+y^2\neq0$ 时，有

$$\frac{\partial Q}{\partial x}=\frac{y^2-x^2}{(x^2+y^2)^2}=\frac{\partial P}{\partial y}.$$

(1) 当 $(0,0)\notin D$ 时，$\dfrac{\partial Q}{\partial x},\dfrac{\partial P}{\partial y}$ 在 D 内连续，应用格林公式，得

$$\oint_L\frac{x\,\mathrm{d}y-y\,\mathrm{d}x}{x^2+y^2}=0.$$

(2) 当 $(0,0)\in D$ 时，作位于 D 内圆周 l：$x=r\cos\theta,y=r\sin\theta$，此处 r 为确定的正数，其中 l 的方向取逆时针方向. 记 D_1 由 L 和 l 所围成，D_1 的正向边界曲线为 $L+(-l)$，如图 8-11 所示.

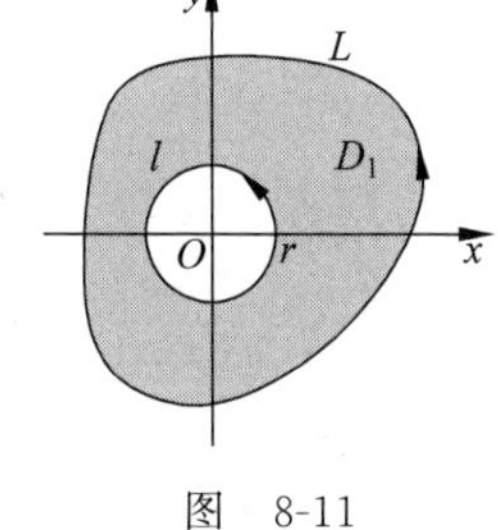

图　8-11

在 D_1 上应用格林公式，有

$$\oint_{L+(-l)}\frac{x\,\mathrm{d}y-y\,\mathrm{d}x}{x^2+y^2}=\iint_{D_1}\left(\frac{\partial Q}{\partial x}-\frac{\partial P}{\partial y}\right)\mathrm{d}x\,\mathrm{d}y=0.$$

于是 $\oint_L\dfrac{x\,\mathrm{d}y-y\,\mathrm{d}x}{x^2+y^2}=\oint_l\dfrac{x\,\mathrm{d}y-y\,\mathrm{d}x}{x^2+y^2}=\int_0^{2\pi}\mathrm{d}\theta=2\pi.$

由格林公式可知：

定理 8-2　**(有向曲线积分与路径无关的条件)** 设 D 是单连通区域(无洞无缝的区域)，函数 $P(x,y)$ 和 $Q(x,y)$ 在 D 上具有一阶连续偏导数，则有向曲线积分 $\int_L P(x,y)\,\mathrm{d}x+Q(x,y)\,\mathrm{d}y$ 与路径无关(沿任意闭曲线的积分为零) 的充分必要条件是 $\dfrac{\partial P}{\partial y}=\dfrac{\partial Q}{\partial x}$.

例 8-10 设一带电量为 q 的点电荷位于 xOy 平面的原点处.证明任意点电荷沿 xOy 平面上不过原点的闭曲线 L 运动一周,电场力所做的功均为零.

证:点电荷 q 所产生的电场力为 $\vec{F}=(P,Q)=\left(\frac{qx}{r^3},\frac{qy}{r^3}\right)$,其中 $r=\sqrt{x^2+y^2}$.

$$\frac{\partial P}{\partial y}=-\frac{3qxy}{r^5}=\frac{\partial Q}{\partial x}.$$

当 L 所围的区域不包含原点时,由格林公式,电场力所做的功为

$$\oint_L \frac{x\mathrm{d}x+y\mathrm{d}y}{(x^2+y^2)^{\frac{3}{2}}}=0.$$

当 L 所围的区域包含原点时,不妨设 L 为逆时针方向.在 L 所围的区域内做圆周 l:$x=r\cos\theta,y=r\sin\theta$,此处 r 为确定的正数,其中 l 的方向取逆时针方向.记 D_1 由 L 和 l 所围成,D_1 的正向边界曲线为 $L+(-l)$,如图 8-11 所示.

在 D_1 上应用格林公式,有$\oint_{L+(-l)}\frac{x\mathrm{d}x+y\mathrm{d}y}{(x^2+y^2)^{\frac{3}{2}}}=0$.于是电场力所做的功为

$$\oint_L \frac{x\mathrm{d}x+y\mathrm{d}y}{(x^2+y^2)^{\frac{3}{2}}}=\oint_l \frac{x\mathrm{d}x+y\mathrm{d}y}{(x^2+y^2)^{\frac{3}{2}}}=0.$$

三、全微分方程

设函数 $P(x,y)$和 $Q(x,y)$在平面单连通区域 G 内具有一阶连续偏导数,且$\frac{\partial P}{\partial y}=\frac{\partial Q}{\partial x}$,则在 G 内曲线积分$\int_L P(x,y)\mathrm{d}x+Q(x,y)\mathrm{d}y$ 与路径无关.令

$$u(x,y)=\int_{(x_0,y_0)}^{(x,y)}P(x,y)\mathrm{d}x+Q(x,y)\mathrm{d}y \tag{8-19}$$

可以证明:$\mathrm{d}u(x,y)=P(x,y)\mathrm{d}x+Q(x,y)\mathrm{d}y\Leftrightarrow\frac{\partial P}{\partial y}=\frac{\partial Q}{\partial x}$.

如在例 8-7 中,$\frac{\partial P}{\partial y}=2x=\frac{\partial Q}{\partial x}$,所以 $2xy\mathrm{d}x+x^2\mathrm{d}y$ 是某个函数的全微分.取$(x_0,y_0)=(0,0)$,则有 $u(x,y)=\int_{(0,0)}^{(x,y)}2xy\mathrm{d}x+x^2\mathrm{d}y$.取路径 $O(0,0)\to A(x,0)\to B(x,y)$,得

$$u(x,y)=\int_O^A 2xy\mathrm{d}x+x^2\mathrm{d}y+\int_A^B 2xy\mathrm{d}x+x^2\mathrm{d}y=\int_0^y x^2\mathrm{d}y=x^2y.$$

事实上,$u(x,y)=x^2y+C$(C 为任意常数)的全微分是 $2xy\mathrm{d}x+x^2\mathrm{d}y$.

若 $P(x,y)\mathrm{d}x+Q(x,y)\mathrm{d}y$ 是某个函数 $u(x,y)$的全微分,则方程 $P(x,y)\mathrm{d}x+Q(x,y)\mathrm{d}y=0$ 称为**全微分方程**.

设函数 $P(x,y)$和 $Q(x,y)$在平面单连通区域 G 内具有一阶连续偏导数,则 $P(x,y)\mathrm{d}x+Q(x,y)\mathrm{d}y=0$ 是全微分方程的充分必要条件是$\frac{\partial P}{\partial y}=\frac{\partial Q}{\partial x}$.

$2xy\mathrm{d}x+x^2\mathrm{d}y=0$ 是全微方程,其通解(微分方程及其通解的概念将在第九章介绍)为 $x^2y=C$(C 为任意常数).

在线自测

习题 8-3

1. 计算下列对坐标的曲线积分：

(1) $\int_L y\mathrm{d}x+x\mathrm{d}y$，其中 L 分别为：① 圆周 $x^2+y^2=1$ 上从(1,0)到(0,1)的短弧；② 从(1,0)到(0,1)的直线段；③从(1,0)到(0,0)再到(0,1)的折线段.

(2) $\oint_L \dfrac{(x+y)\mathrm{d}x+(y-x)\mathrm{d}y}{x^2+y^2}$，其中 L 为圆周 $x^2+y^2=a^2$(逆时针方向).

(3) $\oint_L (2x-y)\mathrm{d}x+(x+2y)\mathrm{d}y$，其中 L 为由正弦曲线 $y=\sin x(0\leqslant x\leqslant \pi)$ 与 x 轴围成的平面区域的正向边界曲线.

2. 利用格林公式计算 $\int_L (x^2-y)\mathrm{d}x-(x+\sin^2 y)\mathrm{d}y$，其中 L 是上半圆周 $y=\sqrt{2x-x^2}$ 上点(0,0)到(1,1)的一段弧.

3. 证明下列曲线积分在 xOy 平面内与路径无关，并计算积分值：

(1) $\int_{(1,1)}^{(2,3)}(x+y)\mathrm{d}x+(x-y)\mathrm{d}y$；

(2) $\int_{(0,0)}^{(1,1)}(6xy^2-y^3)\mathrm{d}x+(6x^2y-3xy^2)\mathrm{d}y$.

4. 判断下列方程哪些是全微分方程？对于全微分方程，求其通解：

(1) $y^2x+2xy\mathrm{d}y=0$；

(2) $x\mathrm{d}y-y\mathrm{d}x=0$；

(3) $y\cos(xy)\mathrm{d}x+x\cos(xy)\mathrm{d}y=0$.

第四节　有向曲面积分

一、有向曲面积分的概念与计算法

对于有两个侧面的曲面[有的曲面只有一个侧面，如莫比乌斯(Mobius)带]，我们可以指定其一侧作为正侧. 指定了正侧的曲面称为**有向曲面**. 曲面上任一点处的法向量有两个方向. 与曲面正侧一致的法向量称为**曲面正侧的法向量**.

设有流体流过有向光滑曲面 Σ，流速为 $\vec{v}$. 对曲面上任意点(x,y,z)以及包含该点的小曲面片 ΔS(ΔS 也表示其面积). 当 ΔS 很小时，ΔS 可近似地看作平面. 设 ΔS 上指向曲面正侧的单位法向量为 $\vec{n}^{\circ}$，则单位时间内流向 ΔS 正向的流体是一个底面积为 ΔS、高为

$\vec{v}\cdot\vec{n}^\circ$的柱体，其体积为$(\vec{v}\cdot\vec{n}^\circ)\Delta S$，如图 8-12 所示. 于是，单位时间内流过有向光滑曲面 Σ 的流量微分元素为$(\vec{v}\cdot\vec{n}^\circ)\mathrm{d}S$. 从而，单位时间内流过有向光滑曲面 Σ 的流量为 $\Phi=\iint\limits_{\Sigma}(\vec{v}\cdot\vec{n}^\circ)\mathrm{d}S$，也表示为 $\Phi=\iint\limits_{\Sigma}\vec{v}\cdot\mathrm{d}\vec{S}$，其中 $\mathrm{d}\vec{S}$ 表示$\vec{n}^\circ\mathrm{d}S$.

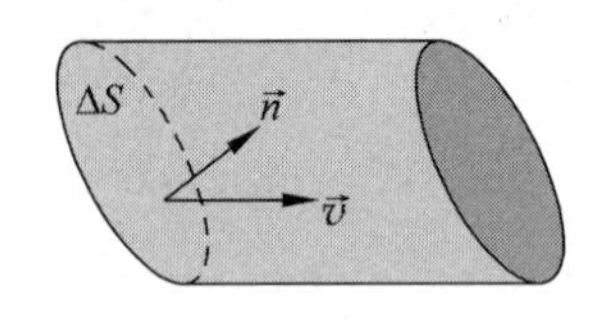

图 8-12

记曲面 Σ 在 yOz 面、zOx 面和 xOy 面上的投影区域分别为 D_{yz}，D_{zx}，D_{xy} 和 Σ 的面积元素 $\mathrm{d}S$ 在三个坐标面上的投影面积分别为 $\mathrm{d}y\mathrm{d}z$，$\mathrm{d}z\mathrm{d}x$ 和 $\mathrm{d}x\mathrm{d}y$. 根据空间解析几何理论及第七章第三节所介绍的分析方法可以知道，

$$\vec{n}^\circ\mathrm{d}S=(\pm\mathrm{d}y\mathrm{d}z,\pm\mathrm{d}z\mathrm{d}x,\pm\mathrm{d}x\mathrm{d}y) \tag{8-20}$$

其中的“$\pm$”按如下规则确定.

当曲面 Σ 的正侧法向量与 x 轴正向的夹角不超过 90°时，$\pm\mathrm{d}y\mathrm{d}z$ 的前面取“+”号，否则取“−”号.

当曲面 Σ 的正侧法向量与 y 轴正向的夹角不超过 90°时，$\pm\mathrm{d}z\mathrm{d}x$ 的前面取“+”号，否则取“−”号.

当曲面 Σ 的正侧法向量与 z 轴正向的夹角不超过 90°时，$\pm\mathrm{d}x\mathrm{d}y$ 的前面取“+”号，否则取“−”号.

设 $\vec{v}=(P,Q,R)$，则有

$$\iint\limits_{\Sigma}\vec{v}\cdot\mathrm{d}\vec{S}=\pm\iint\limits_{D_{yz}}P\mathrm{d}y\mathrm{d}z\pm\iint\limits_{D_{zx}}Q\mathrm{d}z\mathrm{d}x\pm\iint\limits_{D_{xy}}R\mathrm{d}x\mathrm{d}y \tag{8-21}$$

我们称这类积分为**有向曲面积分**或**对坐标的曲面积分**.

在物理学中，设磁感应强度为 $\vec{B}$，则穿向曲面 Σ 正侧的磁通量为 $\Phi=\iint\limits_{\Sigma}\vec{B}\cdot\mathrm{d}\vec{S}$；设电场强度为$\vec{E}$，则穿向曲面 Σ 正侧的电通量为 $\Phi=\iint\limits_{\Sigma}\vec{E}\cdot\mathrm{d}\vec{S}$.

在数学教科书中，习惯用$\iint\limits_{\Sigma}P\mathrm{d}y\mathrm{d}z+Q\mathrm{d}z\mathrm{d}x+R\mathrm{d}x\mathrm{d}y$ 表示有向曲面积分$\iint\limits_{\Sigma}\vec{v}\cdot\mathrm{d}\vec{S}$.

当 Σ 为封闭曲面时，$\iint\limits_{\Sigma}$ 记为$\oint\!\!\!\!\oint\limits_{\Sigma}$.

用 $-\Sigma$ 表示 Σ 的反侧，则有 $\iint\limits_{-\Sigma}\vec{v}\cdot\mathrm{d}\vec{S}=-\iint\limits_{\Sigma}\vec{v}\cdot\mathrm{d}\vec{S}$.

除此之外，根据有向曲面积分的定义不难推得其他一些性质.

例 8-11 设原点 $O(0,0,0)$处有一带电量为 q 的正电荷，则点(x,y,z)处的电场强度为 $\vec{E}=\frac{kq}{r^3}\vec{r}=\frac{kq}{r^3}(x,y,z)$，其中 k 为静电力常数，$r=\sqrt{x^2+y^2+z^2}$. 求自原点向远处穿过球面 Σ：$x^2+y^2+z^2=a^2(a>0;\ x\geqslant0,y\geqslant0,z\geqslant0)$的电通量 Φ.

解法 1：在 Σ 上，$\vec{E}=\frac{kq}{a^3}(x,y,z)$. Σ 自原点指向远处的单位法向量为 $\vec{n}^\circ=\frac{1}{a}(x,y,z)$. 于是所求的电通量为

$$\Phi=\iint\limits_{\Sigma}\vec{E}\cdot\mathrm{d}\vec{S}=\iint\limits_{\Sigma}(\vec{E}\cdot\vec{n}^\circ)\mathrm{d}S=kq\iint\limits_{\Sigma}\frac{x^2+y^2+z^2}{a^4}\mathrm{d}S$$

$$=\frac{kq}{a^2}\iint\limits_{\Sigma}\mathrm{d}S=\frac{1}{2}\pi kq.\left(\iint\limits_{\Sigma}\mathrm{d}S\text{ 表示球表面积的}\frac{1}{8}\right)$$

解法 2：令 $P=\frac{kqx}{a^3},Q=\frac{kqy}{a^3},R=\frac{kqz}{a^3}$. 记 Σ 在三个坐标面上的投影区域分别为 D_{xy}，D_{yz},D_{zx}. 因为曲面正侧的法向量与三个坐标轴正向的夹角都不超过 $90°$，所以

$$\Phi=\iint\limits_{D_{yz}}P\,\mathrm{d}y\mathrm{d}z+\iint\limits_{D_{zx}}Q\,\mathrm{d}z\mathrm{d}x+\iint\limits_{D_{xy}}R\,\mathrm{d}x\mathrm{d}y.$$

$$\iint\limits_{D_{xy}}R\,\mathrm{d}x\mathrm{d}y=\frac{kq}{a^3}\iint\limits_{D_{xy}}\sqrt{a^2-x^2-y^2}\,\mathrm{d}x\mathrm{d}y=\frac{kq}{a^3}\cdot\frac{1}{8}\cdot\frac{4}{3}\pi a^3=\frac{1}{6}\pi kq,$$

此处，$\iint\limits_{D_{xy}}\sqrt{a^2-x^2-y^2}\,\mathrm{d}x\mathrm{d}y$ 表示半径为 a 的球在第一卦限内的体积.

同理，$\iint\limits_{D_{yz}}P\,\mathrm{d}y\mathrm{d}z=\iint\limits_{D_{zx}}Q\,\mathrm{d}z\mathrm{d}x=\iint\limits_{D_{xy}}R\,\mathrm{d}x\mathrm{d}y=\frac{1}{6}\pi kq$. 所以 $\Phi=\frac{1}{2}\pi kq$.

二、高斯(Gauss)公式

设空间闭区域 Ω 由分片光滑的闭曲面 Σ 围成，函数 $P(x,y,z)$、$Q(x,y,z)$、$R(x,y,z)$在 Ω 上具有一阶连续偏导数，Σ 的正向为外侧，则有**高斯公式**

$$\oiint\limits_{\Sigma}P\,\mathrm{d}y\mathrm{d}z+Q\,\mathrm{d}z\mathrm{d}x+R\,\mathrm{d}x\mathrm{d}y=\iiint\limits_{\Omega}\left(\frac{\partial P}{\partial x}+\frac{\partial Q}{\partial y}+\frac{\partial R}{\partial z}\right)\mathrm{d}v \tag{8-22}$$

称 $\mathrm{div}\vec{v}=\frac{\partial P}{\partial x}+\frac{\partial Q}{\partial y}+\frac{\partial R}{\partial z}$为流量场 $\vec{v}=(P,Q,R)$的**散度**，它反映了流量场中各点处单位时间内向外流出的流量. 如果某点处的散度为正，则表示该点流出流体，即为“源”；否则，如果某点处的散度为负，则表示该点吸入流体，即为“汇”. 而在散度为零的点处，流入的流体都要流出.

例 8-12　设原点 $O(0,0,0)$处有一带电量为 q 的正电荷，则点(x,y,z)处的电场强度为 $\vec{E}=\frac{kq}{r^3}\vec{r}=\frac{kq}{r^3}(x,y,z)$，其中 k 为静电力常数，$r=\sqrt{x^2+y^2+z^2}$，Σ 为任意封闭的光滑曲面，原点在 Σ 的内部. 证明：穿出曲面 Σ 的通量为 $\Phi=4\pi kq$.

证明：令 $P=\frac{kqx}{r^3},Q=\frac{kqy}{r^3},R=\frac{kqz}{r^3},r=\sqrt{x^2+y^2+z^2}$.

$$\frac{\partial P}{\partial x}=kq\,\frac{r^3-3xr^2\dfrac{\partial r}{\partial x}}{r^6}=kq\,\frac{r^3-3xr^2\cdot\dfrac{x}{r}}{r^6}=kq\,\frac{r^2-3x^2}{r^5}.$$

类似地，可求得$\frac{\partial Q}{\partial y}=kq\,\frac{r^2-3y^2}{r^5},\frac{\partial R}{\partial z}=kq\,\frac{r^2-3z^2}{r^5}$.

$$\frac{\partial P}{\partial x}+\frac{\partial Q}{\partial y}+\frac{\partial R}{\partial z}=kq\,\frac{3r^2-3(x^2+y^2+z^2)}{r^5}=0.$$

作一个中心在原点、半径为 a 的球面 Σ_1，外侧为正向. Σ 与 Σ_1 围成的立体区域 Ω 的正向边界曲面为 $\Sigma+(-\Sigma_1)$. 应用高斯公式，得

$$\iint\limits_{\Sigma+(-\Sigma_1)}\vec{E}\cdot\mathrm{d}\vec{S}=\iiint\limits_{\Omega}\left(\frac{\partial P}{\partial x}+\frac{\partial Q}{\partial y}+\frac{\partial R}{\partial z}\right)\mathrm{d}v=0.$$

于是 $\Phi=\iint\limits_{\Sigma}\vec{E}\cdot \mathrm{d}\vec{S}=\iint\limits_{\Sigma_1}\vec{E}\cdot d\vec{S}$. 利用例 8-11 的结果，有 $\Phi=4\pi kq$.

三、斯托克斯(Strokes)公式

设 Γ 为分段光滑的空间有向闭曲线，Σ 是以 Γ 为边界的分片光滑的有向曲面，Γ 的正向与 Σ 的正侧符合右手螺旋规则(拇指方向为 Σ 的正侧，如图 8-13 所示)，函数 $P(x,y,z)$，$Q(x,y,z)$，$R(x,y,z)$ 在包含曲面 Σ 在内的一个空间区域内具有一阶连续偏导数，则有公式

$$\oint_{\Gamma}P(x,y,z)\mathrm{d}x+Q(x,y,z)\mathrm{d}y+R(x,y,z)\mathrm{d}z$$
$$=\iint\limits_{\Sigma}\left(\frac{\partial R}{\partial y}-\frac{\partial Q}{\partial z}\right)\mathrm{d}y\mathrm{d}z+\left(\frac{\partial P}{\partial z}-\frac{\partial R}{\partial x}\right)\mathrm{d}z\mathrm{d}x+\left(\frac{\partial Q}{\partial x}-\frac{\partial P}{\partial y}\right)\mathrm{d}x\mathrm{d}y \tag{8-23}$$

称向量

$$rot(P,Q,R)=\left(\frac{\partial R}{\partial y}-\frac{\partial Q}{\partial z},\frac{\partial P}{\partial z}-\frac{\partial R}{\partial x},\frac{\partial Q}{\partial x}-\frac{\partial P}{\partial y}\right)=\begin{vmatrix}\vec{i} & \vec{j} & \vec{k}\\ \dfrac{\partial}{\partial x} & \dfrac{\partial}{\partial y} & \dfrac{\partial}{\partial z}\\ P & Q & R\end{vmatrix}$$

图 8-13

为流速场 $\vec{v}=(P,Q,R)$ 的**旋度**. 旋度反映了流速场中流体旋转的强度.

特别地，若设 Γ 为平面区域 D 的正向边界曲线，函数 $P(x,y)$，$Q(x,y)$ 在 D 上具有一阶连续偏导数，则斯托克斯公式就是格林公式.

在线自测

习题 8-4

1. 计算 $\oiint\limits_{\Sigma}z\mathrm{d}x\mathrm{d}y+x\mathrm{d}y\mathrm{d}z+y\mathrm{d}z\mathrm{d}x$，其中 Σ 为平面 $x+y+z=1$ 与三个坐标面围成的立体的整个边界的外侧.

2. 设 $\vec{v}=(x,y,z)$，Σ 为上半球面 $z=\sqrt{1-x^2-y^2}$ 的上侧，计算 $\Phi=\iint\limits_{\Sigma}\vec{v}\cdot \mathrm{d}\vec{S}$.

3. 设 $\vec{v}=(x,y,z)$，Σ 为圆柱体 $x^2+y^2\leqslant 9(0\leqslant z\leqslant 3)$ 表面的外侧，计算 $\Phi=\oiint\limits_{\Sigma}\vec{v}\cdot \mathrm{d}\vec{S}$.

4. 设有流速场 $\vec{v}=(x^2,y^2,z^2)$，计算单位时间内向下流过圆锥面 Σ：$z=\sqrt{x^2+y^2}$ $(z\leqslant h)$ 的流量 $\Phi=\iint\limits_{\Sigma}\vec{v}\cdot \mathrm{d}\vec{S}$.

第九章

微分方程与差分方程

第一节　一阶微分方程

表示未知函数、未知函数的导数和自变量之间关系的方程称为**微分方程**.

微分方程中所出现的未知函数的最高阶导数的阶数称为**微分方程的阶**. 如，$y'+xy=1, y'^2-y=x$ 是一阶微分方程；$y''-3y'+2y=0$ 和 $(y'')^2+2y'+y=0$ 是二阶微分方程.

满足微分方程的函数称为**微分方程的解**. 求微分方程的解的过程称为**求解微分方程**. 这一章主要研究如何求解微分方程.

一、简单的微分方程与分离变量法

例 9-1 （自由落体运动的运动方程）设一物体在重力的作用下做自由落体运动，其运动方程为 $s=s(t)$（t 为时间，s 为路程），物体在 t 时刻的速度为 $v=v(t)$. 设重力加速度为 g，则物体运动的加速度为 $a=g$，即 $\frac{\mathrm{d}^2 s}{\mathrm{d}t^2}=g$. 这是一个二阶微分方程. 易知

$$\frac{\mathrm{d}s}{\mathrm{d}t}=gt+C_1, \quad s=\frac{1}{2}gt^2+C_1t+C_2 \quad (C_1, C_2 \text{ 为任意常数}) \tag{9-1}$$

显然，式(9-1)的函数是二阶微分方程 $\frac{\mathrm{d}^2 s}{\mathrm{d}t^2}=g$ 的解的一般表达式，我们称之为 $\frac{\mathrm{d}^2 s}{\mathrm{d}t^2}=g$ 的通解. 若已知

$$s(0)=0, \quad \left.\frac{\mathrm{d}s}{\mathrm{d}t}\right|_{t=0}=0 \tag{9-2}$$

将其代入式(9-1)，可得 $C_1=0, C_2=0$. 从而，得 $s=\frac{1}{2}gt^2$. 我们称这个解为微分方程 $\frac{\mathrm{d}^2 s}{\mathrm{d}t^2}=g$ 满足初值条件(9-2)的一个特解.

例 9-2 （放射性元素的衰变模型）放射性元素镭的衰变速度与其现存量 R 成正比，其半衰期（半寿命期）为 1 600 年，即经过 1 600 年后，其存量为原始量的一半，则有 $\frac{\mathrm{d}R}{\mathrm{d}t}=kR$（其中 k 为常数）. $\frac{\mathrm{d}R}{R}=k\,\mathrm{d}t$. 积分，有 $\int\frac{\mathrm{d}R}{R}=\int k\,\mathrm{d}t$，$\ln R=kt+C$，$R=\mathrm{e}^{kt+C}=\mathrm{e}^C\mathrm{e}^{kt}$（$C$ 为任意常数）. 当 C 取遍所有实数时，e^C 取遍所有正实数. 因为 $R\equiv 0$（“$\equiv$”表示“恒等于”）也满足微

分方程$\frac{\mathrm{d}R}{\mathrm{d}t}=kR$,即$R\equiv 0$也是$\frac{\mathrm{d}R}{\mathrm{d}t}=kR$的解,所以$R=C\mathrm{e}^{kt}$($C$为任意非负常数)表示了微分方程$\frac{\mathrm{d}R}{\mathrm{d}t}=kR$的全部解,因而称之为通解.

设原始存量为R_0,则$C=R_0$,于是得$R=R_0\mathrm{e}^{kt}$. 我们称之为微分方程$\frac{\mathrm{d}R}{\mathrm{d}t}=kR$满足初值条件$R(0)=R_0$的特解.

再由$R(1\,600)=\frac{1}{2}R_0$可知,$\frac{R_0}{2}=R_0\mathrm{e}^{1\,600k}$. 得$k=-\frac{\ln 2}{1\,600}$.

例 9-3 (资本连续复利模型)设投资的资本初值为p_0,经过t年后,资本变为$p=p(t)$. $\Delta p=p(t+\Delta t)-p(t)$称为从$t$年到$t+\Delta t$年间资本$p(t)$所产生的**利息**. $\frac{\Delta p}{\Delta t}\cdot\frac{1}{p}$称为从$t$年到$t+\Delta t$年间资本的**平均利息率**(%). 若极限$\lim\limits_{\Delta t\to 0}\frac{\Delta p}{\Delta t}$存在,则称$\lim\limits_{\Delta t\to 0}\frac{\Delta p}{\Delta t}\cdot\frac{1}{p}=\frac{\mathrm{d}p}{\mathrm{d}t}\cdot\frac{1}{p}=r$为$t$时刻的**利息率**(%). 若$r$为常数,则$\frac{\mathrm{d}p}{\mathrm{d}t}=rp$, $\frac{\mathrm{d}p}{p}=r\mathrm{d}t\,(p>0)$, $\int\frac{\mathrm{d}p}{p}=\int r\mathrm{d}t$, $\ln p=rt+C$. $p=\mathrm{e}^C\mathrm{e}^{rt}$. 当$C$取遍所有实数时,$\mathrm{e}^C$取遍所有正实数. 因为$p\equiv 0$满足$\frac{\mathrm{d}p}{\mathrm{d}t}=rp$. 所以其通解为$p=C\mathrm{e}^{rt}$($C$为任意非负常数). 因为$p(0)=p_0$,所以$C=p_0$, $p(t)=p_0\mathrm{e}^{rt}$. 该函数称为资本的连续复利模型.

例 9-4 一曲线通过点(2,3),它在两坐标轴间的任一切线段均被切点所平分,求该曲线方程.

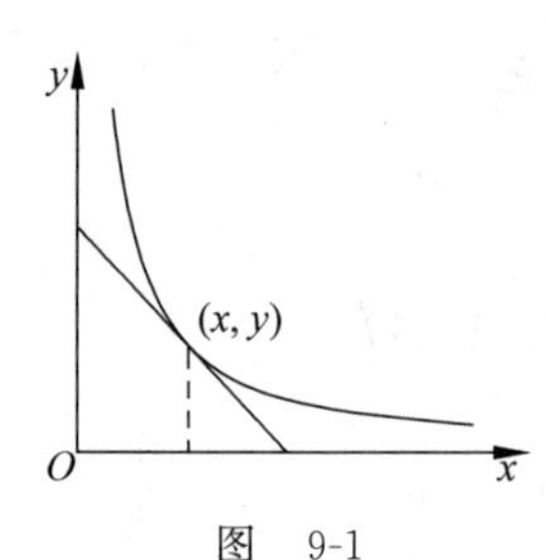

图 9-1

解:设所求的曲线方程为$y=y(x)$, (x,y)为曲线上任一点,如图 9-1 所示. 由题意知$y'=-\frac{y}{x}$, $\frac{\mathrm{d}y}{y}=-\frac{\mathrm{d}x}{x}$, $\int\frac{\mathrm{d}y}{y}=-\int\frac{\mathrm{d}x}{x}$, $\ln|y|=-\ln|x|+C$, $|y|=\mathrm{e}^C\frac{1}{|x|}$, $y=\pm\mathrm{e}^C\frac{1}{x}=\frac{C}{x}$. 因为曲线通过点(2,3),所以$C=2\times 3=6$. 故所求的曲线方程为$y=\frac{6}{x}$.

在上述例子中,我们都是将微分方程中的变量y的函数和y的微分$\mathrm{d}y$放到方程的左侧,而将变量x的函数和x的微分$\mathrm{d}x$放到方程的右侧,然后分别求方程两边的不定积分.

一般地,如果一个一阶微分方程可以写成$f(y)\mathrm{d}y=g(x)\mathrm{d}x$的形式,则称为**可分离变量的方程**. 将一阶微分方程分离变量后再分别求两边的不定积分的方法称为**分离变量法**. 分离变量法是基本的求解微分方程的方法.

如果一个n阶微分方程的解中含有n个不能合并的任意常数,则称其为该**微分方程的通解**. 如,$s=\frac{1}{2}gt^2+C_1t+C_2$是$\frac{\mathrm{d}^2s}{\mathrm{d}t^2}=g$的通解,其中$C_1$, C_2为任意常数,且不能合并成一个常数. $s=\frac{1}{2}t^2+C_1t+C_2t$($C_1$, C_2为任意常数)也是$\frac{\mathrm{d}^2s}{\mathrm{d}t^2}=g$的解,但$C_1$, C_2能够合并成

一个任意常数 C，即 $s=\frac{1}{2}t^2+(C_1+C_2)t=\frac{1}{2}t^2+Ct$（$C$ 为任意常数），因而不是 $\frac{d^2s}{dt^2}=g$ 的通解. $s=\frac{1}{2}t^2+C$（C 为任意常数）也是 $\frac{d^2s}{dt^2}=g$ 的解，但它只含一个任意常数，因而不是通解.

微分方程的不含任意常数的解称为微分方程的**特解**. 如，$s=\frac{1}{2}t^2$ 和 $s=\frac{1}{2}t^2+1$ 都是微分方程 $\frac{d^2s}{dt^2}=g$ 的特解.

二、齐次方程

例 9-5　在 xOy 平面上求一条曲线 L，使得从原点 $O(0,0)$ 发出的光线经 L 反射后平行于 y 轴.

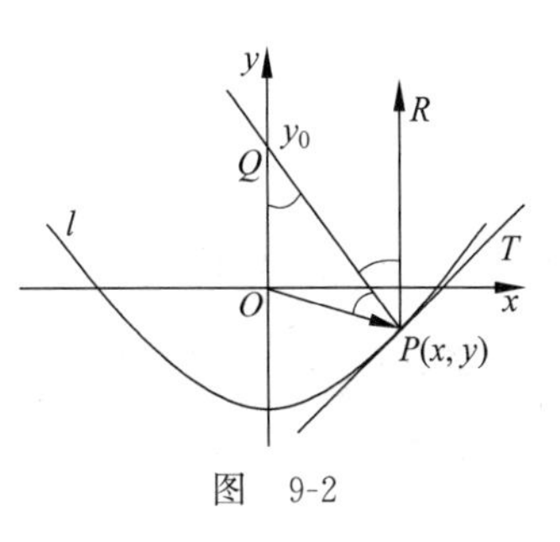

图　9-2

解：设 $P(x,y)$ 为光的入射点，PT 为切线，PQ 为法线，OP 为入射线，PR 为反射线，如图 9-2 所示. 由光的反射定律，$\angle OPQ=\angle QPR$. 因为 PR 平行于 OQ，所以 $\angle OPQ=\angle OQP$，即 ΔOPQ 为等腰三角形，$OP=OQ$，即 $y_0=\sqrt{x^2+y^2}$. 由切线与法线斜率的关系可知

$$y'=-\frac{x}{y-y_0}=\frac{x}{\sqrt{x^2+y^2}-y}=\frac{\sqrt{x^2+y^2}+y}{x}=\sqrt{1+\left(\frac{y}{x}\right)^2}+\frac{y}{x}.$$

令 $u=\frac{y}{x}$，则 $y=xu$，$\frac{dy}{dx}=u+x\frac{du}{dx}$. 代入上面的微分方程，得

$$u+x\frac{du}{dx}=\sqrt{1+u^2}+u,\quad x\frac{du}{dx}=\sqrt{1+u^2},$$

分离变量，得 $\frac{du}{\sqrt{1+u^2}}=\frac{dx}{x}$. 积分 $\int\frac{du}{\sqrt{1+u^2}}=\int\frac{dx}{x}$，得 $\ln(u+\sqrt{1+u^2})=\ln|x|+C$，$u+\sqrt{1+u^2}=\pm e^Cx$ 或 $u+\sqrt{1+u^2}=Cx$. $\sqrt{1+u^2}=Cx-u$，$1+u^2=(Cx-u)^2$，$2Cxu=C^2x^2-1$. 将 $u=\frac{y}{x}$ 代入，得 $y=\frac{1}{2}\left(Cx^2-\frac{1}{C}\right)$. 这是对称轴为 y 轴、开口向上的抛物线. 若设定顶点为 $(0,-a)(a>0)$，则 $C=\frac{1}{2a}$. 抛物线则为 $y=\frac{1}{4a}x^2-a$.

例 9-5 中的微分方程 $y'=\sqrt{1+\left(\frac{y}{x}\right)^2}+\frac{y}{x}$ 称为齐次方程. 一般地，形如 $y'=f\left(\frac{y}{x}\right)$ 的方程称为齐次方程. 解这种齐次方程的套路是：做变换 $u=\frac{y}{x}$，则 $y=xu$，$\frac{dy}{dx}=u+x\frac{du}{dx}$. 代入微分方程，有 $u+x\frac{du}{dx}=f(u)$. 分离变量，并积分 $\int\frac{du}{f(u)-u}=\int\frac{dx}{x}$，便可求得方程的解.

三、一阶线性微分方程

形如 $y'+p(x)y=q(x)$ 的一阶微分方程称为**一阶线性微分方程**. 此处所说的线性指的

是未知函数及其导数都是一次幂.

当 $q(x)\equiv 0$ 时,方程为 $y'+p(x)y=0$. 这是可分离变量的方程.

一般地,设 $P(x)$ 是 $p(x)$ 的一个原函数,即 $P'(x)=p(x)$. 将方程两边同乘以 $e^{P(x)}$,得

$$y'e^{P(x)}+ye^{P(x)}p(x)=q(x)e^{P(x)}$$

而上式左端等于 $\frac{d}{dx}[ye^{P(x)}]$,于是有

$$\frac{d}{dx}(ye^{P(x)})=q(x)e^{P(x)},\quad ye^{P(x)}=\int q(x)e^{P(x)}dx.$$

因而 $y'+p(x)y=q(x)$ 的通解为 $y=e^{-P(x)}\int q(x)e^{P(x)}dx$.

为了方便,记 $\int p(x)dx=P(x)$,即用 $\int p(x)dx$ 表示 $p(x)$ 的一个原函数,则 $y'+p(x)y=q(x)$ 的通解为

$$y=e^{-\int p(x)dx}\left[\int q(x)e^{\int p(x)dx}dx+C\right]\tag{9-3}$$

公式(9-3)中的不定积分都表示被积函数的一个原函数.

例 9-6 求一阶线性微分方程 $y'+\frac{1}{x}y=\frac{\sin x}{x}$ 的通解.

解法 1: $\ln x$ 是 $\ln x$ 的一个原函数. 方程两边同乘以 $e^{\ln x}=x$,得 $xy'+y=\sin x$ 此式可写成 $\frac{d(xy)}{dx}=\sin x$. $xy=-\cos x+C$. 于是,所求的通解为 $y=\frac{-\cos x+C}{x}$.

解法 2: 直接套用公式(9-3),得所求通解为

$$y=e^{-\int\frac{1}{x}dx}\left(\int\frac{\sin x}{x}e^{\int\frac{1}{x}dx}dx+C\right)=\frac{-\cos x+C}{x}.$$

四、几类可降为一阶的高阶微分方程

(一) $y^{(n)}=f(x)$

对方程积分 n 次便可求得其通解.

(二) $y''=f(x,y')$

令 $y'=p$,则 $y''=p'$,于是方程 $y''=f(x,y')$ 降为一阶微分方程 $p'=f(x,p)$.

例 9-7 求解微分方程 $y''=\frac{1}{x}y'+xe^x$.

解: 令 $y'=p$,则 $y''=p'$,方程化为 $p'=\frac{1}{x}p+xe^x$ 或写为 $p'-\frac{1}{x}p=xe^x$. 这是一阶线性微分方程,其通解为

$$p=e^{-\int\left(-\frac{1}{x}\right)dx}\left(\int xe^xe^{\int\left(-\frac{1}{x}\right)dx}dx+C_1\right)=x\left(\int xe^x\,\frac{1}{x}dx+C_1\right)$$

$$=x\left(\int e^xdx+C_1\right)=x(e^x+C_1).$$

即 $y'=xe^x+C_1x$. 积分,得

$$y=\int xe^xdx+\frac{1}{2}C_1x^2=(x-1)e^x+C_1x^2+C_2$$

此函数即为所给方程的通解.

（三）$y''=f(y,y')$

令 $y'=p$，则 $y''=p'$，代入方程后，得 $\frac{\mathrm{d}p}{\mathrm{d}x}=f(y,p)$. 这个方程中含有三个变量 x,y,p，不能直接求解. 若将 y'' 表示为 $y''=\frac{\mathrm{d}p}{\mathrm{d}x}=\frac{\mathrm{d}p}{\mathrm{d}y}\frac{\mathrm{d}y}{\mathrm{d}x}=p\frac{\mathrm{d}p}{\mathrm{d}y}$，然后代入方程 $y''=f(y,y')$ 中，则有 $p\frac{\mathrm{d}p}{\mathrm{d}y}=f(y,p)$. 这样，方程就化为只含有变量 y 和 p 的一阶微分方程了.

例 9-8　解微分方程 $yy''-y'^2=0$.

解：所给方程可化为 $y''=\frac{y'^2}{y}$. 这是形如 $y''=f(y,y')$ 的方程.

令 $y'=p$，则 $y''=\frac{\mathrm{d}p}{\mathrm{d}x}=\frac{\mathrm{d}p}{\mathrm{d}y}\cdot\frac{\mathrm{d}y}{\mathrm{d}x}=p\frac{\mathrm{d}p}{\mathrm{d}y}$. 代入方程 $yy''-y'^2=0$ 中，有 $yp\frac{\mathrm{d}p}{\mathrm{d}y}-p^2=0$. 这样，方程就化为只含有变量 y 和 p 的一阶方程了.

$p\left(y\frac{\mathrm{d}p}{\mathrm{d}y}-p\right)=0$ 可分为两部分：$p\equiv 0$ 和 $y\frac{\mathrm{d}p}{\mathrm{d}y}=p$.

解 $y\frac{\mathrm{d}p}{\mathrm{d}y}=p$，得通解为 $p=C_1y$. 它也包含了 $p\equiv 0$. 这样，有 $y'=C_1y$. 解之，得通解为 $y=C_2\mathrm{e}^{C_1x}$.

在线自测

习题 9-1

1. 求下列微分方程的通解：

(1) $y'=2xy$；(2) $xy'-y\ln y=0$；(3) $\sec^2x\tan y\,\mathrm{d}x+\sec^2y\tan x\,\mathrm{d}y=0$；

(4) $\frac{\mathrm{d}y}{\mathrm{d}x}=\frac{y}{x}\ln\frac{y}{x}$；(5) $\frac{\mathrm{d}y}{\mathrm{d}x}+y=\mathrm{e}^{-x}$；(6) $y+y\cos x=\mathrm{e}^{-\sin x}$.

2. 求下列微分方程满足所给初值条件的特解：

(1) $y'=\frac{x}{y}+\frac{y}{x}$，$y|_{x=1}=2$；(2) $\frac{\mathrm{d}y}{\mathrm{d}x}-y\tan x=\sec x$，$y|_{x=0}=0$.

3. 一曲线通过原点，并且它在点 (x,y) 处的切线斜率等于 $2x+y$，求该曲线的方程.

4. 大炮以仰角 α、初速度 v_0 发射炮弹（不计空气阻力，重力加速度为 g）. 以炮口为原点，在以炮弹前进的水平方向为 x 轴、以铅直向上的方向为 y 轴的直角坐标系中，求弹道曲线的参数方程.

第二节　二阶线性微分方程

本节讨论二阶线性微分方程的解法.

形如

$$y''+P(x)y'+Q(x)y=0 \tag{9-4}$$

的微分方程称为**二阶齐次线性微分方程**.

形如

$$y''+P(x)y'+Q(x)y=f(x) \quad (f(x)\text{不恒为零}) \tag{9-5}$$

的微分方程称为**二阶非齐次线性微分方程**.

一、二阶线性微分方程解的结构

性质 1 设 $y_1(x),y_2(x)$ 是方程(9-4)的解,则 $y=C_1y_1(x)+C_2y_2(x)$ 也是方程(9-4)的解.

证:$y_1''+Py_1'+Qy_1=0,y_2''+Py_2'+Qy_2=0.$

$C_1y_1''+P(x)C_1y_1'+Q(x)C_1y_1=0,$

$C_2y_2''+P(x)C_2y_2'+Q(x)C_2y_2=0.$

两式相加,得

$$(C_1y_1''+C_2y_2'')+P(x)(C_1y_1'+C_2y_2')+Q(x)(C_1y_1+C_2y_2)=0,$$

$$(C_1y_1+C_2y_2)''+P(x)(C_1y_1+C_2y_2)'+Q(x)(C_1y_1+C_2y_2)=0.$$

即 $y=C_1y_1(x)+C_2y_2(x)$ 也是方程(9-4)的解.

性质 2 设 $y_1(x),y_2(x)$ 是方程(9-5)的解,则 $y_1(x)-y_2(x)$ 是方程(9-4)的解.

证:$y_1''+Py_1'+Qy_1=f(x),y_2''+Py_2'+Qy_2=f(x).$

两式相减,得

$$(y_1-y_2)''+P(y_1-y_2)'+Q(y_1-y_2)=0.$$

即 $y_1(x)-y_2(x)$ 是方程(9-4)的解.

性质 3 设 $Y(x)$ 是方程(9-4)的解,$y^*(x)$ 是方程(9-5)的解,则 $Y(x)+y^*(x)$ 是方程(9-5)的解.

证:$Y''+PY'+QY=0,y^{*''}+Py^{*'}+Qy^*=f(x).$

两式相加,得

$$(Y+y^*)''+P(Y+y^*)'+Q(Y+y^*)=f(x).$$

即 $Y(x)+y^*(x)$ 是方程(9-5)的解.

性质 4 设 $y_1(x),y_2(x)$ 是方程(9-4)的解,则 $y=C_1y_1(x)+C_2y_2(x)$ 是方程(9-4)的通解$\Leftrightarrow C_1,C_2$ 不能合并$\Leftrightarrow\dfrac{y_1(x)}{y_2(x)}$不恒为常数.

性质 5 设 $Y(x)$ 是方程(9-4)的通解,$y^*(x)$ 是方程(9-5)的特解,则 $Y(x)+y^*(x)$ 是方程(9-5)的通解.

证:由性质 3 知,$Y(x)+y^*(x)$ 是方程(9-5)的解. 又因为 $Y(x)$ 是方程(9-4)的通解,含有两个任意常数,所以 $Y(x)+y^*(x)$ 是方程(9-5)的通解.

性质 6 设 $y_i(x)$ 是 $y''+P(x)y'+Q(x)y=f_i(x)(i=1,2)$ 的解,则 $y=y_1(x)+y_2(x)$ 是 $y''+P(x)y'+Q(x)y=f_1(x)+f_2(x)$ 的解.

证:$y_1''+Py_1'+Qy_1=f_1(x),y_2''+Py_2'+Qy_2=f_2(x).$

两式相加,得

$$(y_1+y_2)''+P(x)(y_1+y_2)'+Q(x)(y_1+y_2)=f_1(x)+f_2(x)$$

即 $y=y_1(x)+y_2(x)$ 是 $y''+P(x)y'+Q(x)y=f_1(x)+f_2(x)$ 的解.

二、二阶常系数齐次线性微分方程的解

形如

$$y''+py'+qy=0 \quad (p,q\text{ 为常数}) \tag{9-6}$$

的方程称为**二阶常系数齐次线性微分方程**.

方程(9-6)显示,它的解与其一、二阶导数的某个倍数的和差等于零,即一个函数的一、二阶导数是它自己的倍数.什么样的函数具有这种性质呢?如果对导数运算比较熟练的话,可以猜到,应该是指数函数 $y=e^{rx}$.那么,$y=e^{rx}$ 是不是方程(9-6)的解呢?下面我们将它代入方程(9-6)验证一下.

$y=e^{rx}$,$y'=re^{rx}$,$y''=r^2e^{rx}$.代入方程(9-6),有 $r^2e^{rx}+pre^{rx}+qe^{rx}=0$.于是,有 $r^2+pr+q=0$,其根为 $r_{1,2}=\dfrac{-p\pm\sqrt{p^2-4q}}{2}$.也就是说,$y=e^{rx}$ 是方程(9-6)的解的充分必要条件是 $r=r_1$ 或 $r=r_2$.

一元二次方程 $r^2+pr+q=0$ 称为二阶常系数齐次线性微分方程(9-6)的**特征方程**,其根称为**特征根**.特征根共分为三种情形:两个不等实根、一对相等实根、一对共轭复根.

(1) 如果特征方程有两个不等实根 r_1,r_2,则微分方程(9-6)有两个解 $y_1=e^{r_1x}$ 和 $y_2=e^{r_2x}$.因为$\dfrac{y_1}{y_2}=e^{(r_1-r_2)x}$ 不恒为常数,所以由解的结构性质 4 可知,$y=C_1e^{r_1x}+C_2e^{r_2x}$ 是(9-6)的通解.

(2) 如果特征方程有两个相等实根 $r_1=r_2=r$,则微分方程(9-6)有解 $y_1=e^{rx}$.但此时我们只得到一个解.要得到方程(9-6)的通解,还需要一个与 $y_1=e^{rx}$ 之比不恒为常数的解.也就是说,必须求得另外一个解 $y_2=u(x)e^{rx}$,其中 $u(x)$非常数.而非常数函数中最简单的是 $u(x)=x$.容易验证 $y_2=xe^{rx}$ 是式(9-6)的解.从而,由解的结构性质 4 可知,$y=C_1e^{rx}+C_2xe^{rx}=(C_1+C_2x)e^{rx}$ 是式(9-6)的通解.

(3) 如果特征方程有一对共轭复根 $r_{1,2}=\alpha\pm i\beta$,则微分方程(9-6)有两个复函数解 $y_1=e^{(\alpha+i\beta)x}$ 和 $y_2=e^{(\alpha-i\beta)x}$.根据欧拉公式 $e^{ix}=\cos x+i\sin x$(参看第十章例 10-15),

$$y_1=e^{(\alpha+i\beta)x}=e^{\alpha x}e^{i\beta x}=e^{\alpha x}(\cos\beta x+i\sin\beta x),$$
$$y_2=e^{(\alpha-i\beta)x}=e^{\alpha x}e^{i\beta x}=e^{\alpha x}(\cos\beta x-i\sin\beta x).$$

根据解的结构性质 1,方程(9-6)有两个解

$$Y_1=\frac{1}{2}y_1+\frac{1}{2}y_2=e^{\alpha x}\cos\beta x,\quad Y_2=\frac{1}{2i}y_1+\left(-\frac{1}{2i}\right)y_2=e^{\alpha x}\sin\beta x$$

因为$\dfrac{Y_1}{Y_2}=\dfrac{\cos\beta x}{\sin\beta x}$不恒为常数,所以式(9-6)的通解为

$$Y=C_1Y_1+C_2Y_2=e^{\alpha x}(C_1\cos\beta x+C_2\sin\beta x).$$

综上,有表 9-1.

表 9-1　二阶常系数齐次线性微分方程的通解

特征方程 $r^2+pr+q=0$ 的根		$y''+py'+qy=0$ 的通解
不等实根	$r_1\neq r_2$	$y=C_1e^{r_1x}+C_2e^{r_2x}$
相等实根	$r_1=r_2=r$	$y=(C_1+C_2x)e^{rx}$
一对共轭复根	$r_{1,2}=\alpha\pm i\beta$	$y=e^{\alpha x}(C_1\cos\beta x+C_2\sin\beta x)$

注：二阶常系数齐次线性微分方程的解只能是表 9-1 中的三种形式之一. 如果 $y=ae^{r_1x}+be^{r_2x}(a,b\neq 0,\gamma_1\neq\gamma_2)$ 是其特解，则其通解必为 $y=C_1e^{r_1x}+C_2e^{r_2x}(C_1,C_2$ 为任意常数)；如果其特解中含有 $axe^{rx}(a\neq 0)$，则其通解必为 $y=(C_1+C_2x)e^{rx}(C_1,C_2$ 为任意常数)；如果其特解中含有 $y=ae^{\alpha x}\cos\beta x(a\neq 0,\beta\neq 0)$ 或/和 $y=ae^{\alpha x}\sin\beta x(a\neq 0,\beta\neq 0)$，则其通解为 $y=e^{\alpha x}(C_1\cos\beta x+C_2\sin\beta x)$.

例 9-10 求解微分方程：

(1) $y''-2y'-3y=0$；

(2) $\dfrac{d^2s}{dt^2}+2\dfrac{ds}{dt}+s=0,s|_{t=0}=4,\dfrac{ds}{dt}\Big|_{t=0}=-2$；

(3) $y''+2y'+5y=0$.

解：(1) 特征方程 $r^2-2r-3=0$ 的根为 $-1,3$. 故所求微分方程的通解为 $y=C_1e^{-x}+C_2e^{3x}$.

(2) 特征方程 $r^2+2r+1=0$ 有重根 -1. 故微分方程的通解为 $s=(C_1+C_2t)e^{-t}$.

代入初值条件，得 $C_1=4,C_2=2$. 故所求的特解为 $s=(4+2t)e^{-t}$.

(3) 特征方程 $r^2+2r+5=0$ 的根为 $r_{1,2}=\dfrac{-2\pm\sqrt{4-20}}{2}=-1\pm 2i$. 故微分方程的通解为 $y=e^{-x}(C_1\cos 2x+C_2\sin 2x)$.

图 9-3

例 9-11 设有一弹簧，它的上端固定，下端挂一个质量为 m 的物体. 如图 9-3 所示. 当物体处于静止状态时，物体所处的位置称为平衡位置. 取 x 轴铅直向下，并取物体的平衡位置为坐标原点. 当物体处于平衡位置时，作用在物体上的重力与弹性力大小相等，方向相反. 现将物体拉至位置 x_0 点(不妨设 $x_0>0$)，然后松开让它在弹簧的弹性恢复力作用下上下运动. 由物理学知道，物体的位置 $x=x(t)$(t 为时间)满足方程 $m\dfrac{d^2x}{dt^2}=-kx$(k 为弹簧的弹性系数)，试求 $x=x(t)$ 的表达式.

解：微分方程可写成 $\dfrac{d^2x}{dt^2}+\dfrac{k}{m}x=0$. 其特征方程 $r^2+\dfrac{k}{m}=0$ 的特征根为 $r_{1,2}=\pm i\sqrt{\dfrac{k}{m}}$. 故其通解为

$$x=C_1\cos\sqrt{\frac{k}{m}}t+C_2\sin\sqrt{\frac{k}{m}}t.$$

注意到，$t=0$ 时，$x|_{t=0}=x_0,\dfrac{dx}{dt}\Big|_{t=0}=0$. 代入方程，得 $C_1=x_0,C_2=0$. 于是

$$x=x_0\cos\sqrt{\frac{c}{m}}t=x_0\sin\left(\sqrt{\frac{c}{m}}t+\frac{\pi}{2}\right).$$

弹簧的这种振动规律称为**简谐振动**. 不难看出，弹簧振动过程中离开平衡位置的最大距离为 x_0，称为**振幅**.

注：二阶常系数齐次线性微分方程的解法可推广到更高阶的常系数齐次线性微分方程的求解.

三、二阶常系数非齐次线性微分方程的解法举例

形如

$$y''+py'+qy=f(x)\quad (p,q\text{ 为常数},f(x)\text{ 不恒为零})\tag{9-7}$$

的方程称为**二阶常系数非齐次线性微分方程**.

根据二阶线性微分方程解的结构性质5,二阶常系数非齐次线性微分方程的解由它的一个特解和相应的(导出的)二阶齐次线性微分方程的通解合成.而二阶齐次线性微分方程的通解极易求得,因而求解二阶常系数非齐次线性微分方程的关键是求其一个特解.然而这并非易事.我们只介绍如下特殊形式的方程的特解的求法(具体证明过程可参阅其他教材).

(1) $f(x)=P_m(x)e^{\lambda x}$ 方程(9-7)的特解可设为 $y^*=x^kQ_m(x)e^{\lambda x}$,其中 λ 为特征方程的 k 重根,$P_m(x)$,$Q_m(x)$为 m 次多项式.

(2) $f(x)=e^{\lambda x}[P_l(x)\cos\omega x+P_n(x)\sin\omega x]$方程(9-7)的特解可设为

$$y^*=x^ke^{\lambda x}[R_m(x)\cos\omega x+Q_m(x)\sin\omega x]$$

其中,$\lambda+i\omega$ 为特征方程的 k 重根;$P_l(x)$为 l 次多项式;$P_n(x)$为 n 次多项式;$R_m(x)$,$Q_m(x)$为 m 次多项式,其中 $m=\max\{l,n\}$.

λ 为特征方程的 k 重根是指:

$$k=\begin{cases}0, & \lambda\text{ 不是特征方程的根}\\1, & \lambda\text{ 是特征方程的单根}\\2, & \lambda\text{ 是特征方程的一对相等实根}\end{cases}$$

例 9-12　求 $y''-2y'-3y=2x+1$ 的通解.

解:特征方程 $r^2-2r-3=0$ 的根为$-1,3$.

$$f(x)=2x+1=(2x+1)e^{0x},\quad \lambda=0,m=1.$$

因为 $\lambda=0$ 不是特征方程的根,所以所给微分方程的特解可设为

$$y^*=(ax+b)e^{0x}=ax+b.$$

代入方程,得$-2a-3(ax+b)=2x+1$.由此可解得 $a=-\dfrac{2}{3}$,$b=\dfrac{1}{9}$,于是 $y^*=-\dfrac{2}{3}x+\dfrac{1}{9}$.故所给微分方程的通解为 $y=C_1e^{-x}+C_2e^{3x}-\dfrac{2}{3}x+\dfrac{1}{9}$.

例 9-13　求 $y''-5y'+6y=xe^{2x}$ 的通解.

解:特征方程 $r^2-5r+6=0$ 的根为 2,3.因为 $\lambda=2$ 是特征方程的单根,所以微分方程的特解可设为 $y^*=x(ax+b)e^{2x}=(ax^2+bx)e^{2x}$.

$$y^{*\prime}=[ax^2+(2a+b)x+b]e^{2x}.\ y^{*\prime\prime}=[ax^2+(4a+b)x+2a+2b]e^{2x}.$$

代入方程并整理,得$-2a=1,2a-b=0$. $a=-\dfrac{1}{2}$,$b=-1$. $y^*=\left(-\dfrac{1}{2}x^2-x\right)e^{2x}$.故所给方程的通解为

$$y=C_1e^{2x}+C_2e^{3x}-\left(\frac{1}{2}x^2+x\right)e^{2x}\quad\text{或}\quad y=C_2e^{3x}-\left(\frac{1}{2}x^2+x+C_1\right)e^{2x}.$$

例 9-14　求 $y''+y=4\sin x$ 的通解.

解:特征方程 $r^2+1=0$ 的根为 $r_{1,2}=\pm\sqrt{-1}=\pm i$.

$$f(x)=e^{0x}(0\cos x+4\sin x),\lambda=0,\omega=1.$$

因为 $\lambda+i\omega=i$ 是特征方程的单根，所以可设特解为 $y^*=x(a\cos x+b\sin x)$.

$$y^{*\prime}=a\cos x+b\sin x+x(-a\sin x+b\cos x)$$

$$y^{*\prime\prime}=2(-a\sin x+b\cos x)+x(-a\cos x-b\sin x)$$

代入方程，得 $2(-a\sin x+b\cos x)=4\sin x$. 比较两边，得 $a=-2,b=0$. 于是 $y^*=-2x\cos x$. 因而原方程的通解为 $y=C_1\cos x+C_2\sin x-2x\cos x$ 或 $y=(C_1-2x)\cos x+C_2\sin x$.

例 9-15 给出 $y''+4y'+3y=x-2+e^{-x}$ 的一种特解形式.

解：特征方程 $r^2+4r+3=0$ 的根为 $-1,-3$.

$y''+4y'+3y=x-2$ 有形如 $y_1^*=ax+b$ 的特解；

$y''+4y'+3y=e^{-x}$ 有形如 $y_2^*=cxe^{-x}$ 的特解；

根据二阶线性微分方程解的结构性质 6，可知 $y''+4y'+3y=x-2+e^{-x}$ 有形如 $y^*=ax+b+cxe^{-x}$ 的特解.

在线自测

习题 9-2

1. 求下列二阶微分方程的通解：

(1) $y''-y'-2y=0$；(2) $y''-4y'+4y=0$；(3) $y''+y=0$；(4) $y''-2y'+5y=0$.

2. 求下列微分方程满足给定初值条件的特解：

(1) $y''-2y'-3y=0,y|_{x=0}=3,y'|_{x=0}=5$；

(2) $y''-4y'+4y=0,y|_{x=0}=0,y'|_{x=0}=1$；

(3) $y''+2y=0,y|_{x=0}=0,y'|_{x=0}=\sqrt{2}$.

3. 设二阶常系数齐次线性微分方程 $y''+py'+qy=0$ 分别有如下特解，求 p 和 q，并写出该微分方程的通解：

(1) $y=e^{-2x}+3e^x$；(2) $y=2xe^{4x}$；(3) $y=(1-2x)e^x$；(4) $y=2\sin x$；(5) $y=e^x\cos 2x$；(6) $y=x\cos 2x+\sin 2x$.

4. 求解下列微分方程：

(1) $y''+\frac{1}{2}y'+\frac{1}{2}y=e^x$；(2) $y''+y=e^x$；(3) $y''-y=4xe^x,y|_{x=0}=0,y'|_{x=0}=1$.

第三节 差分方程

一、差分与差分方程的概念

引例（Hanoi 塔游戏问题） 设有 3 根柱子和 n 个大小不同的中间带孔的圆轮，由下到上按照从大到小的次序套在一根柱子上，如图 9-4 所示.

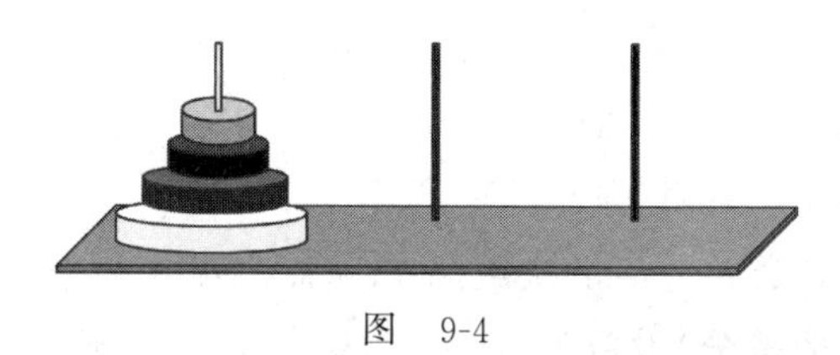

图　9-4

游戏目标：将所有圆轮移动到另一根柱子上，并且由下到上依然按照从大到小的次序叠放.

游戏规则：每次只能移动一个圆轮；圆轮只能放置在柱子上，且小的必须放在大的上面.

问：最少需要移动多少次，才能实现游戏目标？

分析：设 y_n 表示将 n 个圆轮按游戏规则移动到另一根柱子上所需要的最少移动次数.

要实现游戏目标，必须先将上面的 $n-1$ 个圆轮移动到另外一根柱子上，再将最下面那个圆轮移动到目标柱子(即最终要放置圆轮的柱子)上，然后再将上面那 $n-1$ 个圆轮移动到目标柱子上.

这期间，将上面的 $n-1$ 个圆轮移动到另外一根柱子上所需要的最少移动次数为 y_{n-1}；将最下面那个圆轮移动到目标柱子上需要移动 1 次；再将上面那 $n-1$ 个圆轮移动到目标柱子上至少需要移动 y_{n-1} 次. 于是，有 $y_1=1$，

$$y_n=2y_{n-1}+1,\quad n=2,3,\cdots \tag{9-8}$$

这是一个递推关系式. 按照这个关系式依次递推，有

$$\begin{aligned}y_n&=2y_{n-1}+1=2(2y_{n-2}+1)+1=2^2y_{n-2}+2+1\\&=2^2(2y_{n-3}+1)+2+1=2^3y_{n-3}+2^2+2+1\\&=\cdots\\&=2^{n-1}y_1+2^{n-2}+\cdots+2^2+2+1\\&=2^{n-1}+2^{n-2}+\cdots+2^2+2+1=2^n-1.\end{aligned}$$

最少需要移动 2^n-1 次才能实现游戏目标.

设 $y_x(x=0,1,2,\cdots)$ 是一个数列，称

$$\Delta y_x=y_{x+1}-y_x \tag{9-9}$$

为数列 y_x 的**一阶差分**，x 称为**时期**.

数列 y_x 的一阶差分 Δy_x 也是一个数列，Δy_x 的一阶差分称为 y_x 的**二阶差分**，记为 Δ^2y_x，即

$$\begin{aligned}\Delta^2y_x&=\Delta y_{x+2}-\Delta y_{x+1}=y_{x+2}-y_{x+1}-(y_{x+1}-y_x)\\&=y_{x+2}-2y_{x+1}+y_x\end{aligned} \tag{9-10}$$

y_x 的二阶差分 Δ^2y_x 的差分称为 y_x 的**三阶差分**，记为 Δ^3y_x. 依次类推.

例 9-16　设数列 $y_x=C,x=0,1,2,\cdots$，则

$$\Delta y_x=y_{x+1}-y_x=C-C=0,$$

$$\Delta^2y_x=\Delta y_{x+1}-\Delta y_x=0-0=0.$$

例 9-17　(**幂函数的差分**)设数列 $y_x=x,x=0,1,2,\cdots$，则

$$\Delta y_x=(x+1)-x=1,$$

$$\Delta^2y_x=1-1=0.$$

设数列 $y_x=x^2, x=0,1,2,\cdots$，则

$$\Delta y_x=(x+1)^2-x^2=2x+1,$$

$$\Delta^2 y_x=\Delta y_{x+1}-\Delta y_x=2(x+1)+1-(2x+1)=2,$$

$$\Delta^3 y_x=0.$$

不难看出和验证，幂函数差分后的次数降 1，从而多项式差分后次数降 1.

例 9-18 （**指数函数的差分**）设数列 $y_x=\lambda^x, x=1,2,\cdots$，则

$$\Delta y_x=\lambda^{x+1}-\lambda^x=(\lambda-1)\lambda^x,$$

$$\Delta^2 y_x=\Delta y_{x+1}-\Delta y_x=(\lambda-1)\lambda^{x+1}-(\lambda-1)\lambda^x=(\lambda-1)^2\lambda^x.$$

$$\Delta^3 y_x=(\lambda-1)^2\lambda^{x+1}-(\lambda-1)^2\lambda^x=(\lambda-1)^3\lambda^x.$$

含有数列的差分和/或不同时期数列项的关系式称为**差分方程**.

差分方程中所含的最高阶差分的阶数，也就是差分方程中最大时期与最小时期的差，称为差分方程的**阶**.

如 $\Delta^2 y_x-2y_x=3^x$ 是一个差分方程，其所含的最高阶差分的阶数为 2，所以是一个二阶差分方程. 由于

$$\begin{aligned}\Delta^2 y_x-2y_x&=\Delta y_{x+1}-\Delta y_x-2y_x\\&=(y_{x+2}-y_{x+1})-(y_{x+1}-y_x)-2y_x\\&=y_{x+2}-2y_{x+1}-y_x.\end{aligned}$$

所以差分方程 $\Delta^2 y_x-2y_x=3^x$ 又可表示为 $y_{x+2}-2y_{x+1}-y_x=3^x$. 其最大时期 $x+2$ 与最小时期 x 的差为 2.

满足差分方程的数列称为差分方程的**解**.

如果一个 n 阶差分方程的解的表达式中含有 n 个不能合并的任意常数，则称这个解的表达式为该差分方程的**通解**. 如果一个 n 阶差分方程的解的表达式中不含任意常数，则称该解为该差分方程的**特解**.

二、一阶常系数线性差分方程

称

$$y_{x+1}-ay_x=f(x) \tag{9-11}$$

为**一阶常系数线性差分方程**.

（一）一阶常系数齐次线性差分方程

当 $f(x)\equiv 0$ 时，即

$$y_{x+1}-ay_x=0 \tag{9-12}$$

称为**一阶常系数齐次线性差分方程**. 否则，称为**一阶常系数非齐次线性差分方程**.

对一阶常系数齐次线性差分方程 $y_{x+1}-ay_x=0$，有

$$y_x=ay_{x-1}=a^2y_{x-2}=\cdots=a^xy_0.$$

令 $C=y_0$，则得 $y_{x+1}-ay_x=0$ 的通解为

$$y_x=Ca^x \tag{9-13}$$

例 9-19 $y_{x+1}-y_x=0$ 的通解为 $y_x=C$.

$2y_{x+1}+y_x=0$ 的通解为 $y_x=(-1)^x\dfrac{C}{2^x}$.

$3y_x-y_{x-1}=0$ 满足初值条件 $y_0=2$ 的特解为 $y_x=2\left(\dfrac{1}{3}\right)^x$.

（二）一阶常系数非齐次线性差分方程

容易证明

定理 9-1　设 Y_x 是一阶齐次线性差分方程(9-12)的通解，y_x^* 是一阶非齐次线性差分方程(9-11)的特解，则 $y_x=Y_x+y_x^*$ 是一阶非齐次线性差分方程(9-11)的通解.

一阶常系数齐次线性差分方程的通解很容易写出来，因而，只要能够求出一阶非齐次线性差分方程的一个特解，就可以写出其通解. 然而，对于一般的函数 $f(x)$，其对应的一阶非齐次线性差分方程的特解并不容易求出. 下面我们只讨论两种形式的函数 $f(x)$ 所对应的一阶非齐次线性差分方程的特解的求法.

1. $f(x)=P_n(x)$（n 次多项式）

设 y_x^* 是一阶非齐次线性差分方程(9-11)的特解.

(1) 若 $a=1$，则差分方程(9-11)化为 $\Delta y_x=P_n(x)$. 因为多项式差分后次数降 1，而常数函数的差分为 0，所以可设 $y_x^*=xQ_n(x)$，其中 $Q_n(x)$ 为 n 次多项式. 将其代入一阶非齐次线性差分方程(9-11)，便可求得 $Q_n(x)$.

(2) 若 $a\neq 1$，则差分方程(9-11)化为 $\Delta y_x+(1-a)y_x=P_n(x)$. 因为 Δy_x^* 的次数低于 y_x^* 的次数，所以 y_x^* 应为 n 次多项式 $y_x^*=Q_n(x)$. 将其代入一阶非齐次线性差分方程(9-11)，便可求得 $Q_n(x)$.

例 9-19　求差分方程 $y_{x+1}-3y_x=-2$ 的通解.

解：齐次差分方程 $y_{x+1}-3y_x=0$ 的通解为 $Y_x=C3^x$.

设原方程的特解为 $y_x^*=a$，代入原方程，得 $a=1$. 故原方程的通解为 $y_x=C3^x+1$.

例 9-20　求差分方程 $y_{x+1}-2y_x=3x^2$ 的通解.

解：齐次差分方程 $y_{x+1}-2y_x=0$ 的通解为 $Y_x=C2^x$.

设原方程的特解为 $y_x^*=ax^2+bx+c$，代入原方程，有

$$a(x+1)^2+b(x+1)+c-2(ax^2+bx+c)=3x^2.$$

$$-ax^2+(2a-b)x+a+b-c=3x^2.$$

比较方程两边多项式的系数，得

$$-a=3,\quad 2a-b=0,\quad a+b-c=0.$$

$$a=-3,\quad b=-6,\quad c=-9.$$

$$y_x^*=-3x^2-6x-9$$

故原方程的通解为 $y_x=C2^x-3x^2-6x-9$.

例 9-21　求差分方程 $y_{x+1}-y_x=x+1$ 满足初值条件 $y_0=1$ 的特解.

解：齐次差分方程 $y_{x+1}-y_x=0$ 的通解为 $Y_x=C$.

设原方程的特解为 $y_x^*=x(ax+b)=ax^2+bx$，代入原方程，有

$$a(x+1)^2+b(x+1)-(ax^2+bx)=x+1.$$

$$2ax+a+b=x+1.$$

比较方程两边多项式的系数，得 $2a=1, a+b=1. \Rightarrow a=\frac{1}{2}, b=\frac{1}{2}$. 于是

$$y_x^*=\frac{1}{2}x^2+\frac{1}{2}x.$$

故原方程的通解为 $y_x=C+\frac{1}{2}x^2+\frac{1}{2}x$.

将初值条件 $y_0=1$ 代入，得 $C=1$. 故所求的特解为 $y_x=\frac{1}{2}x^2+\frac{1}{2}x+1$.

2. $f(x)=\mu^x P_n(x)$（$P_n(x)$为 n 次多项式）

此时，作变换 $y_x=\mu^x z_x$. 代入方程 $y_{x+1}-ay_x=\mu^x P_n(x)$，得

$$\mu^{x+1}z_{x+1}-a\mu^x z_x=\mu^x P_n(x).$$

消去 μ^x，得

$$z_{x+1}-\frac{a}{\mu}z_x=\frac{1}{\mu}P_n(x).$$

这是第一种类型的一阶非齐次线性差分方程.

例 9-22 求差分方程 $y_{x+1}+y_x=x2^x$ 的通解.

解：作变换 $y_x=2^x z_x$，代入方程，得

$$2^{x+1}z_{x+1}+2^x z_x=x2^x.$$

$$z_{x+1}+\frac{1}{2}z_x=\frac{x}{2}.$$

$z_{x+1}+\frac{1}{2}z_x=0$ 的通解为 $z=C\left(-\frac{1}{2}\right)^x$. 设 $z_{x+1}+\frac{1}{2}z_x=0$ 的特解为 $z_x^*=ax+b$. 代入原方程，有

$$2a(x+1)+2b+(ax+b)=x.$$
$$3ax+2a+3b=x.$$

由此，得 $a=\frac{1}{3}, b=-\frac{2}{9}$. 即 $z_x^*=\frac{1}{3}x-\frac{2}{9}$. 故 $z_{x+1}+\frac{1}{2}z_x=\frac{x}{2}$的通解为

$$z_x=C\left(-\frac{1}{2}\right)^x+\frac{1}{3}x-\frac{2}{9}.$$

从而得原方程的通解为

$$\begin{aligned} y_x&=2^x z_x=2^x\left[C\left(-\frac{1}{2}\right)^x+\frac{1}{3}x-\frac{2}{9}\right] \\ &=C(-1)^x+2^x\left(\frac{1}{3}x-\frac{2}{9}\right). \end{aligned}$$

三、二阶常系数齐次线性差分方程

二阶常系数齐次线性差分方程的一般形式为

$$y_{x+2}+ay_{x+1}+by_x=0 \tag{9-14}$$

为求方程(9-14)的通解，设 $y_x=\lambda^x$，代入方程，得

$$\lambda^{x+2}+a\lambda^{x+1}+b\lambda^x=0.$$

消去 λ^x，得

$$\lambda^2+a\lambda+b=0 \tag{9-15}$$

称方程(9-15)为二阶常系数齐次线性差分方程(9-14)的**特征方程**. 设其特征根为 λ_1,λ_2.

可以证明二阶常系数齐次线性差分方程(9-14)的通解为

特征方程 $\lambda^2+a\lambda+b=0$ 的根	$y_{x+2}+ay_{x+1}+by_x=0$ 的通解
两个不等实根 $\lambda_1\neq\lambda_2$	$y_x=C_1\lambda_1^x+C_2\lambda_2^x$
一对相等实根 $\lambda_1=\lambda_2=\lambda$	$y_x=(C_1+C_2x)\lambda^x$
一对共轭复根 $\lambda_{1,2}=\alpha\pm\mathrm{i}\beta$	$y_x=r^x(C_1\cos\theta x+C_2\sin\theta x)$ $\left(r=\sqrt{\alpha_1^2+\alpha_2^2},\ \theta=\arctan\dfrac{\beta}{\alpha}\right)$

例 9-23　(**Fibonacci 数列**)设有新生的雌、雄小兔一对. 第三个月初，这对小兔又新生雌、雄小兔一对. 以后所有月龄超过两个月的雌兔每月初都会生产雌、雄小兔一对. 设第一对小兔出生后的第 n 个月初兔子总对数为 F_n. 求 F_n 的算式.

解：$F_1=1,F_2=1,F_3=2$. 第 $n+2$ 个月初兔子总对数 F_{n+2} 等于第 $n+1$ 个月的兔子对数和第 n 个月的雌兔所生产的兔子对数之和，因而也就等于第 $n+1$ 个月的兔子对数 F_{n+1} 和第 n 个月的兔子对数 F_n 之和，即

$$F_{n+2}=F_{n+1}+F_n.$$

这是一个二阶常系数齐次线性差分方程，其特征方程 $\lambda^2-\lambda-1=0$ 的根为 $\lambda_{1,2}=\dfrac{1\pm\sqrt{5}}{2}$. 故其通解为

$$F_n=C_1\left(\frac{1+\sqrt{5}}{2}\right)^n+C_2\left(\frac{1-\sqrt{5}}{2}\right)^n.$$

将初值条件 $F_1=1,F_2=1$ 代入，得

$$\begin{cases}\dfrac{1+\sqrt{5}}{2}C_1+\dfrac{1-\sqrt{5}}{2}C_2=1\\[2mm] \dfrac{3+\sqrt{5}}{2}C_1+\dfrac{3-\sqrt{5}}{2}C_2=1\end{cases}.$$

解之，得 $C_1=\dfrac{1}{\sqrt{5}},C_2=-\dfrac{1}{\sqrt{5}}$. 于是，$F_n$ 的算式为

$$F_n=\frac{1}{\sqrt{5}}\left[\left(\frac{1+\sqrt{5}}{2}\right)^n-\left(\frac{1-\sqrt{5}}{2}\right)^n\right].$$

数列 $\{F_n\}_{n\geqslant1}$ 称为**斐波那契(Fibonacci)数列**，其前几项为

$$1,1,2,3,5,8,13,21,34,55,89,\cdots$$

其特点是：前两项均为 1，而从第三项开始，每项都是它前面相邻两项的和.

有许多有趣的现象与斐波那契数列有关，有兴趣的读者可从网上搜索相关的文献及视频资料.

在线自测

习题 9-3

1. 利用求解一阶非齐次线性差分方程的方法求解 Hanoi 塔游戏问题中的差分方程(9-8).

2. 求下列一阶常系数齐次线性差分方程的通解或给定初值条件的特解：

(1) $y_{x+1}+y_x=0$；　　(2) $y_{x+1}-4y_x=0, y_0=1$；

3. 求下列一阶常系数非齐次线性差分方程的通解或给定初值条件的特解：

(1) $\Delta y_x-4y_x=3$；　　(2) $y_{x+1}-y_x=x2^x, y_0=0$.

4. 求下列二阶常系数齐次线性差分方程的通解或给定初值条件的特解：

(1) $y_{x+2}-y_{x+1}-6y_x=0$；　(2) $y_{x+2}-4y_{x+1}+4y_x=0$；

(3) $y_{x+2}+\frac{1}{4}y_{x+1}=0$.

第十章

无穷级数

第一节　数列的极限

一、数列极限的定义

定义 10-1　如果当 n 无限增大($n\to\infty$)时,数列 x_n 无限接近于或等于一个确定的常数 a,则称 a 为数列 x_n 的极限,此时说数列 x_n 的**极限存在**或**收敛**,记为$\lim\limits_{n\to\infty}x_n=a$. 如果数列不收敛,则称其**发散**.

注意,我们讨论数列 x_n 时,n 通常都取非负整数或正整数.

那么,什么叫“无限接近于”? 什么叫“不无限接近于”?

$x_n=\dfrac{1}{n}$无限接近于 0 吗? 是不是也无限接近于-1 呢? 因为当 n 无限增大时,x_n 离 0 越来越近,离-1 也越来越近. 所以,“无限接近于”不是一个准确的表述. 因而,定义 10-1 只是数列极限的一个描述性的含糊的定义. 我们必须给出一个准确的定义.

对数列 x_n 和数 a,如果存在一个正数 ε,数列 x_n 中有无穷多项落在区间$(a-\varepsilon,a+\varepsilon)$之外. 那么我们会不会说 a 是 x_n 的极限呢? 对于这种情形,我们认为 a 不是 x_n 的极限. 我们说“数 a 是数列 x_n 的极限”指的是,数列 x_n 和数 a 应该满足:对任意一个正数 ε,数列 x_n 中落在区间$(a-\varepsilon,a+\varepsilon)$之外的项至多只有有限项. 也就是说,对 a 的任意邻域$(a-\varepsilon,a+\varepsilon)$(无论多大或多小),总存在一项 x_N,使得此后所有的项 $x_n(n>N)$都落入该邻域内. 这样就给出了数列极限的严格定义.

定义 10-2　设 x_n 为一数列. 若存在常数 a,对任意给定的正数 ε,总存在正整数 N,使得对所有的 $n>N$,都有$|x_n-a|<\varepsilon$,则称 a 是数列 x_n 的极限.

定义 10-2 可用所谓的“$\varepsilon-N$”语言表述为

$$\forall\varepsilon>0,\quad \exists N\in\mathbf{N}^+,\quad \forall n>N,\quad |x_n-a|<\varepsilon.$$

其中,“$\forall$”表示“对所有的”,它是英文单词“All”的首字母“A”的上下倒置;“$\exists$”表示“存在”,它是英文单词“Exist”的首字母“E”的左右倒置.

例 10-1　证明$\lim\limits_{n\to\infty}\dfrac{n+(-1)^n}{n}=1$.

证:$x_n=\dfrac{n+(-1)^n}{n}$. $|x_n-1|=\left|\dfrac{n+(-1)^n}{n}-1\right|=\dfrac{1}{n}$.

对$\forall\varepsilon>0$,要找正整数 N,使得对$\forall n>N$,都有$|x_n-a|<\varepsilon$. 即$\dfrac{1}{n}<\varepsilon$,亦即 $n>\dfrac{1}{\varepsilon}$. 为

此，可取 $N=\left[\frac{1}{\varepsilon}\right]+1\left(\left[\frac{1}{\varepsilon}\right]\text{表示不超过}\frac{1}{\varepsilon}\text{的整数，而}+1\text{为保证}N\text{为正整数}\right)$，则 $N>\frac{1}{\varepsilon}$.

于是当 $n>N$ 时，有 $|x_n-1|=\frac{1}{n}<\frac{1}{N}<\varepsilon$. 根据定义 10-2 可知 $\lim\limits_{n\to\infty}x_n=1$.

例 10-2 设 $x_n=C$（C 为常数），$n=1,2,\cdots$，证明 $\lim\limits_{n\to\infty}x_n=C$.

证：因为对 $\forall\varepsilon>0$，取正整数 $N=1$，则对 $\forall n>N$，都有 $|x_n-C|=0<\varepsilon$，所以 $\lim\limits_{n\to\infty}x_n=C$.

二、数列极限的性质

根据定义 10-2，可以证明数列的下列性质.

性质 1 （**唯一性**）若极限存在则必唯一.

设数列 x_n 满足 $x_n\leqslant M$，$n=1,2,\cdots$，则称数列 x_n 有上界.

设数列 x_n 满足 $x_n\geqslant M$，$n=1,2,\cdots$，则称数列 x_n 有下界.

设数列 x_n 满足 $|x_n|\leqslant M$，$n=1,2,\cdots$，则称数列 x_n 有界.

性质 2 （**有界性**）收敛的数列必定有界.（无界的数列必定发散）

性质 3 （**极限保号性**）若 $x_n\geqslant 0$，则 $\lim\limits_{n\to\infty}x_n\geqslant 0$.

性质 4 若 $\lim\limits_{n\to\infty}x_n=A$，则对任意的 α,β：$\alpha<A<\beta$，一定存在正整数 N，使得当 $n>N$ 时，有 $\alpha<x_n<\beta$.

推论 （**数列保号性**）若 $\lim\limits_{n\to\infty}x_n=A>0(<0)$，则存在正整数 N，使得当 $n>N$ 时，$x_n>0(<0)$.

数列 $(-1)^n$ 只取两个值 1 和 -1. 由极限的唯一性可知，$(-1)^n$ 发散.

三、数列极限的运算法则

设 $\lim\limits_{n\to\infty}x_n$ 和 $\lim\limits_{n\to\infty}y_n$ 都存在，则

(1) $\lim\limits_{n\to\infty}(x_n\pm y_n)=\lim\limits_{n\to\infty}x_n\pm\lim\limits_{n\to\infty}y_n$；

(2) $\lim\limits_{n\to\infty}(x_n\cdot y_n)=\lim\limits_{n\to\infty}x_n\cdot\lim\limits_{n\to\infty}y_n$，$\lim\limits_{n\to\infty}(C\cdot x_n)=C\cdot\lim\limits_{n\to\infty}x_n$；

(3) $\lim\limits_{n\to\infty}\frac{x_n}{y_n}=\frac{\lim\limits_{n\to\infty}x_n}{\lim\limits_{n\to\infty}y_n}\left(\lim\limits_{n\to\infty}y_n\neq 0\right)$.

四、数列极限存在准则

(1)（**夹逼准则**）设 $x_n\leqslant z_n\leqslant y_n$ 且 $\lim\limits_{n\to\infty}x_n=\lim\limits_{n\to\infty}y_n=a$，则 $\lim\limits_{n\to\infty}z_n=a$.

(2) **单调有界准则**.

设数列 x_n 满足：$x_1\leqslant x_2\cdots\leqslant x_n\leqslant x_{n+1}\leqslant\cdots$，则称数列 x_n 是**单调增加**的.

设数列 x_n 满足：$x_1\geqslant x_2\cdots\geqslant x_n\geqslant x_{n+1}\geqslant\cdots$，则称数列 x_n 是**单调减少**的.

不难想象，一个单调增加的数列要么趋向一个确定的数，要么趋向 $+\infty$. 同样，一个单调减少的数列要么趋向一个确定的数，要么趋向 $-\infty$. 更进一步地讲，单调增加有界的数列一定趋向于它的最小上界，单调减少有界的数列一定趋向于它的最大下界. 因而，有

单调有界准则：单调有界数列一定有极限.

这个准则的证明要用到更多的知识，此处不再赘述.

例 10-3　证明数列 $x_n=\left(1+\frac{1}{n}\right)^n$ 单调有界，从而收敛.

*证：由牛顿二项式定理，

$$x_n=\left(1+\frac{1}{n}\right)^n=1+1+\frac{n(n-1)}{2!}\frac{1}{n^2}+\frac{n(n-1)(n-2)}{3!}\frac{1}{n^3}+\cdots+\frac{n!}{n!}\frac{1}{n^n}$$

$$=1+1+\frac{1}{2!}\left(1-\frac{1}{n}\right)+\frac{1}{3!}\left(1-\frac{1}{n}\right)\left(1-\frac{2}{n}\right)+\cdots+$$

$$\frac{1}{n!}\left(1-\frac{1}{n}\right)\left(1-\frac{2}{n}\right)\cdots\left(1-\frac{n-1}{n}\right)<1+1+\frac{1}{2!}+\frac{1}{3!}+\cdots+\frac{1}{n!}$$

$$<1+1+\frac{1}{2}+\frac{1}{2^2}+\cdots+\frac{1}{2^{n-1}}=1+\frac{1-\frac{1}{2^n}}{1-\frac{1}{2}}<3.$$

故 x_n 有界.

$$x_{n+1}=\left(1+\frac{1}{n+1}\right)^{n+1}=1+1+\frac{(n+1)n}{2!}\frac{1}{(n+1)^2}+\frac{(n+1)n(n-1)}{3!}\frac{1}{(n+1)^3}+\cdots+$$

$$\frac{(n+1)!}{n!}\frac{1}{(n+1)^n}+\frac{1}{(n+1)^{n+1}}$$

$$=1+1+\frac{1}{2!}\left(1-\frac{1}{n+1}\right)+\frac{1}{3!}\left(1-\frac{1}{n+1}\right)\left(1-\frac{2}{n+1}\right)+\cdots+$$

$$\frac{1}{n!}\left(1-\frac{1}{n+1}\right)\left(1-\frac{2}{n+1}\right)\cdots\left(1-\frac{n}{n+1}\right)+\frac{1}{(n+1)^{n+1}}$$

可以看到，x_{n+1} 中的每一项不小于 x_n 中相应的项，况且 x_{n+1} 还比 x_n 多出一项$\frac{1}{(n+1)^{n+1}}$，因而 $x_{n+1}>x_n$，即 x_n 单调增加. 根据单调有界准则，x_n 收敛.

$\lim\limits_{n\to\infty}\left(1+\frac{1}{n}\right)^n$ 是个无理数，用字母 e 表示，即 $\lim\limits_{n\to\infty}\left(1+\frac{1}{n}\right)^n=\mathrm{e}$. 由此结论可以证明 $\lim\limits_{x\to\infty}\left(1+\frac{1}{x}\right)^x=\mathrm{e}$.

(3) **子列收敛性**. 由一个数列的任意无穷多项按照原来的次序所构成的数列称为原数列的一个**子列**. 一个数列有无穷多个子列. 可以证明：

数列 x_n 收敛于 A 的充分必要条件是它的任意子列都收敛于 A.

特别地，$\lim\limits_{n\to\infty}x_n=A\Leftrightarrow\lim\limits_{n\to\infty}x_{2n}=A,\lim\limits_{n\to\infty}x_{2n+1}=A$.

(4) **海涅(Heine)定理**：若 $\lim\limits_{x\to+\infty}f(x)=A$，则$\lim\limits_{n\to\infty}f(n)=A$.

例 10-4　求极限$\lim\limits_{n\to\infty}\sqrt[n]{n}$.

解：$\lim\limits_{n\to\infty}\sqrt[n]{n}=\lim\limits_{x\to+\infty}\sqrt[x]{x}=\lim\limits_{x\to+\infty}x^{\frac{1}{x}}=\lim\limits_{x\to+\infty}\mathrm{e}^{\frac{\ln x}{x}}=\mathrm{e}^{\lim\limits_{x\to+\infty}\frac{\ln x}{x}}$.

而 $\lim\limits_{x\to+\infty}\frac{\ln x}{x}$为$\frac{\infty}{\infty}$型未定式. 应用洛必达法则，有 $\lim\limits_{x\to+\infty}\frac{\ln x}{x}=\lim\limits_{x\to+\infty}\frac{1}{x}=0$. 故$\lim\limits_{n\to\infty}\sqrt[n]{n}=\mathrm{e}^0=1$.

(5) 有界数列与无穷小的乘积为无穷小.

(6) 设$\lim\limits_{n\to\infty}\left|\dfrac{x_n}{x_{n-1}}\right|=l<1$,则$\lim\limits_{n\to\infty}x_n=0$.

证:设$l<\alpha<1$.由数列极限的性质4可知,存在正整数N,使当$n>N$时,$\left|\dfrac{x_n}{x_{n-1}}\right|<\alpha$,即$|x_n|<\alpha|x_{n-1}|$,于是

$$|x_n|<\alpha|x_{n-1}|<\alpha^2|x_{n-2}|<\alpha^3|x_{n-3}|<\cdots<\alpha^{n-N}|x_N|.$$

因为$\lim\limits_{n\to\infty}\alpha^{n-N}|x_N|=0$,所以$\lim\limits_{n\to\infty}|x_n|=0$.从而$\lim\limits_{n\to\infty}x_n=0$.

例 10-5 证明:(1)设$|a|>1$,$\lim\limits_{n\to\infty}\dfrac{n}{a^n}=0$;(2) $\lim\limits_{n\to\infty}\dfrac{a^n}{n!}=0$.

证: (1) 记$x_n=\dfrac{n}{a^n}$.因为$\lim\limits_{n\to\infty}\left|\dfrac{x_n}{x_{n-1}}\right|=\lim\limits_{n\to\infty}\dfrac{n}{(n-1)|a|}=\dfrac{1}{|a|}<1$,所以$\lim\limits_{n\to\infty}\dfrac{n}{a^n}=0$.

(2) 记$x_n=\dfrac{a^n}{n!}$.当$a=0$时,$\lim\limits_{n\to\infty}\dfrac{a^n}{n!}=0$.否则,因为$\lim\limits_{n\to\infty}\left|\dfrac{x_n}{x_{n-1}}\right|=\lim\limits_{n\to\infty}\dfrac{|a|}{n}=0<1$,所以$\lim\limits_{n\to\infty}\dfrac{a^n}{n!}=0$.

例 10-6 (储金问题)某家族从某一天开始存储黄金,第1天存入1kg,第2天存入$\dfrac{1}{2}$kg,第3天存入$\dfrac{1}{3}$kg,…,第n天存入$\dfrac{1}{n}$kg,…,如此下去.假设地球不灭并假设该家族世代不断,那么,会不会有那么一天,该家族的黄金储量超过100kg?

分析:前n天的黄金总储量为$s_n=1+\dfrac{1}{2}+\dfrac{1}{3}+\cdots+\dfrac{1}{n}$.这是个单调增加的数列.

$s_1=1$,$s_2=1+\dfrac{1}{2}=s_1+\dfrac{1}{2}$,当$n>2$时,

$$s_{2n}=\frac{1}{2}+\left(\frac{1}{2}+\frac{1}{2}\right)+\left(\frac{1}{3}+\frac{1}{4}\right)+\cdots+\left(\frac{1}{2n-1}+\frac{1}{2n}\right)>$$

$$\frac{1}{2}+\frac{2}{2}+\frac{2}{4}+\cdots+\frac{2}{2n}=\frac{1}{2}+1+\frac{1}{2}+\frac{1}{3}+\cdots+\frac{1}{n}=\frac{1}{2}+s_n.$$

即有$s_4>\dfrac{1}{2}+s_2=1+\dfrac{2}{2}$,$s_8>\dfrac{1}{2}+s_4=1+\dfrac{3}{2}$.一般地,有$s_{2^n}>1+\dfrac{n}{2}$.由此可知,$s_{2^n}\to+\infty$,而$s_n$单调增加,所以$s_n\to+\infty$.这意味着,只要假以时日,该家族的黄金储量可以达到任何数量.譬如,746 303年之后,该家族的黄金储量将达到20kg.

在线自测

习题 10-1

1. 指出下列数列是否收敛,如果收敛,指出其极限:

(1) $a^n(|a|<1)$；　(2) $\frac{(-1)^n}{n}$；　(3) $\sin\frac{1}{n}$；(4) $\frac{n}{n+1}$；(5) $\sin n$；(6) $(-1)^n$.

2. 判断下列说法是否正确，若不正确，请举出反例：

(1) 若 x_n 收敛，y_n 发散，则 x_n+y_n 一定发散；

(2) 若 x_n 发散，y_n 发散，则 x_n+y_n 一定发散；

(3) 若 x_n 收敛，y_n 发散，则 x_ny_n 一定发散；

(4) 若 x_n 发散，y_n 发散，则 x_ny_n 一定发散.

3. 证明数列 $x_1=\sqrt{2}, x_2=\sqrt{2+\sqrt{2}}, \cdots, x_{n+1}=\sqrt{2+x_n}, \cdots$ 收敛，并求其极限.

4. 证明下列数列的极限为 0：

(1) $x_n=\frac{\sin n}{n}$；(2) $x_n=(-1)^{n-1}\frac{x^n}{(2n+1)!}$.

5. 如果例 10-6 中的储金方式改为：第 1 天存入 1kg，第 2 天取出 $\frac{1}{2}$kg，第 3 天存入 $\frac{1}{3}$kg，第 4 天取出 $\frac{1}{4}$kg，…，如此下去. 试问该家族的黄金储量最多可达到多少 kg?

第二节　常数项级数的概念

一、级数的概念

将一个数列 u_n 的各项依次相加而成的表达式

$$u_1+u_2+u_3+\cdots+u_n+\cdots \tag{10-1}$$

称为**(无穷)级数**，简记为 $\sum_{n=1}^{\infty}u_n$，即

$$\sum_{n=1}^{\infty}u_n=u_1+u_2+u_3+\cdots+u_n+\cdots \tag{10-2}$$

u_1 称为级数的首项，u_n 称为级数的通项.

如，$\sum_{n=1}^{\infty}\frac{1}{n}=1+\frac{1}{2}+\frac{1}{3}+\cdots$，其首项为 1，通项为 $x_n=\frac{1}{n}$.

有时候，为了方便，级数的首项也用 u_0 表示，即

$$\sum_{n=0}^{\infty}u_n=u_0+u_1+u_2+\cdots+u_n+\cdots \tag{10-3}$$

如 $\pi+\pi\cdot\frac{1}{2}+\pi\left(\frac{1}{2}\right)^2+\cdots+\pi\left(\frac{1}{2}\right)^n+\cdots$ 可表示为 $\sum_{n=1}^{\infty}\pi\left(\frac{1}{2}\right)^{n-1}$，也可表示为 $\sum_{n=0}^{\infty}\pi\left(\frac{1}{2}\right)^n$.

级数 $\sum_{n=1}^{\infty}u_n$ 的前 n 项之和

$$s_n=\sum_{k=1}^{n}u_k=u_1+u_2+\cdots+u_n \tag{10-4}$$

称为级数 $\sum_{n=1}^{\infty} u_n$ 的**部分和**. 如

$$s_1 = u_1, \quad s_2 = u_1 + u_2, \quad s_3 = u_1 + u_2 + u_3, \cdots \tag{10-5}$$

级数 $\sum_{n=1}^{\infty} u_n$ 的部分和所构成的数列 $s_1, s_2, s_3, \cdots, s_n, \cdots$ 称为级数 $\sum_{n=1}^{\infty} u_n$ 的**部分和数列**.

如果级数 $\sum_{n=1}^{\infty} u_n$ 的部分和数列 s_n 收敛于 s，则称级数 $\sum_{n=1}^{\infty} u_n$ **收敛**，并称 s 为级数的**和**，且记为 $\sum_{n=1}^{\infty} u_n = s$. 如果 s_n 发散，则称级数**发散**.

如，级数 $\sum_{n=0}^{\infty} \pi\left(\frac{1}{2}\right)^n = \pi + \pi \cdot \frac{1}{2} + \pi\left(\frac{1}{2}\right)^2 + \cdots + \pi\left(\frac{1}{2}\right)^n + \cdots$ 的前 n 项部分和

$$s_n = \pi + \pi \cdot \frac{1}{2} + \pi\left(\frac{1}{2}\right)^2 + \cdots + \pi\left(\frac{1}{2}\right)^{n-1} = \frac{\pi\left(1 - \frac{1}{2^n}\right)}{1 - \frac{1}{2}} = 2\pi\left(1 - \frac{1}{2^n}\right) \to 2\pi.$$

故级数 $\sum_{n=0}^{\infty} \pi\left(\frac{1}{2}\right)^n$ 收敛于 2π.

本章第一节例 10-6(储金问题)中每天的储金量构成的级数

$$\sum_{n=0}^{\infty} \frac{1}{n} = 1 + \frac{1}{2} + \frac{1}{3} + \cdots + \frac{1}{n} + \cdots$$

是发散的. 这是个很重要的级数，被称为**调和级数**. 即调和级数是发散的.

一个级数收敛与否称为级数的**敛散性**或**收敛性**.

例 10-7 讨论**等比级数**(也称作**几何级数**)

$$\sum_{n=0}^{\infty} aq^n = a + aq + aq^2 + \cdots + aq^n + \cdots (a \neq 0) \tag{10-6}$$

的敛散性.

解：$s_n = a + aq + aq^2 + \cdots + aq^{n-1} = \begin{cases} \dfrac{a(1-q^n)}{1-q}, & q \neq 1 \\ na, & q = 1 \end{cases}$.

因为当 $|q| < 1$ 时，$\lim\limits_{n\to\infty} s_n = \lim\limits_{n\to\infty} \dfrac{a(1-q^n)}{1-q} = \dfrac{a}{1-q}$，所以 $\sum_{n=0}^{\infty} aq^n$ 收敛于 $\dfrac{a}{1-q}$.

因为当 $|q| > 1$ 时，$\lim\limits_{n\to\infty} q^n = \infty$，所以 $\sum_{n=0}^{\infty} aq^n$ 发散.

因为当 $q = 1$ 时，$\lim\limits_{n\to\infty} s_n = \lim\limits_{n\to\infty} na = \infty$，所以 $\sum_{n=0}^{\infty} aq^n$ 发散.

因为当 $q = -1$ 时，$s_{2n} = 0, s_{2n-1} = a$，$\lim\limits_{n\to\infty} s_n$ 不存在，即 $\sum_{n=0}^{\infty} aq^n$ 发散.

综上，有 $\sum_{n=0}^{\infty} aq^n \begin{cases} = \dfrac{a}{1-q}, & \text{收敛}, |q| < 1 \\ \text{发散}, & |q| \geq 1 \end{cases}$.

q 称为等比级数 $\sum_{n=0}^{\infty} aq^n$ 的**公比**.

如，$\sum_{n=1}^{\infty}\frac{1}{2^n}=\frac{1}{2}+\frac{1}{2^2}+\cdots+\frac{1}{2^n}+\cdots=\sum_{n=0}^{\infty}\frac{1}{2}\cdot\left(\frac{1}{2}\right)^n$ 是公比为 $q=\frac{1}{2}$ 的等比级数.因为 $|q|=\frac{1}{2}<1$，所以级数收敛，且其和为 1.

再如，$\sum_{n=1}^{\infty}2^{2n}3^{1-n}=\sum_{n=0}^{\infty}4\left(\frac{4}{3}\right)^n$ 是公比为 $q=\frac{4}{3}$ 的等比级数.因为 $|q|=\frac{4}{3}>1$，所以级数发散.

例 10-8 讨论级数 $\sum_{n=1}^{\infty}\frac{1}{n(n+1)}$ 的敛散性.

解：$s_n=\frac{1}{1\cdot 2}+\frac{1}{2\cdot 3}+\cdots+\frac{1}{n(n+1)}$

$$=\left(\frac{1}{1}-\frac{1}{2}\right)+\left(\frac{1}{2}-\frac{1}{3}\right)+\left(\frac{1}{3}-\frac{1}{4}\right)+\cdots+\left(\frac{1}{n}-\frac{1}{n+1}\right)=1-\frac{1}{n+1}.$$

$\lim\limits_{n\to\infty}s_n=\lim\limits_{n\to\infty}\left(1-\frac{1}{n+1}\right)=1$，故级数收敛，且和为 1.

二、级数的基本性质

性质 1 设 $k\neq 0$，则级数 $\sum_{n=1}^{\infty}ku_n$ 与 $\sum_{n=1}^{\infty}u_n$ 同时收敛或同时发散.

证：设 $\sum_{n=1}^{\infty}u_n$ 的部分和为 $s_n=u_1+u_2+\cdots+u_n$，则 $\sum_{n=1}^{\infty}ku_n$ 的部分和为 $\sigma_n=ku_1+ku_2+\cdots+ku_n=ks_n$.

因为 $k\neq 0$，所以 $\sigma_n=ks_n$ 收敛 $\Leftrightarrow s_n$ 收敛.

如，级数 $\sum_{n=0}^{\infty}\pi\left(\frac{1}{2}\right)^n$ 与级数 $\sum_{n=0}^{\infty}\left(\frac{1}{2}\right)^n$ 都收敛；级数 $\sum_{n=0}^{\infty}\frac{10}{n}$ 与级数 $\sum_{n=0}^{\infty}\frac{1}{n}$ 都发散.

性质 2 设 $\sum_{n=1}^{\infty}u_n$ 收敛于 s，$\sum_{n=1}^{\infty}v_n$ 收敛于 σ，则 $\sum_{n=1}^{\infty}(u_n+v_n)$ 收敛于 $s+\sigma$，$\sum_{n=1}^{\infty}(u_n-v_n)$ 收敛于 $s-\sigma$.

证：设 $\sum_{n=1}^{\infty}u_n$ 的部分和为 s_n，$\sum_{n=1}^{\infty}v_n$ 的部分和为 σ_n，则 $\sum_{n=1}^{\infty}(u_n+v_n)$ 的部分和为

$$\delta_n=(u_1+v_1)+(u_2+v_2)+\cdots+(u_n+v_n)=s_n+\sigma_n.$$

因为 $\lim\limits_{n\to\infty}s_n=s$，$\lim\limits_{n\to\infty}\sigma_n=\sigma$，所以 $\lim\limits_{n\to\infty}\delta_n=\lim\limits_{n\to\infty}s_n+\lim\limits_{n\to\infty}\sigma_n=s+\sigma$.

同理可证，$\sum_{n=1}^{\infty}(u_n-v_n)$ 收敛于 $s-\sigma$.

如 $\sum_{n=0}^{\infty}\left(\frac{1}{2}\right)^n$ 收敛于 1，$\sum_{n=1}^{\infty}\frac{1}{n(n+1)}$ 收敛于 1，故 $\sum_{n=1}^{\infty}\left[\left(\frac{1}{2}\right)^n-\frac{1}{n(n+1)}\right]$ 收敛于 0.

对任意的正整数 k，$\sum_{n=1}^{\infty}u_n=u_1+\cdots+u_k+\sum_{n=k+1}^{\infty}u_n=s_k+\sum_{n=k+1}^{\infty}u_n$.由此可以看出，$\sum_{n=1}^{\infty}u_n$ 收敛于 $s\Leftrightarrow\sum_{n=k+1}^{\infty}u_n$ 收敛于 $s-s_k$.故有

性质 3 对任意的正整数 k，$\sum\limits_{n=1}^{\infty} u_n$ 与 $\sum\limits_{n=k+1}^{\infty} u_n$ 有相同的敛散性.

性质 3 可以说成：去掉级数前面的有限项或者在级数前面添加有限项不影响级数的敛散性.更一般地，在级数中添加或去掉有限项不影响级数的敛散性.所影响的只是收敛级数的和.

如，$\sum\limits_{n=10}^{\infty}\left(\frac{1}{2}\right)^n$ 收敛，$\sum\limits_{n=100}^{\infty}\frac{1}{n}$ 发散，$1+2+3+\cdots+100+\sum\limits_{n=1}^{\infty}\left(\frac{1}{2}\right)^n$ 收敛.

对无穷级数规定，级数表达式中括号内的所有内容作为一个整体算作级数的一项，如级数

$$(1-1)+(1-1)+(1-1)+\cdots$$

实质上就是级数 $0+0+0+\cdots$.它与去括号后的级数

$$\sum_{n=1}^{\infty}(-1)^{n-1}=1-1+1-1+1-1+\cdots$$

是两个完全不同的级数.前者的通项为 $u_n=0$，后者的通项为 $v_n=(-1)^{n-1}$，$n=1,2,\cdots$.前者显然是收敛的.对于后者，部分和数列满足 $s_{2n}=0$，$s_{2n+1}=1$.因而 s_n 发散，从而级数发散.

注意到，带括号的级数的部分和数列是不带括号的级数的部分和数列的子列.如，设级数 $u_1+u_2+u_3+\cdots+u_n+\cdots$ 的部分和数列为 s_n.而对于如下的加括号的级数

$$u_1+(u_2+u_3)+(u_4+u_5+u_6)+(u_7+\cdots+u_{10})+\cdots,$$

其前面各项为

$$v_1=u_1,\quad v_2=u_2+u_3,\quad v_3=u_4+u_5+u_6,\quad v_4=u_7+\cdots+u_{10},\cdots$$

其部分和数列为

$$\sigma_1=v_1=s_1,\quad \sigma_2=v_1+v_2=s_3,\quad \sigma_3=v_1+v_2+v_3=s_6,\cdots$$

可以看到，σ_n 是 s_n 的子列.

因为收敛数列的子数列也收敛，所以有：

性质 4 收敛的级数加括号后所得到的新级数仍然收敛.

反过来，级数 $\sum\limits_{n=1}^{\infty}(-1)^{n-1}$ 说明：带括号的级数收敛，去括号后的级数则不一定收敛.

性质 4 的逆否命题是：如果加括号后所得到的新级数发散，那么原级数一定发散.

若级数 $\sum\limits_{n=1}^{\infty}u_n$ 收敛于和 s，即 $s_n=\sum\limits_{k=1}^{n}u_k\to s$，则

$$u_n=\sum_{k=1}^{n}u_k-\sum_{k=1}^{n-1}u_k=s_n-s_{n-1}\to s-s=0.$$

因而，有：

性质 5 **级数收敛的必要条件**是通项趋于零.

性质 5 的逆否命题是：如果一个级数的通项不趋于零，则级数发散.如级数 $\sum\limits_{n=1}^{\infty}(-1)^{n-1}\frac{n}{n+1}$ 的通项 $u_n=(-1)^{n-1}\frac{n}{n+1}$ 无极限，所以该级数发散.

注意到，通项的极限为零只是级数收敛的必要条件，但不是充分条件.也就是说，通项趋于零保证不了级数收敛，如调和级数 $\sum\limits_{n=1}^{\infty}\frac{1}{n}$ 就是一个很好的例子.

在线自测

习题 10-2

1. 利用级数收敛的定义即部分和数列的极限是否存在判定下列级数的敛散性：

(1) $\frac{1}{1\cdot 3}+\frac{1}{3\cdot 5}+\frac{1}{5\cdot 7}+\cdots+\frac{1}{(2n-1)(2n+2)}+\cdots$；

(2) $\sum_{n=1}^{\infty}\ln\left(1+\frac{1}{n}\right)$（提示：利用对数公式 $\ln a+\ln b=\ln(ab)$）.

2. 指出下列级数的敛散性：

(1) $\sum_{n=1}^{\infty}\frac{1}{2n}$；　　(2) $\sum_{n=1}^{\infty}(-1)^n\left(\frac{2}{3}\right)^n$；　　(3) $\sum_{n=1}^{\infty}\frac{1}{\sqrt[n]{2}}$.

第三节　常数项级数的审敛法

一、正项级数及其审敛法

若数列 $u_n\geqslant 0(n=1,2,\cdots)$，则称级数 $\sum_{n=1}^{\infty}u_n$ 为正项级数.

显然，正项级数的部分和数列 s_n 是单调增加的. 根据单调有界原理，有：

定理 10-1　正项级数收敛的充分必要条件是其部分和数列有界.

很多级数的部分和数列无法用一个简单的解析式表示，因而难以求其极限，但判断其部分和数列是否有界会容易一些. 下面的定理就给出了通过判断正项级数的部分和数列是否有界来判别正项级数是否收敛的有效方法.

定理 10-2　**（比较审敛法）**设 $\sum_{n=1}^{\infty}u_n$ 和 $\sum_{n=1}^{\infty}v_n$ 是两个正项级数，且 $u_n\leqslant v_n(n=1,2,\cdots)$，如果 $\sum_{n=1}^{\infty}v_n$ 收敛，则 $\sum_{n=1}^{\infty}u_n$ 收敛；反之，若 $\sum_{n=1}^{\infty}u_n$ 发散，则 $\sum_{n=1}^{\infty}v_n$ 发散.

证：设 $s_n=\sum_{k=1}^{n}u_k$，$\sigma_n=\sum_{k=1}^{n}v_k$，因为 $u_n\leqslant v_n$，所以 $s_n\leqslant\sigma_n$. 由定理 10-1，如果 $\sum_{n=1}^{\infty}v_n$ 收敛，则 σ_n 有界，从而 s_n 有界，故 $\sum_{n=1}^{\infty}u_n$ 收敛.

注：因为级数中的有限项并不影响级数的敛散性，所以，若存在正整数 N，使得当 $n>N$ 时，有 $u_n\leqslant v_n$，则定理 10-2 的结论依然成立.

例 10-9 证明 p-级数

$$1+\frac{1}{2^p}+\frac{1}{3^p}+\frac{1}{4^p}+\cdots+\frac{1}{n^p}+\cdots$$

当 $p>1$ 时收敛，当 $p\leqslant1$ 时发散.

证：当 $p=1$ 时，级数为调和级数，发散.

当 $p<1$ 时，因为$\frac{1}{n^p}\geqslant\frac{1}{n}$，由比较审敛法可知，$p$-级数发散.

当 $p>1$ 时，考察反常积分 $\int_1^{+\infty}\frac{1}{x^p}\mathrm{d}x$.

$$\int_1^{+\infty}\frac{1}{x^p}\mathrm{d}x=\int_1^2\frac{1}{x^p}\mathrm{d}x+\int_2^3\frac{1}{x^p}\mathrm{d}x+\cdots+\int_n^{n+1}\frac{1}{x^p}\mathrm{d}x+\cdots.$$

令 $u_n=\int_n^{n+1}\frac{1}{x^p}\mathrm{d}x$，则 $\int_1^{+\infty}\frac{1}{x^p}\mathrm{d}x=\sum\limits_{n=1}^{\infty}u_n$. 而当 $n<x<n+1$ 时，$\frac{1}{x^p}>\frac{1}{(n+1)^p}$，从而

$$u_n=\int_n^{n+1}\frac{1}{x^p}\mathrm{d}x>\int_n^{n+1}\frac{1}{(n+1)^p}\mathrm{d}x=\frac{1}{(n+1)^p}\int_n^{n+1}\mathrm{d}x=\frac{1}{(n+1)^p}.$$

而 $\sum\limits_{n=1}^{\infty}u_n=\int_1^{+\infty}\frac{1}{x^p}\mathrm{d}x=\int_1^{+\infty}x^{-p}\mathrm{d}x=\frac{x^{1-p}}{1-p}\Big|_1^{+\infty}=\lim\limits_{x\to+\infty}\frac{x^{1-p}}{1-p}-\frac{1}{1-p}=\frac{1}{p-1}$，即 $\sum\limits_{n=1}^{\infty}u_n$ 收敛，所以 $\sum\limits_{n=1}^{\infty}\frac{1}{(n+1)^p}=\sum\limits_{n=2}^{\infty}\frac{1}{n^p}$ 收敛. 从而 $\sum\limits_{n=1}^{\infty}\frac{1}{n^p}$ 收敛.

特别地，$\sum\limits_{n=1}^{\infty}\frac{1}{n^2}$ 收敛；$\sum\limits_{n=1}^{\infty}\frac{1}{\sqrt{n}}$ 发散.

定理 10-3 （**极限比较审敛法**）设 $\sum\limits_{n=1}^{\infty}u_n$ 与 $\sum\limits_{n=1}^{\infty}v_n$ 都是正项级数，如果 $\lim\limits_{n\to\infty}\frac{u_n}{v_n}=l$，则

(1) 当 $0<l<+\infty$ 时，$\sum\limits_{n=1}^{\infty}u_n$ 与 $\sum\limits_{n=1}^{\infty}v_n$ 有相同的敛散性；

(2) 当 $l=0$ 时，若 $\sum\limits_{n=1}^{\infty}v_n$ 收敛，则 $\sum\limits_{n=1}^{\infty}u_n$ 收敛；

(3) 当 $l=+\infty$ 时，若 $\sum\limits_{n=1}^{\infty}v_n$ 发散，则 $\sum\limits_{n=1}^{\infty}u_n$ 发散.

本定理可用数列极限的性质证明. 下面只做解释.

若 $0<l<+\infty$，则当 n 充分大时，$\frac{u_n}{v_n}\approx l$，即 $u_n\approx lv_n$. 因而 $\sum\limits_{n=1}^{\infty}u_n$ 与 $\sum\limits_{n=1}^{\infty}lv_n$ 有相同的敛散性，而 $\sum\limits_{n=1}^{\infty}lv_n$ 与 $\sum\limits_{n=1}^{\infty}v_n$ 的敛散性相同，从而 $\sum\limits_{n=1}^{\infty}u_n$ 与 $\sum\limits_{n=1}^{\infty}v_n$ 的敛散性相同.

若 $l=0$，则当 n 充分大时，$\frac{u_n}{v_n}<1$，$u_n<v_n$. 因而，若 $\sum\limits_{n=1}^{\infty}v_n$ 收敛，则 $\sum\limits_{n=1}^{\infty}u_n$ 收敛.

若 $l=+\infty$，则当 n 充分大时，$\frac{u_n}{v_n}>1$，$u_n>v_n$. 因而若 $\sum\limits_{n=1}^{\infty}v_n$ 发散，则 $\sum\limits_{n=1}^{\infty}u_n$ 发散.

例 10-10 判定下列级数的敛散性：(1) $\sum\limits_{n=1}^{\infty}\sin\frac{1}{n}$；(2) $\sum\limits_{n=1}^{\infty}\ln\left(1+\frac{1}{n^2}\right)$.

解：(1) 因为$\lim\limits_{n\to\infty}\dfrac{\sin\dfrac{1}{n}}{\dfrac{1}{n}}=1$，而级数$\sum\limits_{n=1}^{\infty}\dfrac{1}{n}$发散，所以$\sum\limits_{n=1}^{\infty}\sin\dfrac{1}{n}$发散.

(2) 因为$\lim\limits_{n\to\infty}\dfrac{\ln\left(1+\dfrac{1}{n^2}\right)}{\dfrac{1}{n^2}}=1$，而级数$\sum\limits_{n=1}^{\infty}\dfrac{1}{n^2}$收敛，所以$\sum\limits_{n=1}^{\infty}\ln\left(1+\dfrac{1}{n^2}\right)$收敛.

定理 10-4 [**比值审敛法(达朗贝尔判别法)**]设$\sum\limits_{n=1}^{\infty}u_n$是正项级数，$\lim\limits_{n\to\infty}\dfrac{u_{n+1}}{u_n}=\rho$，则当$\rho<1$时，级数收敛；当$\rho>1$时，级数发散；当$\rho=1$时，此法失效.

本定理可用数列极限的性质证明. 下面只做解释.

若$\rho<1$，则当n很大时，u_n近似于公比为$0<\rho<1$的等比级数的项，因而$\sum\limits_{n=1}^{\infty}u_n$收敛.

若$\rho>1$，则当n很大时，$u_{n+1}>u_n$，从而$\lim\limits_{n\to\infty}u_n\neq0$. 由级数收敛的必要条件可知，$\sum\limits_{n=1}^{\infty}u_n$发散.

若$\rho=1$，则级数可能收敛，也可能发散. 如，$\sum\limits_{n=1}^{\infty}\dfrac{1}{n}$发散，$\sum\limits_{n=1}^{\infty}\dfrac{1}{n^2}$收敛. 但应用比值审敛法计算得到的$\rho=1$.

定理 10-5 [**根值审敛法(柯西判别法)**]设$\sum\limits_{n=1}^{\infty}u_n$是正项级数，$\lim\limits_{n\to\infty}\sqrt[n]{u_n}=\rho$，则当$\rho<1$时，级数收敛；当$\rho>1$时，级数发散；当$\rho=1$时，此法失效.

本定理可用数列极限的性质证明. 下面只做解释.

若$\rho<1$，则当n很大时，$u_n\approx\rho^n$，因而$\sum\limits_{n=1}^{\infty}u_n$可近似地看作公比为$\rho<1$的等比级数，因而收敛.

若$\rho>1$，则当n很大时，$u_{n+1}>u_n$，从而$\lim\limits_{n\to\infty}u_n\neq0$. 由级数收敛的必要条件可知，$\sum\limits_{n=1}^{\infty}u_n$发散.

若$\rho=1$，则级数可能收敛，也可能发散. 如，$\sum\limits_{n=1}^{\infty}\dfrac{1}{n}$发散，$\sum\limits_{n=1}^{\infty}\dfrac{1}{n^2}$收敛. 但应用根值审敛法计算得到的$\rho=1$.

例 10-11 判别下列级数的敛散性：(1) $\sum\limits_{n=0}^{\infty}\dfrac{1}{n!}$； (2) $\sum\limits_{n=1}^{\infty}\dfrac{|x|^{2n-1}}{(2n-1)!}$

解：(1) $u_n=\dfrac{1}{n!}$. 因为$\lim\limits_{n\to\infty}\dfrac{u_{n+1}}{u_n}=\lim\limits_{n\to\infty}\dfrac{\dfrac{1}{(n+1)!}}{\dfrac{1}{n!}}=\lim\limits_{n\to\infty}\dfrac{1}{n+1}=0<1$，所以$\sum\limits_{n=1}^{\infty}\dfrac{1}{n!}$收敛.

(2) $u_n=\dfrac{|x|^{2n-1}}{(2n-1)!}$. 当$x=0$时，级数收敛于0.

当 $x\neq 0$ 时,因为 $\lim\limits_{n\to\infty}\dfrac{u_{n+1}}{u_n}=\lim\limits_{n\to\infty}\dfrac{x^2}{2n(2n+1)}=0<1$,所以 $\sum\limits_{n=1}^{\infty}\dfrac{|x|^{2n-1}}{(2n-1)!}$ 收敛.

二、交错级数及其审敛法

正、负项相间的级数 $\sum\limits_{n=1}^{\infty}(-1)^{n-1}u_n$ 和 $\sum\limits_{n=1}^{\infty}(-1)^n u_n\ (u_n>0)$ 称为交错级数. 如 $1-\dfrac{1}{2}+\dfrac{1}{3}-\dfrac{1}{4}+\dfrac{1}{5}-\cdots$. 因为 $\sum\limits_{n=1}^{\infty}(-1)^n u_n=-\sum\limits_{n=1}^{\infty}(-1)^{n-1}u_n$,所以只需讨论首项为正的交错级数.

定理 10-6 [**交错级数审敛法(莱布尼兹审敛法)**]如果 $u_n\geqslant u_{n+1}\ (n=1,2,3,\cdots)$ 且 $\lim\limits_{n\to\infty}u_n=0$,则交错级数 $\sum\limits_{n=0}^{\infty}(-1)^n u_n\ (u_n>0)$ 收敛,且其和 $0\leqslant s\leqslant u_1$,其余项 $r_n=\sum\limits_{k=n+1}^{\infty}(-1)^k u_k$ 满足 $|r_n|\leqslant u_{n+1}$.

证: $s_{2n}=(u_1-u_2)+(u_3-u_4)+\cdots(u_{2n-1}-u_{2n})$

$=u_1-(u_2-u_3)-\cdots-(u_{2n-2}-u_{2n-1})-u_{2n}$,

因为 $u_n-u_{n+1}\geqslant 0$,所以 $0\leqslant s_{2n}\leqslant u_1$. 故 s_{2n} 单调增加且有上界,因而有极限,设为 s. 又 $s_{2n+1}=s_{2n}+u_{2n+1}\to s$,所以 $s_n\to s$,即 $\sum\limits_{n=1}^{\infty}(-1)^{n-1}u_n$ 收敛,且 $0\leqslant s\leqslant u_1$.

同样,级数 $u_{n+1}-u_{n+2}+u_{n+3}-u_{n+4}+\cdots$ 也收敛,其和非负且不超过 u_{n+1}. 因而

$$|r_n|=u_{n+1}-u_{n+2}+u_{n+3}-u_{n+4}+\cdots\leqslant u_{n+1}.$$

如,级数 $\sum\limits_{n=1}^{\infty}(-1)^n\dfrac{1}{n}$ 和级数 $\sum\limits_{n=1}^{\infty}(-1)^n\dfrac{1}{\sqrt{n}}$ 都是收敛的交错级数.

三、绝对收敛与条件收敛

若 $\sum\limits_{n=1}^{\infty}|u_n|$ 收敛,则称 $\sum\limits_{n=1}^{\infty}u_n$ **绝对收敛**;若 $\sum\limits_{n=1}^{\infty}u_n$ 收敛,但 $\sum\limits_{n=1}^{\infty}|u_n|$ 发散,则称 $\sum\limits_{n=1}^{\infty}u_n$ **条件收敛**.

定理 10-7 绝对收敛的级数一定收敛.

证: 设 $\sum\limits_{n=1}^{\infty}|u_n|$ 收敛. 令 $v_n=\dfrac{1}{2}(|u_n|+u_n)$,则 $0\leqslant v_n\leqslant|u_n|$. 根据比较审敛法可知 $\sum\limits_{n=1}^{\infty}v_n$ 收敛,从而 $\sum\limits_{n=1}^{\infty}2v_n$ 收敛,所以 $\sum\limits_{n=1}^{\infty}u_n=\sum\limits_{n=1}^{\infty}(2v_n-|u_n|)$ 收敛.

易知,级数 $\sum\limits_{n=1}^{\infty}(-1)^n\dfrac{1}{n^2}$ 绝对收敛;级数 $\sum\limits_{n=1}^{\infty}(-1)^n\dfrac{1}{n}$ 条件收敛.

例 10-12 判断级数 $\sum\limits_{n=1}^{\infty}(-1)^{n-1}\dfrac{n}{3^n}$ 是否收敛,若收敛,是绝对收敛还是条件收敛.

解: $|u_n|=\dfrac{n}{3^n}$. 因为 $\lim\limits_{n\to\infty}\dfrac{|u_{n+1}|}{|u_n|}=\lim\limits_{n\to\infty}\dfrac{\frac{n+1}{3^{n+1}}}{\frac{n}{3^n}}=\dfrac{1}{3}\lim\limits_{n\to\infty}\dfrac{n+1}{n}=\dfrac{1}{3}<1$,所以 $\sum\limits_{n=1}^{\infty}\dfrac{n}{3^n}$ 收敛,即

$\sum_{n=1}^{\infty}(-1)^{n-1}\frac{n}{3^n}$ 绝对收敛.

在线自测

习题 10-3

1. 判断下列级数是否收敛：

(1) $\sum_{n=1}^{\infty}\frac{1}{n\sqrt{n}}$；　(2) $\sum_{n=1}^{\infty}\sin\frac{\pi}{2^n}$；　(3) $\sum_{n=1}^{\infty}\ln\left(1+\frac{1}{n}\right)$.

2. 判断下列级数是否收敛，若收敛，是绝对收敛还是条件收敛：

(1) $\sum_{n=1}^{\infty}(-1)^{n-1}\frac{n}{3^n}$；　(2) $\sum_{n=1}^{\infty}(-1)^{n-1}\sin\frac{1}{n}$；　(3) $\sum_{n=0}^{\infty}(-1)^n\frac{x^n}{n!}$.

第四节　幂　级　数

一、幂级数的概念及收敛区间

形如

$$a_0+a_1(x-x_0)+a_2(x-x_0)^2+\cdots+a_n(x-x_0)^n+\cdots \tag{10-7}$$

的级数称为幂级数，简记为 $\sum_{n=0}^{\infty}a_n(x-x_0)^n$. 注意，这只是幂级数(10-7)的一种简单表示法，其第一项为 a_0. 当 $x=x_0$ 时，式(10-7)为 $a_0+0+0+\cdots$. 此时，首项并非 $a_0\cdot 0^0$. 式(10-7)中的常数 $a_0,a_1,a_2,\cdots a_n,\cdots$ 称为幂级数(10-7)的系数，

令 $t=x-x_0$，则式(10-7)的幂级数化为 $\sum_{n=0}^{\infty}a_nt^n$，因而，我们只需讨论形如 $\sum_{n=0}^{\infty}a_nx^n$ 的幂级数.

当给定 x 的值时，$\sum_{n=0}^{\infty}a_nx^n$ 就成了常数项级数. 此时，若级数收敛，则称 x 为幂级数 $\sum_{n=0}^{\infty}a_nx^n$ 的收敛点；若级数发散，则称 x 为幂级数 $\sum_{n=0}^{\infty}a_nx^n$ 的**发散点**. 收敛点的全体称为**收敛域**，发散点的全体称为**发散域**. 幂级数的收敛域不空，因为 $x=0$ 是所有幂级数 $\sum_{n=0}^{\infty}a_nx^n$ 的收敛点.

例如，幂级数

$$\sum_{n=0}^{\infty}x^n=1+x+x^2+\cdots+x^n+\cdots$$

是一个公比为 x 的等比级数，当$|x|<1$ 时收敛于$\dfrac{1}{1-x}$，当$|x|\geqslant 1$ 时发散. 即其收敛域为$(-1,1)$，发散域为$(-\infty,1)\cup(1,+\infty)$.

幂级数 $\sum\limits_{n=0}^{\infty}a_nx^n$ 在其收敛域内的和是定义在收敛域上的函数，称为幂级数的**和函数**.

例如，$\sum\limits_{n=0}^{\infty}x^n=1+x+x^2+\cdots+x^n+\cdots$ 的和函数为 $s(x)=\dfrac{1}{1-x}$，$x\in(-1,1)$.

定理 10-8 （**阿贝尔定理**）(1) 如果级数 $\sum\limits_{n=0}^{\infty}a_nx_0^n(x_0\neq 0)$ 收敛，则当$|x|<|x_0|$时，幂级数 $\sum\limits_{n=0}^{\infty}a_nx^n$ 收敛；(2) 如果级数 $\sum\limits_{n=0}^{\infty}a_nx_0^n$ 发散，则当$|x|>|x_0|$时，幂级数 $\sum\limits_{n=0}^{\infty}a_nx^n$ 发散.

证：(1) 如果级数 $\sum\limits_{n=0}^{\infty}a_nx_0^n$ 收敛，则由级数收敛的必要条件可知$\lim\limits_{n\to\infty}a_nx_0^n=0$. 再由收敛数列的性质"收敛的数列一定有界"可知，$\exists M>0$，使得对$\forall n=1,2,\cdots$，都有$|a_nx_0^n|\leqslant M$.

当$|x|<|x_0|$时，$|a_nx^n|=|a_nx_0^n|\left|\dfrac{x}{x_0}\right|^n\leqslant M\left|\dfrac{x}{x_0}\right|^n$. 因为 $\sum\limits_{n=0}^{\infty}M\left|\dfrac{x}{x_0}\right|^n$ 是公比$\left|\dfrac{x}{x_0}\right|<1$的等比级数，收敛，所以 $\sum\limits_{n=0}^{\infty}|a_nx^n|$收敛，从而$\sum\limits_{n=0}^{\infty}a_nx^n$ 收敛.

(2) 是 (1) 的逆否命题. 用反证法. 假若 $\sum\limits_{n=0}^{\infty}a_nx^n$ 收敛，那么由 (1)，$\sum\limits_{n=0}^{\infty}a_nx_0^n$ 应该收敛. 矛盾！所以 (2) 为真.

幂级数 $\sum\limits_{n=0}^{\infty}a_nx^n$ 可能只在 $x=0$ 收敛，也可能处处收敛. 否则，既有非零收敛点，又有发散点. 此时，由阿贝尔定理可知，一定存在正数 R，使得当$|x|<R$ 时，$\sum\limits_{n=0}^{\infty}a_nx^n$ 绝对收敛，当$|x|>R$ 时，$\sum\limits_{n=0}^{\infty}a_nx^n$ 发散. 我们称这样的 R 为幂级数的**收敛半径**. 为了叙述方便，如果幂级数只在 $x=0$ 收敛，则规定收敛半径 $R=0$；如果幂级数处处收敛，则规定收敛半径 $R=+\infty$.

由上述讨论可知，幂级数的收敛域是一个以原点为中心、半径为 R 的区间. 因此我们也把幂级数的收敛域说成收敛区间[注意，有的教科书上说的收敛区间是指开区间$(-R,R)$].

我们知道，幂级数 $\sum\limits_{n=0}^{\infty}x^n$ 是公比为 x 的幂级数，当$|x|<1$ 时收敛，当$|x|\geqslant 1$ 时发散. 因而其收敛半径为 $R=1$，收敛区间为$(-1,1)$.

那么，如何求其他幂级数的收敛半径呢？

考察正项级数 $\sum\limits_{n=0}^{\infty}|a_nx^n|\ (x\neq 0)$. $u_n=|a_nx^n|$. $\lim\limits_{n\to\infty}\dfrac{u_{n+1}}{u_n}=\lim\limits_{n\to\infty}\left|\dfrac{a_{n+1}x^{n+1}}{a_nx^n}\right|=\lim\limits_{n\to\infty}\left|\dfrac{a_{n+1}}{a_n}\right||x|$. 设$\lim\limits_{n\to\infty}\left|\dfrac{a_{n+1}}{a_n}\right|=\rho$（有限或$+\infty$），则$\lim\limits_{n\to\infty}\dfrac{u_{n+1}}{u_n}=\rho|x|$.

如果 $0<\rho<+\infty$，则当 $\rho|x|<1$ 即 $|x|<\dfrac{1}{\rho}$ 时，$\sum\limits_{n=0}^{\infty}|a_nx^n|$ 收敛，从而$\sum\limits_{n=0}^{\infty}a_nx^n$

收敛；而当 $\rho|x|>1$ 即 $|x|>\dfrac{1}{\rho}$ 时，因为 $\lim\limits_{n\to\infty}\dfrac{u_{n+1}}{u_n}=\rho|x|>1$，所以当 n 充分大时，有 $\dfrac{u_{n+1}}{u_n}>1$，即 $u_{n+1}>u_n$. 由此可知，$\lim\limits_{n\to\infty}u_n\neq 0$，从而 $\lim\limits_{n\to\infty}a_nx^n\neq 0$. 由级数收敛的必要条件可知，$\sum\limits_{n=0}^{\infty}a_nx^n$ 发散. 因而幂级数 $\sum\limits_{n=0}^{\infty}a_nx^n$ 的收敛半径 $R=\dfrac{1}{\rho}$.

如果 $\rho=0$，则对 $\forall x\in(-\infty,+\infty)$，都有 $\lim\limits_{n\to\infty}\dfrac{u_{n+1}}{u_n}=0<1$. 因而 $\sum\limits_{n=0}^{\infty}|a_nx^n|$ 收敛，从而 $\sum\limits_{n=0}^{\infty}a_nx^n$ 收敛. 故此时幂级数 $\sum\limits_{n=0}^{\infty}a_nx^n$ 的收敛半径为 $R=+\infty$.

如果 $\rho=+\infty$，则对 $\forall x\neq 0$，都有 $\lim\limits_{n\to\infty}\dfrac{u_{n+1}}{u_n}=+\infty$. 因而当 n 充分大时，有 $\dfrac{u_{n+1}}{u_n}>1$，即 $u_{n+1}>u_n$. 由此可知，$\lim\limits_{n\to\infty}u_n\neq 0$，从而 $\lim\limits_{n\to\infty}a_nx^n\neq 0$. 故此时幂级数 $\sum\limits_{n=0}^{\infty}a_nx^n$ 只在 $x=0$ 处收敛，收敛半径为 $R=0$.

综上，有如下的求幂级数收敛半径的定理.

定理 10-9　设 $\rho=\lim\limits_{n\to\infty}\left|\dfrac{a_{n+1}}{a_n}\right|$，则幂级数 $\sum\limits_{n=0}^{\infty}a_nx^n$ 的收敛半径为 $R=\dfrac{1}{\rho}$（若 $\rho=0$，则 $R=+\infty$；若 $\rho=+\infty$，则 $R=0$.）

例 10-13　求下列幂级数的收敛半径及收敛域：

(1) $\sum\limits_{n=1}^{\infty}(-1)^n\dfrac{x^n}{n}$；　　(2) $\sum\limits_{n=1}^{\infty}\dfrac{x^n}{n!}$；　　(3) $\sum\limits_{n=0}^{\infty}(-1)^n\dfrac{x^{2n+1}}{(2n+1)!}$.

解：(1) $a_n=(-1)^n\dfrac{1}{n}$. $\rho=\lim\limits_{n\to\infty}\left|\dfrac{a_{n+1}}{a_n}\right|=\lim\limits_{n\to\infty}\dfrac{n}{n+1}=1$. 故收敛半径 $R=\dfrac{1}{\rho}=1$.

当 $x=1$ 时，幂级数为收敛的交错级数 $\sum\limits_{n=1}^{\infty}(-1)^n\dfrac{1}{n}$；

当 $x=-1$ 时，幂级数为发散的调和级数 $\sum\limits_{n=1}^{\infty}\dfrac{1}{n}$.

故收敛区间为 $(-1,1]$.

(2) $a_n=\dfrac{1}{n!}$. $\rho=\lim\limits_{n\to\infty}\left|\dfrac{a_{n+1}}{a_n}\right|=\lim\limits_{n\to\infty}\dfrac{1}{n}=0$. 故收敛半径 $R=+\infty$，收敛区间为 $(-\infty,+\infty)$.

(3) 所论幂级数不是定理 10-9 中的类型，不能直接用定理 10-9 求收敛半径，因为 x^{2n} 的系数 $a_{2n}=0(n=0,1,2,\cdots)$，套用公式 $\rho=\lim\limits_{n\to\infty}\left|\dfrac{a_{n+1}}{a_n}\right|$ 时，a_{2n} 做分母没意义. 对于这类幂级数，我们可以仿照定理 10-9 的证明过程求其收敛半径. 即考察 $\sum\limits_{n=0}^{\infty}\left|(-1)^n\dfrac{x^{2n+1}}{(2n+1)!}\right|=\sum\limits_{n=0}^{\infty}\dfrac{|x|^{2n+1}}{(2n+1)!}$.

设 $u_n=\dfrac{|x|^{2n+1}}{(2n+1)!}$. 因为 $\lim\limits_{n\to\infty}\dfrac{u_{n+1}}{u_n}=\lim\limits_{n\to\infty}\dfrac{x^2}{2n(2n+1)}=0<1$，由比值审敛法可知，对 $\forall x\in(-\infty,+\infty)$，所论级数绝对收敛，从而收敛. 故收敛半径为 $R=+\infty$，收敛区间为 $(-\infty,+\infty)$.

二、幂级数的四则运算

设 $\sum_{n=0}^{\infty} a_n x^n$ 的收敛半径为 R_1，$\sum_{n=0}^{\infty} b_n x^n$ 的收敛半径为 R_2，$R=\min\{R_1,R_2\}$，则

(1) $\sum_{n=0}^{\infty} a_n x^n \pm \sum_{n=0}^{\infty} b_n x^n = \sum_{n=0}^{\infty} (a_n \pm b_n) x^n, x \in (-R,R)$.

(2) $\left(\sum_{n=0}^{\infty} a_n x^n\right)\left(\sum_{n=0}^{\infty} b_n x^n\right) = \sum_{n=0}^{\infty}\left(\sum_{k=0}^{n} a_k b_{n-k}\right) x^n, x \in (-R,R)$.

(3) 如果 $\left(\sum_{n=0}^{\infty} a_n x^n\right)\left(\sum_{n=0}^{\infty} b_n x^n\right) = \sum_{n=0}^{\infty} c_n x^n$，则定义 $\dfrac{\sum_{n=0}^{\infty} c_n x^n}{\sum_{n=0}^{\infty} a_n x^n} = \sum_{n=0}^{\infty} b_n x^n$.

三、幂级数和函数的性质

(1) 幂级数的和函数在收敛区间内连续.

(2) 幂级数 $\sum_{n=0}^{\infty} a_n x^n$ 的和函数 $s(x)$ 在其收敛区间 $(-R,R)$ 内可积，且对 $\forall x \in (-R,R)$，可逐项积分，即 $\int_0^x s(t)\mathrm{d}t = \int_0^x \left(\sum_{n=0}^{\infty} a_n t^n\right)\mathrm{d}t = \sum_{n=0}^{\infty} a_n \int_0^x t^n \mathrm{d}t = \sum_{n=0}^{\infty} \frac{a_n}{n+1} x^{n+1}$，且收敛半径不变，仍为 R.

(3) 幂级数 $\sum_{n=0}^{\infty} a_n x^n$ 的和函数 $s(x)$ 在其收敛区间 $(-R,R)$ 内具有任意阶导数，并可逐项求导，即 $\left(\sum_{n=0}^{\infty} a_n x^n\right)' = \sum_{n=0}^{\infty} (a_n x^n)' = \sum_{n=1}^{\infty} n a_n x^{n-1}$，且收敛半径不变，仍为 R.

例 10-14 求幂级数 $\sum_{n=1}^{\infty} (-1)^{n-1} \frac{x^n}{n}$ 的和函数，并求 $\sum_{n=1}^{\infty} (-1)^{n-1} \frac{1}{n}$ 的和.

解：设所给幂级数的和函数为 $s(x)$，即 $s(x) = \sum_{n=1}^{\infty} (-1)^{n-1} \frac{x^n}{n}$.

$s'(x) = \sum_{n=1}^{\infty} (-1)^{n-1} x^{n-1} = 1 - x + x^2 - \cdots = x - x^2 + x^3 - \cdots = \frac{1}{1+x}, \quad x \in (-1,1)$.

$\int_0^x s'(t)\mathrm{d}t = \int_0^x \frac{1}{1+t}\mathrm{d}t$，$s(x) - s(0) = \ln(1+x)$. 而 $s(0)=0$，故 $s(x) = \ln(1+x)$，$x \in (-1,1)$.

因为当 $x=1$ 时，$\sum_{n=1}^{\infty} (-1)^{n-1} \frac{1}{n}$ 收敛，所以 $s(x) = \ln(1+x), x \in (-1,1]$. 即 $\sum_{n=1}^{\infty} (-1)^{n-1} \frac{x^n}{n} = \ln(1+x), x \in (-1,1]$.

令 $x=1$，有 $\sum_{n=1}^{\infty} (-1)^{n-1} \frac{1}{n} = \ln(1+1) = \ln 2$.

在线自测

习题 10-4

1. 求下列幂级数的收敛半径与收敛区间(收敛域)：

(1) $\sum\limits_{n=0}^{\infty}(-1)^n x^n$；　　(2) $\sum\limits_{n=0}^{\infty}\dfrac{(-1)^n}{(2n)!}x^{2n}$；

(3) $\sum\limits_{n=0}^{\infty}(-1)^n\dfrac{x^{2n+1}}{2n+1}$；　　(4) $\sum\limits_{n=1}^{\infty}n!x^n$.

2. 求幂级数 $\sum\limits_{n=0}^{\infty}(-1)^n\dfrac{x^{2n+1}}{2n+1}$ 的和函数,并求 $\sum\limits_{n=0}^{\infty}(-1)^n\dfrac{x^{2n+1}}{2n+1}$.

第五节　泰勒公式与泰勒级数

一、泰勒公式

1. 泰勒公式概述

在科学与技术中,经常需要计算各种函数值.我们现在可以借助各种电子计算工具很方便地计算函数值.那么,这些计算工具又是如何计算函数值的呢？譬如说,如何计算$\sqrt[5]{3}$,$2^{\sqrt{3}}$,ln2,sin18°呢？如果不用电子计算工具,我们将无法计算这些函数值.那么,我们能够计算哪些类型的函数值呢？

其实,我们只会进行加减乘除运算.这样,我们就能够并且只能够计算幂函数 x^n 以及由常数和幂函数构成的多项式 $P_n(x)=a_0+a_1x+\cdots+a_{n-1}x^{n-1}+a_nx^n$ 的函数值.那么,如何计算其他函数的值呢？显然,我们只能够借助多项式去计算其他函数的函数值.也就是说,我们只能够设法用多项式去近似代替其他函数进行函数值的计算.那么,我们是否可以用多项式近似代替其他类型的函数 $f(x)$？如果可以的话,怎样构造一个 n 次多项式 $P_n(x)$来近似计算 $f(x)$呢？什么样的多项式 $P_n(x)$能够"贴切"$f(x)$呢？

首先,初等函数是由基本初等函数构成的.因此要计算初等函数的函数值只需计算基本初等函数的函数值.而对于 e^x,$\sin x$,$\cos x$ 等基本初等函数以及 $\ln(1+x)$,它们在 $x=0$ 处的函数值以及各阶导数值都很容易求得.在第三章第二节中,我们已经获得如下结果.

$(\mathrm{e}^x)^{(n)}=\mathrm{e}^x$,$(\mathrm{e}^x)^{(n)}\big|_{x=0}=1$ $(n=0,1,2,\cdots)$；

$$(\sin x)^{(n)}=\sin\left(x+n\cdot\frac{\pi}{2}\right),(\sin x)^{(n)}\big|_{x=0}=\begin{cases}0, & n=2k\\(-1)^k, & n=2k+1\end{cases},k=0,1,2,\cdots;$$

$$(\cos x)^{(n)}=\cos\left(x+n\cdot\frac{\pi}{2}\right),(\cos x)^{(n)}\big|_{x=0}=\begin{cases}(-1)^k, & n=2k\\0, & n=2k+1\end{cases},k=0,1,2,\cdots;$$

$$[\ln(1+x)]^{(n)}=(-1)^{n-1}\frac{(n-1)!}{(1+x)^n},$$

$$\ln(1+0)=0,[\ln(1+x)]^{(n)}|_{x=0}=(-1)^{n-1}(n-1)!,n=1,2,\cdots.$$

一般地,如果已知函数 $f(x)$在某点 $x=0$ 的值及其各阶导数值 $f^{(k)}(0),k=0,1,2,\cdots$,自然地,可要求曲线 $y=P_n(x)$与曲线 $y=f(x)$都过点$(0,f(0))$,即 $P_n(0)=f(0)$. 进一步,还可要求曲线 $y=P_n(x)$与曲线 $y=f(x)$在点$(0,f(0))$处相切,即 $P_n'(0)=f'(0)$. 更进一步,还可要求 $P_n^{(k)}(0)=f^{(k)}(0),k=2,3,\cdots$. 那么,什么样的多项式 $P_n(x)$满足上述要求呢? 满足上述要求的多项式 $P_n(x)$是否能够很接近函数 $f(x)$呢?

首先我们来看看,什么样的多项式 $P_n(x)$满足我们的要求. 设

$$P_n(x)=a_0+a_1x+a_2x^2+\cdots+a_nx^n$$

由假设 $P_n(0)=f(0)$,可得 $a_0=f(0)$.

由假设 $P_n'(0)=f'(0)$. 而 $P_n'(0)=a_1$,故 $a_1=f'(0)$.

$P_n^{(k)}(x)$可表示为 $P_n^{(k)}(x)=k!a_k+xg(x)$,其中 $g(x)$是 $P_n^{(k)}(x)$中除了 $k!a_k$ 以外的项提取 x 后的多项式. 所以 $P_n^{(k)}(0)=k!a_k,k=1,2,\cdots,n$. 由假设 $P_n^{(k)}(0)=f^{(k)}(0)$ $(k=2,3,\cdots)$可知,$k!\ a_k=f^{(k)}(0)(k=2,3,\cdots)$.

综上,有 $a_k=\dfrac{f^{(k)}(0)}{k!},k=0,1,2,\cdots,n$. 于是

$$P_n(x)=f(0)+f'(0)x+\frac{f''(0)}{2!}x^2+\cdots+\frac{f^{(n)}(0)}{n!}x^n \tag{10-8}$$

接下来的问题是: 用这样的多项式 $P_n(x)$代替函数 $f(x)$时的误差有多大? 我们称其误差 $r_n(x)=f(x)-P_n(x)$为用多项式 $P_n(x)$代替函数 $f(x)$时的**余项**.

我们首先考察函数 $r_n(x)=f(x)-P_n(x)$与函数 x^{n+1}.

注意到,$r_n(0)=f(0)-P_n(0)=f(0)-f(0)=0$. 应用柯西中值定理,有

$$\frac{r_n(x)}{x^{n+1}}=\frac{r_n(x)-r_n(0)}{x^{n+1}-0^{n+1}}=\frac{1}{n+1}\ \frac{r_n'(\xi_1)}{\xi_1^n}(\xi_1\text{ 在 }0\text{ 与 }x\text{ 之间}).$$

注意到,$r_n'(0)=f'(0)-P_n'(0)=f'(0)-f'(0)=0$. 应用柯西中值定理,有

$$\frac{r_n'(\xi_1)}{\xi_1^n}=\frac{r_n'(x)-r_n'(0)}{\xi_1^n-0^n}=\frac{1}{n}\ \frac{r_n''(\xi_2)}{\xi_2^{n-1}}\ (\xi_2\text{ 在 }0\text{ 与 }\xi_1\text{ 之间}).$$

再继续应用柯西中值定理,最后可得

$$\frac{r_n(x)}{x^{n+1}}=\frac{r_n^{(n+1)}(\xi)}{(n+1)!}(\xi\text{ 在 }0\text{ 与 }x\text{ 之间}).$$

因为 $P_n(x)$是 n 次多项式,所以 $P_n^{(n+1)}(x)=0$. 从而 $r_n^{(n+1)}(x)=f^{(n+1)}(x),r_n^{(n+1)}(\xi)=f^{(n+1)}(\xi)$. 于是

$$r_n(x)=\frac{f^{(n+1)}(\xi)}{(n+1)!}x^{n+1}(\xi\text{ 在 }0\text{ 与 }x\text{ 之间}) \tag{10-9}$$

这样,我们就有

定理 10-10 设函数 $f(x)$在 $x=0$ 的某邻域内有 $n+1$ 阶导数,则对该邻域内任意点 x,有

$$f(x)=f(0)+f'(0)x+\frac{f''(0)}{2!}x^2+\cdots+\frac{f^{(n)}(0)}{n!}x^n+r_n(x) \tag{10-10}$$

其中，$r_n(x)=\dfrac{f^{(n+1)}(\xi)}{(n+1)!}x^{n+1}$（$\xi$ 在 0 与 x 之间）.

定理 10-11　设函数 $f(x)$ 在 $x=0$ 的某邻域内有 n 阶导数，则对该邻域内任意点 x，有

$$f(x)=f(0)+f'(0)x+\frac{f''(0)}{2!}x^2+\cdots+\frac{f^{(n)}(0)}{n!}x^n+o(x^n) \tag{10-11}$$

证：由 $P_n^{(k)}(0)=f^{(k)}(0)\ (k=2,3,\cdots)$ 可知，$r_n^{(k)}(0)=f^{(k)}(0)-P_n^{(k)}(0)=0$.

因为 $f(x)$ 在点 $x=0$ 处有 n 阶导数，所以 $f(x)$ 在点 $x=0$ 的某邻域内有 $n-1$ 阶连续导数，连续应用洛必达法则，有

$$\lim_{x\to 0}\frac{r_n(x)}{x^n}=\lim_{x\to 0}\frac{r'_n(x)}{nx^{n-1}}=\cdots=\frac{1}{n!}\lim_{x\to 0}\frac{r_m^{(n-1)}(x)}{x}$$

$$=\frac{1}{n!}\lim_{x\to 0}\frac{r_n^{n-1}(x)-r_n^{n-1}(0)}{x-0}=\frac{1}{n!}r_n^{(n)}(0)=0.$$

即 $r_n(x)=o(x^n)$.

式(10-9)称为**拉格朗日型余项**，公式(10-10)称为**带拉格朗日型余项的麦克劳林(Maclaurin)公式**. $r_n(x)=o(x^n)$ 称为**佩亚诺**(Piano)**型余项**，公式(10-11)称为**带佩亚诺型余项的麦克劳林公式**.

下面是一些常用函数的带佩亚诺型余项的麦克劳林公式：

$\dfrac{1}{1-x}=1+x+x^2+\cdots+x^n+o(x^n)$；

$e^x=1+x+\dfrac{x^2}{2!}+\cdots+\dfrac{x^n}{n!}+o(x^n)$；

$\sin x=x-\dfrac{x^3}{3!}+\dfrac{x^5}{5!}-\cdots+(-1)^{n-1}\dfrac{x^{2n-1}}{(2n-1)!}+o(x^{2n})$；

$\cos x=1-\dfrac{x^2}{2!}+\dfrac{x^4}{4!}-\dfrac{x^6}{6!}+\cdots+(-1)^n\dfrac{x^{2n}}{(2n)!}+o(x^{2n+1})$；

$\ln(1+x)=x-\dfrac{x^2}{2}+\dfrac{x^3}{3}-\cdots+(-1)^{n-1}\dfrac{x^n}{n}+o(x^n)$；

$(1+x)^m=1+mx+\dfrac{m(m-1)}{2!}x^2+\cdots+\dfrac{m(m-1)\cdots(m-n+1)}{n!}x^n+o(x^n)$.

一般地，我们有：

定理 10-12　设函数 $f(x)$ 在 x_0 的某邻域内有 $n+1$ 阶导数，则对该邻域内任意点 x，有

$$f(x)=f(x_0)+f'(x_0)(x-x_0)+\frac{f''(x_0)}{2!}(x-x_0)^2+\cdots+$$

$$\frac{f^{(n)}(x_0)}{n!}(x-x_0)^n+r_n(x), \tag{10-12}$$

其中，$r_n(x)=\dfrac{f^{(n+1)}(\xi)}{(n+1)!}(x-x_0)^{n+1}$（$\xi$ 在 x_0 与 x 之间）.

公式(10-12)称为**带拉格朗日型余项的泰勒**(Taylor)**公式**. 麦克劳林公式是泰勒公式的特殊情形，也称为泰勒公式. 式(10-12)中的多项式称为泰勒多项式.

2. 利用泰勒公式进行近似计算

当已知函数 $f(x)$在某点 x_0 处的函数值及其各阶导数值 $f^{(k)}(x_0)(k=1,2,\cdots)$时，则可得到泰勒多项式 $P_n(x)$，可用 $P_n(x)$近似代替 $f(x)$计算 $f(x)$的近似值. 如$(\mathrm{e}^x)^{(k)}=\mathrm{e}^x$，$(\mathrm{e}^x)^{(k)}\big|_{x=0}=\mathrm{e}^0=1,k=0,1,2,\cdots$.

取 $x_0=0$，有近似公式 $\mathrm{e}^x\approx1+x+\frac{1}{2!}x^2+\cdots+\frac{1}{n!}x^n$.

取 $n=12,x=1$，有 $\mathrm{e}\approx1+1+\frac{1}{2!}+\cdots+\frac{1}{12!}\approx2.718\,281\,828\,286$.

图 10-1 和图 10-2 是两个用泰勒多项式逼近函数的例子，图形是用 MATLAB 软件画出来的.

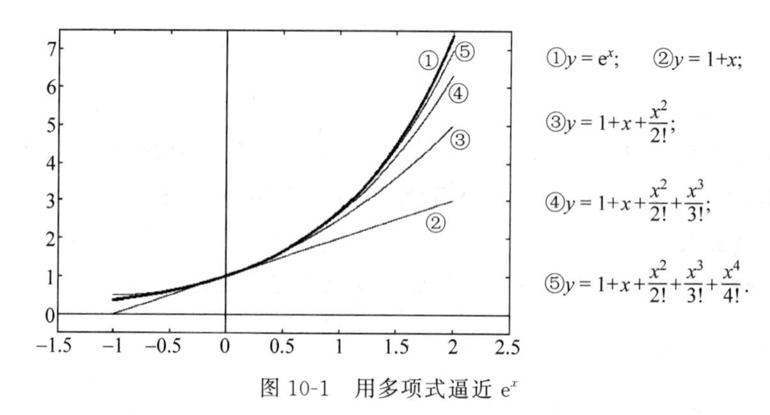

图 10-1 用多项式逼近 e^x

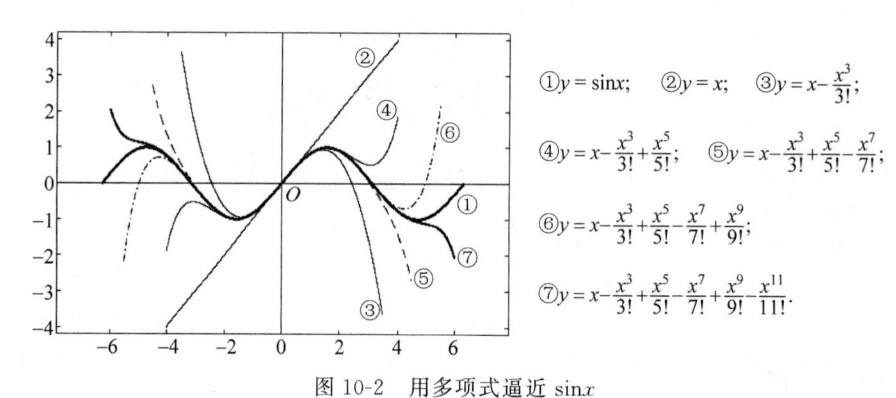

图 10-2 用多项式逼近 $\sin x$

由图 10-1 和图 10-2 可以看出，随着泰勒多项式的次数增加，泰勒多项式逼近所要近似替代的函数.

二、泰勒级数

称幂级数

$$\sum_{n=1}^{\infty}\frac{f^{(n)}(0)}{n!}x^n=f(0)+f'(0)x+\frac{f''(0)}{2!}x^2+\cdots+\frac{f^{(n)}(0)}{n!}x^n+\cdots \tag{10-13}$$

为函数 $f(x)$的**泰勒级数**.

问题：$f(x)$的泰勒级数在其收敛域内是否收敛于 $f(x)$？

根据泰勒公式可知：$f(x)$的泰勒级数在其收敛域内收敛于$f(x)$的充分必要条件是余项$r_n(x)=\dfrac{f^{(n+1)}(\xi)}{(n+1)!}x^{n+1}\to 0(n\to\infty)$.

现在考察e^x的泰勒级数$\sum\limits_{n=0}^{\infty}\dfrac{x^n}{n!}$.其余项为$r_n(x)=\dfrac{\mathrm{e}^{\xi}}{(n+1)!}x^{n+1}$($\xi$在0与$x$之间).

$$|r_n(x)|=\left|\frac{\mathrm{e}^{\xi}}{(n+1)!}x^{n+1}\right|\leqslant\frac{\mathrm{e}^{|\xi|}}{(n+1)!}|x|^{n+1}\leqslant\frac{\mathrm{e}^{|x|}}{(n+1)!}|x|^{n+1}$$

令$u_n=\dfrac{\mathrm{e}^{|x|}}{(n+1)!}|x|^{n+1}$.因为对$\forall x\neq 0$,有$\lim\limits_{n\to\infty}\dfrac{u_{n+1}}{u_n}=\lim\limits_{n\to\infty}\dfrac{|x|}{n+1}=0<1$,所以$\lim\limits_{n\to\infty}u_n=0$,从而$\lim\limits_{n\to\infty}r_n(x)=0$,所以$\sum\limits_{n=0}^{\infty}\dfrac{x^n}{n!}$的收敛域为$(-\infty,+\infty)$,且收敛于$\mathrm{e}^x$,亦即

$$\mathrm{e}^x=\sum_{n=0}^{\infty}\frac{x^n}{n!}=1+x+\frac{1}{2!}x^2+\cdots+\frac{1}{n!}x^n+\cdots,x\in(-\infty,+\infty)$$

即e^x在$(-\infty,+\infty)$内可表示为幂级数$\sum\limits_{n=0}^{\infty}\dfrac{x^n}{n!}$.此时,我们说,$\mathrm{e}^x$在$(-\infty,+\infty)$内可以展开成幂级数$\sum\limits_{n=0}^{\infty}\dfrac{x^n}{n!}$,也称$\sum\limits_{n=0}^{\infty}\dfrac{x^n}{n!}$为函数$\mathrm{e}^x$的幂级数展开式.

类似地,可以证明,$\sin x$,$\cos x$,$\ln(1+x)$和$(1+x)^m$的幂级数展开式如下：

$$\sin x=\sum_{n=0}^{\infty}\frac{(-1)^n}{(2n+1)!}x^{2n+1}=x-\frac{x^3}{3!}+\frac{x^5}{5!}-\cdots+(-1)^{n-1}\frac{x^{2n-1}}{(2n-1)!}+\cdots,$$
$$-\infty<x<+\infty;$$

$$\cos x=\sum_{n=0}^{\infty}\frac{(-1)^n}{(2n)!}x^{2n}=1-\frac{x^2}{2!}+\frac{x^4}{4!}-\frac{x^6}{6!}+\cdots+(-1)^n\frac{x^{2n}}{(2n)!}+\cdots,$$
$$-\infty<x<+\infty;$$

$$\ln(1+x)=\sum_{n=1}^{\infty}\frac{(-1)^{n-1}}{n}x^n=x-\frac{x^2}{2}+\frac{x^3}{3}-\cdots+(-1)^{n-1}\frac{x^n}{n}+\cdots,$$
$$-1<x\leqslant 1;$$

$$(1+x)^m=1+mx+\frac{m(m-1)}{2!}x^2+\cdots+\frac{m(m-1)\cdots(m-n+1)}{n!}x^n+\cdots,$$
$$-1<x<1.$$

特别地,有

$$\frac{1}{1-x}=\sum_{n=0}^{\infty}x^n=1+x+x^2+\cdots+x^n+\cdots,-1<x<1;$$

$$\frac{1}{1+x}=\sum_{n=0}^{\infty}x^n=1-x+x^2-\cdots+(-1)^nx^n+\cdots,-1<x<1.$$

注意到,$\sin x$为奇函数,所以它的幂级数展开中只含奇次幂；$\cos x$为偶函数,所以它的幂级数展开中只含偶次幂.

例 10-15　证明欧拉公式：$\mathrm{e}^{ix}=\cos x+i\sin x$ $(i=\sqrt{-1})$.

证：由e^x,$\sin x$和$\cos x$的幂级数展开式可知

$$\begin{aligned}
e^{ix} &= 1+ix+\frac{i^2x^2}{2!}+\frac{i^3x^3}{3!}+\frac{i^4x^4}{4!}+\cdots+\frac{i^{2n-1}x^{2n-1}}{(2n-1)!}+\frac{i^{2n}x^{2n}}{(2n)!}+\cdots \\
&= 1+ix-\frac{x^2}{2!}-i\frac{x^3}{3!}+\frac{x^4}{4!}+\cdots+i\frac{(-1)^{n-1}x^{2n-1}}{(2n-1)!}+\frac{(-1)^n x^{2n}}{(2n)!}+\cdots \\
&= \left[1-\frac{x^2}{2!}+\frac{x^4}{4!}-\cdots+\frac{(-1)^n x^{2n}}{(2n)!}+\cdots\right]+i\left[x-\frac{x^3}{3!}+\frac{x^5}{5!}+\cdots+\frac{(-1)^{n-1}x^{2n-1}}{(2n-1)!}+\cdots\right] \\
&= \cos x+i\sin x.
\end{aligned}$$

例 10-16 求函数 $\arctan x$ 的幂级数展开式.

解：$\arctan x=\int_0^x \frac{\mathrm{d}t}{1+t^2}$. 根据$\frac{1}{1+x}$的幂级数展开式，有

$$\frac{1}{1+t^2}=1-t^2+t^4-\cdots+(-1)^n t^{2n}+\cdots=\sum_{n=0}^{\infty}(-1)^n t^{2n},\ -1<t<1.$$

$$\begin{aligned}
\arctan x &= \int_0^x \frac{\mathrm{d}t}{1+t^2}=\int_0^x\left[\sum_{n=0}^{\infty}(-1)^n t^{2n}\right]\mathrm{d}t=\sum_{n=0}^{\infty}\frac{(-1)^n}{2n+1}x^{2n+1} \\
&= x-\frac{1}{3}x^3+\frac{1}{5}x^5-\cdots+(-1)^n\frac{x^{2n+1}}{2n+1}+\cdots,x\in(-1,1).
\end{aligned}$$

当 $x=1$ 时，$1-\frac{1}{3}+\frac{1}{5}-\cdots+(-1)^n\frac{1}{2n+1}+\cdots$收敛；

当 $x=-1$ 时，$-1+\frac{1}{3}-\frac{1}{5}+\cdots+(-1)^{n+1}\frac{1}{2n+1}+\cdots$收敛.

所以，幂级数 $\sum_{n=0}^{\infty}\frac{(-1)^n}{2n+1}x^{2n+1}$ 的收敛区间为$[-1,1]$. 由幂级数的性质可知，它的和函数 $s(x)$在$[-1,1]$上连续，而在$(-1,1)$内，$s(x)=\arctan x$，所以 $\arctan x$ 的幂级数展开式为

$$\arctan x=x-\frac{1}{3}x^3+\frac{1}{5}x^5-\cdots+(-1)^n\frac{x^{2n+1}}{2n+1}+\cdots,x\in[-1,1].$$

特别地，当 $x=1$ 时，有

$$\frac{\pi}{4}=\arctan 1=1-\frac{1}{3}+\frac{1}{5}-\cdots+(-1)^n\frac{1}{2n+1}+\cdots.$$

$$\pi=4\left[1-\frac{1}{3}+\frac{1}{5}-\cdots+(-1)^n\frac{1}{2n+1}+\cdots\right].$$

在线自测

习题 10-5

1. 写出 $f(x)=\tan x$ 的带佩亚诺型余项的三阶麦克劳林公式.

2. 试求 $f(x)=\ln\frac{1+x}{1-x}$的幂级数展开式.

3. 利用常数项级数表示$\int_0^1 e^{-x^2}dx$.

4. 利用常数项级数表示$\int_0^1 \frac{\sin x}{x}dx$.

5. 证明：设函数$f(x,y)$在点$(0,0)$的某邻域内连续且具有$(n+1)$阶连续偏导数，则对该邻域内任何一点(x,y)，在0与x之间存在ζ，在0与y之间存在η，使得

$$f(x,y)=f(0,0)+f_x(0,0)x+f_y(0,0)y+\frac{1}{2}[f_{xx}(\zeta,\eta)x^2+2f_{xy}(\zeta,\eta)xy+f_{yy}(\zeta,\eta)y^2].$$

(提示：令$x=pt,y=qt$，固定p,q，则$f(x,y)=f(pt,qt)$为t的一元函数，应用一元函数的泰勒公式可得)

第六节　傅里叶级数

一、简谐振动与三角级数的概念

在第九章里，我们研究过系在弹簧一端的小球的振动，即简谐振动.

一般地，形如$x=A\sin(\omega t+\varphi)$的运动方程所表示的运动称为简谐振动.它表示一个周期为$\frac{2\pi}{\omega}\left(频率为\frac{\omega}{2\pi}\right)$的周期运动.$A$称为振幅，$\varphi$称为初相位，$\omega$称为角频率.

在科学与工程技术领域，经常要研究比较复杂的周期运动.通常情况下，一个复杂的周期运动可以分解成一系列不同频率的简谐振动的叠加.譬如，设$f(x)$是一个周期为$\frac{2\pi}{\omega}$$\left(频率为\frac{\omega}{2\pi}\right)$的周期函数.当满足一定条件时，$f(x)$可表示成函数项无穷级数

$$f(x)=A_0+\sum_{n=1}^{\infty}A_n\sin(n\omega t+\varphi_n) \tag{10-14}$$

在电工学中，称这种表达式为**谐波分析**.其中，常数项A_0称为$f(x)$的**直流分量**，$A_n\sin(n\omega t+\varphi_n)(n=1,2,\cdots)$称为$n$**次谐波**.特别地，一次谐波又叫**基波**.n次谐波的频率$\frac{n\omega}{2\pi}$是基波频率的n倍.为了理论研究的需要，将$A_n\sin(n\omega t+\varphi_n)$进行如下变形

$$A_n\sin(n\omega t+\varphi_n)=A_n\sin\varphi_n\cos n\omega t+A_n\cos\varphi_n\sin n\omega t$$

令$\frac{a_0}{2}=A_0,a_n=A_n\sin\varphi_n,b_n=A_n\cos\varphi_n,x=\omega t$，则$f(x)$可表示成

$$f(x)=\frac{a_0}{2}+\sum_{n=1}^{\infty}(a_n\cos nx+b_n\sin nx) \tag{10-15}$$

此时，我们说$f(x)$可以展开成三角级数.

二、三角函数系的正交性

设$f_n(x)(n=1,2,\cdots)$是区间$[a,b]$上的连续函数列，如果

$$\int_a^b f_k(x)f_n(x)dx=0,\quad \forall k,n=1,2,\cdots,k\neq n,$$

则称 $f_n(x)(n=1,2,\cdots)$是区间$[a,b]$上的**正交函数列**.

下面考察三角函数系

$$1,\cos x,\sin x,\cos 2x,\sin 2x,\cdots,\cos nx,\sin nx,\cdots \tag{10-16}$$

容易算得

$$\int_{-\pi}^{\pi} 1\cdot\cos nx\,\mathrm{d}x=0,\quad \int_{-\pi}^{\pi} 1\cdot\sin nx\,\mathrm{d}x=0,n=1,2,\cdots.$$

因为 $\sin kx\cos nx$ 是对称区间$[-\pi,\pi]$上的奇函数,所以有

$$\int_{-\pi}^{\pi}\cos kx\sin nx\,\mathrm{d}x=0,\quad k,n=1,2,\cdots.$$

利用三角函数的积化和差公式,可得

$$\int_{-\pi}^{\pi}\cos kx\cos nx\,\mathrm{d}x=0,\quad k,n=1,2,\cdots,k\neq n.$$

$$\int_{-\pi}^{\pi}\sin kx\sin nx\,\mathrm{d}x=0,\quad k,n=1,2,\cdots,k\neq n.$$

由上可知,三角函数系(10-16)在区间$[-\pi,\pi]$上是正交的.

另外,容易算得

$$\int_{-\pi}^{\pi}\cos^2 nx\,\mathrm{d}x=\pi,\quad \int_{-\pi}^{\pi}\sin^2 nx\,\mathrm{d}x=\pi,n=1,2,\cdots.$$

三、周期函数的傅里叶级数展开

将一个周期函数展开成三角级数有着很广泛的应用价值.

设 $f(x)$是周期为 2π 的可积周期函数,若

$$f(x)=\frac{a_0}{2}+\sum_{k=1}^{\infty}(a_k\cos kx+b_k\sin kx) \tag{10-17}$$

则 $$\int_{-\pi}^{\pi}f(x)\,\mathrm{d}x=\frac{a_0}{2}\int_{-\pi}^{\pi}\mathrm{d}x+\sum_{k=1}^{\infty}\left(a_k\int_{-\pi}^{\pi}\cos kx\,\mathrm{d}x+b_k\int_{-\pi}^{\pi}\sin kx\,\mathrm{d}x\right)=a_0\pi.$$

故 $$a_0=\frac{1}{\pi}\int_{-\pi}^{\pi}f(x)\,\mathrm{d}x\ .$$

对任意的 $n=1,2,\cdots$,等式(10-17)两边同乘以 $\cos nx$,则有

$$f(x)\cos nx=\frac{a_0}{2}\cos nx+\sum_{k=1}^{\infty}(a_k\cos kx\cos nx+b_k\sin kx\cos nx)$$

积分,得

$$\begin{aligned}&\int_{-\pi}^{\pi}f(x)\cos nx\,\mathrm{d}x\\&=\frac{a_0}{2}\int_{-\pi}^{\pi}\cos nx\,\mathrm{d}x+\sum_{k=1}^{\infty}\left(a_k\int_{-\pi}^{\pi}\cos kx\cos nx\,\mathrm{d}x+b_k\int_{-\pi}^{\pi}\sin kx\cos nx\,\mathrm{d}x\right)\\&=a_n\int_{-\pi}^{\pi}\cos^2 nx\,\mathrm{d}x=a_n\pi.\end{aligned}$$

故

$$a_n=\frac{1}{\pi}\int_{-\pi}^{\pi}f(x)\cos nx\,\mathrm{d}x(n=1,2,\cdots)$$

对任意的 $n=1,2,\cdots$,等式(10-17)两边同乘以 $\sin nx$,再积分,可得

$$b_n=\frac{1}{\pi}\int_{-\pi}^{\pi}f(x)\sin nx\,dx\,(n=1,2,\cdots)$$

注意到 $a_0=\frac{1}{\pi}\int_{-\pi}^{\pi}f(x)dx=\frac{1}{\pi}\int_{-\pi}^{\pi}f(x)\cos 0x\,dx$，所以有

$$\begin{cases}a_n=\frac{1}{\pi}\int_{-\pi}^{\pi}f(x)\cos nx\,dx\,(n=0,1,2,\cdots)\\ b_n=\frac{1}{\pi}\int_{-\pi}^{\pi}f(x)\sin nx\,dx\,(n=1,2,\cdots)\end{cases}\tag{10-18}$$

如果公式(10-18)中的积分都存在，则称这些 a_n 和 b_n 为函数 $f(x)$ 的**傅里叶系数**. 而相应的级数

$$\frac{a_0}{2}+\sum_{n=1}^{\infty}(a_n\cos nx+b_n\sin nx)\tag{10-19}$$

称为函数 $f(x)$ 的**傅里叶级数**.

问：$f(x)$ 满足什么条件时，其傅里叶系数都存在并且傅里叶级数收敛？若 $f(x)$ 的傅里叶级数收敛，那么是否收敛于 $f(x)$？

收敛定理[狄利克雷(Dirichlet)充分条件]　设 $f(x)$ 是周期为 2π 的周期函数，且满足：

(i) 在一个周期内连续或只有有限个第一类间断点；

(ii) 在一个周期内不存在无数个极值点，则 $f(x)$ 的傅里叶级数存在并且收敛于 $\frac{f(x^-)+f(x^+)}{2}$，或者说，$f(x)$ 的傅里叶级数的和函数为 $\frac{f(x^-)+f(x^+)}{2}$，即

$$\frac{a_0}{2}+\sum_{n=1}^{\infty}(a_n\cos nx+b_n\sin nx)=\frac{f(x^-)+f(x^+)}{2}\tag{10-20}$$

注 1：收敛定理的条件(ii)实质上是限定函数 $f(x)$ 在一个周期内不作无限次振荡.

注 2：当 x 是 $f(x)$ 的连续点时，$\frac{f(x^-)+f(x^+)}{2}=f(x)$. 此时，$f(x)$ 的傅里叶级数收敛于 $f(x)$ 自身，即

$$f(x)=\frac{a_0}{2}+\sum_{n=1}^{\infty}(a_n\cos nx+b_n\sin nx)\tag{10-21}$$

在这种情况下，我们说，$f(x)$ 可以展开成傅里叶级数，而式(10-21)的右端称为函数 $f(x)$ 的傅里叶级数展开式.

注 3：若 $f(x)$ 是周期为 2π 的周期函数，且在一个周期内除有限个点外，$f(x)$ 是偶函数，则

$$\begin{cases}a_n=\frac{2}{\pi}\int_{0}^{\pi}f(x)\cos nx\,dx\,(n=0,1,2,\cdots)\\ b_n=0\,(n=1,2,\cdots)\end{cases}\tag{10-22}$$

此时，$f(x)$ 的傅里叶级数变为余弦级数

$$\frac{a_0}{2}+\sum_{n=1}^{\infty}a_n\cos nx\tag{10-23}$$

常数和余弦函数都是偶函数，故偶函数的傅里叶级数只含有常数项和余弦函数项.

注 4：若 $f(x)$ 是周期为 2π 的周期函数，且在一个周期内除有限个点外，$f(x)$ 是奇函

数，则

$$\begin{cases} a_n = 0(n=0,1,2,\cdots) \\ b_n = \dfrac{2}{\pi}\displaystyle\int_0^{\pi} f(x)\sin nx\,\mathrm{d}x(n=1,2,\cdots) \end{cases} \tag{10-24}$$

此时，$f(x)$的傅里叶级数变为正弦级数

$$\sum_{n=1}^{\infty} b_n \sin nx \tag{10-25}$$

正弦函数都是奇函数，故奇函数的傅里叶级数只含有正弦函数项.

例 10-17 设 $f(x)$是周期为 2π 的周期函数，它在$[-\pi,\pi)$上的表达式为 $f(x)=x$，如图 10-3 所示. 试将 $f(x)$展开成傅里叶级数，并求该级数的和函数.

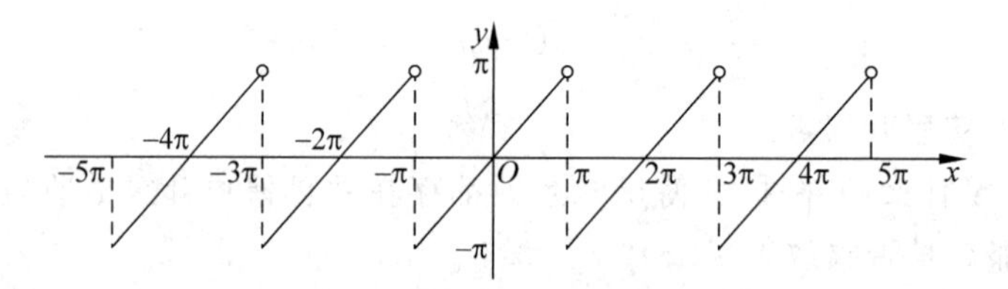

图 10-3 $y=f(x)$的图形

解：因为 $f(x)=x$ 是$(-\pi,\pi)$上的奇函数，所以 $a_n=0, n=0,1,2,\cdots$. 对 $n=1,2,\cdots$，

$$\begin{aligned} b_n &= \frac{2}{\pi}\int_0^{\pi} f(x)\sin nx\,\mathrm{d}x = \frac{2}{\pi}\int_0^{\pi} x\sin nx\,\mathrm{d}x \\ &= -\frac{2}{n\pi}\int_0^{\pi} x\,\mathrm{d}\cos nx = -\frac{2}{n\pi}\left[x\cos nx\Big|_0^{\pi} - \int_0^{\pi}\cos nx\,\mathrm{d}x\right] \\ &= -\frac{2}{n\pi}\left[\pi\cos n\pi - \frac{1}{n}\sin nx\Big|_0^{\pi}\right] = (-1)^{n+1}\frac{2}{n} \end{aligned}$$

$f(x)$的傅里叶级数为

$$\sum_{n=1}^{\infty}(-1)^{n+1}\frac{2}{n}\sin nx = 2\sum_{n=1}^{\infty}(-1)^{n+1}\frac{1}{n}\sin nx$$

从函数 $y=f(x)$的图像可以看出，$x=\pm\pi,\pm 3\pi,\cdots$是 $f(x)$的跳跃间断点（属于第一类），于是得 $f(x)$的傅里叶级数展开式为

$$f(x) = 2\sum_{n=1}^{\infty}(-1)^{n+1}\frac{1}{n}\sin nx,\quad -\infty < x < +\infty, x \neq \pm\pi, \pm 3\pi, \cdots. \tag{10-26}$$

$f(x)$的傅里叶级数的和函数（图 10-4）为

$$\frac{f(x^-)+f(x^+)}{2} = \begin{cases} 0, & x = \pm\pi, \pm 3\pi, \cdots \\ f(x), & x \neq \pm\pi, \pm 3\pi, \cdots \end{cases}.$$

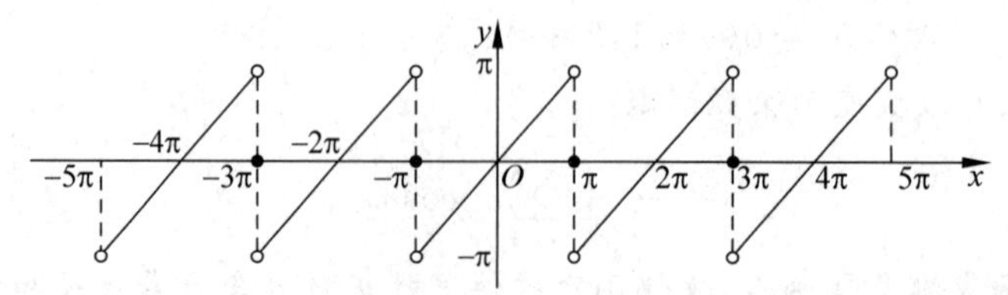

图 10-4

例 10-18　设 $f(x)$是周期为 2π 的周期函数，它在$[-\pi,\pi)$上的表达式为 $f(x)=|x|$，如图 10-5 所示，试将 $f(x)$展开成傅里叶级数.

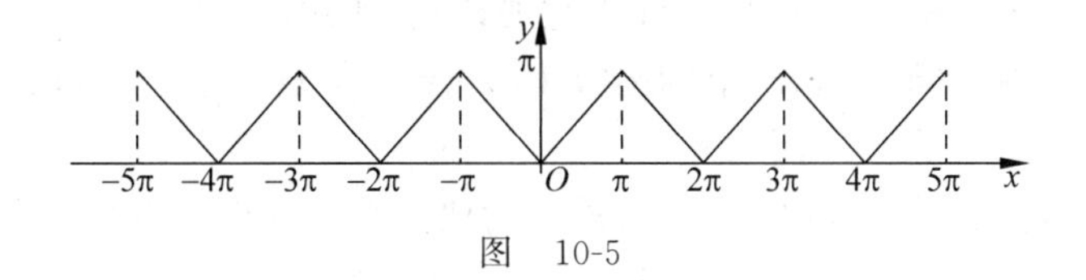

图　10-5

解：因为 $f(x)=|x|$是$(-\pi,\pi)$上的偶函数，所以 $b_n=0,n=1,2,\cdots$.

$$a_0=\frac{2}{\pi}\int_0^{\pi}f(x)\mathrm{d}x=\frac{2}{\pi}\int_0^{\pi}x\,\mathrm{d}x=\pi.$$

对 $n=1,2,\cdots$，

$$\begin{aligned}a_n&=\frac{2}{\pi}\int_0^{\pi}f(x)\cos nx\,\mathrm{d}x=\frac{2}{\pi}\int_0^{\pi}x\cos nx\,\mathrm{d}x\\&=\frac{2}{n\pi}\int_0^{\pi}x\,\mathrm{d}\sin nx=\frac{2}{n\pi}\left[x\sin nx\Big|_0^{\pi}-\int_0^{\pi}\sin nx\,\mathrm{d}x\right]\\&=\frac{2}{n^2\pi}\cos nx\Big|_0^{\pi}=[(-1)^n-1]\frac{2}{n^2\pi}=\begin{cases}0,n=2,4,6\cdots\\-\dfrac{4}{n^2\pi},n=1,3,5,\cdots\end{cases}.\end{aligned}$$

因为 $f(x)$在$(-\infty,+\infty)$上连续，所以其傅里叶级数处处收敛于它自身. 于是，$f(x)$的傅里叶级数展开式为

$$\begin{aligned}f(x)&=\frac{\pi}{2}-\frac{4}{\pi}\left(\cos x+\frac{1}{3^2}\cos 3x+\frac{1}{5^2}\cos 5x+\cdots\right)\\&=\frac{\pi}{2}-\frac{4}{\pi}\sum_{n=1}^{\infty}\frac{1}{(2n-1)^2}\cos(2n-1)x,-\infty<x<+\infty\end{aligned}\qquad(10\text{-}27)$$

四、定义在区间$[-\pi,\pi]$上函数的傅里叶级数

由例 10-17 可知，定义在区间$[-\pi,\pi]$上的函数 $f(x)=x(-\pi\leqslant x\leqslant\pi)$有傅里叶级数展开式

$$f(x)=2\sum_{n=1}^{\infty}(-1)^{n+1}\frac{1}{n}\sin nx,\quad -\pi<x<\pi.\qquad(10\text{-}28)$$

由例 10-18 可知，定义在区间$[-\pi,\pi]$上的函数 $f(x)=|x|(-\pi\leqslant x\leqslant\pi)$有傅里叶级数展开式

$$f(x)=\frac{\pi}{2}-\frac{4}{\pi}\sum_{n=1}^{\infty}\frac{1}{(2n-1)^2}\cos(2n-1)x,\quad -\pi\leqslant x\leqslant\pi.\qquad(10\text{-}29)$$

由此可知，如果函数 $f(x)$在区间$[-\pi,\pi]$上连续或有有限个第一类间断点，并且不存在无数个极值点，那么也可以将其展开为傅里叶级数. 具体做法是：

首先构造一个定义在$(-\infty,+\infty)$上的周期为 2π 的周期函数 $F(x)$，使得当 $x\in[-\pi,\pi)$或 $x\in(-\pi,\pi]$时，$F(x)=f(x)$. 这种做法叫作**周期延拓**.

然后，将 $F(x)$展开成傅里叶级数，从而得到 $f(x)$在$[-\pi,\pi]$上的傅里叶级数展开式.

譬如，要将定义在区间$[-\pi,\pi]$上的函数 $f(x)=x(-\pi\leqslant x\leqslant\pi)$展开成傅里叶级数，则

首先将$[-\pi,\pi)$上的函数 $f(x)=x(-\pi\leqslant x<\pi)$延拓成以 2π 为周期的周期函数 $F(x)$(如例 10-17 中的函数),使得当 $x\in[-\pi,\pi)$时,$F(x)=x$. 然后将 $F(x)$展开成傅里叶级数,从而得到 $f(x)=x(-\pi\leqslant x\leqslant\pi)$的傅里叶级数展开式[如式(10-28)].

同理,可将定义在区间$[-\pi,\pi]$上的函数 $f(x)=|x|(-\pi\leqslant x\leqslant\pi)$展开成傅里叶级数[如式(10-29)].

由前面的讨论可知,定义在区间$[-\pi,\pi]$上的偶函数的傅里叶级数必定是余弦级数;定义在区间$[-\pi,\pi]$上的奇函数的傅里叶级数必定是正弦级数.

在实际计算中,进行周期延拓的目的主要是考察函数 $F(x)$在区间端点 $x=-\pi$ 和 $x=\pi$ 的连续性,从而确定 $f(x)$的傅里叶展开式在端点 $x=-\pi$ 和 $x=\pi$ 处是否成立.

例 10-19 设 $f(x)=\begin{cases}0, & 0\leqslant x\leqslant\pi\\ x, & -\pi\leqslant x<0\end{cases}$. 如图 10-6 所示. 试将 $f(x)$展开成傅里叶级数.

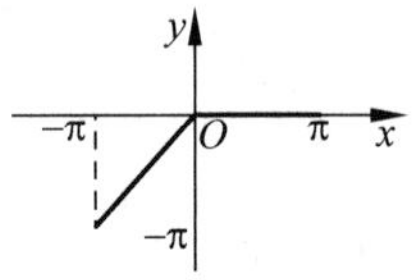

图 10-6

解:

$$a_0=\frac{1}{\pi}\int_{-\pi}^{\pi}f(x)\mathrm{d}x=\frac{1}{\pi}\int_{-\pi}^{0}x\mathrm{d}x=-\frac{\pi}{2}.$$

$$\begin{aligned}a_n&=\frac{1}{\pi}\int_{-\pi}^{\pi}f(x)\cos nx\mathrm{d}x=\frac{1}{\pi}\int_{-\pi}^{0}x\cos nx\mathrm{d}x\\&=\frac{1}{n\pi}x\sin nx\Big|_{-\pi}^{0}-\int_{-\pi}^{0}\sin nx\mathrm{d}x\\&=\frac{1}{n^2\pi}\cos nx\Big|_{-\pi}^{0}=\frac{1}{n^2\pi}[1-(-1)^n]=\begin{cases}\dfrac{2}{n^2\pi}, & n=1,3,5,\cdots\\ 0, & n=2,4,6,\cdots\end{cases}.\end{aligned}$$

$$\begin{aligned}b_n&=\frac{1}{\pi}\int_{-\pi}^{\pi}f(x)\sin nx\mathrm{d}x=\frac{1}{\pi}\int_{-\pi}^{0}x\sin nx\mathrm{d}x\\&=-\frac{1}{n\pi}x\cos nx\Big|_{-\pi}^{0}-\int_{-\pi}^{0}\cos nx\mathrm{d}x=(-1)^{n+1}\frac{1}{n},\quad n=1,2,3,\cdots.\end{aligned}$$

因为 $f(x)$在$[-\pi,\pi]$上连续且 $f(\pi^-)\neq f(-\pi^+)$,所以有

$$\begin{aligned}f(x)&=\frac{a_0}{2}+\sum_{n=1}^{\infty}a_n\cos nx+\sum_{n=1}^{\infty}b_n\sin nx\\&=-\frac{\pi}{4}+\frac{2}{\pi}\left(\cos x+\frac{1}{3^2}\cos 3x+\frac{1}{5^2}\cos 5x+\cdots\right)+\left(\sin x-\frac{1}{2}\sin 2x+\frac{1}{3}\sin 3x-\cdots\right)\\&=-\frac{\pi}{4}+\frac{2}{\pi}\sum_{n=1}^{\infty}\frac{1}{(2n-1)^2}\cos(2n-1)x+\sum_{n=1}^{\infty}\frac{(-1)^{n+1}}{n}\sin nx,\quad -\pi<x<\pi.\end{aligned}\tag{10-30}$$

五、定义在区间$[0,\pi]$上函数的傅里叶级数

1. 奇延拓

设函数 $f(x)$定义在区间$[0,\pi]$上. 构造定义在区间$(-\pi,\pi]$上的函数 $F(x)$,使得当 $x\in[0,\pi]$时,$F(x)=f(x)$;当 $x\in(-\pi,0)$时,$F(x)=-f(-x)$. 则 $F(x)$是$(-\pi,0)\cup(0,\pi)$上的奇函数. 称 $F(x)$是函数 $f(x)$在区间$(-\pi,\pi]$上的**奇延拓**.

由前面的讨论可知,$F(x)$的傅里叶级数必定是正弦级数,从而 $f(x)$的傅里叶级数必定是正弦级数.

譬如,将函数 $f(x)=x(0\leqslant x\leqslant\pi)$进行奇延拓后得到函数 $F(x)=x(-\pi<x\leqslant\pi)$. 由例 10-17 知,$f(x)$的傅里叶级数展开式为

$$f(x)=2\sum_{n=1}^{\infty}(-1)^{n+1}\frac{1}{n}\sin nx,\quad 0\leqslant x<\pi. \tag{10-31}$$

2. 偶延拓

设函数 $f(x)$定义在区间$[0,\pi]$上. 构造定义在区间$(-\pi,\pi]$上的函数 $F(x)$,使得当 $x\in[0,\pi]$时,$F(x)=f(x)$; 当 $x\in(-\pi,0)$时,$F(x)=f(-x)$. 则 $F(x)$是区间$(-\pi,\pi)$上的偶函数. 称 $F(x)$是函数 $f(x)$在区间$(-\pi,\pi]$上的**偶延拓**.

由前面的讨论可知,$F(x)$的傅里叶级数必定是余弦级数,从而 $f(x)$的傅里叶级数必定是余弦级数.

譬如,将函数 $f(x)=x(0\leqslant x\leqslant\pi)$进行偶延拓后得到函数 $F(x)=|x|\ (-\pi\leqslant x\leqslant\pi)$. 由例 10-18 知,$f(x)$的傅里叶级数展开式为

$$f(x)=\frac{\pi}{2}-\frac{4}{\pi}\sum_{n=1}^{\infty}\frac{1}{(2n-1)^2}\cos(2n-1)x,\quad 0\leqslant x\leqslant\pi. \tag{10-32}$$

六、一般周期函数的傅里叶级数

设函数 $f(x)$是周期为 $2l$ 的周期函数. 做变换 $x=\frac{l}{\pi}t$,则容易验证 $F(t)=f\left(\frac{l}{\pi}t\right)$是周期为 2π 的周期函数.

设函数 $F(t)$的傅里叶级数为$\frac{a_0}{2}+\sum\limits_{n=1}^{\infty}(a_n\cos nt+b_n\sin nt)$,则函数 $f(x)$的傅里叶级数为

$$\frac{a_0}{2}+\sum_{n=1}^{\infty}\left(a_n\cos\frac{n\pi x}{l}+b_n\sin\frac{n\pi x}{l}\right) \tag{10-33}$$

其中,$a_n=\frac{1}{\pi}\int_{-\pi}^{\pi}F(t)\cos nt\,\mathrm{d}t\xlongequal{t=\frac{\pi}{l}x}\frac{1}{l}\int_{-l}^{l}f(x)\cos\frac{n\pi x}{l}\mathrm{d}x\quad(n=0,1,2,\cdots)$;

$$b_n=\frac{1}{\pi}\int_{-\pi}^{\pi}F(t)\sin nt\,\mathrm{d}t=\frac{1}{l}\int_{-l}^{l}f(x)\sin\frac{n\pi x}{l}\mathrm{d}x\quad(n=1,2,\cdots).$$

特别地,若函数 $f(x)$是周期为 $2l$ 的奇函数,则

$$a_n=0\quad(n=0,1,2,\cdots);$$

$$b_n=\frac{2}{l}\int_0^l f(x)\sin\frac{n\pi x}{l}\mathrm{d}x\quad(n=1,2,\cdots).$$

若函数 $f(x)$是周期为 $2l$ 的偶函数,则

$$a_n=\frac{2}{l}\int_0^l f(x)\cos\frac{n\pi x}{l}\mathrm{d}x\quad(n=0,1,2,\cdots);$$

$$b_n=0\quad(n=1,2,\cdots).$$

七、定义在其他有限区间上函数的傅里叶级数展开

定义在其他有限区间上的函数可以按下述方法展开成傅里叶级数.

定义在区间$[-l,l]$上的函数$f(x)$可以延拓成周期函数,展开成傅里叶级数.

定义在区间$[0,l]$上的函数$f(x)$可以进行奇延拓或偶延拓,将其延拓成区间$[-l,l]$上的函数,展开为正弦级数或余弦级数.

对于定义在区间$[a,b]$上的函数$f(x)$,做变换$x=a+t$,化为定义在区间$[0,l]$($l=b-a$)上的函数,展开为正弦级数或余弦级数.

当然,定义在区间$[-l,l]$上的函数$f(x)$也可以通过上述变换化为定义在$[0,2l]$上的函数,进而展开为正弦级数或余弦级数.

综上所述,如果函数$f(x)$在区间$[a,b]$上连续或有有限个第一类间断点,并且不存在无数个极值点,那么函数$f(x)$在连续点处可以展开为傅里叶级数,特别地,可以展开为正弦级数或余弦级数.

例 10-20 将$f(x)=1(0\leqslant x\leqslant 4)$展开成正弦级数.

解:要将$f(x)$展开成正弦级数,则首先将$f(x)$延拓成$[-4,4]$上的奇函数.从而

$$a_n=0,\quad n=0,1,2,\cdots.$$

$$b_n=\frac{2}{4}\int_0^4\sin\frac{n\pi x}{4}\mathrm{d}x=-\frac{2}{n\pi}\cos\frac{n\pi x}{4}\Big|_0^4$$

$$=-\frac{2}{n\pi}[\cos n\pi-1]=-\frac{2}{n\pi}[(-1)^n-1]=\begin{cases}\dfrac{4}{n\pi}, & n=1,3,\cdots\\ 0, & n=2,4,\cdots\end{cases}.$$

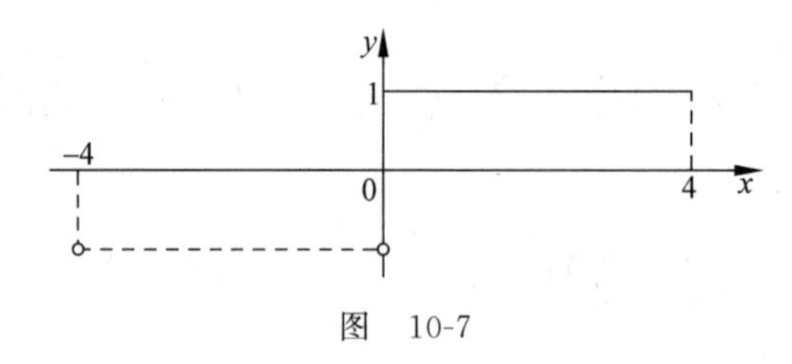

图 10-7

易知,将$f(x)$进行周期延拓后得到的周期函数在$x=0,4$处不连续,故其正弦级数展开式为

$$f(x)=\frac{4}{\pi}\left(\sin\frac{\pi x}{4}+\frac{1}{3}\sin\frac{3\pi x}{4}+\cdots\right)$$

$$=\frac{4}{\pi}\sum_{n=1}^{\infty}\frac{1}{2n-1}\sin\frac{(2n-1)\pi x}{4},\quad 0<x<4. \tag{10-34}$$

八、由傅里叶级数展开式导出的常数项级数

在例 10-17 得到的x的傅里叶级数展开式(10-26)中令$x=\frac{\pi}{2}$,或在例 10-20 得到的 1 的傅里叶级数展开式(10-35)中令$x=2$,可以得到

$$1-\frac{1}{3}+\frac{1}{5}-\frac{1}{7}+\cdots=\sum_{n=1}^{\infty}(-1)^{n-1}\frac{1}{2n-1}=\frac{\pi}{4}. \tag{10-35}$$

由此,得

$$\pi=4\left[1-\frac{1}{3}+\frac{1}{5}-\frac{1}{7}+\cdots+(-1)^{n-1}\frac{1}{2n-1}+\cdots\right].\tag{10-36}$$

这与本章第五节末尾给出的 π 的常数项级数表示式是一致的.

在例 10-17 得到的 $|x|$ 的傅里叶级数展开式(10-27)中令 $x=\pi$,可以得到

$$1+\frac{1}{3^2}+\frac{1}{5^2}+\cdots=\sum_{n=1}^{\infty}\frac{1}{(2n-1)^2}=\frac{\pi^2}{8}.\tag{10-37}$$

在线自测

习题 10-6

1. 设 $f(x)$ 是周期为 2π 的周期函数,它在 $[-\pi,\pi)$ 上的表达式为 $f(x)=\pi-|x|$. 试将 $f(x)$ 展开成傅里叶级数.

2. 试将 $f(x)=\pi-x\,(0\leqslant x\leqslant\pi)$ 展开成正弦级数.

3. 试将 $f(x)=x\,(0\leqslant x\leqslant 1)$ 分别展开成正弦级数和余弦级数.

习题答案

第　一　章

习题 1-1

1. (1) $r=2$; (2) $r=2\cos\theta$; (3) $r=4\sin\theta$; (4) $r=2(\cos\theta+\sin\theta)$.

2. (1) $r=\tan\theta\sec\theta$; (2) $r=\cot\theta\csc\theta$.

3. $r=\sqrt{2\csc(2\theta)}$, $\theta\in\left(0,\dfrac{\pi}{2}\right)\cup\left(\pi,\dfrac{3\pi}{2}\right)$.

习题 1-2

1. $x^2+(y-1)^2+(z-2)^2=5$.

2. $\dfrac{x^2}{a^2}+\dfrac{y^2}{b^2}+\dfrac{z^2}{b^2}=1$,其中 $b^2=a^2-c^2$.

3. $x^2+y^2=2pz$.

4. (1) $x^2+z^2=2x$; (2) $x^2+y^2+z^2=9$; (3) $\dfrac{x^2}{2}+\dfrac{y^2}{2}+z^2=1$;

(4) $z=\pm2\sqrt{x^2+y^2}+1$ 或 $4(x^2+y^2)=(z-1)^2$; (5) $y^2+z^2=4$;

(6) $(x^2+y^2+z^2+3)^2=16(x^2+y^2)$.

5. (1) 平行于 y 轴的直线,平行于 yOz 面的平面. (2) 直线,平行于 z 轴的平面. (3) 圆,母线平行于 z 轴的圆柱面. (4) 椭圆,母线平行于 z 轴的椭圆柱面. (5) 双曲线,母线平行于 z 轴的双曲柱面. (6) 抛物线,母线平行于 z 轴的抛物柱面.

6. 轨迹是平行于 z 轴的平面与平行于 x 轴的平面 $y=z$ 的交线(直线)在第一卦限的部分.

7. 投影柱面 $x^2+2y^2=1$; 投影曲线 $\begin{cases}x^2+2y^2=1\\ z=0\end{cases}$.

习题 1-3

1. 略.

2. $\overrightarrow{OM}^\circ=\left(\dfrac{x}{r},\dfrac{y}{r},\dfrac{z}{r}\right)$.

3. (1) 平行; (2) 垂直; (3) 既不平行也不垂直.

4. 略.

5. $\pm\left(\dfrac{\sqrt{3}}{3},\dfrac{\sqrt{3}}{3},\dfrac{\sqrt{3}}{3}\right)$.

6. $|\vec{a}\times\vec{b}|$ 等于以 $\vec{a}$,$\vec{b}$ 为邻边的平行四边形的面积$\dfrac{\sqrt{14}}{2}$.

习题 1-4

1. (1) yOz 平面；(2) 过 y 轴上的点 $\left(0,\frac{1}{3},0\right)$ 且平行于 zOx 平面；(3) 平行于 z 轴；(4) 含 z 轴；(5) 平行于 x 轴；(6) 含 y 轴；(7) 过原点.

2. $14x+9y-z-15=0$.

3. $y-3z=0$.

4. (1) 垂直；(2) 平行但不重合；(3) 重合；(4) 既不平行，又不垂直.

5. $\frac{x+3}{4}=\frac{y-2}{3}=\frac{z-5}{1}$.

6. $\frac{x+3}{4}=\frac{y-2}{3}=\frac{z-5}{1}$.

7. $\frac{x-2}{2}=\frac{y-1}{-1}=\frac{z-3}{4}$.

8. $\frac{\pi}{4}$.

9. $\arcsin\frac{7}{3\sqrt{6}}$.

第 二 章

习题 2-1

1. 证：因为
$$\begin{aligned}f(x)+f(-x)&=\ln(x+\sqrt{1+x^2})+\ln(-x+\sqrt{1+x^2})\\&=\ln[(x+\sqrt{1+x^2})(-x+\sqrt{1+x^2})]=\ln1=0\end{aligned}$$
所以 $f(-x)=-f(x)$. 即 $f(x)$ 为奇函数.

2. 反函数 $x=\ln(y+\sqrt{1+y^2})$.

3. (1) $x=\frac{2y+1}{1-y}, y\neq1$；　(2) $x=\frac{\pi}{2}-\arcsin y\,(0\leqslant y\leqslant1)$.

4. (1) $y=\sqrt{1-x^2}, -1\leqslant x\leqslant1$；(2) $y=\ln\sin x, 2k\pi<x<(2k+1)\pi, k=0,\pm1,\pm2,\cdots$；(3) $y=\arcsin(1+x^2), x=0$.

5. (1) 偶函数；(2) 奇函数；(3) 不一定是偶函数，也不一定是奇函数，也不一定非奇非偶，如 $f(x)=0, g(x)=0$；(4) 偶函数；(5) 偶函数；(6) 不一定是偶函数，也不一定是奇函数，也不一定非奇非偶，如 $f(x)=0, g(x)=0$.

6. (1) $x^2+y^2\leqslant R^2$；(2) $x^2+y^2\neq0$；(3) $y\neq x^2$；(4) $x^2+y^2\geqslant1$.

习题 2-2

1. 略.

2. 反例：$f(x)=\begin{cases}1, & x\geqslant0\\-1, & x<0\end{cases}$.

3. $a+b=0$.
4. 略.
5. 略.

习题 2-3

1. (1) 1; (2) 1; (3) $\frac{1}{e}$; (4) e^6.
2. (1) 2; (2) $\frac{1}{2}$; (3) 1.

习题 2-4

1. (1) 0; (2) 0.
2. $e^{x^2}-1$ 是比 $\sqrt{1+\sin x}-1$ 高阶的无穷小.
3. $1-x^3$ 是比 $\sqrt[3]{1-x}$ 高阶的无穷小.
4. $\frac{1}{2}$.
5. (1) $\frac{2}{3}$; (2) 1.

习题 2-5

1. $a=1$.
2. (1) $x=0$ 是跳跃间断点; (2) $x=1$ 是可去间断点, $x=2$ 是无穷间断点;

(3) $x=0$ 是可去间断点, $x=k\pi+\frac{\pi}{2}(k=0,\pm1,\pm2,\cdots)$是无穷间断点.

3. 略.

第 三 章

习题 3-1

1. 略.
2. gt_0.
3. 切线方程 $y=\frac{\sqrt{2}}{8}(4x-\pi+4)$, 法线方程 $y=-\frac{\sqrt{2}}{4}(4x-\pi-2)$.
4. 切线方程 $y=x+1$, 法线方程 $y=-x+1$.
5. 切线方程 $y=x-1$, 法线方程 $y=-x+1$.

习题 3-2

1. (1) $2x-\frac{2}{x^3}$; (2) $-e^{-x}(\cos x+\sin x)$; (3) $x(2\ln x+1)$; (4) $\frac{1-\ln x}{x^2}$; (5) $2xe^{x^2}$;

(6) $\cot x$；(7) $-e^x\tan(e^x)$；(8) $\dfrac{2x}{1+x^2}$；(9) $\dfrac{2\arcsin x}{\sqrt{1-x^2}}$；(10) $\dfrac{e^x}{1+e^{2x}}$；(11) $2^{\arctan\sqrt{x}-1}\dfrac{\ln 2}{(1+x)\sqrt{x}}$；

(12) $-\dfrac{1}{1+x^2}$；(13) $\dfrac{1}{x\ln x\ln\ln x}$；(14) $\dfrac{1}{1-x^2+\sqrt{1-x^2}}$；(15) $\dfrac{\arcsin x+\arccos x}{\sqrt{1-x^2}(\arccos x)^2}$；

(16) $\sec x$；(17) $\csc x$.

2. (1) $1,0,-1$；(2) $\dfrac{\pi}{4}-\dfrac{1}{2}$；(3) 2.

3. (1) $(x+n)e^x(n\geqslant1)$；(2) $y'=\ln x+1, y^{(n)}=(-1)^n\dfrac{(n-2)!}{x^{n-1}}(n\geqslant2)$；

(3) $-2^{n-1}\cos\left(2x+n\cdot\dfrac{\pi}{2}\right)=2^{n-1}\sin\left[2x+(n-1)\cdot\dfrac{\pi}{2}\right](n\geqslant1)$；

(4) $-(n-1)!2^n(n\geqslant1)$.

习题 3-3

1. (1) 0.874 75；(2) −0.965 09；(3) 30°47″；(4) 9.986 7.

2. $\Delta V\approx4\pi R^2\Delta R$. 其几何意义为：体积的增量近似地等于厚度为 ΔR 的球壳的体积.

3. (1) $\dfrac{e^{\sqrt{x}}}{2\sqrt{x}}dx$；(2) $\csc x\,dx$；(3) $\dfrac{dx}{\sqrt{1+x^2}}$；(4) $-\dfrac{1}{x^2}e^{\sin^2\frac{1}{x}}\sin\dfrac{2}{x}dx$.

习题 3-4

1. 切线方程 $y=-\dfrac{\sqrt{3}}{3}x+\dfrac{a}{2}$，法线方程 $y=\sqrt{3}x-a$.

2. 切线方程 $y=x-\dfrac{\sqrt{2}}{4}\pi a$，法线方程 $y=-x+\sqrt{2}a$.

3. 切线方程 $y=-\dfrac{2}{\pi}x+\dfrac{\pi a}{2}$，法线方程 $y=\dfrac{\pi}{2}(x+a)$.

4. 切线方程 $y=-\dfrac{\sqrt{3}}{3}x+\dfrac{a}{2}$，法线方程 $y=\sqrt{3}x-a$.

习题 3-5

1. (1) $\dfrac{\partial z}{\partial x}=\dfrac{1}{x},\dfrac{\partial z}{\partial y}=\dfrac{1}{y},dz=\dfrac{1}{x}dx+\dfrac{1}{y}dy$；

(2) $\dfrac{\partial z}{\partial x}=y(1+x)^{y-1},\dfrac{\partial z}{\partial y}=(1+x)^y\ln(1+x),dz=y(1+x)^{y-1}dx+(1+x)^y\ln(1+x)dy$；

(3) $\dfrac{\partial u}{\partial x}=\dfrac{y}{z}x^{\frac{y}{z}-1},\dfrac{\partial u}{\partial y}=\dfrac{1}{z}x^{\frac{y}{z}}\ln x,\dfrac{\partial u}{\partial z}=-\dfrac{y}{z^2}x^{\frac{y}{z}}\ln x$

$du=\dfrac{y}{z}x^{\frac{y}{z}-1}dx+\dfrac{1}{z}x^{\frac{y}{z}}\ln x\,dy-\dfrac{y}{z^2}x^{\frac{y}{z}}\ln x\,dz$.

2. 1.

3. (1) $\frac{\partial^2 z}{\partial x^2}=2,\frac{\partial^2 z}{\partial y^2}=2x,\frac{\partial^2 z}{\partial x\partial y}=2y$. (2) $\frac{\partial^2 z}{\partial x^2}=\frac{1}{x},\frac{\partial^2 z}{\partial y^2}=-\frac{x}{y^2},\frac{\partial^2 z}{\partial x\partial y}=\frac{1}{y}$.

4. 略.

5. $\frac{1}{3}\mathrm{d}x+\frac{2}{3}\mathrm{d}y$.

6. 2.95.

习题 3-6

1. $4\omega\cos 2\omega t$.

2. 切线方程$\frac{x-1}{1}=\frac{y-1}{2}=\frac{z-1}{3}$,法平面方程 $x+2y+3z-6=0$.

3. 切线方程$\frac{x-1}{1}=\frac{y-1}{0}=\frac{z-\sqrt{2}}{\frac{\sqrt{2}}{2}}$,法平面方程 $2x+\sqrt{2}z-4=0$.

4. 法平面方程 $3x+2y+3z-16=0$,切线方程$\frac{x-1}{3}=\frac{y-2}{2}=\frac{z-3}{3}$.

5. 法平面方程 $2x+2y-z-2=0$,切线方程$\frac{x-1}{2}=\frac{y-1}{2}=\frac{z-2}{-1}$.

6. 略.

7. 略.

习题 3-7

1. $\mathrm{grad}z\Big|_{(\frac{\sqrt{2}}{2},\frac{\sqrt{2}}{2})}=(2\sqrt{2},\sqrt{2}),\frac{\partial z}{\partial l}\Big|_{(\frac{\sqrt{2}}{2},\frac{\sqrt{2}}{2})}=-3$.

2. $\frac{4\sqrt{5}\pi}{5}$.

3. 1.

第 四 章

习题 4-1

1. $f'(x)$有 3 个零点,分别位于区间$(-1,0)$、$(0,1)$和$(1,2)$; $f''(x)$有 2 个零点,分别位于区间$(-1,1)$和$(0,2)$.

2. 略.

3. 略.

4. 略.

5. 略.

习题 4-2

1. (1) $-\frac{1}{\pi}$; (2) 0; (3) 2; (4) $-\frac{1}{2}$; (5) 1; (6) e; (7) 1; (8) $2\sqrt[3]{3}$.

2. 略.

习题 4-3

1. (1) 单调减少区间$(-\infty,0]$,单调增加区间$[0,+\infty)$;极小值 $y(0)=0$;

(2) 单调减少区间$(-\infty,0]$,单调增加区间$[0,+\infty)$;极小值 $y(0)=0$.

2. (1) 凹区间$\left(-\infty,-\frac{\sqrt{2}}{2}\right]$,$\left[\frac{\sqrt{2}}{2},+\infty\right)$;凸区间$\left[-\frac{\sqrt{2}}{2},\frac{\sqrt{2}}{2}\right]$;拐点$\left(-\frac{\sqrt{2}}{2},e^{-\frac{1}{2}}\right)$,$\left(\frac{\sqrt{2}}{2},e^{-\frac{1}{2}}\right)$;

(2) 凹区间$[-1,1]$;凸区间$(-\infty,-1]$,$[1,+\infty)$;拐点$(-1,\ln2)$,$(1,\ln2)$.

3. 单调减少区间$[0,2]$,单调增加区间$(-\infty,0]$,$[2,+\infty)$;极大值 $y(0)=6$,极小值 $y(2)=2$;凹区间$[1,+\infty)$,凸区间$(-\infty,1]$;拐点$(1,4)$.

4. 略.

5. 略.

6. $a=-\frac{3}{2}$,$b=\frac{9}{2}$.

7. (1) 最大值 $y\left(\frac{3}{4}\right)=1.25$,最小值 $y(-5)=-5+\sqrt{6}$;(2) 最小值 $y(-3)=27$,无最大值;(3) 最大值 $y(1)=\frac{1}{2}$,最小值 $y(0)=0$.

8. $x=1$,$x=-1$,$y=2x$.

9. 曲率为 1,曲率半径为 1,曲率中心为$\left(\frac{\pi}{2},0\right)$.

习题 4-4

1. 极小值 $f(1,0)=-5$. 极大值 $f(-3,2)=31$.

2. $f_{极大}(e,0)=\frac{e^2}{2}$.

3. 最近的点$\left(\frac{-1+\sqrt{3}}{2},\frac{-1+\sqrt{3}}{2},2-\sqrt{3}\right)$,最远的点$\left(\frac{-1-\sqrt{3}}{2},\frac{-1-\sqrt{3}}{2},2+\sqrt{3}\right)$.

4. 长和宽均为$\sqrt[3]{2a}$,高为$\frac{1}{2}\sqrt[3]{2a}$.

5. 矩形的边长分别为$\frac{2a}{3}$和$\frac{a}{3}$时,绕短边旋转构成的圆柱体的体积最大.

6. 边长为$\frac{2a}{\sqrt{3}}$的立方体.

第 五 章

习题 5-1

1. (1) $\frac{3^x e^{2x}}{2+\ln3}+C$;(2) $-\frac{1}{x}+\arctan x+C$;(3) $x-\arctan x+C$;(4) $-\cot x-x+C$;

(5) $\frac{1}{2}x+\frac{1}{2}\sin x+C$；(6) $\frac{1}{2}\tan x+C$；(7) $-4\cot x+C$；(8) $-2\cot 2x+C$.

2. (C).

习题 5-2

(1) $\frac{3^x e^x}{1+\ln 3}+C$；

(2) $\sin x-\cos x+C$；

(3) $-2\csc 2x+C$；

(4) $\ln|\csc 2x-\cot 2x|+C$；

(5) $\arcsin\frac{x}{2}+C$；

(6) $\frac{1}{3}\arctan\frac{x}{3}+C$；

(7) $\frac{1}{2}\ln\left|\frac{x-1}{x+1}\right|+C$；

(8) $\ln|\ln\ln x|+C$；

(9) $\sin x-\frac{1}{3}\sin^3 x+C$；

(10) $\frac{1}{2}x+\frac{1}{4}\sin 2x+C$；

(11) $\frac{1}{5}\cos^5 x-\frac{1}{3}\cos^3 x+C$；

(12) $\frac{1}{11}\tan^{11} x+C$；

(13) $-\frac{1}{\arcsin x}+C$；

(14) $\frac{1}{3}\sec^3 x-\sec x+C$；

(15) $\frac{1}{2}\arcsin\frac{2x}{3}+C$；

(16) $\frac{1}{2}\arcsin x+\frac{x}{2}\sqrt{1-x^2}+C$；

(17) $\ln\left|x+\sqrt{x^2+4}\right|+C$；

(18) $\arccos\frac{1}{|x|}+C$；

(19) $\sqrt{x^2-9}-3\arccos\frac{3}{|x|}+C$；

(20) $\frac{3}{2}\sqrt[3]{(1+x)^2}-3\sqrt[3]{x+1}+3\ln\left|1+\sqrt[3]{1+x}\right|+C$；

(21) $\frac{1}{2}x^2-\frac{2}{3}\sqrt{x^3}+x-4\sqrt{x}+4\ln(\sqrt{x}+1)+C$；

(22) $x-4\sqrt{x+1}+4\ln(\sqrt{1+x}+1)+C$；

(23) $2\sqrt{x}-4\sqrt[4]{x}+4\ln(\sqrt[4]{x}+1)+C$；

(24) $\ln\left|\dfrac{\sqrt{1-x}-\sqrt{1+x}}{\sqrt{1-x}+\sqrt{1+x}}\right|+2\arctan\sqrt{\dfrac{1-x}{1+x}}+C$ 或 $\ln\left|\dfrac{1-\sqrt{1-x^2}}{x}\right|-\arcsin x+C$.

习题 5-3

(1) $\ln|x+1|-\dfrac{1}{2}\ln(x^2-x+1)+\sqrt{3}\arctan\dfrac{2x-1}{\sqrt{3}}+C$；

(2) $\dfrac{1}{x+1}+\dfrac{1}{2}\ln|x^2-1|+C$；

(3) $2\ln|x+2|-\dfrac{1}{2}\ln|x+1|-\dfrac{3}{2}\ln|x+3|+C$.

习题 5-4

(1) $-x\cos x+\sin x+C$；

(2) $-e^{-x}(x+1)+C$；

(3) $x\ln^2x-2x\ln x+2x+C$；

(4) $x\arcsin x+\sqrt{1-x^2}+C$；

(5) $\dfrac{1}{2}e^{-x}(\cos x-\sin x)+C$；

(6) $\dfrac{1}{3}x^3\arctan x-\dfrac{1}{6}x^2+\dfrac{1}{6}\ln(1+x^2)+C$；

(7) $x^2\sin x+2x\cos x-2\sin x+C$；

(8) $3e^{\sqrt[3]{x}}(\sqrt[3]{x^2}-2\sqrt[3]{x}+2)+C$；

(9) $x(\arcsin x)^2+2\sqrt{1-x^2}\arcsin x-2x+C$.

第　六　章

习题 6-1

1. (1) π；(2) 0；(3) 0.

2. (1) $\int_0^{\pi}\sin x\,dx\leqslant\int_0^{\pi}x\,dx$；(2) $\int_1^{e}\ln x\,dx\geqslant\int_1^{e}(\ln x)^2dx$；

(3) $\int_0^1 e^x\,dx\geqslant\int_0^1(1+x)\,dx$.

习题 6-2

1. (1) $\sqrt{1+x^2}$；(2) e^{-x^2}.

2. (1) $\dfrac{17}{6}$；(2) $\dfrac{\pi}{6}$；(3) $\dfrac{\pi}{3}$；(4) 4.

3. $\frac{8}{3}$.

4. $F(x)=\begin{cases}\frac{1}{3}x^3, & 0\leqslant x\leqslant 1,\\ \frac{1}{2}x^2-\frac{1}{6}, & 1<x\leqslant 2.\end{cases}$

习题 6-3

1. 略.
2. 略.
3. (1) $\frac{1}{6}$; (2) $1-2\ln 2$; (3) $2\sqrt{2}$.
4. (1) $1-\frac{2}{e}$; (2) $\frac{1}{4}(e^2+1)$; (3) -2π.

习题 6-4

1. 当 $p>1$ 时收敛,当 $p\leqslant 1$ 时发散.
2. (1) $\frac{1}{2}$; (2) $\frac{\pi}{2}$; (3) -4.

习题 6-5

1. $2\sqrt{2}$.
2. 18.
3. 周长为 $6a$,面积为$\frac{3}{8}\pi a^2$.
4. 弧长为$\frac{a}{2}[2\pi\sqrt{1+4\pi^2}+\ln(2\pi+\sqrt{1+4\pi^2})]$,面积为$\frac{4}{3}\pi^3a^2$.
5. $\frac{1}{4}(e^{4\pi}-1)$.
6. 略.
7. $V_x=5\pi^2a^3$,$V_y=6\pi^2a^3$.

习题 6-6

1. 0.18kJ.
2. 质量为$\frac{1}{3}l^3$,质心在距固定端$\frac{3}{4}l$ 处,转动惯量为$\frac{1}{8}l^5$.
3. 设细直棒水平放置,则细直棒对该质点的引力沿水平方向分力的大小为 $Gm\rho\left(\frac{1}{a}-\frac{1}{\sqrt{l^2+a^2}}\right)$,细直棒对该质点的引力沿铅直方向分力的大小为$\frac{Gm\rho}{a\sqrt{l^2+a^2}}$.

4. $\dfrac{2Gm_0\rho}{a}$.

5. 略.

第 七 章

习题 7-1

1. 略.

2. (1) $I_1>I_2$; (2) $I_1<I_2$.

习题 7-2

1. 略.

2. (1) 4; (2) $\dfrac{2}{3}$; (3) $\left(\pi,\dfrac{\pi}{4}\right)$; (4) $\dfrac{2}{3}R^3$; (5) $\dfrac{\pi}{2}R^4$; (6) $\dfrac{2}{3}\pi(3\sqrt{3}-1)$.

习题 7-3

1. $\dfrac{2\pi}{3}(3\sqrt{3}-1)$.

2. $\dfrac{\pi}{6}(5\sqrt{5}-1)$.

3. $\left(\dfrac{\pi}{2},\dfrac{\pi}{8}\right)$.

4. $\left(\pi a,\dfrac{5}{6}a\right)$.

5. $\left(0,\dfrac{7}{3}\right)$.

6. $\dfrac{1}{12}\rho a^3 b$.

7. $\dfrac{1}{3}a^3 b$.

8. $2\pi Gm\rho$.

9. 略.

习题 7-4

1. (1) $\left(0,0,\dfrac{3}{4}\right)$; (2) $\dfrac{\pi\rho}{10}$.

2. (1) $\left(0,0,\dfrac{2}{3}\right)$; (2) $\dfrac{\pi\rho}{6}$.

3. 略.

4. $\frac{4\pi}{5}$.

5. $\frac{1}{4}\pi R^4 g$.

第 八 章

习题 8-1

1. π.

2. (1) $\left(\pi a, \frac{4a}{3}\right)$; (2) $\frac{32}{15}Ma^2$.

3. $\left(\frac{2}{3}a+b\right)\rho a^2$.

4. $\frac{GMma}{(a^2+r^2)^{\frac{3}{2}}}$.

习题 8-2

1. (1) MR^2; (2) $\pi\mu g h^2 R$.

2. (1) $\left(0,0,\frac{25\sqrt{5}+1}{10(5\sqrt{5}-1)}\right)$; (2) $\frac{(25\sqrt{5}+1)\pi\rho}{60}$; (3) $\frac{(25\sqrt{5}-11)\pi\mu g}{60}$).

3. (1) $\left(0,0,\frac{2h}{3}\right)$; (2) $\frac{(6\sqrt{3}+1)\rho}{5(5\sqrt{5}-1)}$; (3) $\frac{\sqrt{2}\pi}{3}\mu g h^3$.

习题 8-3

1. (1) ① 0; ② 0; ③ 0. (2) -2π. (3) 4.

2. $\frac{\sin 2}{4}-\frac{7}{6}$.

3. (1) $\frac{5}{2}$; (2) 2.

4. (1) $xy^2=C$; (2) 不是全微分方程; (3) $\sin(xy)=C$.

习题 8-4

1. $\frac{1}{2}$.

2. 2π.

3. 81π.

4. $-\frac{1}{2}\pi h^4$.

第 九 章

习题 9-1

1. (1) $y=Ce^{x^2}$; (2) $y=e^{Cx}$; (3) $\tan x\tan y=C$; (4) $\ln\frac{y}{x}=Cx+1$; (5) $y=e^{-x}(x+C)$; (6) $y=(x+C)e^{-\sin x}$.

2. (1) $y^2=2x^2(\ln x+2)$; (2) $y=\frac{x}{\cos x}$.

3. $y=2(e^x-x-1)$.

4. $\begin{cases}x=v_0\cos\alpha\cdot t\\ y=v_0\cos\alpha\cdot t-\frac{1}{2}gt^2\end{cases}$.

习题 9-2

1. (1) $y=C_1e^{-x}+C_2e^{2x}$; (2) $y=(C_1+C_2x)e^{2x}$; (3) $y=C_1\cos x+C_2\sin x$; (4) $y=e^x(C_1\cos 2x+C_2\sin 2x)$.

2. (1) $y=e^{-x}+2e^{3x}$; (2) $y=xe^{2x}$; (3) $y=C_1\cos x+C_2\sin x$.

3. (1) $p=1,q=-2$; $y=C_1e^{-2x}+C_2e^x$. (2) $p=-8,q=16$; $y=(C_1+C_2x)e^{4x}$.
(3) $p=-2,q=1$; $y=(C_1+C_2x)e^x$. (4) $p=0,q=1$; $y=C_1\cos x+C_2\sin x$.
(5) $p=-2,q=5$; $y=e^x(C_1\cos 2x+C_2\sin 2x)$.
(6) $p=0,q=4$; $y=C_1\cos 2x+C_2\sin 2x$.

4. (1) $y=C_1e^{\frac{x}{2}}+C_2e^{2x}+e^x$; (2) $y=C_1\cos x+C_2\sin x+\frac{1}{2}e^x$; (3) $y=e^x-e^{-x}+e^x(x^2-x)$.

习题 9-3

1. (1) $y_x=C(-1)^x$; (2) $y_x=4^x$.

2. (1) $y_x=C5^x-\frac{3}{4}$; (2) $y_x=(x-2)2^x+2$.

3. (1) $y_x=C_13^x+C_2(-2)^x$; (2) $y_x=(C_1+C_2x)2^x$; (3) $y_x=\left(\frac{1}{2}\right)^x\left(C_1\cos\frac{\pi x}{2}+C_2\sin\frac{\pi x}{2}\right)$

第 十 章

习题 10-1

1. (1) 收敛于 0; (2) 收敛于 0; (3) 收敛于 0; (4) 收敛于 1; (5) 发散; (6) 发散.

2. (1) 对；(2) 错，如 $x_n=n, y_n=-n$；(3) 错，如 $x_n=0, y_n=n$；(4) 错，如 $x_n=(-1)^n, y_n=(-1)^n$.

3. 2.

4. 略.

5. 最多的储量为 1kg.

习题 10-2

1. (1) 收敛；(2) 发散.

2. (1) 发散；(2) 收敛；(3) 发散.

习题 10-3

1. (1) 收敛；(2) 收敛；(3) 发散.

2. (1) 绝对收敛；(2) 条件收敛；(3) 绝对收敛.

习题 10-4

1. (1) 收敛半径 $R=1$，收敛区间 $(-1,1)$；(2) 收敛半径 $R=+\infty$，收敛区间 $(-\infty,\infty)$；(3) 收敛半径 $R=1$，收敛区间 $[-1,1]$；(4) 收敛半径 $R=0$，收敛域为 $x=0$.

2. 和函数 $s(x)=\arctan x, x\in[-1,1]$；$\dfrac{\pi}{4}$.

习题 10-5

1. $\tan x=x+\dfrac{1}{3}x^3+o(x^4), x\to 0$.

2. $f(x)=2\sum\limits_{n=0}^{\infty}\dfrac{x^{2n+1}}{2n+1}, -1<x<1$.

3. $\sum\limits_{n=0}^{\infty}\dfrac{(-1)^n}{n!(2n+1)}$.

4. $\sum\limits_{n=0}^{\infty}\dfrac{(-1)^n}{(2n+1)(2n+1)!}$.

习题 10-6

1. $f(x)=\dfrac{\pi}{2}+\dfrac{4}{\pi}\sum\limits_{n=1}^{\infty}\dfrac{1}{(2n-1)^2}\cos(2n-1)x, -\infty<x<+\infty$.

2. $f(x)=\sum\limits_{n=1}^{\infty}\dfrac{2}{n}\sin nx, 0<x<\pi$.

3. $f(x)=\sum\limits_{n=1}^{\infty}\dfrac{2(-1)^{n-1}}{n\pi}\sin n\pi x, 0<x<\pi$；$f(x)=\dfrac{1}{2}+\sum\limits_{n=1}^{\infty}\dfrac{2}{n^2\pi^2}[(-1)^n-1]\cos n\pi x, 0\leqslant x\leqslant\pi$.

教师服务

感谢您选用清华大学出版社的教材！为了更好地服务教学，我们为授课教师提供本书的教学辅助资源，以及本学科重点教材信息。请您扫码获取。

教辅获取

本书教辅资源，授课教师扫码获取

样书赠送

公共基础课类重点教材，教师扫码获取样书